电子科学与工程系列图书

先进电力电子变换器——处理交流电压的PWM变换器

Advanced Power Electronics Converters:
PWM Converters Processing AC Voltages

[巴西] 尤泽利·西波瑞亚诺·多斯·桑托斯
(Euzeli Cipriano dos Santos Jr.)
爱迪生·罗伯托·卡布拉尔·达·席尔瓦
(Edison Roberto Cabral da Silva) 著
雷鑑铭 等译

机械工业出版社

本书采用系统的方法来讲解多电平及背靠背电力电子变换器，而不是采用传统的方法分别独立介绍，特别强调电力电子变换器的概念及建模方法。由于本书主要聚焦于连接 AC 电源的 PWM 电力电子变换器，对每一个拓扑结构及其概念都详细展开讲述。本书给出了大量实例，提供了一组全面的仿真结果来帮助理解全书提出的电路，将电力电子变换理论工程化，是一本自成体系的、理论性及实践性较强的专著。

本书内容涵盖基本理论和工程应用细节，适合电气传动、自动化、电机控制及电力电子技术领域的研究人员和技术人员阅读，也可作为高等院校相关专业的教师、研究生及高年级本科生的教材和专业参考书。

图书在版编目（CIP）数据

先进电力电子变换器：处理交流电压的 PWM 变换器/（巴西）尤泽利·西波瑞亚诺·多斯·桑托斯等著；雷鑑铭等译.—北京：机械工业出版社，2017.12

（电子科学与工程系列图书）

书名原文：Advanced Power Electronics Converters: PWM Converters Processing AC Voltages

ISBN 978-7-111-58315-8

Ⅰ.①先…　Ⅱ.①尤…　②雷…　Ⅲ.①变换器　Ⅳ.①TN624

中国版本图书馆 CIP 数据核字（2017）第 253797 号

机械工业出版社（北京市百万庄大街 22 号　邮政编码 100037）
策划编辑：刘星宁　责任编辑：朱　林
责任校对：肖　琳　封面设计：马精明
责任印制：张　博
河北鑫兆源印刷有限公司印刷
2018 年 1 月第 1 版第 1 次印刷
169mm×239mm·20 印张·399 千字
0001—3000 册
标准书号：ISBN 978-7-111-58315-8
定价：99.00 元

凡购本书，如有缺页、倒页、脱页，由本社发行部调换

电话服务	网络服务
服务咨询热线：010-88361066	机 工 官 网：www.cmpbook.com
读者购书热线：010-68326294	机 工 官 博：weibo.com/cmp1952
010-88379203	金 书 网：www.golden-book.com
封面无防伪标均为盗版	教育服务网：www.cmpedu.com

译 者 序

随着电力电子技术的发展，电力电子器件的应用已经渗透到了人们工作生活中的各个角落。当今电力电子技术及功率变换中，迫切需要具有基于传统电力电子变换架构去构建新的电力电子变换拓扑结构的研发能力。《先进电力电子变换器——处理交流电压的 PWM 变换器》一书提出了一种全新的方法来介绍一种重要的电子器件——电力电子变换器，是专业领域中系统性介绍一种名为功率模块几何结构（PBG）的全新方法来研究、建模、设计及分析电力电子变换器的专业书籍。为了推动我国在电力电子技术研究及功率变换领域的发展，使国内更多的设计人员与高等院校学子了解电力电子变换领域，在机械工业出版社的大力支持下，由华中科技大学在电力电子技术领域长期从事一线研究的教师们组织并完成本书的翻译工作，将一本电力电子技术领域的设计参考书籍奉献给读者。

本书采用系统的方法来讲解多电平及背靠背电力电子变换器，而不是采用传统的方法分别独立介绍，特别强调电力电子变换器的概念及建模的方法。由于本书主要聚焦于连接 AC 电源的 PWM 电力电子变换器，对每一个拓扑结构及其概念都详细展开讲述。本书给出了大量实例，提供了一组全面的仿真结果来帮助理解全书提出的电路，将电力电子变换理论工程化，是一本自成体系的、理论性及实践性较强的专著。本书内容涵盖基本理论和工程应用细节，适合电气传动、自动化、电机控制及电力电子技术领域的研究人员和技术人员阅读，也可作为高等院校相关专业的教师、研究生及高年级本科生的教材和专业参考书。

本书由华中科技大学光学与电子信息学院及武汉国际微电子学院雷鑑铭博士负责组织并完成全书翻译工作，参与本书翻译工作的还有徐明、谭和苗及高煜程等。本书在翻译过程中得到了华中科技大学光学与电子信息学院邹雪城教授、邹志革副教授、郑朝霞副教授和余国义高级工程师的帮助及支持，在此表示感谢，同时特别感谢文华学院外国语学院英语系肖艳梅老师的审校。

电力电子变换器涉及的专业面广，鉴于译者水平有限，书中难免有不足及疏漏之处，敬请广大读者批评指正和谅解，在此表示衷心的感谢。

译者

2017 年 10 月于华中科技大学喻园

原书前言

本书介绍的是用一种全新的方法论来描述一种重要的电子器件——电力电子变换器。常规的变换器教学方法是采用分立的或者孤立的方式分别考虑每一种类型。其直接的结果是，由于所提及的电力电子变换架构没有考虑其起源及发展而导致学习进程非常被动。由于教学进程是基于其自身结构的，学生们就没有基于传统结构去构建新的拓扑结构的开发能力。

本书采用系统的方法来讲解多电平及背靠背变换器，而不是采用传统的方法分别独立地介绍它们。本书的另一个特点是内容仅仅涵盖变换器本身相关的主题，这样就能有更多的空间来探讨每一种拓扑结构的细节及其概念。这样，适当地强调了电力电子变换器的概念建模的方法。

在第2章中讲述电源器件基础以及主要功率变换器的拓扑结构，本书主要聚焦于通过直流侧处理交流电压的结构。本章非常适合于那些已经修读了电力电子学导论课程的学生们。本书也可以作为电子工程领域课程的高年级本科生和研究生的参考书。然而，鉴于第2章的内容，可望那些即使缺乏电力器件知识及变换器基本概念的学生们也能理解该主题。尽管本书的主要市场是偏向于学术，而工作于电力电子学、电机驱动系统、电力系统以及可再生能源系统领域的电气工程师们也能发现本书的用处所在。

本书的组织如下：第1章为引言。第2章讲述了电源器件基础以及主要功率变换器的拓扑结构。第3章简单回顾了处理交流电压的主要电力电子变换器；此外，还介绍功率模块几何结构（PBG），用来描述本书所述的功率变换器。事实上，本章提出了贯穿全书的拓扑结构总汇。通常而言只介绍开发电力电子变换器用的PBG基础及其相互关系。第4~7章介绍多电平架构。第4~7章中将依次介绍中点箝位、级联、飞跨电容以及其他多电平结构。考虑到极点电压值比负载要求的电压值高的现实情况，第8章内容涉及脉宽调制（PWM）的优化技术。在第2~7章着重于电路本身叙述了许多拓扑结构以及第8章介绍了PWM策略后，为了保持特定的变换器变频可控，第9章处理控制操作。由于电气变频调节的需要，策略性地将第9章放于背靠背变换器（第10~11章）之前。单相-单相背靠背变换器在第10章中介绍，而最后一章讨论了三相-三相及其他背靠背变换器。

Euzeli Cipriano dos Santos Jr.
Edison Roberto Cabral da Silva

目　　录

第1章　概　　述

1.1　引言

由于在电力电子学发展过程中对其获得新的见解，电力电子学可能被视为是电子工程领域的一大革命。这种情况实际上从汞弧整流器和闸流管被应用于栅极控制电路中时就开始存在了。在第一代电力设备和变换器之后，硅功率二极管和晶闸管中所用到的电力电子学发展起来，用于克服许多第一代设备中存在的问题，比如工作效率低下。如本章参考文献［1］中所述，所谓的电力电子学和气体管以及玻璃壳电子学都是以工业电子学为人所知晓的，并且应用了电力电子学的晶闸管也于20世纪60年代在市场中兴起。

对电力电子学的不同定义获得了同样的概念或观点：在一个提供电能的设备和另一个需求电能的设备之间进行功率流的控制。例如，在本章参考文献［2］和［3］中给出的定义分别是这样说的："……电力电子学涉及旨在控制电能流的电子电路的研究。这些电路可以处理远高于单个设备等级的功率流……"以及"……电力电子学在电子开关设备的帮助下处理电功率的转换和控制。"

电力电子学涉及由许多学科共同创建的一个复杂的系统，这些学科包括半导体物理学、控制理论、电子学、电力系统以及电路原理。电力电子学的全面性使得陈述它的内容变得十分困难。电力电子学的多学科特性要求对所涉及的学科进行集中的练习和假设，与此同时也是要求学生参加该课程的重要先决条件。图1.1通过类比阐释了电力电子学的多学科特性，电力电子学课程所必须具备的技能被展示在树的根部，各式各样的电力电子学设备构成了树干，还有由此产生的技术以及应用（电能质量、可再生能源系统等）构成了树的分支。

从固态电力电子学新时代的开始，对于驱动电源处理器，半导体器件的应用已经成为其主要技术。通过对比从前应用于可控整流器中的半导体器件与现在的新技术，这个发展显得尤为突出。除了改进电源开关之外，在电路拓扑结构方面的创新也变得十分活跃。

电力电子变换器是许多电子系统的核心部分。常见的电力电子变换器应用包括（但不仅限于）：电动机驱动系统、可再生能源、机器人、混合动力汽车和电能质量改进电路。这些应用需要相当大的全球范围的研究来开发半导体器件、处理交流和直流变量的配置、控制和诊断以及容错系统等。

除了已经提到的技术方面，电力电子学在教育方面也很重要。电力电子学的跨学科性质往往会使得学生们认为电力电子学课程特别难。激发学生的学习动力也是电力电子学领域的教育者们的基本任务。

基于以上背景，本书讨论了一种新颖的方法来呈现一组非常重要的电力电子变换器，即处理交流电压的拓扑结构。常见的变换器教学是以分离和孤立的方式来单独考虑每一种变换器类型。这样导致的直接后果就是学习的过程变成消极地、被动地来思考每一种变换器的起源和发展。与传统的教学方式不同，本书中教学的过程是基于拓扑结构本身展开的，对于培养学生构建新的拓扑结构并没有帮助。1.2 节中具体讲述了这种新的方法。

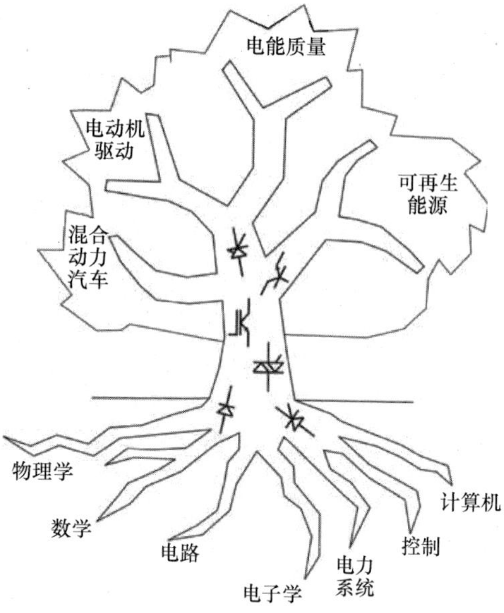

图 1.1　电力电子学的跨学科性质及其新的见解

1.2　背景

尽管在第 2 章展示的是电力器件基础以及主要功率变换器的拓扑结构，但本书主要关注的是通过一直流链路级来处理交流电压的架构。本书非常适合那些已经学习了电力电子学入门课程的学生，它也可以作为高年级本科生以及研究生在电子工程课程中的参考书籍。然而，即使缺少电力器件知识和变换器的基本概念，学生们仍可以轻松地掌握，因为这些知识将在第 2 章中具体讲解。

包含了电力电子变换器的系统已经被用来保证电网和负荷在可控性和电能效率要求方面的需求，尤其是在工业应用中。电力电子学拓扑结构可以将能量从一个基本源转换到一个需要任何级别的处理过的能量的负载（或者另一个源）上。

电力电子学拓扑结构可以通过各种控制条件（也就是直流或交流）来进行分类，也可以通过使用的电力转换阶段的数量来进行分类，以上分类方式如图 1.2 中所示。如图 1.2a 所示，一般而言许多可能性都与能量变换相关。图 1.2b 用阴影方式标示了一个直接的交流 - 交流变换，该变换将一个特定频率（f_1）的交流电压（v_1）变换成了另一个电压（v_2）和频率（f_2）不同（或相同）的交流电压，这种变换器一般被称为周期变换器。图 1.2c 则是描述了交流 - 直流或是直流 - 交流的变换过程，而图 1.2d 则是展示了一个直流 - 直流变换器。图 1.2e 和 1.2f 可以被认为是之前情况的扩展版本。这些变换系统（交流 - 直流 - 交流和直流 - 交流 -

直流）由于在不同应用中的大规模使用，也被展示在了图 1.2 中。

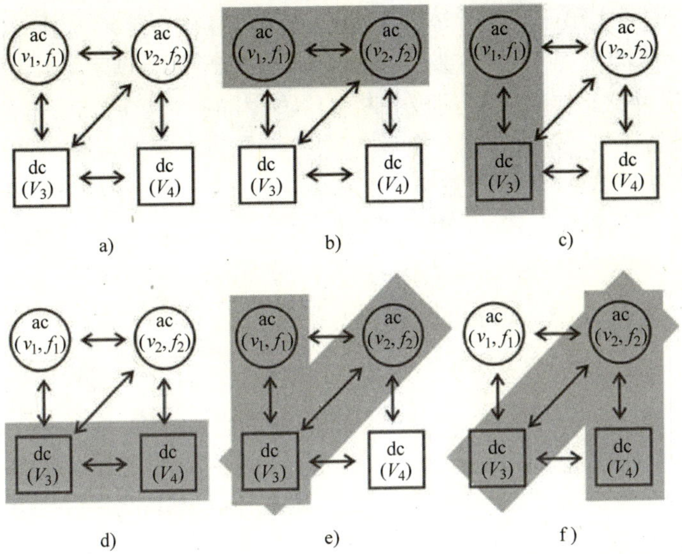

图 1.2 电力变换过程：a）所有变换的可能性；b）周期变换器；c）整流器或变换器；d）斩波器；e）交流 - 直流 - 交流；f）直流 - 交流 - 直流

需要特别注意的是图 1.2c 和 1.2e 中所示的变换系统，这两个变换系统解决了在直流级处理交流电压（在一个输入和/或输出变换器方面）的架构。系统化的方法是展示它们的架构，而不是像传统的展示方法一样对它们进行分开展示。本书的另一个特点是只有与变换器本身相关的科目才会被考虑，这意味着与交流滤波器及变压器相关的内容会被略过。这将会给探索每个拓扑结构及其概念的细节留出更多的空间。这样，电力电子变换器概念化的理论可以适当加强。

1.3 功率开关和功率变换器的历史

考虑到变换过程中可以接受的能量损失水平以及可靠性的提升，电力电子变换器的配置为那些需要能量处理的应用提供了一个具有吸引力的替代品。正如前文中所提到的那样，电力电子变换器必须控制功率流，这就意味着被用于这些变换器中的器件的发展对于保证预期的功能至关重要。在本节中，会提到一个关于电力电子变换器的历史性观点，突出了那些对当前发展有影响的主要事件。

电力电子学的历史要早于现在使用的半导体器件的发展历史。第一个变换器的构想是在 20 世纪早期汞弧整流器被推出时提出的。直到 20 世纪 50 年代，那些用来构建电力电子变换器的器件还是栅控真空管整流器、引燃管、热阴极充气二极整流管和闸流管。当时在电力电子学发展方面有两个重要事件：①在 1948 年，贝尔电话实验室发明硅晶体管并应用于低功耗设备比如便携式收音机；②在 1958 年，通用电气公司开发出了晶闸管或可控硅整流器，前者使用的锗元素，后者使用的硅元素。它便是世界上第一个半导体功率器件。

除了这两个事件，许多开关发展方面的研发也获得了进展。如图 1.3 所示，在 1967 年到 1977 年之间，发明了门极关断（GTO）晶闸管、门辅助可关断（GATT）晶闸管。功率晶体管、MOSFET（金属氧化物半导体场效应晶体管）、MCT（MOS 控制晶闸管）和 IGBT（绝缘栅双极型晶体管）也在 20 世纪 70 年代末被发明了出来。此外，值得一提的是，电力电子学领域的发展被微电子的发展深深影响。与此

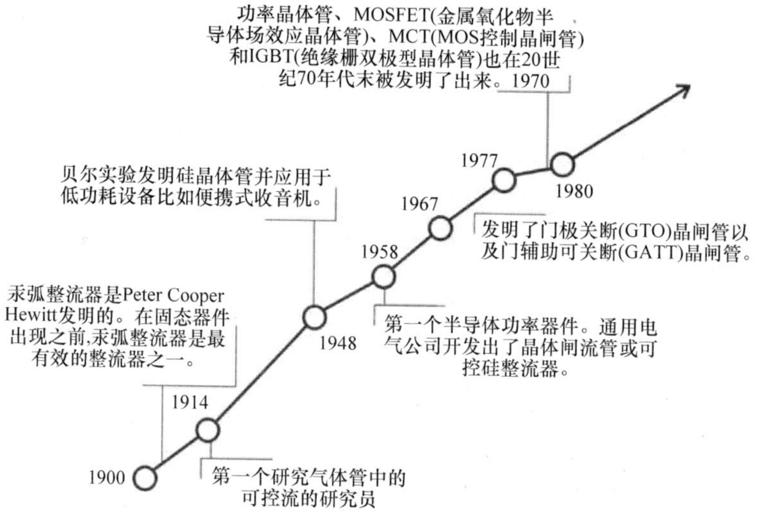

图 1.3　电力电子器件进化过程中的重要事件时间线

同时，电力电子学的历史也即电力电子变换器历史中的重要一章就是开关电源的发展。在 1958 年，被开发用于大规模计算的 IBM704 计算机使用了功率开关电源（原始真空座开关式稳压器）。但是电源的革命性概念在 20 世纪 60 年代晚期才被提出，也就在那时，开关电源取代了线性电源。在一个线性电源中，规定了直流电压是通过以下顺序的步骤从交流电馈网中获取的：①60Hz 的电源变压器，用在主变压器侧的 120V 的交流电压转换成激励变压器侧的低电压；②这样的电压通过一个简单的二极管整流器被转换成了直流电压；③线性稳压器将电压降至需要的值。实际上，我们可以识别出许多与这个技术有关的问题，比如效率低下（50% ~ 65% 的能量由于转换成了热量而被浪费）、体积和重量都很大（主要是由于低频变压器、散热器和用来散热的风扇）。它的优点在于它有一个十分稳定的输出电压并且它有一个无噪声的转换系统。

为了克服线性稳压器的缺点，通用电气公司于 1959 年发表了一份关于早期的开关电源设计的文章。

开关电源的概念和线性稳压器的概念区别非常大。开关和无源器件被连接在一

起用来快速地打开或者关闭电源，而不是100%的时间都用来传输电力（即将多余的能量转化为热能）。不像线性稳压器，交流电网电压被直接转换成直流电压，与此同时门极信号控制着开关时间，在输出转换结束之后调整所需的平均电压。

另一个电力电子学配置的重要发展是可控硅整流器，特别是那些可控硅整流器（半导体控制整流器或半导体闸流管）的生产。这样的器件允许仅仅通过改变应用于门电路的高频信号来控制高功率而不是像旧的技术那样使用一个汞弧整流器。

1.4 电力电子变换器的应用

电力电子变换器的应用范围很广以至于从低功率住宅应用到大功率输电线路都有使用。这些应用许多都可以被认为是传统的应用（比如整流电路和电动机驱动系统）。另一方面，一些新兴应用也引发了人们广泛的兴趣（比如可再生能源系统）。一个与电力电子变换器的这些应用相关的简短的讨论将会在本章稍做介绍。这些应用的细节也会在整章中展示。

图1.4和图1.5总结了一些例子来阐释电力电子学的广泛应用。图1.4a所示的示意图展示了电力电子学在混合动力/电动汽车中的应用。从电力电子学的角度来看，混合动力和全电动汽车两者是不同的。其区别主要是由变换器的功率等级造成的。一辆纯电动汽车的变换器功率等级大概为200kW，而一辆混合动力汽车的变换器典型功率大概为50kW。将能量传输给传动系统的变频电动机驱动系统是迄今为止最重要的用于这类应用的电力电子系统，但是电池的充电以及其他外围系统也是至关重要的。这个应用的主要预期功能有高效率的性能、紧凑的车载储能和用来与传统热机汽车市场竞争的低制造成本。

台式机和笔记本电脑可以被认为是有需要不同直流总线电压的板上分配方案的系统。在这些设备中可以找到许多电力电子变换器，如图1.4b所示。一个交流-直流变换器从一个交流电网中产生一个直流电压总线，这个直流电压总线会被不同的直流-直流变换器所使用来保证微处理器、磁盘驱动、内存等的正常运行。至于笔记本电脑，一个电池充电器被附加了一个电源管理系统来控制睡眠模式，减少能耗以保证延长电池寿命。

图1.4c显示了电力电子变换器在可再生能源系统中的应用。现如今，可再生能源系统在许多工业化国家的政治议程中都已经是一个热门的话题。其主要原因是由于环境问题和作为替代方式建立的分散式发电系统。值得一提的是，除了可再生能源的优点，这种系统的能源成本非常高，特别是相对于常规的水电和煤炭等资源来说。从这个意义上来说，电力电子变换器必须解决效率、可靠性和降低成本的问题，从而使得这些替代能源更加具有竞争力。

图1.4d展示的是电车。它是一个能通过使用弹簧承载的集电杆直接从头顶的电线（一般悬挂在路边的杆子上）接收电能的电动公共汽车。

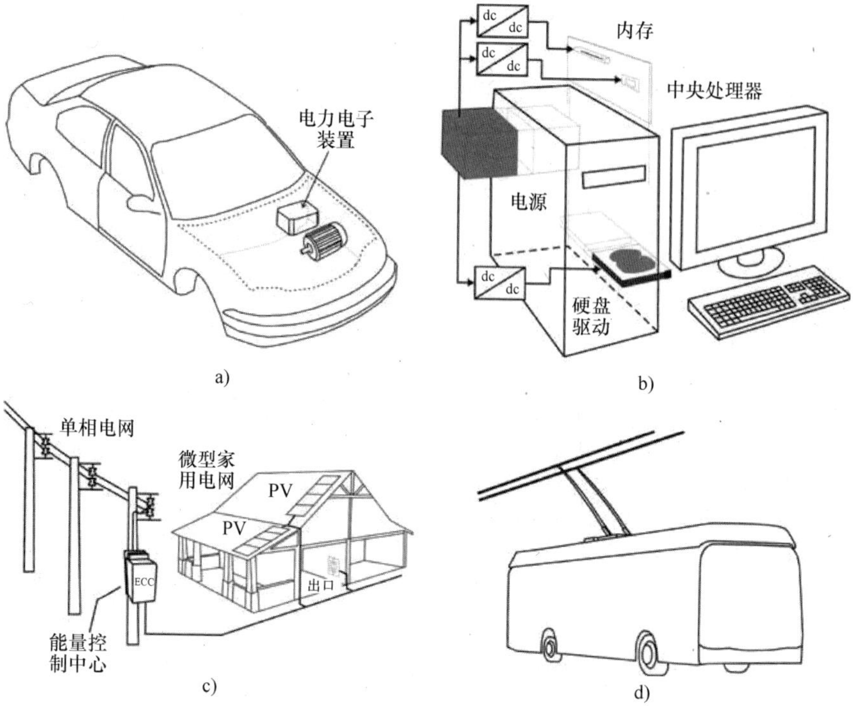

图1.4　用来处理交流电压的电力电子变换器的应用

一个定义明确的传统配电系统由一个径向拓扑结构和单向功率流来满足末端用户。然而，在过去的几年里，有许多的研究和发展致力于使用一种具有主动功能和双向功率流能力的新的复杂的多源系统替代以前的模式。在这个新的方案中，电网应该保证负载管理和需求侧管理，同时能源价格采用电力的市场价格以及预测能源的量（基于风力和太阳能的可再生能源）来将整个分配系统优化至一个整体。

一个微电网可以被定义为局部分组的发电、存储能量以及通常连接至传统集中化电网的负载（宏观网络），如图1.5所示。含一直流总线的微电网如图1.5所示，在直流总线上功率变换器（一般用字母C表示）连接着分布式源和负载。微电网与宏观电网之间的公共连接点可以断开，这就意味着微电网可以自主运作。在这种情况下，一个孤岛检测系统就是必需的。它可以安全地断开微电网。微电网与大电网之间的连接可能是由于电力电子学的进步。

在这种方案中的一个重要设备就是能量控制中心（ECC），它包含了一个双向交流-直流（或直流-交流）功率变换器用于连接交流电网和直流总线。多个分散的发电源和将微电网从一个更大的网络中隔离出来的能力将提供高度可靠的电力。

电力电子学在另一个重要领域——航空航天领域中也变得越来常见。许多负载

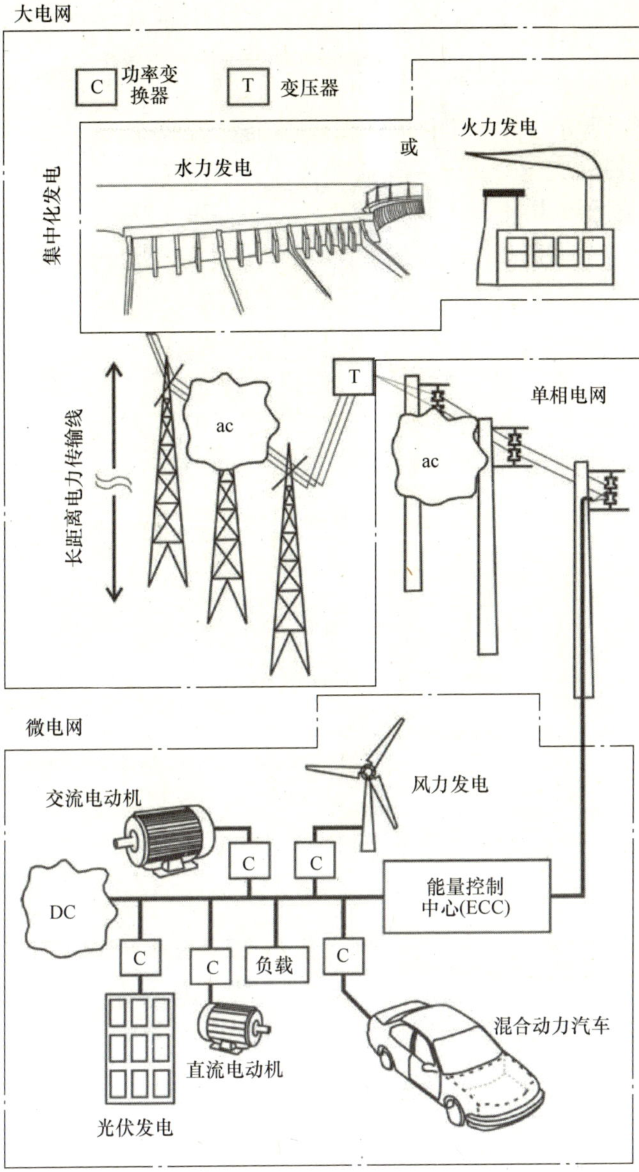

图 1.5　电力电子学在分布式发电系统中的应用

从前是由液压网络提供能量的，现在都被电力负载（比如泵和制动系统）所替代。除了面对共同的挑战，电力电子变换器还必须解决温度、低压、湿度和振动方面的恶劣环境的限制。

1.5 小结

如1.1节引言所示，1.2节中介绍了本书的背景，强调了本书会讲解的配置类型（即直流-交流和交流-直流-交流变换器）。1.3节简要地讲述了电力电子器件和电力电子变换器的历史，主要介绍了开关电源和可控硅整流器的发展。最后，1.4节中介绍了一些应用来展示电力电子变换器的大规模应用。读者可以在本章参考文献[4]~参考文献[13]中找到更多的相关应用。

参考文献

[1] Liserre M. Dr. Bimal K. Bose: a reference for generations [editor's column]. IEEE Ind Electron Mag 2009;3(2):2–5.

[2] Rashid MH. *Power Electronics Handbook: Devices, Circuits, and Applications*. San Diego, CA: Elsevier; 2007. p 1–2.

[3] Bose BK. *Power Electronics and Motor Drives: Advances and Trends*. San Diego, CA: Elsevier; 2006. p 1–3.

[4] Blaabjerg F, Consoli A, Ferreira JA, van Wyk JD. The future of electronic power processing and conversion. IEEE Trans Ind Appl 2005;41(1):3–8.

[5] Gutzwiller FW. Thyristors and rectifier diodes - the semiconductor workhorses. IEEE Spectr 1967;4:102–111.

[6] Elasser A, Kheraluwala MH, Ghezzo M, Steigerwald RL, Evers NA, Kretchmer J, Chow TP. A comparative evaluation of new silicon carbide diodes and state-of-the-art silicon diodes for power electronic applications. IEEE Trans Ind Appl 2003;39(4):915–921.

[7] dos Santos EC Jr, Jacobina CB, da Silva ERC, Rocha N. Single-phase to three-phase power converters: state of the art. IEEE Trans Power Electron 2012;27(5):2437–2452.

[8] Goldman A. *Magnetic Components for Power Electronics*. Kluwer Academic Publishers; 2002.

[9] IBM Customer Engineering Reference Manual: 736 Power Supply, 741 Power Supply, 746 Power Distribution Unit; 1958. p 60–17.

[10] Karcher EA. Silicon controlled rectifiers in monolithic integrated circuits. Electron Devices Meeting, 1965 International; vol. 11; 1965. p 6–17.

[11] Mohan N, Undeland TM, Robbins WP. *Power Electronics: Converters, Applications, and Design*. 3rd ed. John Wiley & Sons; 2002.

[12] Rashid MH. *Power Electronics: Circuits, Devices, and Applications*. Prentice Hall; 1993.

[13] El-Hawary ME. *Principles of Electric Machines with Power Electronic*. Wiley: IEEE Press; 2002.

第 2 章　功率开关与基本功率变换器概况

2.1　引言

本章主要阐述了主要电源开关的基本原理及其特点。此外，本章也包含了主要的电力电子变换器的概况，突出了每种类型拓扑结构的主要特点。半导体功率器件是电力电子变换器的核心部分。因此，了解这些器件对于设计一个专用的具有特定特性的功率变换器来说是至关重要的。对不同拓扑结构的学习将会给改进电源处理系统带来更多的可能性。

在专门讲解本书核心章节——脉冲宽度调制（PWM）变换器的交流电压处理之前，本章首先考虑了许多能量转换的可能性。本章中包含的变换器有 dc－dc 变换器、dc－ac 变换器、ac－dc 变换器以及 ac－ac 变换器，也包含电压源和电流源变换器。

由于本章目标是为了展示不同类型的开关和变换器的概况，因此对于变换器的深入分析在本章中省略。然而，在接下来的章节中对于两种功率变换器（文中叫作功率块）以及先进的 PWM 变换器的交流电压的细节（例如多级变换器和连续变换器）都进行了详细的描述。

本章内容组织如下：2.2 节主要展示了市面上可以购买到的主要电源开关的理想特性，强调了它们的静态和动态特性；2.3 节展示了这些半导体器件的具体特性，通过其动态特性进行分类；2.4 节描述了基础电力电子变换器；最后 2.5 节总结了这一章。

2.2　理想开关用电力电子器件

功率半导体器件的结构和设计主要关注的是如何瞄准理想开关的构想提高它们的性能。图 2.1 展示了每一个电源开关及其发展的年份。一个给定的电源开关的性能通常以其静态和动态特性来衡量。一个理想的开关必须具有以下几点特征：①无限的阻断电压能力；②在开关关断时没有电流；③在开关闭合时具有无限的电流控制能力；④在开关闭合时能将电压降到 0；⑤没有开关或者传输损耗；⑥在任何开关频率条件下都能工作。

电源开关的分类有着许多不同的方法。在本书中考虑了两种不同的分类方法：静态特性和动态可控性。描述静态特性的主要优值系数是静态电流－电压（$I-V$）

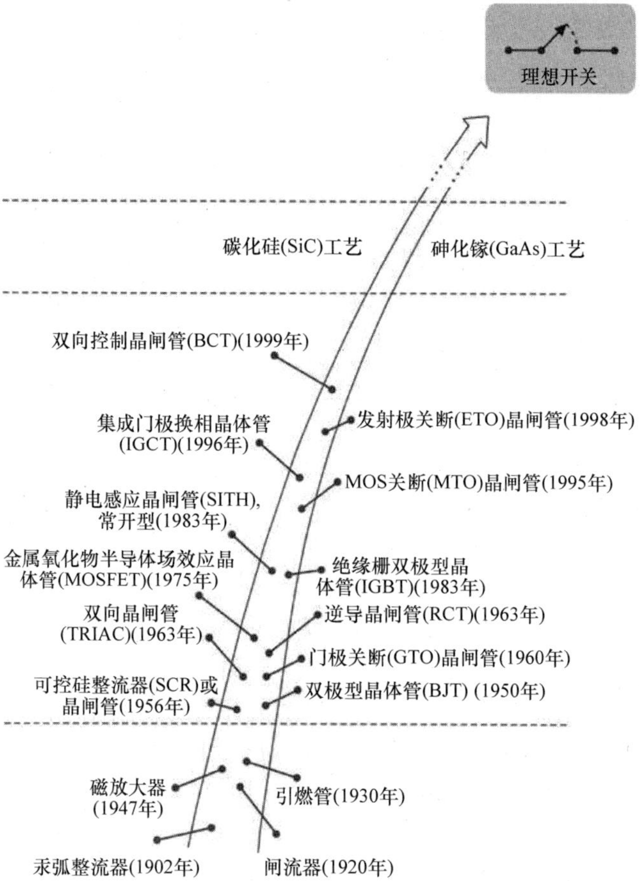

图 2.1　电源开关朝理想化发展示意图

特性曲线。另一方面，开关的动态特性考虑到通过一个外部信号（门控命令）或开关连接的电路变量改变闭合和关断的状态。例如，在没有门信号控制二极管闭合和关断的情况下，其传导或阻断取决于电路所给的电压和电流。

2.2.1　静态特性

功率半导体器件的静态特性和它们传导或阻断一个或两个极的能力有关，如图 2.2 所示。

图 2.2a 和图 2.2b 分别展示了理想状态下传导和阻断时的电流电压特性。图 2.2c ~ 图 2.2g 描述了市面上能找到的主要器件的理想电流电压特性。

因此，半导体器件可以操作单向或双向（UniC 或 BidC）的电流和单向或双向（UniC 或 BidC）的电压。例如：①二极管、双极型晶体管（BJT）和绝缘栅双极型晶体管（IGBT）都是单向电压和电流类型的器件；②可控硅整流器是一个单向电

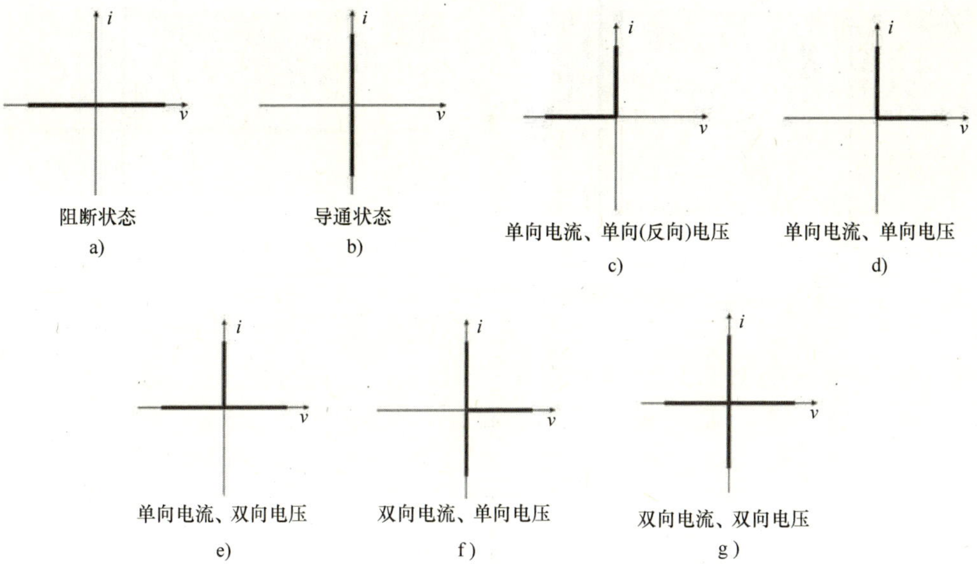

图 2.2　市面上的电源开关传导和阻断的理想 $I-V$ 特性

流、双向电压的器件；③双向可控硅整流器以及双向晶闸管（BCT）都是双向电流、电压器件；④MOSFET 是一种单向电压、双向电流的器件。

在图 2.2c ~ 图 2.2g 展示的所有特性在规格定义和设计电力电子变换器方面扮演着非常重要的角色。这些曲线实际上是近似于真正的器件 $I-V$ 特性。例如图 2.2c 就是近似于一个将会在后面的章节中提到的功率二极管的具体特性。

2.2.2　动态特性

专用器件的动态特性与其电流和电压变化过程相关，这种变化可能是从传导状态变成阻断状态，或是从阻断状态变成传导状态。该变化被称为是换流或整流。整流从阻断状态变为传导状态被称为开启或传导，从传导状态变为阻断状态被称为关断或阻断。如图 2.2 中的 $I-V$ 特性曲线所示，换流的过程相当于一条轴上的工作点到另一个工作点。例如一个通直流的单向电流单向电压开关如图 2.2c 所示，阻断过程使得开关变量（电压和电流）从 I 轴变换到了 V 轴。

实际上，换流的过程可以主动触发也可以被动控制，如图 2.3 所示。四个例子介绍如下：

- 自发传导（SC）——见图 2.3a；
- 自发阻断（SB）——见图 2.3b；
- 可控传导（CC）——见图 2.3c；
- 可控阻断（CB）——见图 2.3d。

在自发变换的情况下（即传导和阻断），状态的改变被定义为电源电路变量的改

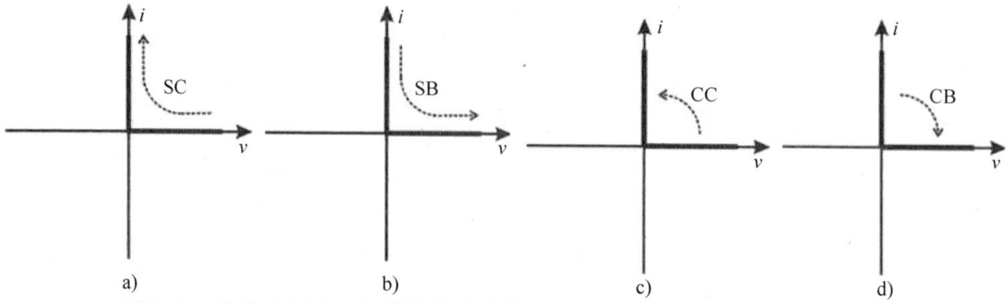

图2.3　换流过程中理想器件的动态特性：a）自发导通；b）自发关断；c）可控导通；d）可控关断

变，而可控变换的情况下，状态的改变被认为是门信号（控制信号）的作用。

图2.4显示了时域（左侧）上电压和电流的行为和自发传导、自发阻断、可控传导、可控阻断的动态特性（右侧）。图2.4中轴上的点（P1、P2、P3）说明了在换流过程中自发或被控发生时变量的行为。例如，在图2.4a中，点P1表明开关被阻断时的工作点，说明了该期间在电流为零时被施加了一个负电压。工作点P2说明了器件在电压降低时的行为。最后，工作点P3显示了开关闭合时的电压和电流的值。比如在二极管整流电路中，该电路允许发生阻断到传导状态变化，则换流过程就发生。一个相似的自发阻断分析如图2.4b所示。

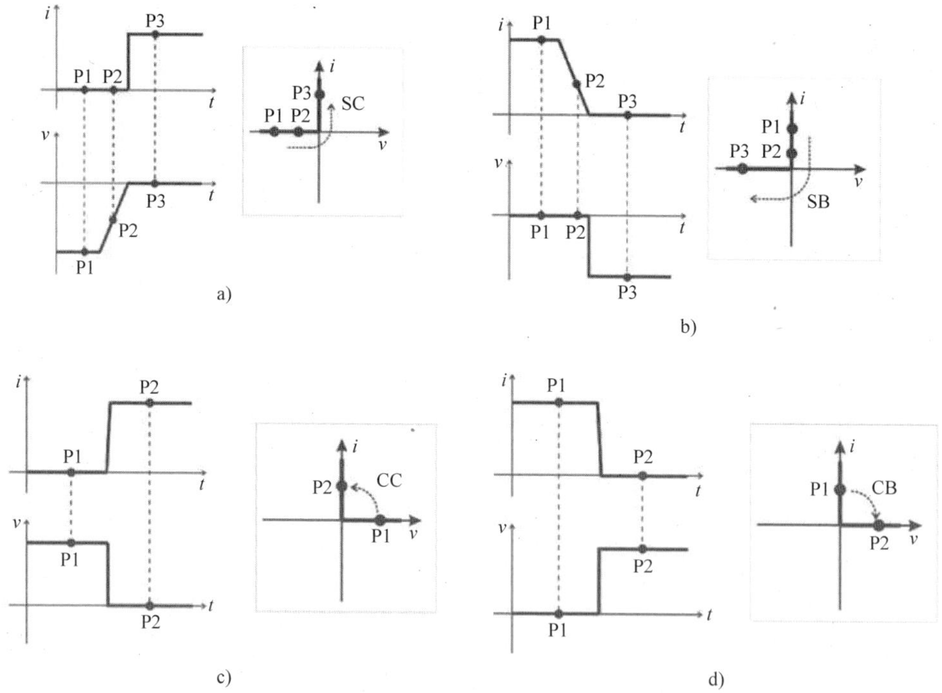

图2.4　换流器件的时域和动态特性对比：a）自发传导；b）自发阻断；c）可控传导；d）可控阻断

另一方面，一个可控硅整流器件除了两个主要的端口之外，必须有一个控制电极，通常称为门极或基极。控制信号施加在门极或基极上，同时在两个主要端口施加正电压，就会导致状态按照理想的方式变化，也就是从一个轴变换到另一个轴，如图 2.4c 和图 2.4d 所示。

在动态特性方面，理想的功率器件可以按照如下规则进行分类：

- 自发传导/自发阻断（SC/SB）；
- 可控传导/自发阻断（CC/SB）；
- 可控传导/可控阻断（CC/CB）；
- 自发传导/可控阻断（SC/CB）。

2.3　主要具体的功率半导体器件

最常见的电力电子器件是二极管、晶闸管以及功率晶体管。通常它们有两个电极（阳极/阴极或者集电极/发射极或者漏极/源极）以及一个或更多的控制极（门/基极）。与前文给出的理想特性不同，具体器件的额定电压和额定电流是存在限制的，同样它们的工作频率也一样存在限制。这些限制通常在由制造商提供的数据表中有详细的说明。因此，器件特性以及它们的规格对于选择一个合适的功率器件而言至关重要。

最常见的非理想器件特性有：

1）正向和反向电压的能力。其主要限制的额定值如下：

① 正向阻断电压，是使器件正向直接阻断电流而加载于器件电源端（通常是阳极到阴极，集电极到发射极，漏极到源极）的最大可重复正向电压，除非被要求导通。

② 反向阻断电压，是使器件反向阻断电流而加载于器件电源端（例如从阴极到阳极）的最大可重复得反向电压。

③ 最大峰值非重复正向及反向电压，是瞬态条件下最大非重复正向和反向电压。

④ V_{dc}和 V_R，分别是最大持续正向和反向阻断电压。这是二极管在可持续基础上反向偏置模式中所能承受的最大直流电压。

⑤ 正向电压降，是下降电压的瞬时值，该值一般取决于温度的变化。

2）与结温相关的器件开启（处于导通状态）时的电流能力。其主要的限制额定值如下：

① 开态电流，是导通电流的平均值。

② 开态的方均根（RMS）电流，是导通电流的方均根。

③ 峰值可重复正向电流，是可以通过器件的最大可重复电流。

④ 峰值正向浪涌电流，这是在瞬态条件下可以流过器件的最大非重复正向电

流。值得注意的是，在器件阻断时，器件仍然存在着正向或反向的漏电流，主要取决于器件的状态。

3）开关动作并不是瞬时的，因此在开关频率方面也有限制，如下所示：

① 开启时间，是完成开启过程所需要的时间。

② 关断时间和恢复时间（t_{rr}），是导通电流从即时状态减小至零的最小时间间隔。因此，器件可以在不开启情况下承受正向电压。

③ dv/dt，是正向电压的最大变化额定值，应用于处于阻断状态且没有启动一非程序性开启的器件。

④ di/dt，是器件导通状态下正向电流的最大变化额定值，如果高于制造商规定的 di/dt，可能毁坏这个器件。

4）最大开关频率取决于器件恢复时间。

5）功率损耗。半导体器件主要的功率损耗有三个方面：开关损耗（开启或关断）、导通损耗以及反向导通损耗。

在工业应用中最常用的器件会在下一章中介绍，并对这类开关根据其动态特性进行了分类。

2.3.1　自发传导/自发阻断

传统二极管和肖特基二极管有着自发传导和自发阻断的特性，在下文中按顺序进行介绍。

1）传统二极管。传统二极管是具有两个电极（阳极和阴极）的硅 pn 结器件。导通电流从 A 到 K 并且阻断反向电流。电压额定值可以上升至 9kV（4.8kA）和 5kV（13kA）。其符号如图 2.5a 所示，且它的具体 $I-V$ 特性曲线如图 2.5b 所示。当 $v_{Ak}>0$ 时二极管导通，外部电路限制其电流大小，其典型正向导通电压降为 0.7V。通常而言，二极管在正向电流 i_A 变为 0 且二极管两端施加反向电压时可以恢复其阻断能力，这个时间间隔要长于技术数据表中给出的反向恢复时间。实际情况下，在电流达到 0 之后，电流会反向且达到相对于正向电流的被称为“峰值反向恢复电流”的反向峰值。缓冲电路对于二极管的保护来说至关重要。主要由于两极与电路连接点的结电容和漏电感，缓冲电路会保护二极管避免超过电压的峰值。基本缓冲电路结构包括一个电容与一个电阻串联并与二极管并联。用于快速（$t_{rr}<1\mu s$）和超快速（$t_{rr}<100ns$）恢复二极管，其缓冲电路的规模减小，其规定的额定值达到：①600V，30A，$t_{rr}=50ns$；②1200V，120A，$t_{rr}=$

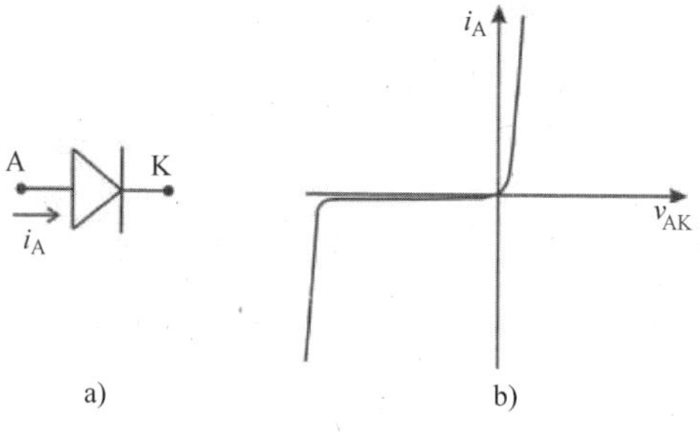

图 2.5　二极管：a）符号；b）$I-V$ 特性

85ns。近年来发展的碳化硅材料允许二极管的反向恢复时间减少至16ns。

2）肖特基二极管。与前文中的标准传统二极管不同，肖特基二极管是由一个金属-半导体结（p 型材料被金属所替换）构成的。它有一个更低的导通压降（通常为0.5V）和比标准传统二极管更快的开关速度（少于100ps），这使得它具有更高的开关频率。然而，它的阻断电压也更低（一般最大为200V）以及它具有更大的漏电流。碳化硅（SiC）基肖特基二极管更有前景，且已经被测试验证能承受1.2kV（60A）。

2.3.2　可控传导/自发阻断器件

本组主要器件为可控硅整流器（SCR，晶闸管）和三端双向晶闸管（TRIAC）。

SCR。SCR 是一个三端硅基 p-n-p-n 器件，包含两个电源极，即通电流的阳极（A）和阴极（K），以及一个控制极，叫作门极（G）。其电流是单向的，可以是正向阻断和反向阻断（UniC/BidV）。正的门极电流脉冲可以触发器件。当门极没有被触发时，即使 $v_{AK}>0$，SCR 也会阻断正向的电流。如果当 $i_{GK}>0$ 同时 $v_{AK}>0$，由可控硅连接的电路所施加的电流使得 SCR 从阳极到阴极导通。导通时电压降为1~4V。一旦导通，可控硅近似等效为一个二极管，并且它只有在阳极电流变为0时被关断。当电流为0之后，为了增强其正向阻断的能力，在 SCR 两电极之间施加一个反偏电压。注意，门极在 SCR 导通时失去了控制能力。它的符号和具体 $I-V$ 特性曲线如图2.6所示。两端的正向及反向电压在传统的 SCR 中是对称的（也有 SCR 的电压特性不对称，叫 ASCR）并且可以达到5kV（5kA）以及12kV（2.3kA），或者甚至5kV（8kA）。较高的 dv/dt 会导致 SCR 意外导通。由于这些原因，为了避免 dv/dt 和过电压峰值触发，可以采用带电容的缓冲电路，而带电阻的缓冲电路可以限制电流峰值，带电感的缓冲电路可以用来限制 di/dt 额定值。

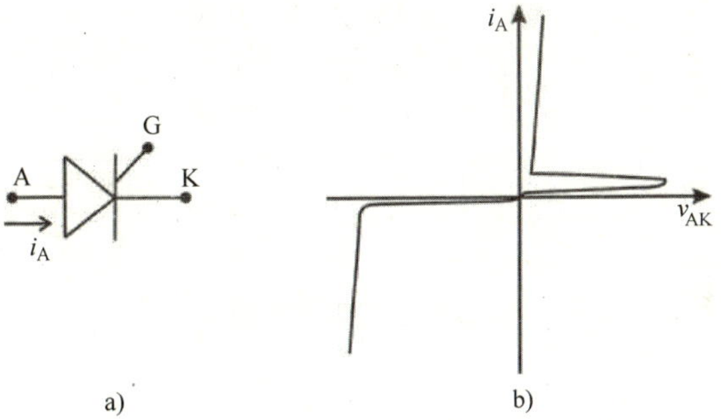

图2.6　SCR：a）符号；b）$I-V$ 特性

TRIAC。TRIAC 是由两个 SCR 以反向平行的方式单片集成的晶闸管。该器件可以在正向和反向传导和阻断（BidC/BidV）。它有两个电源极，T1 和 T2，以及一个门极 G。它的符号和 $I-V$ 特性曲线如图2.7所示。当 $v_T=v_{T1}-v_{T2}$ 为正（象限Ⅰ）时，一个正的门极电流脉冲导通 TRIAC。但是当 v_T 为负（象限Ⅲ）时，它也能被一个负的门极电流脉冲导通。操作发生在Ⅱ和Ⅳ象限也是可能的，但是门极触发在这些情况下更不敏感。同时，dv/dt 也比 SCR 的更差。

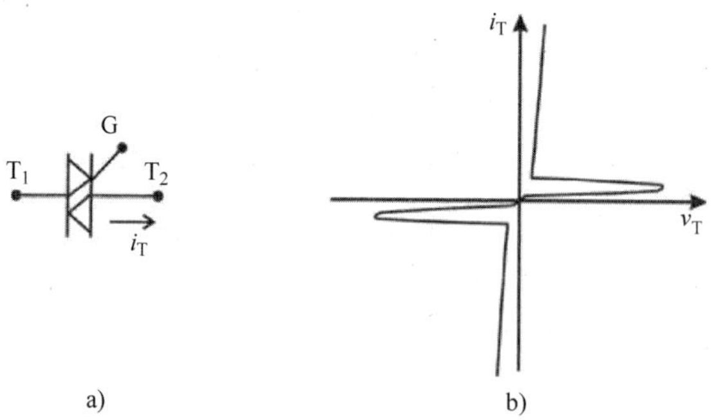

图 2.7 TRIAC：a）符号；b）$I-V$ 特性

其他可控传导/自发阻断（CC/SB）器件是光控 SCR（LASCR）；反向导通晶闸管（RCT），其功能等同于一个带反向并联二极管的 SCR（BidC/UniV）；以及 BCT，其中有两个反向平行连接的 SCR，但是不同于 TRIAC，每一个独立的操作都有独立的门控制信号（BidC/BidV）。

2.3.3 可控传导/可控阻断器件

可控传导（CC）和可控阻断（CB）器件主要有：①基本的晶体管，如 BJT 和金属氧化物半导体场效应晶体管（MOSFET）；②基本晶闸管，比如门极关断（GTO）晶闸管；③混合晶体管，如 IGBT；④混合晶闸管，如 MOS 控制晶闸管（MCT）和集成门极换流晶闸管（IGCT）。

双极结型晶体管（BJT）。BJT 电流是单向的，它可以是 npn 型或 pnp 型，并且它具有不对称的阻断特性，只能承受数十伏反向阻断电压（UniC/UniV）。它的符号和静态特性如图 2.8 所示。BJT 有三个极，电流通过集电极（C）和发射极（E）、基极（B）控制 i_C 的幅度。不像低功率 BJT 器件，功率器件工作在准饱和区，这样削减了存储的电荷，避免了工作在饱和区时的较长恢复时间。由于它的直流增益（h_{FE}）要比它对应的信号电平更低（一般低至 5），达灵顿连接更为常见，因为其直流电流增益更高。这种结构的缺点在于它的电压降和漏电流。BJT 的正向阻断电压可以高至 1kV。

MOSFET。场效应晶体管中金属氧化物半导体（MOS）技术的应用形成了功率 MOSFET。它有三个极，即漏极（D）、源极（S）和栅极（G）。

MOSFET 符号和 $I-V$ 特性如图 2.9 所示。类型为 npn 型或 pnp 型，器件中的两个 pn 或 np 层通过金属连接，因此在 G 和 D 极之间形成电容。MOSFET 可以被一电压脉冲所导通。MOSFET 导通时等效为一个电阻，并且导通前等效为一个晶体管。相似的器件由于制造商的不同，其名字也各不相同，比如 HEXFET（六边形场

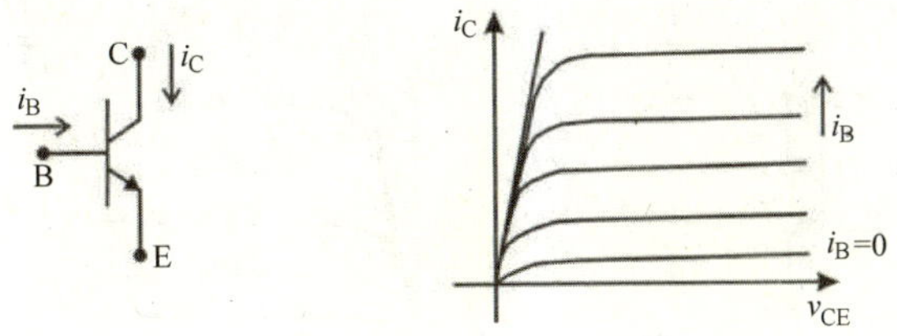

a)　　　　　　　　b)

图 2.8　BJT：a）符号；b）$I-V$ 特性

效应晶体管）、SIPMOS（西门子功率金属氧化硅）和 TMOS（T 电流金属氧化硅）。其正向阻断电压在 1kV 的范围内，并且可以在高频范围内工作。由于具有一个反向平行连接的本征二极管，可以在正向及反向电流下工作，且可以分为双向电流/单向电压（BidC/UniV）器件。它在低电压和高频率的应用范围内替代了 BJT，但是它的缺点在于它的导通电阻随电压的增大而增大。

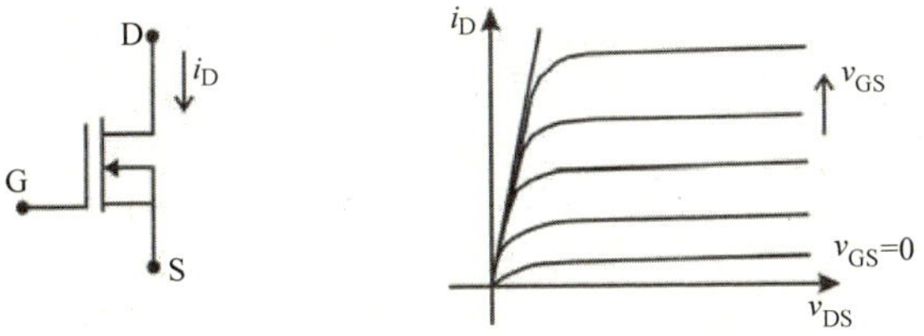

a)　　　　　　　　b)

图 2.9　MOSFET：a）符号；b）$I-V$ 特性

然而，碳化硅 MOSFET 具有极低的导通电阻，因此可以节约能源。有人预测在某些电压范围超过 1kV 的应用中，碳化硅 MOSFET 将会取代硅－绝缘栅双极型晶体管（Si－IGBT）。

绝缘栅双极型晶体管（IGBT）。IGBT 由于其使用了混合 BJT－MOSFET 结构，对电力电子学的发展起到了极大的推动作用。IGBT 结合了 MOSFET 和 BJT 的优点，能够可控打开和关断。类似 MOSFET，它具有很高的输入阻抗，并且只需要较低的能量导通。它的符号和 $I-V$ 特性如图 2.10 所示。IGBT 导通电压降很小（在 1kV 的设备中一般只有 2～3V）。常规器件电流一般为单向，并且正向阻断电压 6.5kV（750A），正向阻断电压 1.7kV（3.6kA），规定的 dv/dt 范围为 50000～100000V/μs。NPT（非穿通）类型的 IGBT 阻断电压可以高达 3.5kV（2kA）。其典型开通和关断时间从 200ns～1μs。其设计可用来阻断双向电流。但是对于更低的电压（1.7kV）和电流（25A），1200V（40A），600V（200A）等，最近市面上推出了名为反向阻断 IGBT 的器件。至于 MOSFET，碳化硅技术也同样用来设计碳化硅绝缘栅双极型晶体管（SiC－IGBT），该器件可以使其阻断电压高达 15kV。

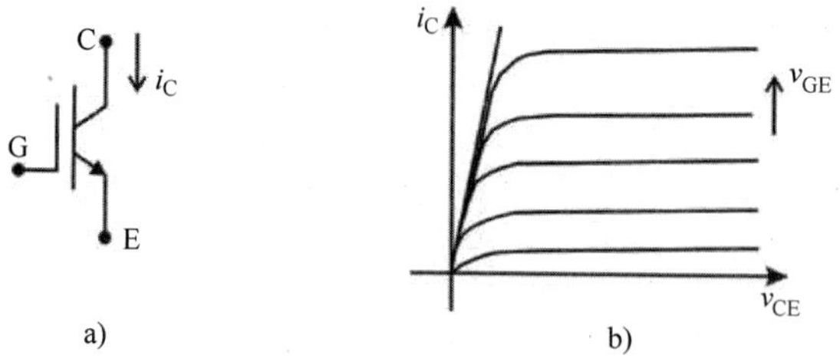

图2.10 绝缘栅双极型晶体管：a）符号；b）*I*－*V*特性

门极关断（GTO）晶闸管。门极关断（GTO）晶闸管的出现为晶闸管实现关断控制提供了一种选择。它的符号和*I*－*V*特性如图2.11所示，而且它通常是一单向电流（UniC）/单向电压（UniV）器件。其开通仅仅需要一个很小的门极正向电流脉冲。然而其反向电流脉冲的关断电流增益通常为3～5，这意味着关断一个6kV/6kA的门极关断晶闸管需要一个大约为1.5kA的反向门极电流脉冲。反向阻断GTO晶闸管可以承受的反向电压为4.5kV（3kA）。同时，GTO晶闸管在有电感负载时需要使用阻尼器。

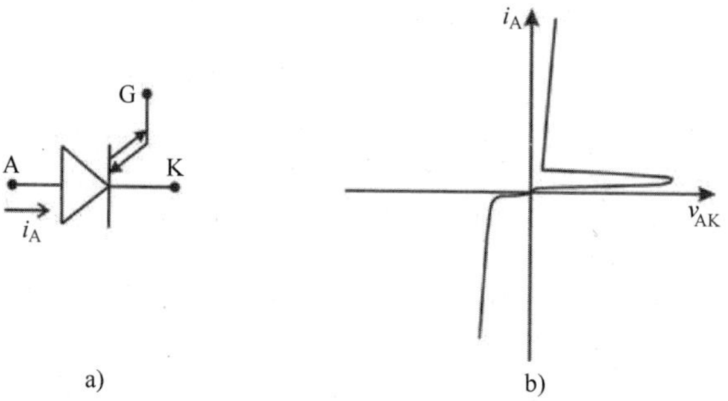

图2.11 门极关断（GTO）晶闸管：a）符号；b）*I*－*V*特性

MCT。MCT也被称为MOS－GTO晶闸管，同时它有机结合具有pnpn结构的晶闸管的FET的特性。它是一个单向电流（UniC）/单向电压（UniV）器件。在设计时，它被寄希望于处理容量高达200kVA，并且在之后几年内能够处理容量高达1MVA。导通时，它的特性接近于可控硅整流器。通过关断门极实现阻断。然而，尽管它能够耐压高达2～3kV，耐流高达数百安培，但其市场接受度在当下仍未明确。它的符号如图2.12a所示。

集成门极换流晶闸管（IGCT）。集成门极换流晶闸管面世于1997年。它是一个高电压、高功率、不对称阻断器件，其结构非常类似于门极关断（GTO）晶闸管。它被设计为一单片集成的反平行二极管，并且是一个双向电流（BidC）/单向电压（UniV）器件，其符号如图2.12b所示。该器件具有单位门极关断电流增益。

这意味着一个带可控阳极电流为3kA的4.5kV IGCT需要一3kA的反向门极关断电流。所以它为了关断需要一个较大的增益，同时为了使其关断时间变短而 di/dt 变得很大，门极驱动器必须有一个极低的漏电感。出于这个目的，门极驱动电路基于高关断速度（1μs）需要设计并集成于控制端与器件之间，并且这样也基本消除了在GTO晶闸管处于无吸收工作时导致的 dv/dt 问题。在IGCT中，在任何门极和阳极之间的电流分配产生之前，阴极电流被转移到了门极，这样pnpn的结构就可以被转换成一个pnp的结构。因此，IGCT导通方式与GTO晶闸管一致，而其关断方式则与IGBT一致，它结合了这些器件的特性。相比于GTO晶闸管，IGCT其他更加优越的参数有导通电压降和门极驱动损失。它的典型工作频率大约为500Hz，也可以高达1kHz。该器件已经被应用于电力系统中，安装于100MVA以及中等电力（功率最高至5MW）的工业传动中。像GTO晶闸管和IGCT，最近正在开发对称的反向阻断集IGCT（RBIGCT），可以承受5kV电压。

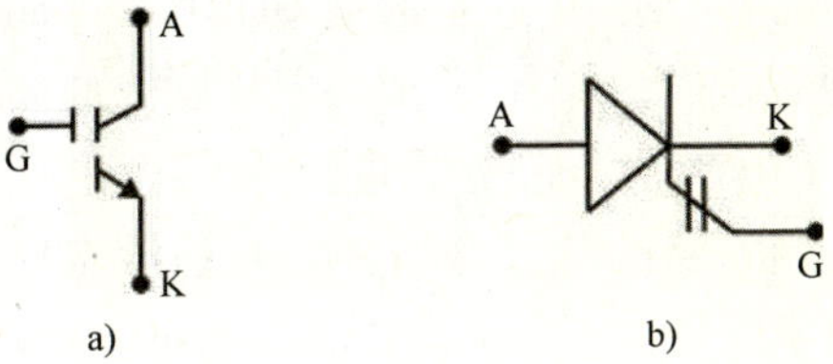

图2.12　符号：a）MCT；b）IGCT

2.3.4　自发传导/可控阻断器件

还有被分类为自发传导/可控阻断器件的两种器件，即常开型静电感应晶体管（SIT）和常开型静电感应晶闸管（SITH）。

静电感应晶体管（SIT）。SIT也称为结型场效应晶体管（J-FET），是一种电压驱动的n型场效应晶体管。其符号如图2.13a所示。它是一种工作频率高达100kHz，额定值高达1.2kV和300A的单向电流（UniC）/单向电压（UniV）器件。当 $v_{GS}=0$ 时，该器件导通并且其漏极电流可以被栅源电压 v_{GS} 所控制。然而关断该器件所需的 v_{GS} 很高，该反向电压高至40V的也不是不常见。这类常开型并且关断可控的特性被分类为自发传导（SC）/可控阻断（CB）（常闭型SIT虽已经被开发，但是其性能有限）。然而，其较高的正向电压使其不适合大多数电力电子应用，除非该应用需要射频操作。此外，在制造方面对于其大规模的生产也提出了很多担忧。该器件被证明通过采用碳化硅技术更有前途，其额定值可达1.2kV/17A和6.5kV/5A。它的工作功率范围也上升至50kW。125V/2.2kW的碳化硅静电感应晶体管（SiC-SIT）已被证明可以在超高的频率（高至450MHz）中工作。然而，关断该器件所需要的栅源电压 $V_{GS}=-30$V。尽管SiC-SIT是一个常开器件，最近一种常闭SiC-SIT也被开发出来，其额定值为1.2kV（35A），关断 V_{GS} 只有-2.5V。

静电感应晶闸管（SITH）。静电感应晶闸管（SITH或SIThy）作为一个单向电压器件，是由一 n 沟道 SIT 和一 pnp 型晶体管结合而成。其符号如图 2.13b 所示。它是通过反向门极电压控制关断的常开型器件，并且没有反向阻断能力。它可以在 2～4μs 的恢复时间内处理 300～2kA 的电流。它是一个额定值为 1.5kV/300A 的器件并且其额定频率高达到 10kHz，但希望能应用于 10MHz 的电源中。虽然它相比于 GTO 晶闸管可以工作在更高的频率，但是其高电压和低电流增益是其主要缺点。至于 SIT，制造工艺的复杂性和用于关断的高反向门极电压是其主要缺点。

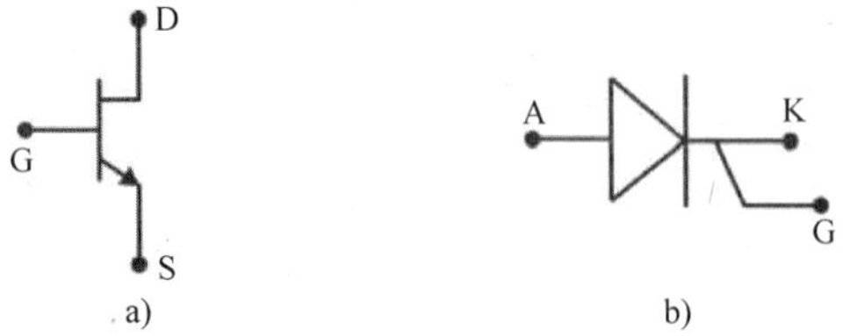

图 2.13 符号：a）静电感应晶体管；b）静电感应晶闸管

练习 2.1

下图所示的简单电路允许电压源（$V_{dc}=1kV$）和电阻负载（R_o）之间的进行功率流控制，通过以 f_s 的开关频率闭合和断开开关 S。采用本章给定的开关的额定值，确定合适的用来做开关 S 的功率器件，分别在以下情况下考虑：

（a）$f_s=1kHz$　$R_o=0.6\Omega$

（b）$f_s=50kHz$　$R_o=2.5\Omega$

（c）$f_s=200kHz$　$R_o=10\Omega$

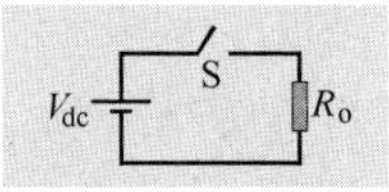

2.3.5 主要的功率开关发明者列表

可以在市面上看到的主要功率器件的发明者列表如下：

二极管。第一个半导体二极管，一个 200V/35A 锗基器件，于 1952 年由 R. N. Hall 发明。其对应的 500V 硅基器件由 Russell Ohl 在贝尔实验室发明。

BJT。在 1947 年，W. Shockley、J. Bardeen 以及 W. Brattain 构建了第一个锗点接触型晶体管。BJT 由 W. Shockley 于 1948 年在贝尔实验室中发明，并且在 1950 年发展至 500V/20A。第一个商用硅器件（生长结）由 Gordon Teal 在 1954 年制备。

SCR（Thyristor）。可控硅整流器或半导体闸流管在 1950 年由 William Shockley 提出。它在 1954 年和 1955 年由贝尔实验室的 J. L. Moll 初步提出，但是直到 1957 年通用电气（GE）公司制造出了一个可工作的器件才被广泛认可。该器件直到 1958 年才投入商业使用，并且 SCR（300V/16A）得到通用电气公司的 Frank W.

“Bill” Gutzwiller 支持。

GTO 晶闸管。GTO 晶闸管在 1962 年由通用电气公司的 R. Aldrich 和 N. Holonyak 所发明。它一直被使用到 20 世纪 70 年代，随后被硅功率 MOSFET 和 IGBT 所取代。其主要原因是 GTO 晶闸管耐流过低。比如在 1967 年，它的最高额定值为 500V/10A。然而在 1981 年，发展了一种改进的日立 GTO 晶闸管（Hitachi GTO），能够允许更高的电压和电流（2500V/1000A）。

TRIAC。双向晶闸管是由来自通用电气公司的 F. W. Gutzwiller 在 1963 年发明。实验中耐流高达 40A，但是第一批商用 TRIAC 是 SC40（1965 年）和 SC45（1966 年），额定值高达 200V（6A 和 10A）。它们分别依照基本的研究步骤由通用电气的 Aldrich 和 Nick Holonyak（1958）以及 Finis E. Gentry 和 Tuft（1963）所发明。

RCT。RCT 由通用电气公司的 Kokosa 和 B. Tuft 于 1970 年发明。

MOSFET。第一个金属氧化物场效应晶体管发明于 1958 年，1960 年由贝尔实验室的 D. Kahng 和 M. M. Atalla 所报告。然而第一个成功商用化的功率 MOSFET 来自美国国际整流器公司。

SITH 或 FCT（场控晶闸管）。SITH 由三菱电机公司的 J. Nishizawa 于 1975 年所提出（700V）；同年，一个被称为 FCT 的相似的器件由 D. E. Houston 发表。

IGBT。第一个大电流率 IGBT 在 1982 年由通用电气公司的 J. Baliga 所开发，其对称阻断电压额定值为 600V（10A），即 6kVA。它也在 1983 年由 J. P. Russel 以 COMFET 的名字发表，达到了 400V（30A）。

SIT（常开型或 JFET）在 1975 年被 J. Nishizawa 所提出（300V，2A），其输出功率为 5W（1GHz）、36W（200kHz），40W（100MHz）。

BCT。双向控制晶闸管在 1998 年由 ABB 集团发明，其额定电压和额定电流分别为 6.5kV 和 1390A。

IGCT。IGCT 是 ABB 集团在 1993 年进行设想并在 1996 年由 P. K. Steimer 和 H. Gruning 等人发表 IGBT（4.5kV，3kA）。它同样在 1996 年由日立公司的 J. Sakano 等人所发表，并且其可以阻断 4kV 的电压。

MTO。MOS 常闭晶闸管在 1995 年由硅电力公司（Silicon Power Corporation）的 D. E. Piccone 等人所发明，其额定值为 6000V 及 500A。

2.4　基本变换器

如前文所述，电力电子变换器连接着一个源和一个负载（或另一个源）。该源可以是电压源也可以是电流源。同时，负载也可以是电压类型（如电容负载）或是电流类型（如电感负载）。源和负载之间的连接需要遵循以下顺序：①电压(V) - 电流(I) - 电压(V) - 电流(I)或②电流(I) - 电压(V) - 电流(I)

-电压(V)。源和负载之间的四种可能连接如图2.14所示，其建立的连接依次如下：$V-I$，$I-V$，$V-V$和$I-I$。请注意，如图2.14c所示的$V-V$连接，连接电力电子变换器的负载和源应该有一个电感在模块里。同样的原理适用于2.14d。

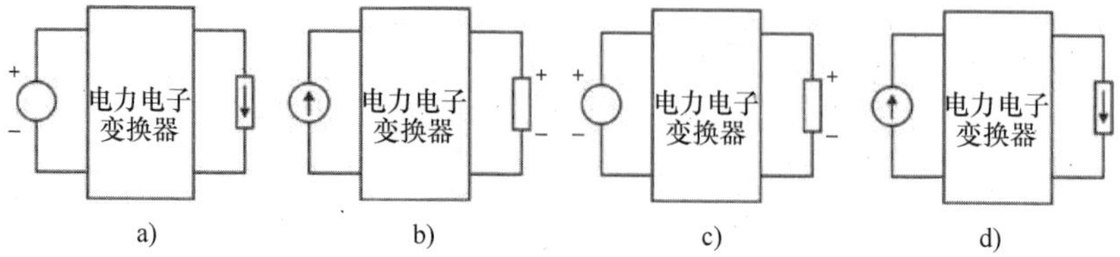

图2.14 四种源和负载之间连接的可能性

只有不同类型的源和负载可以直接连接，那就是：①一个电压源可以直接连接至电流类型的负载；②一个电流源可以直接连接至一个电压类型的负载。这样的限制主要是为了避免例如两个电压类型单元的并联，这样就可以防止这两个单元之间短路。

除了电阻负载，最小的允许连接源和负载的开关数量是两个，称为基本整流单元。实际上，这样一个整流单元可以有两种不同的排列，如图2.15（Cell I）和图2.16（Cell II）所示。在图2.15a中的Cell I也被称为支路，而当它如图2.15b中那样使用时，可以被用来将电压源连接至一个感性负载。在图2.15c中，源被连接在M和N两点之间而负载则与A点相连，叫作极点。相反，在图2.16a所示的Cell II或它的支路形式（见图2.16b）中，连接至A点的电流源可以支持一个连接在M和N之间的容性负载，如图2.16c所示。值得一提的是当一个开关导通时，另一个开关是关断的。注意极点（点A）可以连接至点M或点N，所以它只能假设这两点的可能性。由于这些原因，两个单元都被称为两级单元。

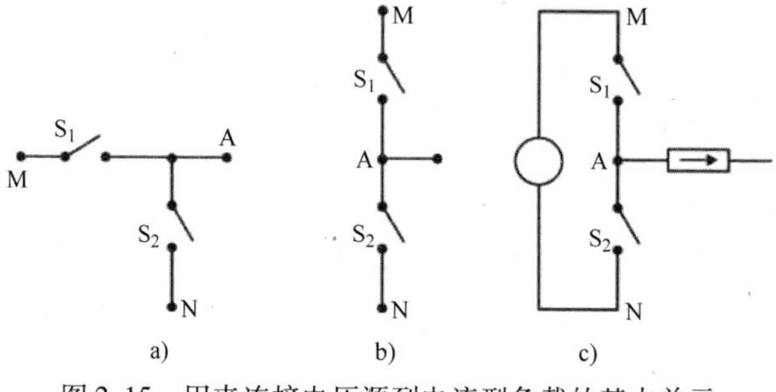

图2.15 用来连接电压源到电流型负载的基本单元

图2.17显示了不同类型的源和负载可以通过如图2.15和图2.16所示的基本单元连接。像前面所提到的那样，同类型的源和负载只能通过一个中间耦合电路进行连接。比如，要连接一个电压源到一个电压类型的负载，在源和负载之间必须要采用一个电流类型（电感）的单元（见图2.17c）。另一方面，电压类型的单元是一个用来连接电流源和电流负载的电容器，如图2.17d所示。

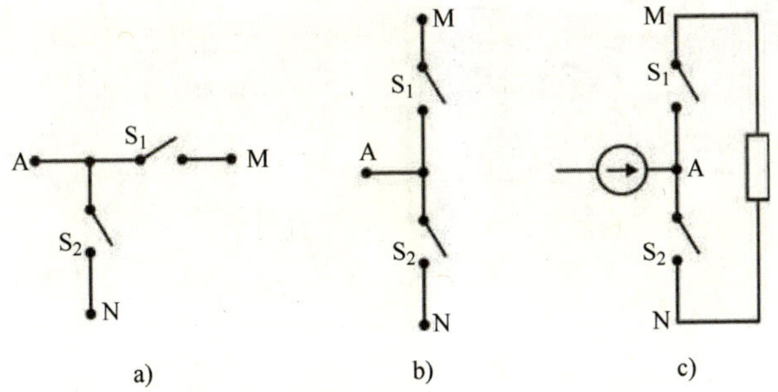

图 2.16　用来连接电流源到电压型负载的基本单元

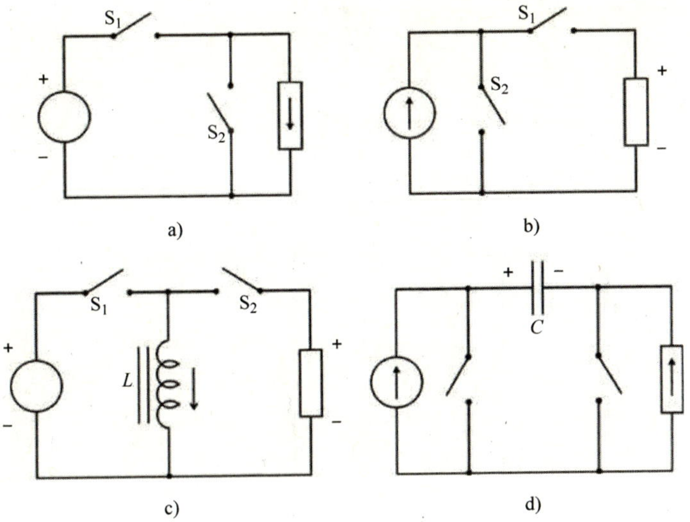

图 2.17　构建电力电子变换器的原理

基本单元允许基本变换器将能量以如下方式转换：dc－dc、dc－ac、ac－dc 和 ac－ac，并且同样也可以将其以更系统的方式扩展成更加复杂的结构。这事实上就是本书中所采用的方法。

根据不同的应用，我们可以定义两种场景：①一个负载被一个或多个源所支持；②一个源供应一个或多个负载。首先考虑第一种：一个负载被一个或多个源所支持的情况。每一个源可以被连接至一个开关（例如，对应图 2.15 中的点 M），如图 2.18a ~ d 所示；或者连接至一个极点（支路的中点，即点 A），如图 2.18e、f 所示。同样，第二种场景，当一个源供应一个或多个负载时，负载的每个部分都可以连接至一个开关（例如点 M），如图 2.18g 所示；或连接至支路的中点（A），如图 2.18h、i 所示。

注意，图 2.15 ~ 图 2.18 中的电源开关、源和负载都是一般表示。其步骤一般首先选择合适的电源开关，再根据源和负载类型以及特定应用的要求来选择合适的

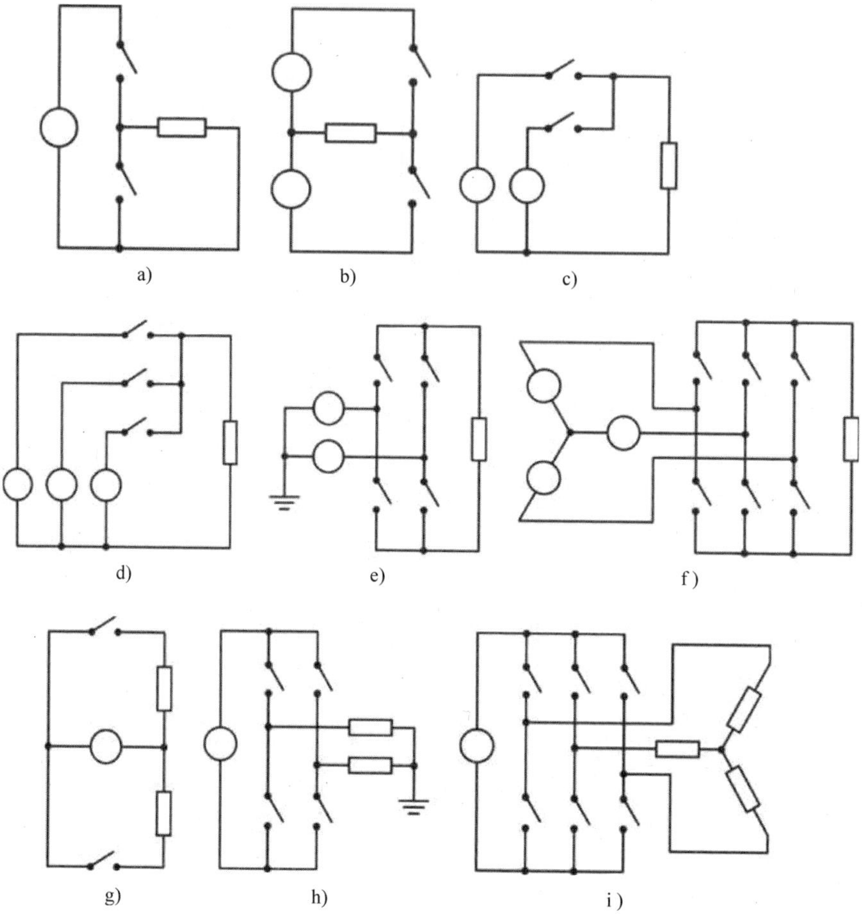

图 2.18　连接源和负载的不同方式

特性的变换器。

以下技术特性用于选择合适的开关和变换器：①单向电流（UniC）或双向电流（BidC）；②单向电压（UniV）或双向电压（BidV）；③自发传导（SC）或可控传导（CC）；④自发阻断（SB）或可控阻断（CB）。其他基本特性为开关频率、电压和电流率以及成本。

2.4.1　dc－dc 变换

1）降压变换器。降压变换器如图 2.19a 所示，包含了一个直流电压源（V_{dc}），一个如图 2.19a 所示的带开关 S_1 及 S_2 的基本单元；由于要连接两个电压型元件，因此需要能量存储元件（L）和电压为 V_o 的电阻负载。由于应用需要，两个开关 S_1 和 S_2 应该是单向电流和单向电压的及可控导通和可控阻断的。然而，请注意 S_2 必须与 S_1 互补，从而避免直流源（V_{dc}）短路。这就意味着 S_1 闭合时，S_2 应该断开，而当 S_2 闭合时，S_1 应该断开。

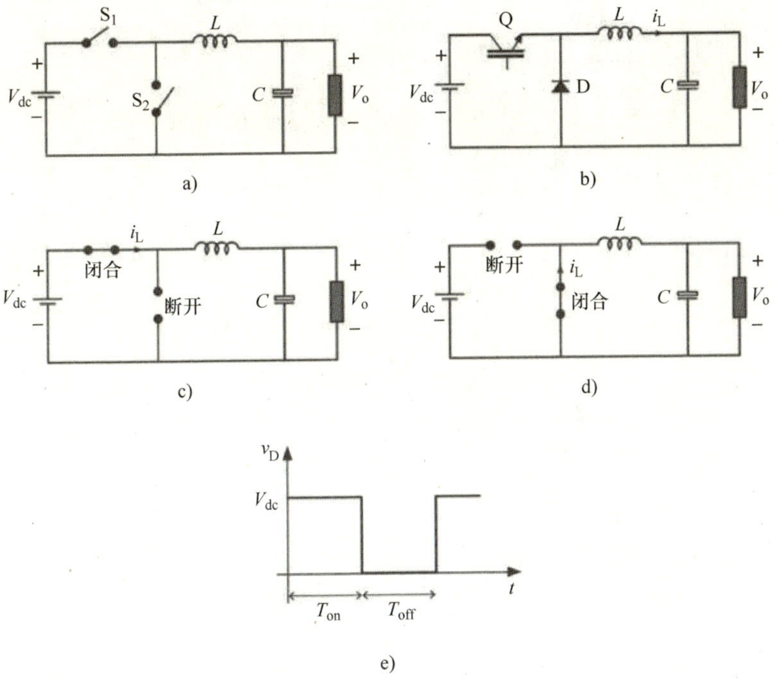

图 2. 19　降压变换器包含：a）一个基本单元；b）具体开关；
c）TS1；d）TS2；e）二极管电压

这意味着如果一个受控导通/受控阻断类型的开关（即二极管）用来作 S_2，那么电路也将具有相同的功能，电路如图 2. 19b 所示。

降压变换器有两种拓扑结构：

TS_1——当二极管关断时，开关 Q 闭合并导通电感电流，如图 2. 19c 所示。

TS_2——当开关 Q 断开时，二极管导通电感电流，如图 2. 19d 所示。

例 2. 1

解释为什么如图 2. 19 所示的降压变换器需要两个单向电流/单向电压特性的电源开关。答：由于输出电压是直流的，所以负载的电流同样也是直流，这也就导致电感电流 I_L 也是直流。在 TS_1 状态时，开关 Q 会传导这种单向电流，而在 TS_2 状态时，二极管会传导 I_L。当两个开关同时关断时，它们的电流也都会是 0。施加在这些器件上的电压也是单向电压，而且 Q 上的电压可以是 0 或 V_{dc}，D 上的电压可以是 0 或 $-V_{dc}$。

图 2. 19e 显示了二极管的电压，也就是应用于 LC 滤波器的电压。如图 2. 19e 所示的时域分析为该拓扑结构提供了一个很好的理解，频域的傅里叶级数允许鉴别频率的成分。概括地说，周期性波形 $f(t)$ 的展开由以下傅里叶级数给出：

$$f(t) = F_0 + \sum_{n=1}^{\infty} f_n(t) = \frac{1}{2}a_0 + \sum_{n=1}^{\infty} \{a_n \cos(n\omega t) + b_n \sin(n\omega t)\} \tag{2.1}$$

此处 $F_0 = 1/2\ (a_0)$ 为平均值。

$$a_n = \frac{1}{\pi}\int_0^{2\pi} f(t)\cos(n\omega t)\,\mathrm{d}(\omega t) \quad 或\ n = 0,\cdots,\infty \tag{2.2}$$

$$b_n = \frac{1}{\pi}\int_0^{2\pi} f(t)\sin(n\omega t)\,\mathrm{d}(\omega t) \quad 或\ n = 1,\cdots,\infty \tag{2.3}$$

在图 2.19e 所示的例子中，平均值 F_0 在式（2.1）中通过以下公式得到：

$$V_o = \frac{T_{on}V_{dc}}{T_s} = dV_{dc} 和\ d = T_{on}/T_s \tag{2.4}$$

式中，T_{on} 是开关 S_1 导通的时间间隔；T_s 是开关周期（$T_{on}+T_{off}$）；d 为工作周期。

注意，LC 滤波器的输入电压有无限种频率成分［见式（2.1）］，必须需要经过过滤。理想情况下，一个输出电压 V_o 只有 0 频率成分，如式（2.4）所示。

例 2.2

假设电感电压波形和能量存储组件的信息实际上是在推导式（2.4）时，没有通过傅里叶级数展开的一个无源成分。

答：下图显示了假设一个持续导通模式（即，i_L 总是高于 0 时）下的电感波形（电压和电流）。由于电感是一个无源器件，其上的平均功率为零，这就导致了平均电压也为零。事实证明（$V_{dc}-V_o$）$T_{on}=V_oT_{off}$，因此 $V_o/V_{dc}=T_{on}/T=d$。

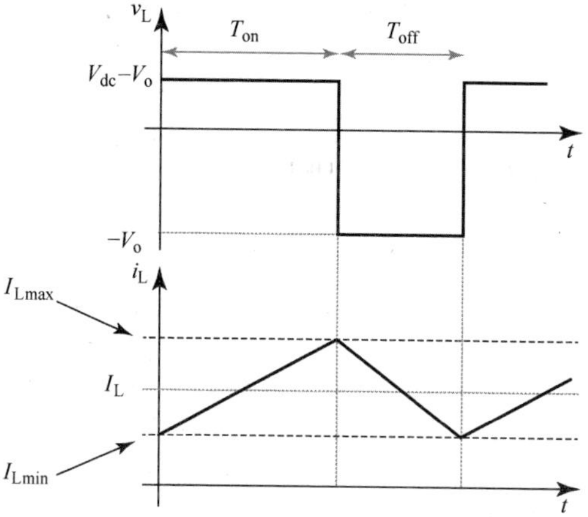

练习 2.2

利用式（2.2）和式（2.3）计算降压变换器工作周期 d 分别为 0.5 和 0.75 时的二极管电压两个波形从 0 到第七谐波的傅里叶级数 a_n 和 b_n。同时，开关频率为 50kHz。如果如图 2.19 所示的 LC 滤波器降低频率为 20kHz（3dB），看看在两种工作周期 $d=0.5$ 和 0.75 情况下，滤波器是否能减少降压变换器的开关频率。

2）升压变换器。基于具体半导体器件构建的升压变换器如图 2.20a 所示。它的拓扑结构如图 2.20b、c 所示。

TS_1——在该模式下，开关闭合，二极管反向截止。电感两端的输入电压之后随着电感两端的电流 i_L 的增大而增大。当 D 反向截止时，负载电流由电容 C 提供。

TS_2——当开关关断该模式启动，因此二极管是导通的。此时，存储在电感中的磁能被释放至电容器和负载。

升压变换器的平均输出电压由以下公式得到，即

$$V_o = \frac{V_{dc}}{(1-d)} \tag{2.5}$$

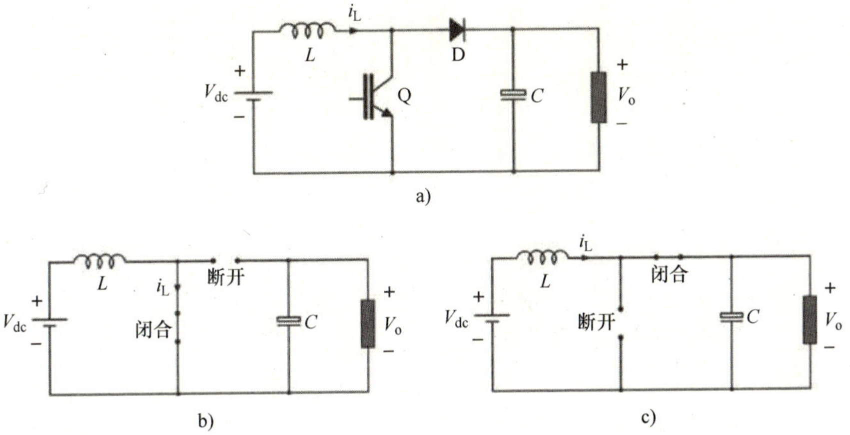

图 2.20　升压变换器及其拓扑结构

升压变换器的特性如下所示：

① 它的平均输出电压值要高于电压源输入的电压；

② 它的输入电流波形是连续的，取决于输入电感和开关频率的值；

③ 输出电压为正。

练习 2.3

如图 2.20 所示的升压变换器是为了从一个 24V 的电压源得到一个 120V 的直流输出电压。电阻负载为 120Ω，开关频率等于 50kHz，变换器工作在连续导通模式（$i_L > 0$）。请确定：①工作周期 d；②平均负载电流；③平均电源电流；④保证电流纹波小于 5% 的电感值。

3）其他基本 dc - dc 变换器。除了前面所述的降压和升压变换器，还有四种其他可以控制输出电压的基本非隔离式 dc - dc 变换器，如图 2.21 所示。它们的平均输出电压的绝对值由式（2.6）得到

$$V_o = \frac{dV_{dc}}{(1-d)} \tag{2.6}$$

图 2.21 中的所有拓扑结构，其输出电压的平均值都可以小于或大于电压源的输入值，这主要取决于 d 的值。其结构的主要特点依次如图 2.21 所示。

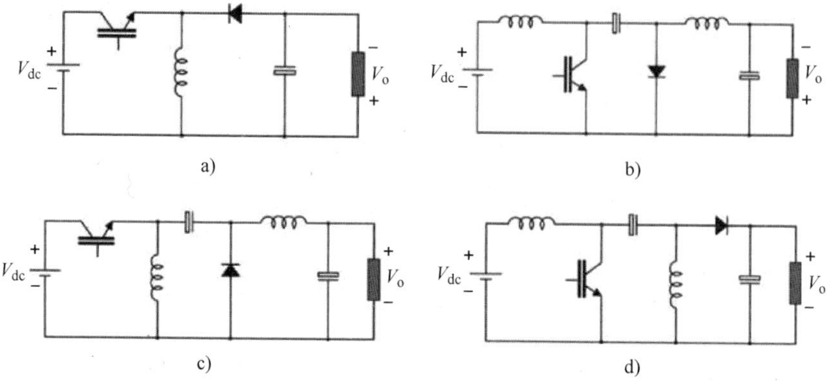

图 2.21 四种基本 dc－dc 变换器：a）Buck－Boost 变换器；b）Cuk 斩波变换器；c）Zeta 斩波变换器；d）单端初级电感变换器（SEPIC）

1）Buck－Boost 变换器。该变换器如图 2.21a 所示，可以连接一个电压源到一个电压类型的负载上。Buck－Boost 变换器的特性如下：

① 输入电流和电流 i_D 都是非连续的。

② 输出电压为负。

2）Cuk 斩波变换器。该变换器如图 2.21b 所示，可以将一个电流源连接到一个电流类型的负载上。Cuk 斩波变换器的特性如下：

① 输入电流和输出电流都是连续的。

② 输出电压为负。

3）Zeta 斩波变换器。该变换器如图 2.21c 所示，可以将一个电压源连接到一个电流类型的负载上。Zeta 斩波变换器的特性如下：

① 输入电流是非连续的，输出电流连续。

② 输出电压为负。

4）单端初级电感变换器（SEPIC）。SEPIC 如图 2.21d 所示，可以将一个电流源连接到一个电压类型的负载上。SEPIC 的特性如下所示：

① 输入电流非连续，电流 i_D 也是非连续。

② 输出电压为正。

2.4.2 dc－ac 变换

允许从直流转换至交流的电路也被称为逆变器。它们可以是电压源逆变器（VSI）、电流源逆变器（CSI）和独立源逆变器（ZSI）。VSI 和 CSI 的基本概念和主要特性依次如下给出，关于 ZSI 则在第 8 章（8.6.2 节）另行讲解。

（1）电压源型逆变器（VSI）

从直流源生成一个交流电压的最简单的方法是如图 2. 18b 所示将负载连接在基本单元和两个源之间。图 2. 22 展示了采用具体开关表现的相同的变换器。

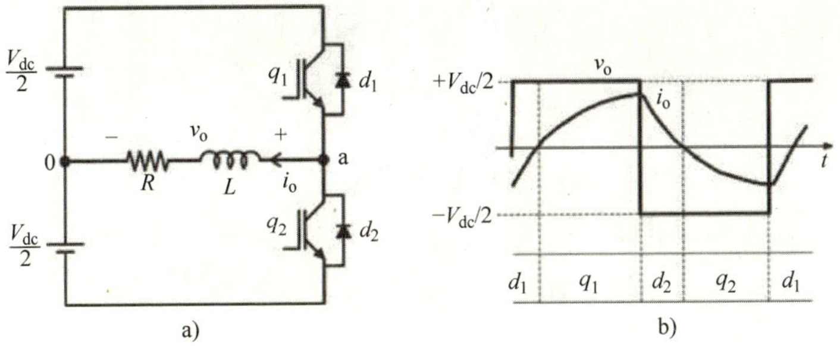

图 2. 22　a）半桥逆变器；b）$d = 0.5$ 时，其输出电压和电流波形

1）半桥。当开关 q_1 闭合导通时，电压源 $+V_{dc}/2$ 被施加于负载两端。负载电流随后呈指数增加。当 q_1 关断时（q_2 闭合导通），通过二极管 d_2 的电流减小，一负电压施加于负载两端。类似的与 d_1 和 q_1 有关的操作在 q_2 断开时开始。当 $d = T_{on}/T_s = 0.5$ 时，逆变器的输出端产生一个方波。输出电压与负载电流一同如图 2. 22b 所示。输出电压的傅里叶级数展开如下：

$$v_{a0} = \frac{4}{\pi}\frac{V_{dc}}{2}\left[\sin(\omega t) + \frac{1}{3}\sin(3\omega t) + \frac{1}{5}\sin(5\omega t) + \frac{1}{7}\sin(7\omega t) + \cdots\right] \qquad (2.7)$$

式（2. 7）可以计算输出基波电压的振幅以及现有的奇次谐波。

开关间隔 T_s 中工作周期的正弦变化允许谐波转换至高频区域。最显著的在频率调制指数附近，定义为

$$m_f = \frac{f_s}{f_m} \qquad (2.8)$$

式中，载波信号频率 f_s 定义了开关频率（如三角波），同时 f_m 为调制信号频率（如正弦信号）。

这种技术被称为正弦脉宽调制（SPWM）技术。其功能是通过比较一个正弦（调制信号）和一个三角波波形（载波信号），调制信号的频率作为基准，然后载波频率定义了开关频率。SPWM 的主要波形如图 2. 23（上）所示，输出电压的波形如图 2. 23（下）所示。

调制信号与振幅 V_{a0}^* 之间关系和载波信号 V_t，定义了振幅调制系数 m_a，即

$$m_a = \frac{V_{a0}^*}{V_t} \qquad (2.9)$$

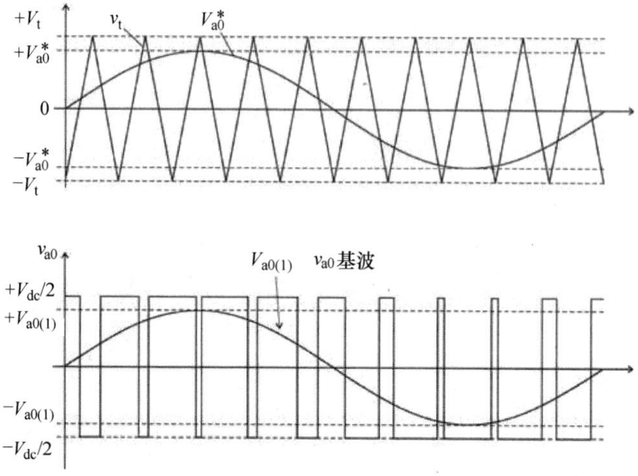

图 2.23　正弦调制：基准（上）、极点电压波形（下）

对正弦调制（SPWM）而言，基波电压的振幅由如下公式给出：

$$V_{a0(1)} = \frac{V_{a0}^*}{V_t}\frac{V_{dc}}{2} = m_a \frac{V_{dc}}{2} \tag{2.10}$$

这意味着给定直流电压（V_{dc}）下，基波振幅与幅度调制系数（m_a）成正比。

例 2.3

如图 2.22a 所示的半桥逆变器驱动了一个 5Ω 的电阻负载，其开关频率为 10kHz，$V_{dc}=100$V（占空比为 50%），计算：①全谐波频率下输出电压的方均根，②基频下输出电压的方均根，③如同电压和电流，所有开关的输出功率。

答：① 根据定义，当周期为 T 时周期函数 $f(t)$ 的方均根为

$$f_{RMS} = \sqrt{\frac{1}{T}\int_0^T [f(t)]^2 dt}$$

利用如图 2.22b 所示的电压波形图，得到输出电压方均根为

$$V_{oRMS} = 50\text{V}$$

② 通过式（2.7）可知，输出电压的基波分量为 $v_{a01} = 2V_{dc}/\pi[\sin(\omega t)]$，因此基准电压的方均根值由下公式得到 $V_{01RMS} = 2V_{dc}/2V_{dc}/\pi\sqrt{2} = 45.15$ V。

③ 输出功率为 $P_o = V_{oRMS}^2/R = 500$W。每个开关的阻断电压和电流分别是 100V 和 20A。

练习 2.4

重复最后一个例子，计算变换器开关频率为 20kHz，$R=5\Omega$，$L=15$mH 的 RL 负载。

2）全桥电路。单向全桥逆变器电路如图 2.24a 所示。输出电压可以写成一个极点电压函数，如

$$v_{ab} = v_{a0} - v_{b0} \tag{2.11}$$

变换器的主要波形如图 2.24b 所示。假若这样，极点电压 v_{a0} 和 v_{b0} 都产生 180°相移。

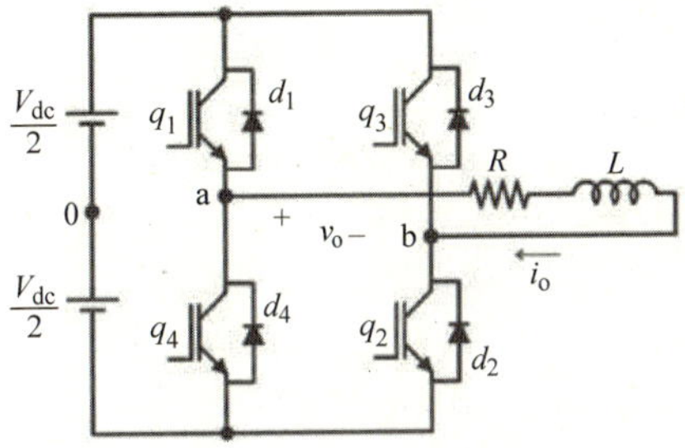

a)

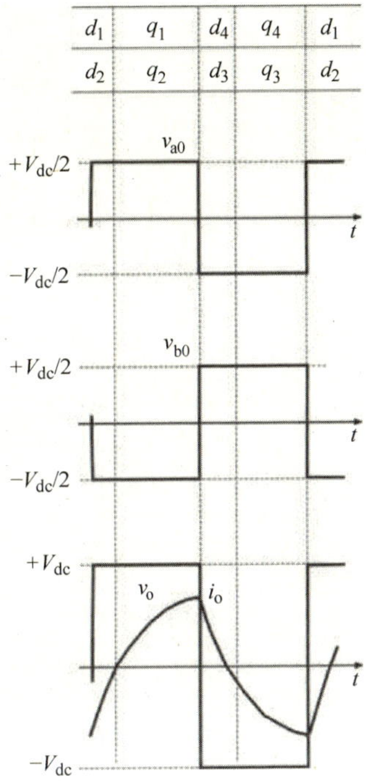

b)

图 2.24　a）单向全桥逆变器；b）主要波形

在半桥电路中占空比为 50%，输出电压包括奇次谐波分量，也就是第三、第五、第七谐波等，$d = 0.5$。

当极点电压如图 2.25a 所示相移 θ（单位为度）时，八种操作模式中的四种如图 2.25b ~ e 所示。在模式 1 中，开关 q_1 和 q_2 流过增大的正向负载电流（$t_0 < t < t_1$），然后 q_2 关断迫使 q_1 在 d_3 处于续流模式时流过负载电流（模式 2，$t_1 < t < t_2$）直到 q_1 被关断（t_2）。从这一刻开始，模式 3 启动，d_3 和 d_4 共同导通；负载电压变为负值，并且负载电流随后下降至零（$t_2 < t < t_3$）。零交越点决定模式 4 的开始，即负向电流开始增大。当 q_4 关断时，q_3 和 d_1 开始导通，然后直到完成整个周期。

添加相移角度 θ 来修改负载电压的基波和谐波的策略如式（2.12）所示，函数 $\gamma = \pi - \theta$。用函数 γ 描述的负载电压基波和谐波分量如图 2.26 所示。当 $\gamma = 120°$

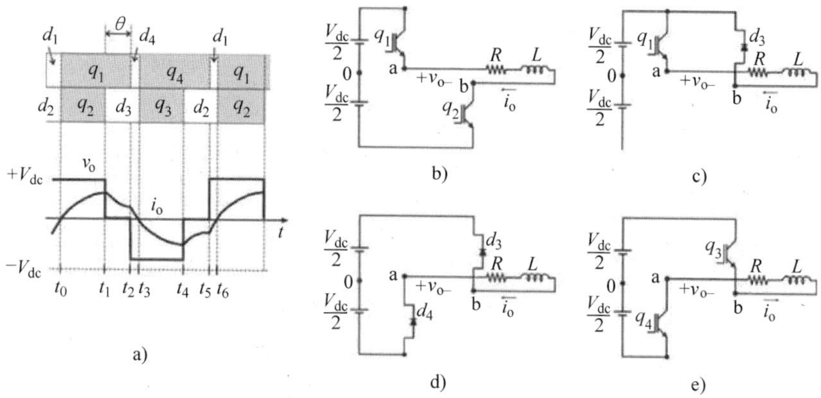

图 2.25　单向全桥逆变器：a）门信号和主要波形；b）模式 1；c）模式 2；d）模式 3；e）模式 4

时可以观察到，尽管 5 次、7 次、11 次、13 次谐波仍有振幅，3 次谐波的振幅为 0。

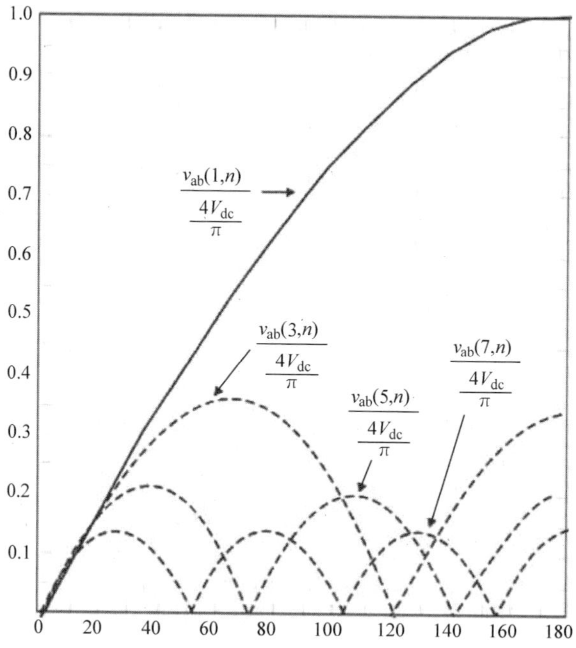

图 2.26　输出电压的基波和谐波分量以函数 γ 示意图

$$V_{o(n)}=\frac{4V_{dc}}{n\pi}\sin\left(\frac{n\gamma}{2}\right) \tag{2.12}$$

另一种减少输出电压低频谐波分量的方法是为门信号施加一个 PWM 策略，如之前半桥变换器那样。有几种不同的为全桥变换器生成 PWM 信号的方法，比如：①双极调制——当极点 1 和极点 2 的正弦参考信号处于同相时；②单极调制——当正弦参考信号电压相移 180°时；③第三种可能就是通过 PWM 信号操作其中一个支路，另一个支路则是在基频工作；这就是所谓的箝位电压单极调制。全桥变换器的 PWM 细节在第 5 章和第 8 章中再做补充。

3）三相逆变器。dc - ac 三相变换器如图 2.27 所示。电源开关的门信号生成可以通过改变 γ 来消除特定的谐波分量或用 PWM 的方法（将谐波推向更高的频率分量）来获得。首先，假设每一个极点电压的相移为 120°，那么可以计算线间的电压为

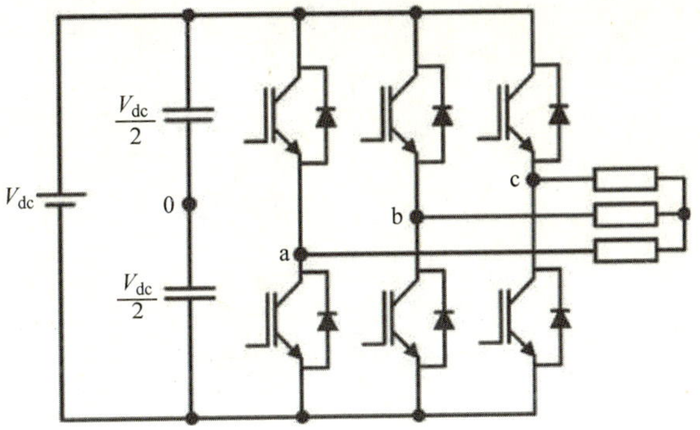

图 2.27　三相逆变器

$$\begin{aligned} v_{ab} &= v_{a0} - v_{b0} \\ v_{bc} &= v_{b0} - v_{c0} \\ v_{ca} &= v_{c0} - v_{a0} \end{aligned} \tag{2.13}$$

对于负载为星形联结，可以得到

$$\begin{aligned} v_{an} &= \frac{1}{3}(2v_{a0} - v_{b0} - v_{c0}) \\ v_{bn} &= \frac{1}{3}(2v_{b0} - v_{c0} - v_{a0}) \\ v_{cn} &= \frac{1}{3}(2v_{c0} - v_{a0} - v_{b0}) \end{aligned} \tag{2.14}$$

同时，负载中点与直流总线中点平衡的三相系统的关系也可以由式（2.15）得到，即

$$v_{n0} = \frac{1}{3}(v_{a0} + v_{b0} + v_{c0}) \tag{2.15}$$

对应式（2.13）~式（2.15）的波形如图 2.28 所示。

如图 2.28b 所示，线间（相间）电压由 $\gamma = 120°$得到，然后第三谐波及其倍数的谐波都没有在这些电压中测量。这是三相系统的重要特性，即在相角（120°）之间移位的自然相角可以消除谐波。

由图 2.28 可知有六种工作模式。图 2.29a ~ 图 2.29f 中特别强调了这些模式。除了这六种工作模式，还有两种其他的工作模式对负载施加的电压为零。这些续流

结构如图2.29g和图2.29h所示，有三个下部或上部开关同时导通。请注意，为了简化工作模式，三相电路的开关都是理想开关。

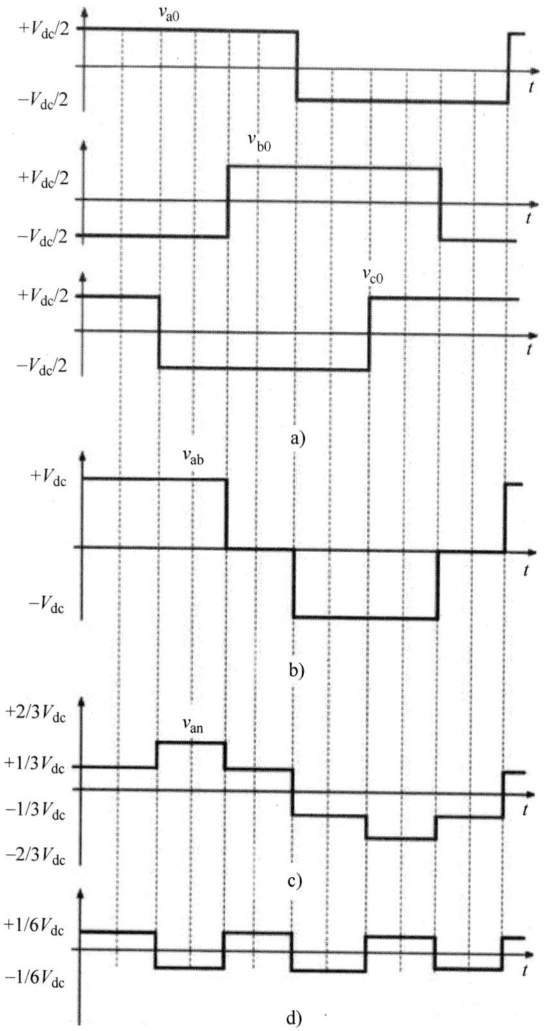

图2.28 三相逆变器波形：a）极点电压；b）相间电压；c）负载相电压；d）零序电压

另一种消除输出电压的谐波的方法是给开关的门信号产生一个SPWM信号。如图2.30所示，相对于载波信号，3个参考信号相移了120°。该图也说明了极点电压是正弦波与三角波比较而得的结果。

例 2.4

画出极点电压（v_{a0}、v_{b0}、v_{c0}）、相间电压（v_{ab}）、负载相电压（v_{an}）的波形，考虑到 SPWM 方法被应用于 dc－ac 三相变换器，其开关频率和调制频率分别等于 10kHz 和 60Hz，同时证明 $m_a \to \infty$。

答：振幅调制系数（m_a）趋向于无穷，从式（2.9）可以看出调制信号振幅无限高于载波信号振幅，这就导致极点电压和负载电压如图 2.28 所示。

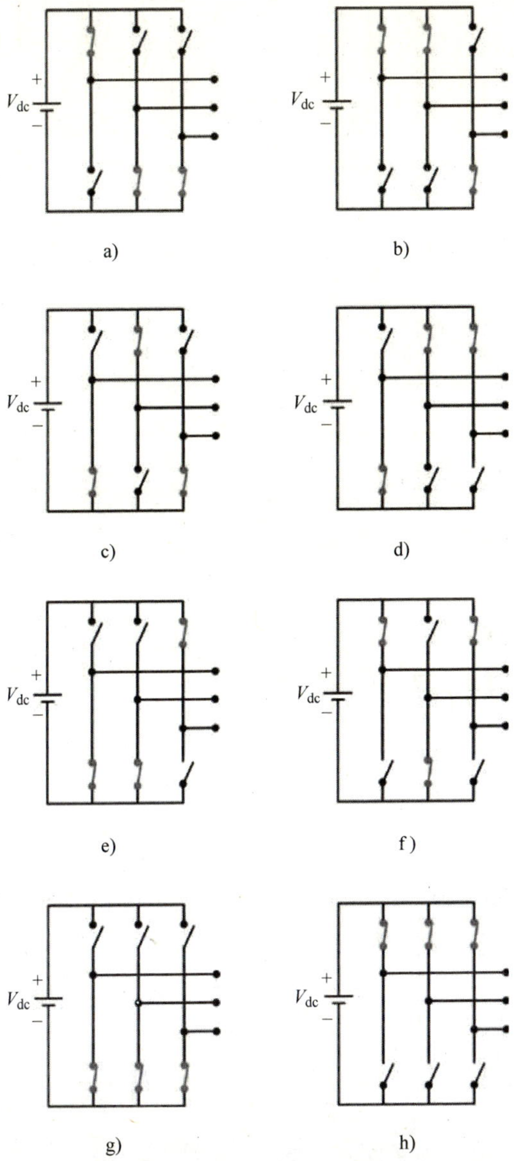

图 2.29　三相逆变器的工作模式

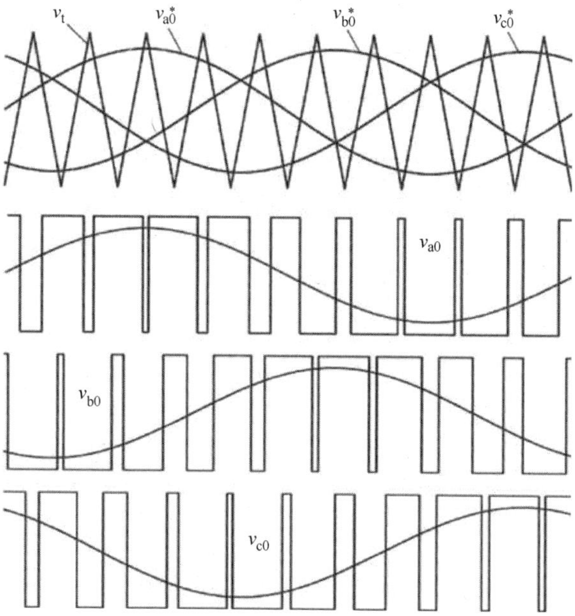

图 2.30　带 PWM 三相逆变器波形

练习 2.5

如图 2.27 所示三相逆变器（$V_{dc}=300V$）通过一个调制系数 $m_a=0.9$ 的正弦 PWM 方法调制。载波与调制信号频率之间的比例（m_f）足够高来保证三相负载由 $R=5\Omega$，$L=20mH$ 组成时的正弦负载电流。调制信号的频率为 50Hz。

1）基频时电压 v_{a0} 的方均根值是多少？

2）基频时电压 v_{ab} 的方均根值是多少？

3）每相电流的方均根值是多少？

4）CSI。

（2）三相版本的电流源逆变器（CSI）

如图 2.31 所示。其电流源是单向的，开关为单向电流型。然而，由于是双向电压类型的负载，开关必须是双向电压类型的。实际上，CSI 是双 VSI。因此，VSI 的相间输出电压波形相当于 CSI 的线输出电流波形。利用该知识点，CSI 可以采用控制 VSI 的 PWM 技术来进行控制。然而，对于两种变换器，空载时间的产生实际操作需要参照不同的规则。

2.4.3　ac－dc 变换

ac－dc 变换器也被称为整流器。该变换器可以分为可控整流器和不可控整流器两种。两种类型整流器的概述如下。

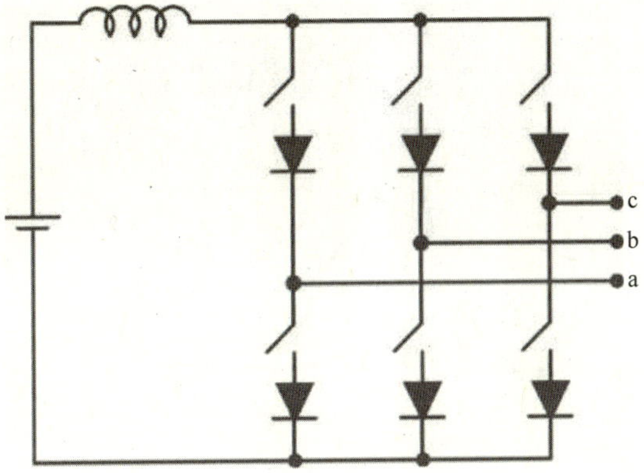

图 2. 31　电流源逆变器（CSI）

1）不可控整流器。请注意公用电网中的正弦波平均电压等于零。有一些应用，比如直流电动机驱动系统，需要一个平均电压不为零的波形。

如果采用电阻负载，最简单的满足平均电压非零的方法就是采用一能够斩波的功率变换器，例如，图 2. 32a 所示的正弦波负的部分。串联在源和负载之间的电源开关可以在不采用图 2. 15 和图 2. 16 中的基本单元的情况下实现整流电路功能。很明显，当输出电压和输出电流为单向时，是二极管以自发传导通/自发阻断/单向电流/单相电压的方式将电压和电流输送至器件上。根据电路的变量，在没有门信号控制的情况下定义了两种拓扑结构。这两种拓扑结构如图 2. 32b 所示。

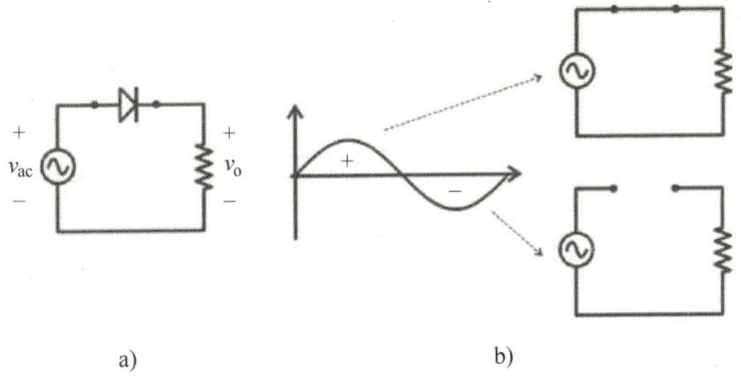

图 2. 32　带电阻负载的单相半桥二极管整流器：a）电路；b）工作模式

然而，对于 *RL* 类型的负载（见图 2. 33a），其正弦输出电压使得电流在 $\omega t=\pi$ 和 $\omega t=3\pi/2$ 时为零（具体取决于负载功率因数），因此需要关断二极管。在$\omega t=\pi$ 之后二极管导通期间，负输入电压施加到负载两端。即使是负电压，二极管也只会在同时满足以下两种情况下关断：反向电压和零电流（详见 2. 3. 1 节“传统二极管”内容）。在这种情况下，平均输出电压会随负载功率因数的变化而变化，但有时这并不是一个理想的情况。输出电压随负载功率因数变化这一情况可以通过将二极管（续流二极管）与负载并联来避免。事实上，它是将负载的负电压箝制于零，

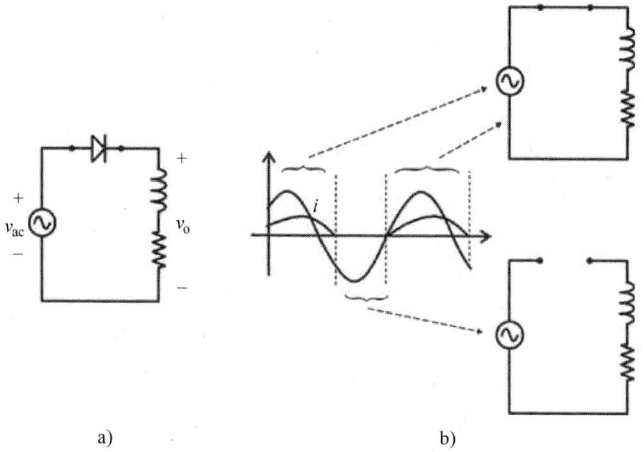

图 2.33 带电感负载的单相半桥二极管整流器：a）电路；b）工作模式

如图 2.34 所示 。在图中所示的两个二极管的排布实际上是图 2.15 中所示的基本单元的一种特例。在这种情况中，输出电压等于

$$\overline{V}_o = \frac{V_m}{\pi} \tag{2.16}$$

式中，V_m是正弦波的振幅。

例 2.5

推导式（2.16）。

由图 2.34 所示，可以注意到，由于是电感负载，二极管的排布实际上是一个由二极管构成的基本单元（如图 2.16 所示）。

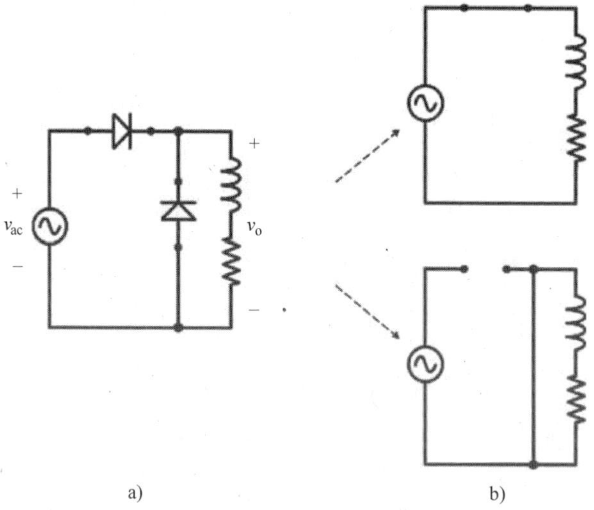

图 2.34 带电感负载和续流二极管的单相半桥二极管整流器：a）电路；b）工作模式

图 2.35a 展示了一个单相全桥二极管整流器，它的三相版本如图 2.35b 所示。两个电路都是图 2.18 中的一个例子，但是它们比图 2.32 ~ 图 2.34 中的半桥电路有着更高的输出直流电压。

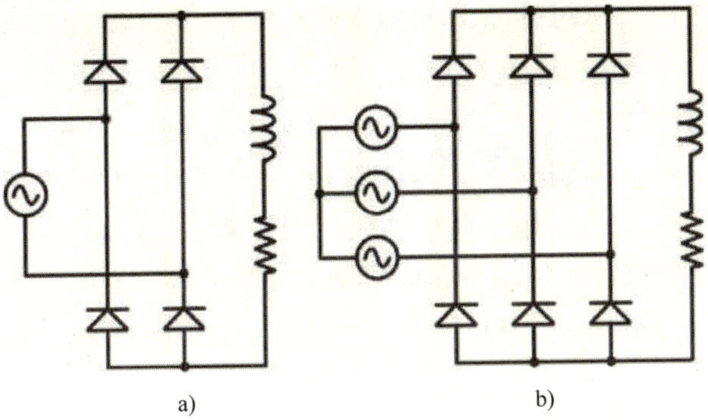

图 2.35　二极管整流器：a）单相版；b）三相版

2）可控整流器。可控整流器同样可以是半桥或全桥的拓扑结构。它们的控制可以通过相位控制或是 PWM 控制获得，主要取决于电路中的开关类型。

① 相位控制。考虑如图 2.36a 所示的一正弦（双向）电压源为一单向电阻负载供电的情况，开关 S_1 和 S_2 的类型分别为受控传导/自发阻断/单向电流/双向电压（SCR）和自发传导/自发阻断/单向电流/单向电压（二极管），如图 2.36b 所示。在给定的角度为 α 的那一刻，SCR 导通，并且其两端电压为正电压。不像前面所述的整流器，SCR 门电路允许的角度控制使得平均输出电压随 α 的改变而改变。这个技术被称为相位控制。

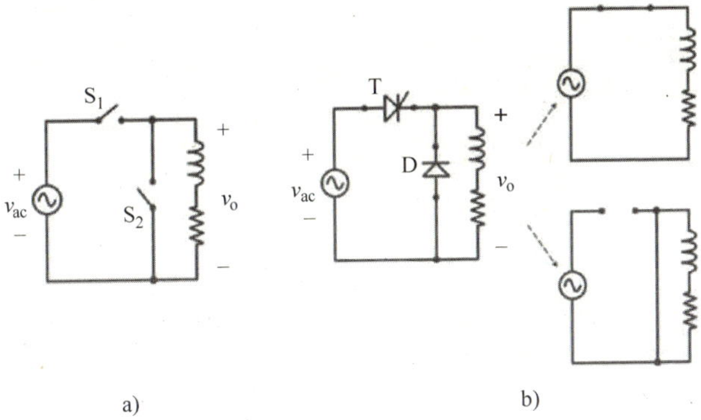

图 2.36　a）使用开关单元的可控 ac - dc 变换器；b）带 SCR 的单相整流器

输出电压的平均值通过 α 和正弦电压振幅共同得到，公式如下：

$$\overline{V}_{oa}=\frac{V_m}{2\pi}(1+\cos\alpha) \qquad (2.17)$$

从式（2.17）可以看到，当$\alpha=0°$时，输出电压的值和式（2.16）中的值一样，即当为$\alpha=0°$时SCR等效于二极管。

练习2.6

推导图2.36中所示可控整流器的平均输出电压的表达式是否为式（2.17）所示。

单分相半桥整流器如图2.37a所示，其正弦电压源v_{ac1}和v_{ac2}具有180°相移，如图2.37b所示。假设负载电流是连续的（即恒大于0）并且SCR T_1在v_{ac1}变为正时在角度为α时导通。这个电压随后施加在负载两端。从$\omega t=\pi$开始，v_{ac1}变负并且v_{ac2}变正，这使得T_2在$\omega t=\pi+\alpha$时导通。直到这时，负载电流由v_{ac1}提供，如图2.37c所示。从$\omega t=\pi+\alpha$开始，v_{ac2}提供负载电流，如图2.37d所示。

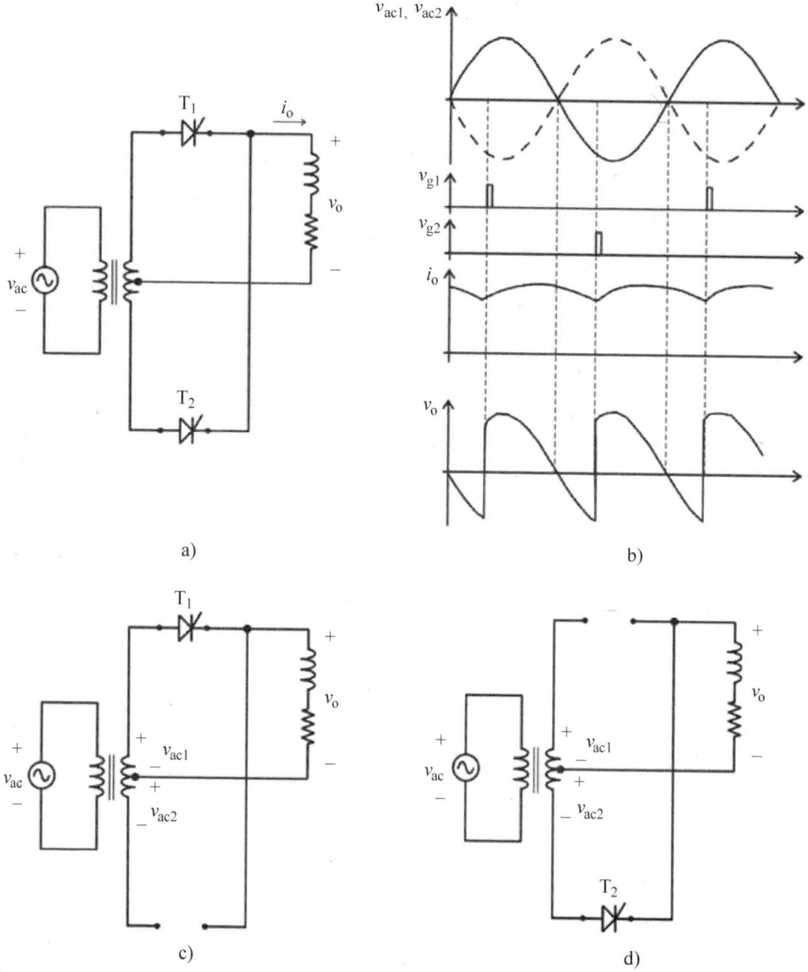

图2.37　单分相整流器：a）功率电路；b）波形；c）、d）操作模式

请注意，当如图 2.38a 所示添加一个续流二极管时，输出波形的负值部分被锁定至零，如图 2.38b 所示，并且输出平均电压的计算公式为式（2.17）。

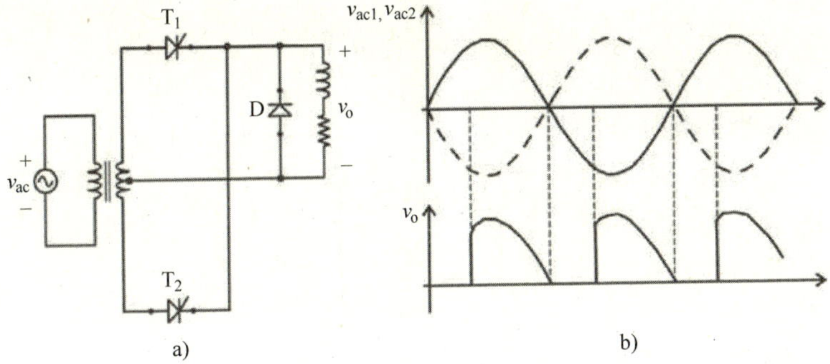

图 2.38　带续流二极管的单分相整流器：a）功率电路；b）主要波形

三相和六相半桥整流器分别如图 2.39 和图 2.40 所示。从图 2.39b 和图 2.40b

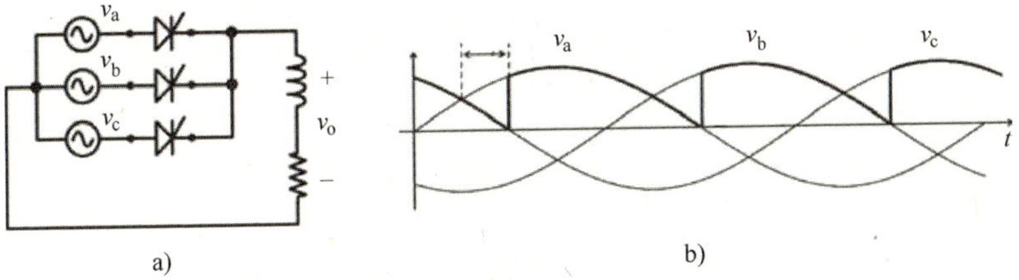

图 2.39　a）三相半桥受控整流器；b）输出波形

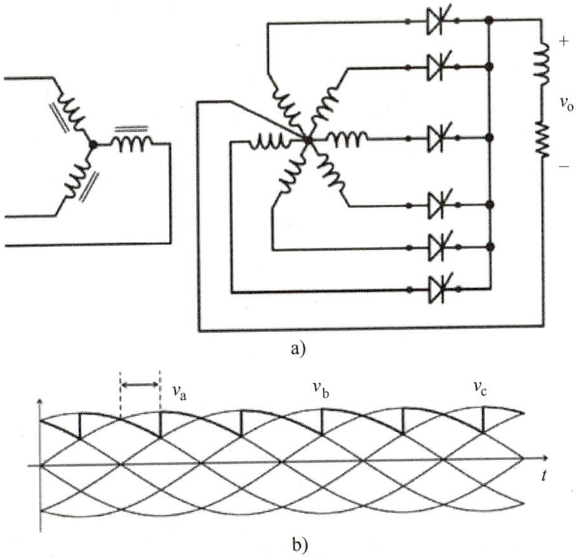

图 2.40　a）六相半桥受控整流器；b）输出波形

所示的波形结果来看，它们的输出电压都在 $\alpha=30°$ 处得到。$\alpha=0°$ 时的 n 相半桥整流器的平均输出电压的一般表达式见式（2.18）。

$$\overline{V}_o=\frac{nV_m}{\pi}\sin\left(\frac{\pi}{n}\right) \tag{2.18}$$

单相和三相电路的全桥整流器的例子如图2.41所示。单相全桥整流器的输出波形与单分相半桥整流器的波形相似。三相桥的输出电压波形与六相半桥的波形相似。

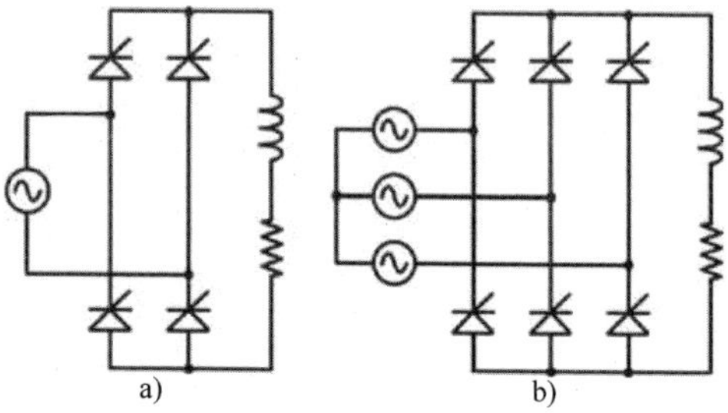

图2.41 可控全桥：a）单相整流器；b）三相整流器

② PWM 控制。一个拥有双向潮流能力、正弦电网电流和功率因数控制的三相 PWM 变换器如图2.42所示。每一相都能采用升压原理使得输出电压高于输入电压。该拓扑结构会在第9章具体讨论。

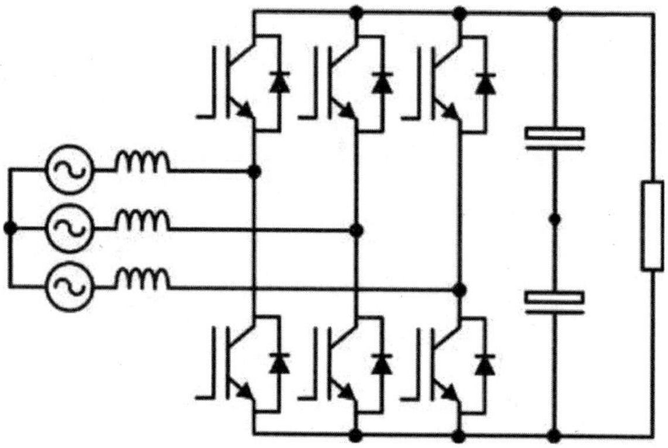

图2.42 三相可控整流器

2.4.4 ac - ac 变换

如图2.43a所示就是一个简单 ac - ac 变换器的例子，其开关是一个 TRIAC（或两个 SRC 反向并联），其负载为电阻负载。通过改变开关的导通角度 α，输出电压的基波分量的有效值也会随之改变。在输入电压的正半周期间，当开关闭合（导通）时，TRIAC 由 M_1 向 M_2 传导；而在输入电压的负半周期间，开关闭合（导通）时则由 M_2 向 M_1 传导。电压如图2.43b所示。如经过该器件的电压波形所示，可以确认该器件需要双向电压型的。输出电压的有效值如式（2.19）所示。

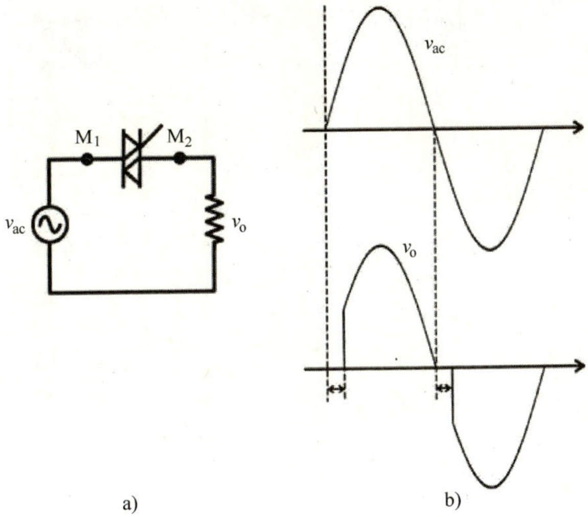

图 2.43　简单 ac－ac 变换器：a）电路；b）相位控制

$$V_{o\alpha}=\frac{V_m}{\sqrt{2}}\sqrt{\frac{1}{\pi}\left(\pi-\alpha+\frac{\sin 2\alpha}{2}\right)} \tag{2.19}$$

图 2.44a 所示的电路为一单相 ac－ac 变换器，称为回旋变换器。图中的开关类型必须为受控传导/自发阻断和双向电压/单向电流类型。控制正向（P）和反向（N）变换器，输出振幅和频率可变的电压，如图 2.44b 所示。

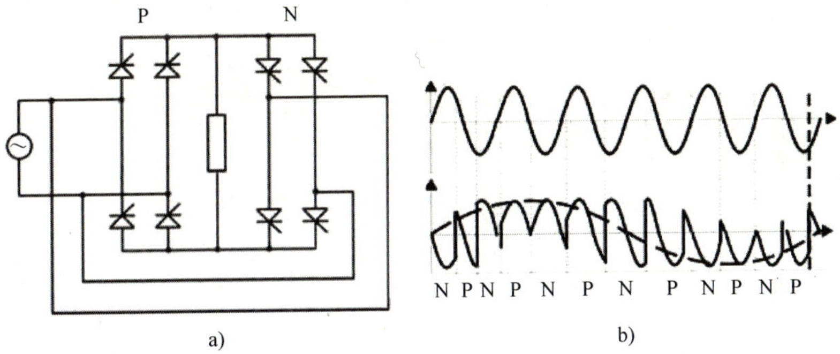

图 2.44　a）单相回旋变换器；b）电路波形［（上）栅极电压，（下）虚线为负载电压］

另一个 ac－ac 变换器是矩阵变换器。它由直接连接负载到源的双向开关阵列组成。理想开关情况下的三相－三相转换如图 2.45a 所示。矩阵变换器的实际实现如图 2.45b 所示。

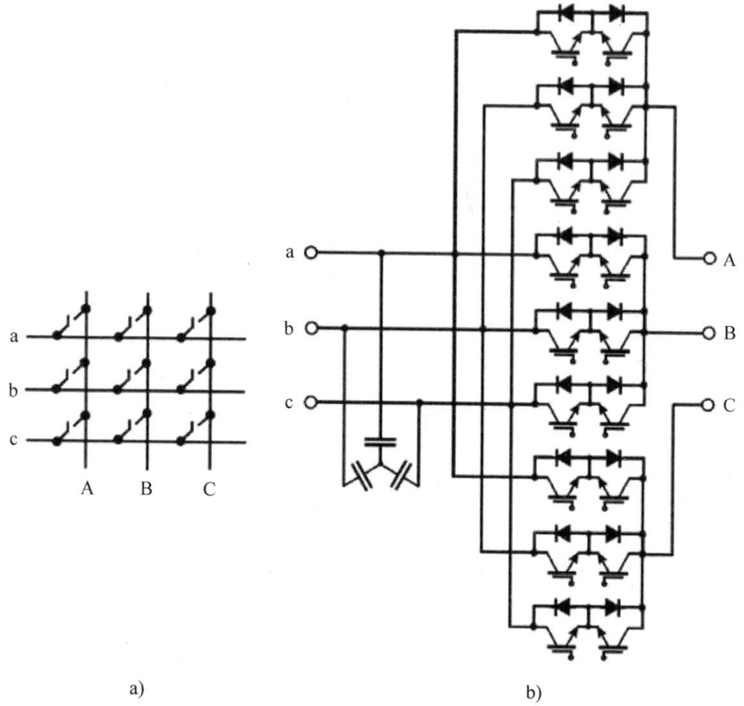

图 2.45　a）三相开关矩阵；b）矩阵变换器的实际实现

背靠背变换器是另一种通过公用电网电压产生一个可控交流电压的方法。该变换器也被称为间接 ac - dc - ac 转换，因为在两个交流状态之间有一个直流侧，如图 2.46 所示。该变换器在本书第 10 章和第 11 章中有具体讲解。ac - dc - ac 变换器也可以采用电流源结构实现。

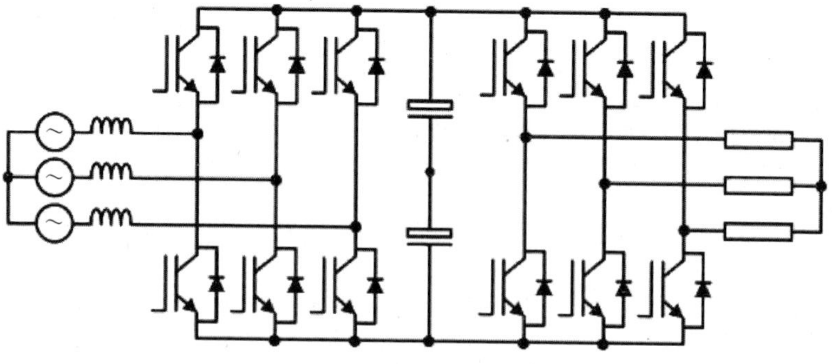

图 2.46　间接变换器：ac - dc - ac 变换

2.5 小结

本章首先对理想电源开关的静态特性（电流和电压的单向或双向特征）和动态特性（自发或受控传导/关断）进行分类。然后总结了市面上给出的主要具体功率半导体器件，同时分析了它们的静态和动态特性并概述了它们的电流、电压和开关频率的限制值。通过引入基本开关单元的概念（该概念产生的基础变换器拓扑结构用于电力电子学）为接下来的章节奠定了基础。通过使用这些开关单元，讨论了交流源（dc - dc 和 dc - ac 转换）和直流源（ac - dc 和 ac - ac 转换）功率变换的概念。同时对主要变换器拓扑结构的工作原理也一同做了解释。通过这一章，希望能够为读者提供一个系统性的方法，根据给定的应用来选取功率半导体最合适的类型，其主要是基于以下几点：静态和动态特性；电压和电流比；工作频率。除了传统电力电子拓扑结构，单元的概念也可以用于分析研究人员和相关行业所使用的其他拓扑结构。这些拓扑结构（在书中命名为先进电力电子变换器）在之后的章节中会做介绍。详细内容可以参考文献［1］~参考文献［76］。从第 3 章开始，本书将专注于通过 PWM 方法作为电源开关的门控制信号来处理交流电压的先进电力电子变换器。

参考文献

[1] Gutzwiller FW. *Silicon-Controlled Rectifier Manual*. 5th ed. Auburn, NY: General Electric Co.; 1972.

[2] Burns WB III, Kociecki J. Power electronics in the minicomputer industry. Proc IEEE 1988;76(4):311–324.

[3] Hower PL. Power semiconductor devices: an overview. Proc IEEE 1988;76(4):335–342.

[4] Baliga BJ. Evolution of MOS-bipolar power semiconductor technology. Proc IEEE 1988;76(4): 409–418.

[5] Chen DY. Power semiconductors: fast, tough, and compact. IEEE Spect 1987;24.

[6] Thomson-C.S.F. Le transistor de puissance dans son environement. Paris: Thomson-CSF-DSD, 1978.

[7] Ferrieux JP, Forest F, Lienart P. The insulated gate bipolar transistor: switching modes. Proceedings of European Power Electronics Conference; 1969. p 171–175.

[8] Heumann K, Papp G, Jung M. Comparative study on new power transistors with respect to high frequency inverter applications. Ibid; 1989. p 99–104.

[9] Muraoka K, Kawamura Y, Ohtsubo Y, Sugawara S, Tamamushi T, Nishizawa J. Characteristics of the high-speed SI thyristor and its application to the 70-kHz 100-kW high efficiency inverter. IEEE Trans Power Electron 1989;4(1):92–100.

[10] Akagi H, Sawae T, Nabae A. 130 kHz 7.5 kW current source inverters using static induction transistors for induction heating applications. IEEE Trans Power Electron 1988;3(3):303–309.

[11] Escaud B, Marty P. Introduction à l'étude des structures des convertisseurs statiques. Electron Ind 1983;56:65–71.

[12] Marty P, Escaud B, La commutation dans les convertisseurs statiques, Ibid., No. 60; 1983. p 69–73.

[13] McMurray W. Power electronic circuit topology. Proc IEEE 1988;76(4):428–437.

[14] Cheron Y. Analyse des contraintes subies par les interrupteurs pendant les commutations. Recherche des regles de leur utilisation optimale dans les convertisseurs. Proceedings de la Journée d'Etude S.E.E./GRECO; Toulouse; 1987.

[15] Liu K, Lee F. Topological constraints on basic PWM converters; IEEE PESC'88 Record; 1988. p 164–172.

[16] Wood P. *Switching Power Converters*. Malabar, Fl.: Robert E. Krieger Publishing Co.; 1984.
[17] Mohan N, Undeland TM, Robbins WP. *Power Electronics: Converters, Applications, and Design*. New York: John Wiley and Sons; 1989.
[18] Ledwich G. Current source inverter modulation. IEEE Trans Power Electron 2001;6(4):618–623.
[19] Hsin-Hua PL Bidirectional lateral insulated gate bipolar transistor having increased voltage blocking capability US patent 5977569 A. 1999 Nov 02.
[20] Dahono P, Kataoka T, Sato Y, Dual relationships between voltage-source and current-source three-phase inverters and its applications. Proceedings of PEDS; 1997. p 559–565.
[21] Hefner A et al. Recent advances in high-voltage, high-frequency silicon-carbide power devices. Proceedings of IEEE IAS'09; 2009. p 1–8.
[22] Bose BK. *Modern Power Electronics and AC Drives*. Prentice Hall; 2001.
[23] Ralph McArthur, Defining diode data sheet parameters; Advanced Power Technology, Application Note APTO 30 Rev.; 2003.
[24] Nishizawa T, Terasaki , Shibata J. Field effect transistor and analog transistor. Res. Inst. Electrical Comm. Tohoku Univ. Tech Rep TR-36; 1973. p 1–65.
[25] Nishizawa J, Terasaki T, Shibata J. Field effect transistor versus analog transistor (static induction transistor). IEEE Trans Electron Devices 1975;ED-22:185–197.
[26] Nishizawa J, Ohmi T, Mochida Y, Matsuyama T, Iida S. Bipolar mode static induction transistor (BSIT) - high speed switching transistor. IEDM Tech Dig 1978:676–679.
[27] Nakamura Y, Tadano H, Sugiyama S, Igarashi I, Ohmi T, Nishizawa J. Normally-off type high speed SI-thyristor. Tech Dig IEDM 1982:480–483.
[28] Nakamura Y, Tadano H, Takigawa M, Igarashi I, Nishizawa J. Experimental study on current gain of BSIT. IEEE Trans Electron Devices 1986;ED-33:810–815.
[29] Aoki S, Tsukiyama N, Hie T, Tadano H and Nishizawa J. Low loss high gain 300 V - *200* A class normally-off SIT module for DC motor control, PESC '88 Record; 1988. p 703–708.
[30] Nakamura Y, Tadano H, Takigawa M, Igarashi I, Nishizawa J. Very high speed static induction thyristor. IEEE Trans Ind Appl 1986;IA-22:1000–1006.
[31] Nishizawa J, Tamamushi T. Recent development and future potential of the power statice induction (SI) devices, PECSD'88; 1988. p21–24.
[32] Xu, Z, Li Y, Huang AQ. Performance characterization of 1-kA/4.5-kV symmetrical emitter turn-off thyristor (ETO), Conference Record of the 2000 IEEE Industry Applications Conference; vol. 5; 2000. p 2880–2884.
[33] Li Y, Huang AQ, Lee FC. Introducing the emitter turn-off thyristor (ETO). Proceedings of the IEEE Industrial Applications Society; 1998. p 860–864.
[34] Li H-HP. Bidirectional lateral insulated gate bipolar transistor having increased voltage blocking capability. US Patent 5977569 A 1999 02 Nov.
[35] Weber A, Galster N, Tsyplakov E, (*ABB*). *"A New Generation of Asymmetric and Reverse Conducting GTOs and their Snubber Diodes"*. PCIM Europe; 1997.
[36] Satoh K, Yamamoto M, Morishita K, Yamguchi Y, Iwamoto H. (*Mitsubishi*). *High Power Symmetrical GCT for Current Source Inverter*. ISPSD; 1999.
[37] Weber A, Dalibor T, Kern P, Oedegard B, Waldmeyer J, Carroll E. *Reverse Blocking IGCTs for Current Source Inverters*, (*ABB*). PCIM Europe: ; 2000.
[38] Zeller H-R, (*ABB*). *High Power Components: From the State of the Art to Future Trends*. PCIM Europe; 1998.
[39] Chai FK, Odekirk B, Maxwell E, Caballero M, Fields T, Mallinger M, Sdrulla D. A SiC static induction transistor (SIT) technology for pulsed RF power amplifiers. Proceedings of the 23rd International Symposium on Power Semiconductor Devices & IC's; 2011. p 300–303.
[40] Hille F, Niedernostheide FJ, Ruething H, Schulze HJ. Reverse conducting IGBT with vertical carrier lifetime adjustment. US patent 7557386 B2. 2009 July 7.
[41] Rashid MH. *Power Electronics Circuits Devices and Applications (Livro)*. Englewood Cliffs: Prentice Hall, Inc.; 1988.
[42] Steimer, PK, Gruning, HE, Werninger J, Carroll E, Klaka S, Linder S. IGCT-a new emerging technology for high power, low cost inverters. Thirty-Second IAS Annual Meeting, Conference Record of the 1997 IEEE, Vol. 2; 1997 Oct 5–9 Oct. p 1592–1599.

[43] Ryu S-H, Capell C, Jonas C, Cheng L, O'Loughlin M, Burk A, Agarwal A, Palmour J, Hefner A. Ultra high voltage (>12 kV), high performance 4H-SiC. IGBTs Power Semiconductor Devices and ICs (ISPSD), 2012 24th International Symposium; 2012. p 257–260.

[44] Zhao B, Qin H, Wen J, Yan Y. Characteristics, applications and challenges of SiC power devices for future power electronic system. Power Electronics and Motion Control Conference (IPEMC), 2012 7th International; 2012. p 23–29.

[45] Wang G, Huang A, Li C. ZVS range extension of 10A 15kV SiC MOSFET based 20kW dual active half bridge (DHB) DC-DC converter. Energy Conversion Congress and Exposition (ECCE), 2012 IEEE; 2012. p 1533–1539.

[46] Lorenz L. Power semiconductor devices and smart power IC's - the enabling technology for future high efficient power conversion systems. Proceedings of IPEMC; 2009. p 193–201.

[47] Shigekane H, Fujihira T, Sasagawa K et al. Macro-trend and a future expectation of innovations in power electronics and power devices. Proceedings of IPEMC; 2009. p 35–39.

[48] Klaka S, Frecker M, Grüning H. *The Integrated Gate-Commutated Thyristor: A New High-Efficiency, High-Power Switch for Series or Snubberless Operation*. Nürnberg: PCIM; 1997.

[49] Arsov GL, Slobodan M. The sixth decade of the thyristor. Electronics 2010;14(1):3–7.

[50] Riordan M, Hoddeson L. The origins of the p-n junction. IEEE Spect 1997;34(6):46.

[51] Baliga BJ. How the super-transistor works. Scientific American Magazine, Special Issue on "The Solid State Century", pp. 34–41, 1998.

[52] Bedford BD, Hoft RG. *"Principles of Inverter Circuits"*. New York: John Wiley; 1964.

[53] Gentry FE, Gutzwiller FW, Holonyak N, Von Zastrow EE. *Semiconductor Controlled Rectifiers*. Englewood Cliffs: Prentice Hall; 1964.

[54] Łukasiak L, Jakubowski A. History of semiconductors. J Telecommun Inf Technol 2010;1:3–9.

[55] Baliga J. *Fundamentals of Power Electronics Devices*. Springer Science; 2008.

[56] Moll JL, Tanenbaum M, Goldey JM, Holonyak , N Jr.. p-n-p-n transistor switches. Proceedings of IRE; 1956; vol. 44. p 1174–1182. New way to change ac to dc, Business Work; 1957 Dec 28. p :114–:116.

[57] Nishizawa J, Terasaki T, Shibata J. Field effect transistor versus analog transistor (static induction transistor). Res. Inst. Electrical Comm., Tohoku University, Tech. Rep. RIEC TR-36; 1973; also IEEE Trans Electron Devices 1975; ED-22(4):185–197.

[58] Houston DE, Khrishna S, Piccone D, Finke RJ, Sun YS. Field controlled thyristor (FCT)—a new electronic component. IEDM Tech Digest 1975:379–382.

[59] Burgess MPD. *Semiconductor Research and Development at General Electric*. US Semiconductor Manufactures; 2008 and 2011.

[60] Kahng D, Atalla MM, DRC, Pittsburg (1960); US patent 3,102, 230. 1963.

[61] Russell JP et al. The COMFET: a new high conductance MOS gated device. IEEE ED Lett 1983;EDL 4(3):63–65.

[62] Temple VAK. MOS GTO—a new class of power devices. IEEE Trans Elect Devices 1986;33:1609–1618.

[63] Stoisiek M, Strack H. Turn-off thyristor with MOS-controlled emitter shorts. IEEE IEDM Tech Digest 1885:158–161.

[64] US patent 3,239,728. Semiconductor switch, Richard W. Aldrich and Nick Holonyak, assignors to General Electric Company, Filed July 17, 1962, Date of Patent: 1965 Nov 5.

[65] US patent 3,303,360. Semiconductor switch. Finis E. Gentry, assignor to General Electric Company Original application. 1963 Sept 3, Ser. No. 306,147, now Patent no. 3,265,909.

[66] (Insulated Gated Controlled Semiconductor) United States Patent 4,551,643 Power switching circuitry. Inventors: John P. Russell, Pennmgton; Alvin M. Goodman, Filed 10/1983, Date of Patent: 1985 Nov 5.

[67] Thomas KM, Backlund B, Toker O, Thorvaldsson B. *The Bidirectional Control Thyristor*. ABB; 1999.

[68] Application Note 5SYA 2006-03, Bi-directionally controlled thyristors ABB, 2013. Storm, F. Herbert, Introduction to turn-off silicon-controlled rectifiers.

[69] Baliga BJ, Adler MS, Love RP, Gray PV, Zommer ND. The insulated gate transistor: A new three-terminal MOS-controlled bipolar power device. IEEE Trans Electron Devices 1984;31(6):821–828.
[70] Adler MS, Owyang KW, Jayant Baliga B, Kokosa RA. The evolution of power device technology. IEEE Trans Electron Devices 1984;11:1570–1591.
[71] Kokosa RA, Tuft BR. A high-voltage, high-temperature reverse conducting thyristor. IEEE Trans Electron Devices 1970;17(9):667–672.
[72] Shockley W. The theory of p-n junctions in semiconductor; and p-n junction transistors. Bell Syst Tech J 1949;28:435–489.
[73] Teal GK. Some recent developments in silicon and germanium materials and devices. National IRE Conference; 1954.
[74] Piccone DE, De Doncker RW, Barrow JA, Tobin WH. The MTO thyristor—a new high power bipolar MOS thyristor. IEEE Industry Applications Society 31 Annual Meeting; 1996 Oct 6–10. p 1472–1473.
[75] Gruning H, Odegbrd B, Rees J. High-power hard-driven GTO module for 4.5kV/3kA snubberless operation; 1996. . PCIM 96.
[76] Jakubowski A, Lukasiak L. CMOS evolution. Development limits. Mater Sci-Pol 2008;26(1):5–20.

第3章　适用于交流电压的电力电子变换器和功率模块几何结构

3.1　引言

本章简要回顾了适用于交流电压的电力电子变换器，为了更好理解书中后续章节的功率变换器，也介绍了功率模块几何结构（PBG）。事实上，本章提出了贯穿全书的整体拓扑结构。大致介绍了 PBG 的基本原理以及其对于电力电子变换器发展的作用，各种变换器的具体分析将在后续章节中给出。根据具体的公理和猜想来处理几何图形的互联，这种方法被称为几何结构。

PBG 的主要目的是用另一种系统来描述适用于交流电压的功率变换器。这一策略采用了公式法，该方法是基于现有规则的简单几何表示。通过猜想和公理可以形成一个新的定理，即 PBG。PBG 这种方法是参考技术文献、尤其是参考传统文献的电力电子系统架构，通过高度抽象已有规则来得到。PBG 方法是一种通用方法，用于构建和开发两级到 n 级的 dc - ac 和 ac - dc - ac 变换器。这表明利用 PBG 可以很容易地构建多种用于处理交流电压的变换器。

本书研究的变换器至少有一级用于合成交流电压 Cvo，如图 3.1a 所示。这类变换器能够利用直流电压产生至少有两级电平的交流波形，如图 3.1b 所示。图 3.1c 展示了一个变换器输出的脉冲宽度调制（PWM）波形，它也有两级电平，但与图 3.1b 中波形相比有着更低的谐波失真。本书的重点在于研究由直流电压产生两级电平或更多电平的处理 PWM 电压的拓扑结构。实际上，图 3.1a 中用于处理 PWM 交流电压的模块也能够将其称作脉冲电压源。图 3.1d 依次系统地展示了本书中获取脉冲电压源的方法步骤。首先，PBG 被用于定义一个单臂结构［图 3.1d 中桥臂：由一组开关组成的，能够产生两个及更多电平的电路）。然后用变量表来定义变换器模型和脉宽调制方案。该桥臂可通过考虑不同优值 MOF（如级数、半导体器件和无源元件数量等）PBG 来确定。

本章各小节内容如下：3.2 节通过分析一种由系统性方法提出的电力电子变换器的概念、原理和假设，介绍了 PBG 的概念；3.3 节介绍了 PBG 中所用的各个功率模块；3.4 节和 3.5 节分别描述了 PBG 的多级和背对背结构的应用；3.6 节对整章进行总结。

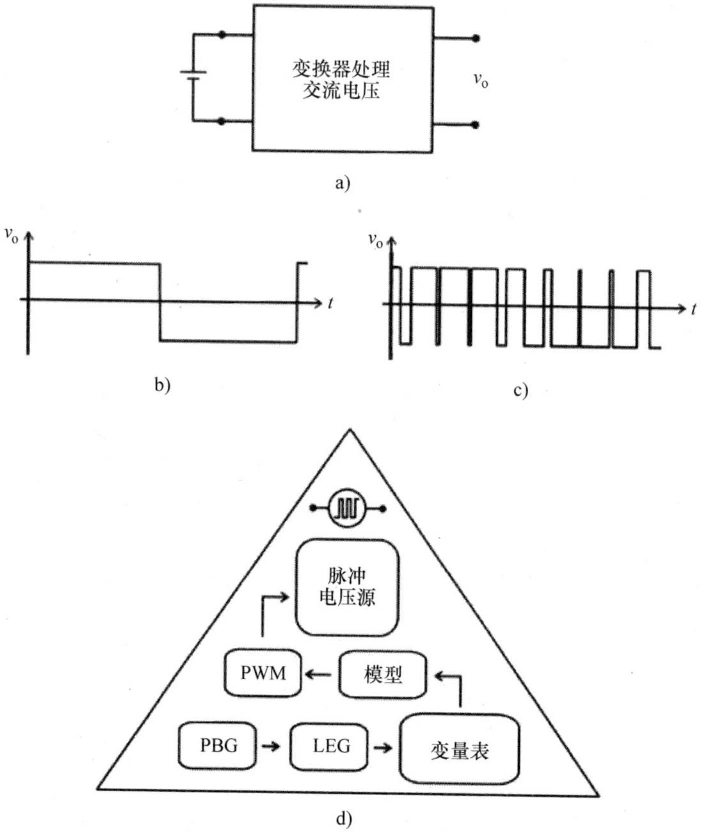

图3.1　a）能够产生交流电压的功率变换器；b）包含两级电平的交流输出电压；c）带两级电平的PWM交流输出电压；d）适用于确定脉冲电压源的方法

3.2　功率模块几何结构基础

按照定义，工程就是将科学理论应用到实际中，而做工程最重要的方法之一就是行为抽象，即将复杂的系统简化为简单的表达式或方程。一个抽象的例子是在模拟和数字电子中，运放和反向器逻辑符号被看成是描述电学变量行为的抽象元素。从物理元件到符号的过程经过了高度抽象，这对于计算机和卫星等重要设备的发展是至关重要的。设计师可以专注于每个器件的功能（高级抽象），而不用考虑原子间的相互作用或内部晶体管的工作（低级抽象）。

同时，电力电子变换器的提出涉及一定程度的抽象，如功率开关［例如绝缘栅双极型晶体管（IGBT）和金属氧化物半导体场效应晶体管（MOSFET）］被看成一个简单且理想（无损耗）的开关，只有开（1）和关（0）两种状态。从这个意义上讲，PBG 的目标是通过提供一系列概念、公理和假设，将高级抽象带入变换器概念，具体分析将在本章后续章节中介绍。

命题，一般被认为是语句的几何关系，基本上分为两类：被假设是真实的，和被证明是真实的。欧几里得术语中，前者在处理数量时被称为公理，在处理几何图形时被称为假设，而后者被称为定理。依照这种说法，使一个特定系统理论化，即是证明其影响可用简短的语言予以定义。因此，可用一些概念、原理和假设来定义如下这些用于交流电压的电力电子变换器。

概念

概念 1. PB（功率模块）是电力电子结构的基本单位。PB 有 6 个种类，能通过改变它们的配置来表示不同的拓扑。

概念 2. 形状（Shape）是指三角形或正方形的槽或齿。每个模块都由 3 ~ 4 个形状构成。三角形和正方形用来代表特定类型的变量，即直流或交流。而槽和齿用于表示模块间直观的机械连接。

概念 3. PB - dc（用于处理直流变量的功率模块）是至少有一个三角形的 PB。如果一个 PB 包含一个或多个三角形，它就被看成一个用于处理直流电压的模块。

概念 4. PB - ac（用于处理交流变量的功率模块）是没有三角形的 PB。如果一个 PB 只有正方形，那么它可被看成是处理交流电压的模块。

公理

公理 1. 所有 PB 都包含至少 3 个形状。

公理 2. PB 间的所有机械连接都是电气连接。

公理 3. 虚线表示交流变量，实线表示直流变量。

假设

假设 1. 一个三角形只与另一个三角形相连。

假设 2. 一个正方形只与另一个正方形相连。

假设 3. 三角形与直流变量相关联。

假设 4. 正方形与直流变量和交流变量都可能相关联。

运用上述概念、公理和假设，可以构造出大量技术文献中用于处理交流电压所提出的架构。

通常，功率开关被认为是构成电力电子变换器的基本元件或单元。图 3.2 显示了几种基于不同的应用的拓扑结构，但有相同数量的可控功率开关（即，4 个功率开关）。

图 3.2a 描绘了一个 H 桥结构，图 3.2b 和图 3.2c 分别展示了一个三级 NPC 电路和一个飞跨电容拓扑结构，图 3.2d 展示了一个交流 - 直流 - 交流单相半桥（双边）结构。值得一提的是，图 3.2 中所示结构还能采用同样数量的开关通过直流级处理交流电压。在分析以开关作为基本单元的电力电子变换器时，一般将图 3.2 中的结构看成不同的类别。因此，学生无需掌握这几种结构是如何被构建出来的。

类似的情况在图3.3中表示。

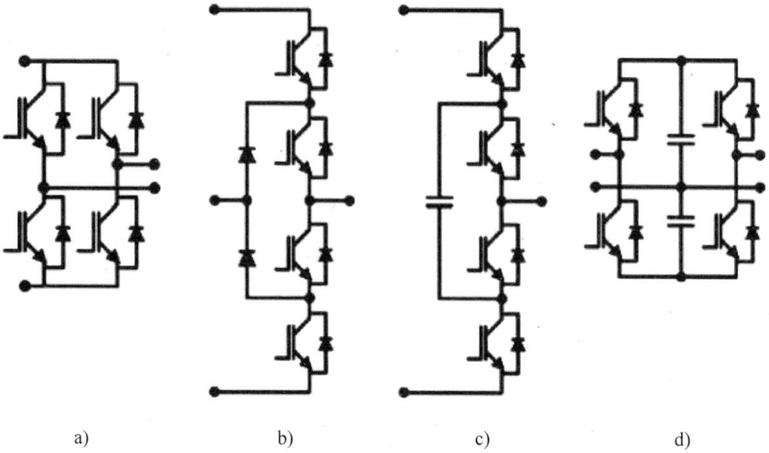

图3.2　包含4个可控功率开关的结构：a）H桥式；b）三级NPC式；c）三级飞跨电容式；d）交流－直流－交流单相半桥式

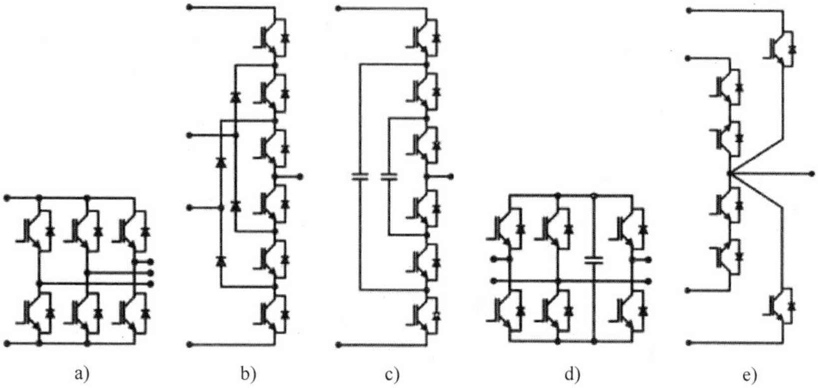

图3.3　包含6个可控功率开关的结构：a）三相逆变电路；b）四级NPC；c）四级飞跨电容式；d）交流－直流－交流单相共享桥臂结构；e）嵌套结构

另外，在图中，一个单独的结构形式隐含了对于拓扑构建的理解。对于这种情况，图3.3e中展示了另一种（相比于图3.2）由6个可控功率开关组成的拓扑结构，称为嵌套结构变换器。

基于PBG原理的拓扑结构采用一种简单的相关模块进行系统相建演示。这种方法确保了推广及教学展示所必需的正式形式。值得强调的是，利用PBG，可以根据简单的规则创建大量从两级到n级的拓扑结构。PBG中所用的PB由图3.4所示。图3.4a和图3.4b分别展示了3个PB－dc和3个PB－ac基本单元，见概念3和概念4。

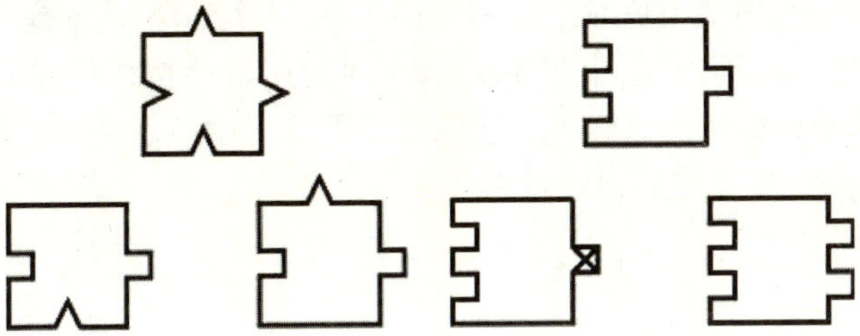

a)　　b)

图 3.4　PBG 中的基本单元（功率模块 – PB）：a）PB – dc；b）PB – ac

每个 PB 都包含一组功率开关，以确保模块的特性。图 3.5 展示了各 PB 的内

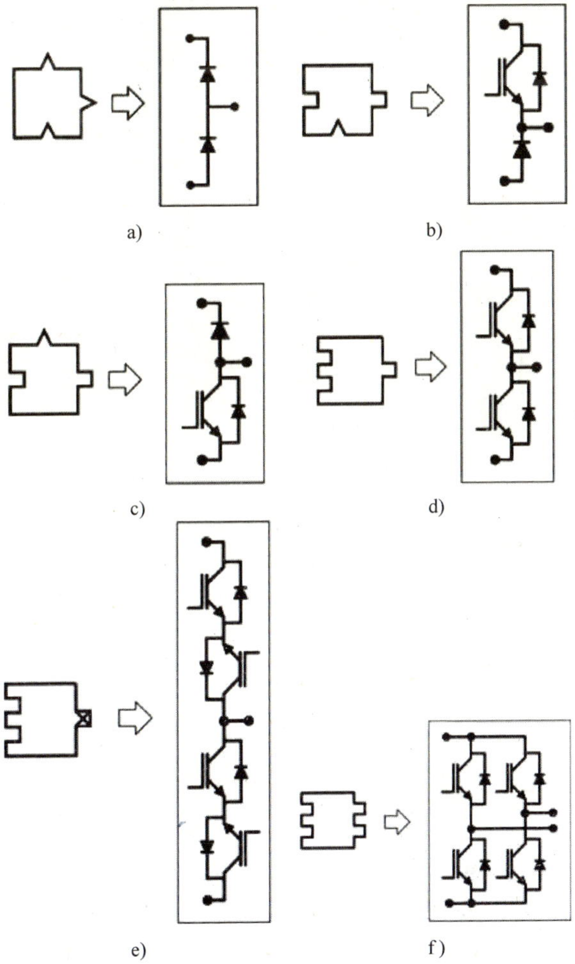

图 3.5　PBG 中的基本单元（PB）：a）第一个 PB – dc；b）第二个 PB – dc；c）第三个 PB – dc；d）第一个 PB – ac；e）第二个 PB – ac；f）第三个 PB – ac

部结构。在构建这些功率模块时，基于更高层次去考虑PB（即模块内部细节经过大幅抽象）。考虑到前面所提到的内容，PB间的连接会被用于常规结构和非常规结构，下一节将予以分析。事实上，图3.2和图3.3中所示拓扑结构都是由3.2节中所提出的规则的PB组成的，详见图3.6。

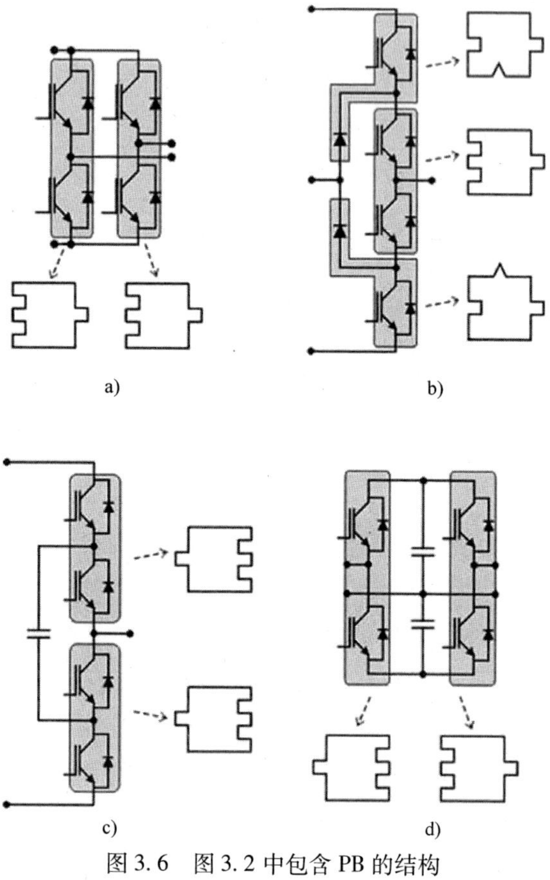

图3.6　图3.2中包含PB的结构

3.3　功率模块说明

第一个PB－dc（参见图3.5a）只由二极管构成，这意味着没有栅极控制信号的产生。

另一方面，需要理解的是其他所有PB中至少有一个可控功率开关。图3.7展示了与第二个PB－dc有关的变量，以及包含其相关变量的变量表。在表中，q表示可控开关的状态（$q=1$表示开关闭合，$q=0$表示开关断开），v_o、v_p和V_n分别表示输出电压、正极输入电压和负极输入电压。

原则上，基于假设4，由于该模块输出处有一个方齿，因此它可以产生一交流

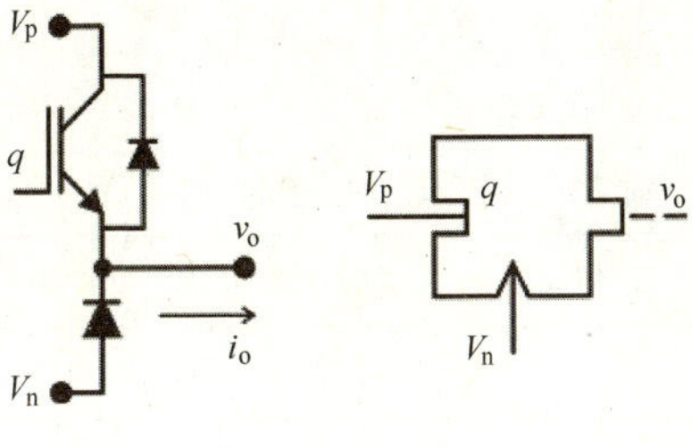

a)　　b)

列	q	i_o	v_o
1	1	>0	V_p
2	1	<0	V_p
3	0	>0	V_n
4	0	<0	V_p

图 3.7　与第二个 PB－dc 有关的变量及其变量表

输出电压。由于我们所希望的是输出电压完全由开关的通断状态来确定，而不受负载电流影响，因此第一个 PB－dc 无法被完全控制。

因此，考虑到变量表（见图3.7）中的可能性，输出电压（v_o）的可控性有一定限制条件。当输出电流为负时（如第2、4 行），输出电压与 q 无关，总保持 V_p，即此时输出电压是不可控制的（即 V_p）。然后，当 PB－dc 单独工作时，如图 3.7 所示，只有当 $i_o>0$ 时才能得到完全可控的单元。式 3.1 描述了 $i_o>0$ 时第二个 PB－dc的输出电压状态。

$$v_o = qV_p + (1-q)V_n \tag{3.1}$$

对于第三个 PB－dc，当 $i_o>0$ 时也会产生类似的限制，也就是说当 $i_o<0$ 时输出电压是完全可控的，详见图 3.8 所示。此时有

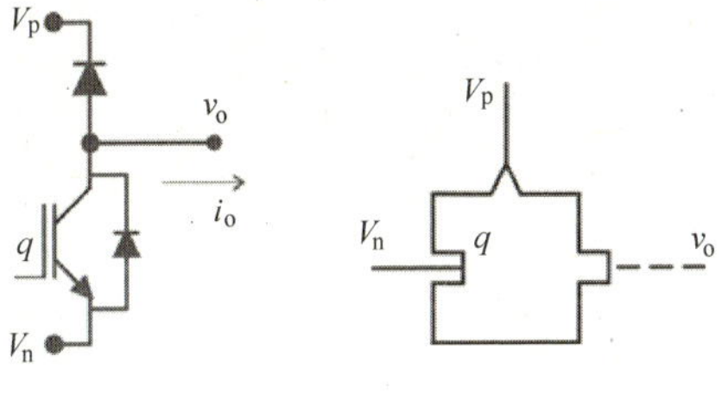

a)　　b)

列	q	i_o	v_o
1	1	>0	V_n
2	1	<0	V_n
3	0	>0	V_n
4	0	<0	V_p

图 3.8　第三个 PB－dc 的相关变量及其变量表

$$v_o = qV_n + (1-q)V_p \tag{3.2}$$

尽管图 3.7 和图 3.8 中所示的限流能够在这些模块工作时阻止它们处理交流电压，它们的相关因素依然会促使这些模块产生多级电路从而处理交流电压。

另一方面，限流的情况并不会出现在处理交流电压（PB－ac）的 PB 中。图 3.9 显示了与第一个 PB－ac 相关的变量及其变量表。由于它有两个可控开关，其输出电压的可控性在电流为正或负时都没有受到限制。在这种情况下，式（3.1）对于任意 i_o 都是有效的，而 q 变为了 $\bar{q}$（即 $\bar{q}=1-q$）以避免 V_p 和 V_n 间短路。第二个 PB－ac（见图 3.5e）实际上是第一个例子的特定情况，由于功率开关反向串联，正负电流都能够控制。

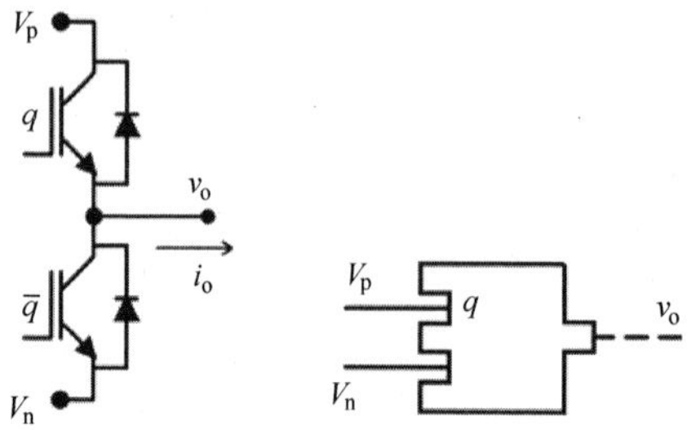

a)　　b)

列	q	i_o	v_o
1	1	>0	V_p
2	1	<0	V_p
3	0	>0	V_n
4	0	<0	V_n

图 3.9　第一个 PB - ac 的相关变量及其变量表

第三个 PB - ac（见图 3.5f）有 4 个控制开关，q_1、q_2 以及它们的互补开关 $\bar{q}_1$ 和 $\bar{q}_2$。和第一个 PB - ac 一样，输出电压只是与开关（q_1，q_2）状态有关的函数。但与图 3.9 不同的是，图 3.10 所示的输出电压有 3 个不同的值，或者说是 3 级（$V_n - V_p$，0，$V_p - V_n$），此时输出电压表达式如下：

$$v_o = (q_1 - q_2)V_p + (q_2 - q_1)V_n \tag{3.3}$$

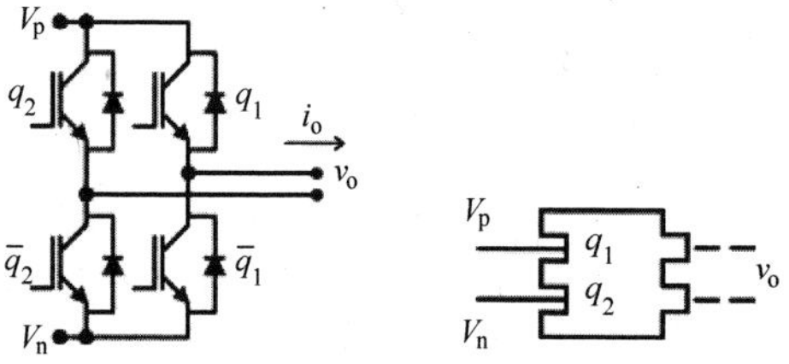

a)　　b)

列	q_1	q_2	i_o	v_o
1	0	0	<0	0
2	0	0	>0	0
3	0	1	<0	$V_n - V_p$
4	0	1	>0	$V_n - V_p$
5	1	0	<0	$V_p - V_n$
6	1	0	>0	$V_p - V_n$
7	1	1	<0	0
8	1	1	>0	0

图 3.10　第一个 PB - ac 相关的变量及其变量表

在设计处理交流电压的电力电子变换器时，无需考虑开关状态，只用考虑模块几何形状和它们之间的连接，以确保能够构建拓扑电路。图 3.7 ~ 图 3.10 中所示的变量表和式（3.1）~ 式（3.3）可用于生成 PWM 波形，具体分析见后续章节。下一节中将只讨论如何运用公理和假设创建架构。

例 3.1

假设一个直流电动机驱动系统需要一个输出端有可控电压，只能流过正向电流的变换器。①选择一个 PB 能够在使用最少器件的同时满足上述要求。②如果电动机的平均电流被确定为 $I_o = 50A$，直流链电压被定为 $V_{pn} = 200V$（$V_{pn} = V_p - V_n$），求该变换器开关的工作电压和电流值。

解：①由于输出有一个正向直流电流，且需要得到可控输出电压，满足条件且包含最少组件的 PB 应选择第一个 PB - dc（即有一个可控开关 Q 和一个二极管组成的结构，见图 3.7a）。

② 分析此 PB 的工作过程：当 Q = 1 时输出电流（I_o）将流经可控开关，且流经二极管的电流为 0，可控开关电压为 0 且保护二极管电压为 V_{pn}；（2）当 $Q=0$ 时输出电流（I_o）将流经二极管，流过开关的电流为 0，开关电压为 V_{pn}，二极管电压为 0。此器件（包括可控开关和二极管）的工作电压和电流分别为 200V 和 50A。

例 3.2

一个电池构成装置电路需要产生特定电压波形，以在电池形成之前确保其充放电过程。有时放电过程是通过电阻来消耗存储的能量（即低效过程）。为了解决这个问题，可以使用电力电子变换器，在给电池充放电时用更高的效率将能量送回主能源，详见下图。选一种使用最少器件的 PB 使其满足这些要求。

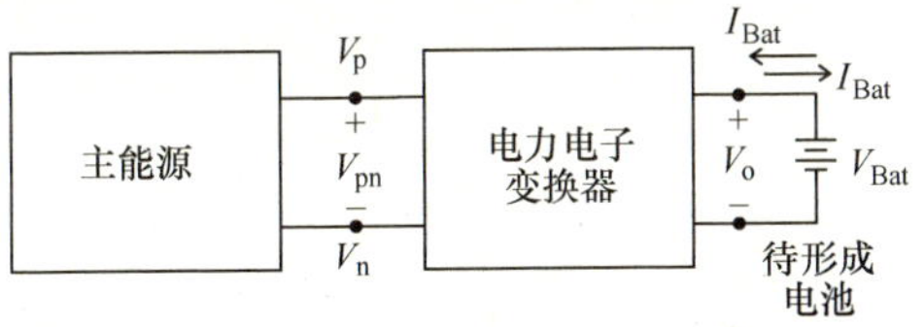

解：作为此用途的电力电子变换器必须能够在正电流和负电流条件下都能生成可控电压，因此两种 PB - ac（半桥式和 H 桥式结构）都可以选用。

3.4　多电平结构中 PBG 的应用

多电平变换器最初是为高电压和高功率应用所设计，早期代表为中点箝位（NPC）逆变器。自那时起，为了在高功率应用方面获得更令人满意的特性，例如开关器件的低闭锁电压或波形失真的降低，很多结构被陆续提出。变换器的电平数可随着需要增加，但由于半导体器件数量会随之增加，控制复杂性和变换器本身的价格会对电平数有所限制。为了分析电平数增加为波形带来的优势，图 3.11 显示了电平数为 2、3、4 时波形的总谐波失真（THD）与调制系数（或调幅比）。如前面章节定义，调制系数（m_a）表示正弦波形的幅值（也称调节或控制电压 - V_m）和三角波形（也称载波电压 - V_t）之间的关系，即 $m_a = V_m/V_t$。从图 3.11 可以看出，电平数的增加可将 THD 降低至一个定值 m_a。图 3.12 分别画出了电平数为 2、3、4 时变换器产生的波形。通过该图很容易理解图 3.11 显示的特性在高电平数的时候有更好的 THD——注意图 3.12 中的波形更接近正弦电压。

在生产中使用最多的多电平结构是二极管箝位式（或 NPC）、级联式和飞跨电容式多电平逆变器。本书将以上几种多电平结构视为传统结构，而技术文献中出现的不同的多电平拓扑结构将被视为非传统方案。非传统变换器对于电力电子很重

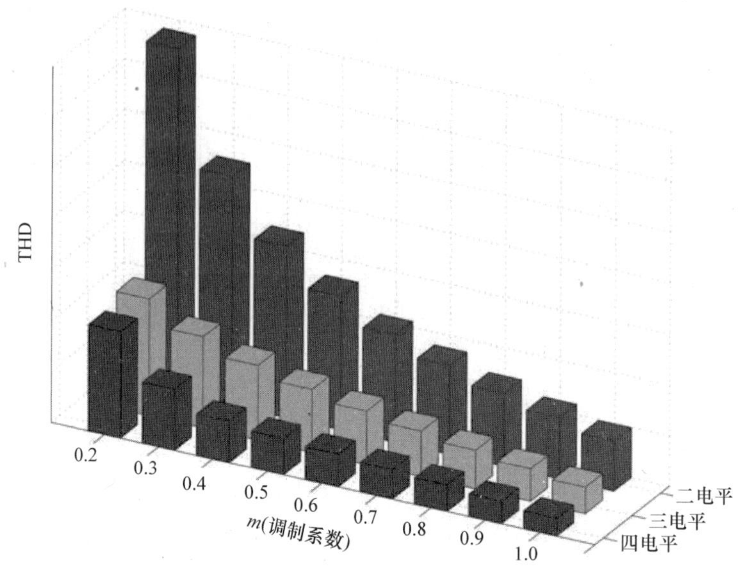

图 3.11　二电平、三电平、四电平时 THD 与电压调制系数的关系

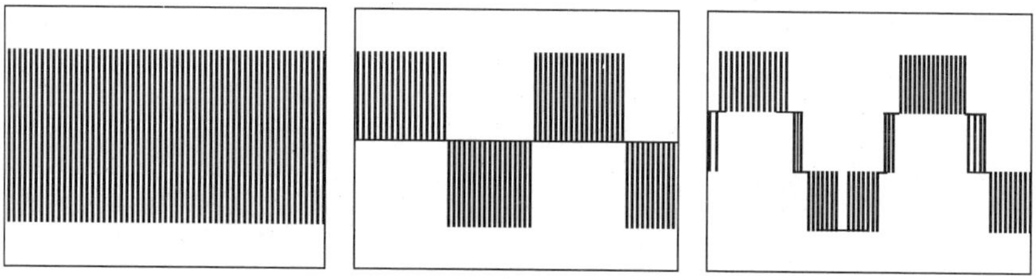

图 3.12　二电平、三电平、四电平变换器的输出电压

要，因为它们可能是为提升变换器系统某方面特性而提出的解决方案。此外，非传统电力电子变换器也能够锻炼学生建模和处理特殊需求的能力。

3.4.1　中点箝位结构

PBG 可将 NPC 配置的结构以一种系统化的方式呈现，本节对此做简要描述。而第 4 章中将详细介绍该结构。用两个 PB－dc 单元（见图 3.5b 和图 3.5c）和第一个 PB－ac 单元（见图 3.5d），并依照之前提出的假设 1 和假设 2 将它们连接之后，可以形成一个如图 3.13a 所示的三电平 NPC 结构。这是一个三电平变换器，因为其模块（其实是那些开关）的连接方式可使其 3 个输入之一能被选择出现在变换器的输出端。

不同电平结构都可按照相同的方式获得，也就是说，用一个三角形槽（或齿）与另一个三角形槽（或齿）连接（即依照假设 1）；用一个正方形槽（或齿）与另一个正方形槽（或齿）连接（即依照假设 2）。

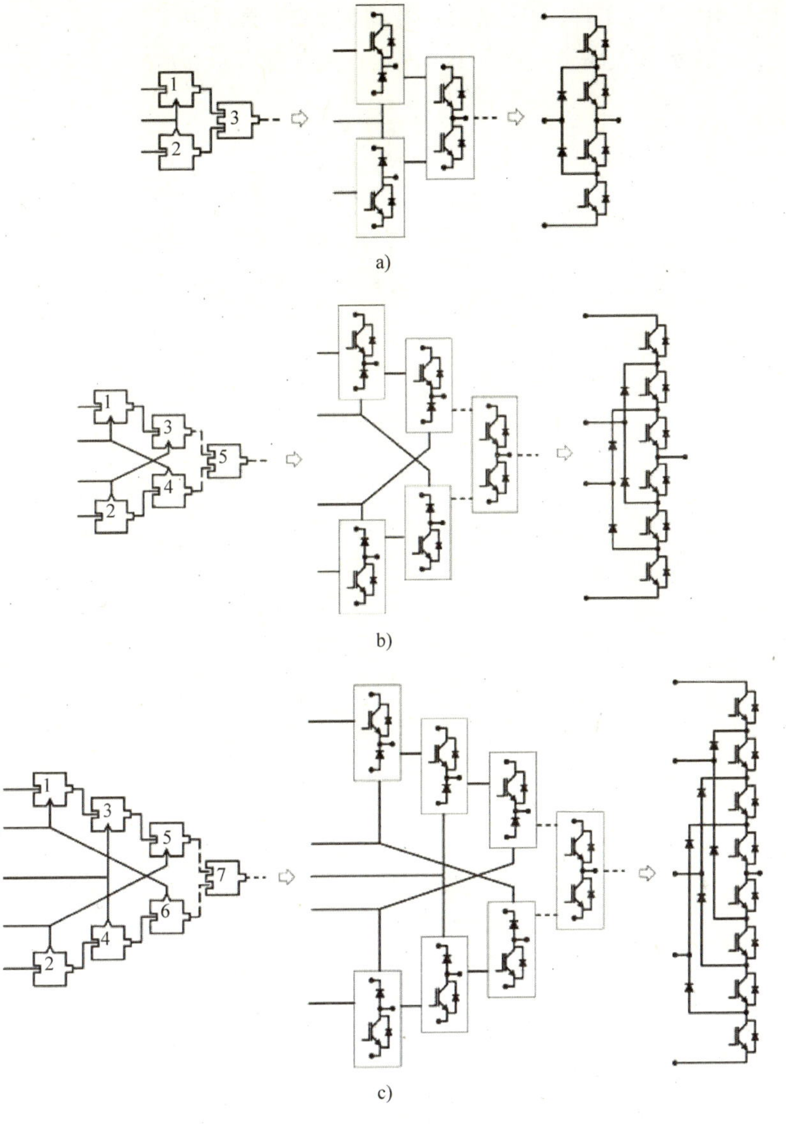

图 3.13　由 PB 构成的多电平 NPC 结构：a）三电平；b）四电平；c）五电平

从四电平 NPC 结构开始，在三角槽和齿之间总存在两个或两个以上的可能连接方式。例如，分析图 3.13b 中的结构，PB_1 中的三角形槽与 PB_4 中的三角形齿连接，而 PB_3 的槽与 PB_2 的齿相连。图 3.13 显示了其他模块相连的不同方法。在第 4 章中将分析这些不同连接方式和脉宽调制方法。

例 3.3

写出三电平 NPC 结构的变量表；看图 3.13a，证明开关器件能用二进制变量表示，$q_j=1$ 表示开关闭合，而 $q_j=0$ 表示开关断开（$j=1$，2，3，4）。

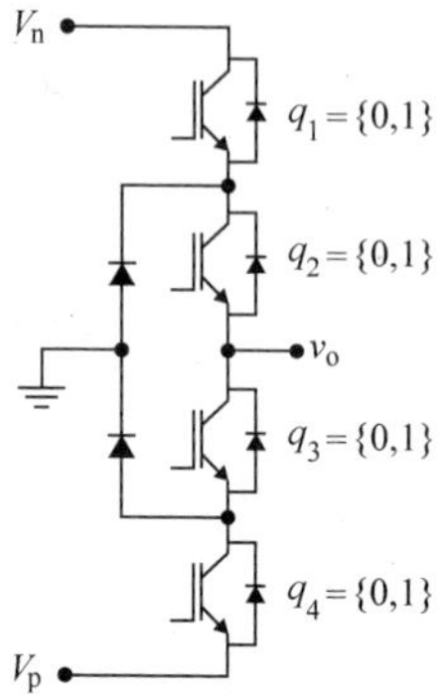

解：因为有 4 个开关，每个开关都有两种状态，共有 16 种（$2^2=16$）可能的开关状态，如下显示：

列	q_1	q_2	q_3	q_4	v_d
1	0	0	0	0	未定义
2	0	0	0	1	未定义
3	0	0	1	0	未定义
4	0	0	1	1	V_p
5	0	1	0	0	未定义
6	0	1	0	1	未定义
7	0	1	1	0	0
8	0	1	1	1	短路
9	1	0	0	0	未定义
10	1	0	0	1	未定义
11	1	0	1	0	未定义
12	1	0	1	1	0
13	1	1	0	0	V_p
14	1	1	0	1	V_p
15	1	1	1	0	短路
16	1	1	1	1	短路

注意，表中部分状态是禁止的，因为它们可能是未定义或导致短路，所以必须避免。在这种情况下，未定义是指输出电压不能被开关状态所确定。不考虑禁止状态，这个变换器在正负电流下都可以产生 3 种不同的输出电压（即 V_n，0，V_p）。

例 3.4

例 3.3 中的许多开关状态都无法实现，因为它们是禁止的状态。由于只有 3 个输入，而它们应被选择出现在变换器输出端（v_o），求：①能选择任何一个输入电压使其出现在变换器输出端的最小独立开关数量，②这些开关如何与图 3.13a 中的变换器相连，用 4 个开关来产生三电平输出电压。

解：①因为有 3 个输入，要求用开关状态能够将其中任意一个选择到输出，所需独立开关的最小数量为 2，因为 $2^2=4$。

②如图 3.13a 所示，三电平 NPC 拓扑需要 4 个开关来保证输出三电平。另一方面，用两个独立开关（如前文所述）可以选择 3 个输入（V_n，0，V_p），定义开关的互补状态为 $\overline{q}_1$ 和 $\overline{q}_2$，其中 $\overline{q}_1=1-q_1$，$\overline{q}_2=1-q_2$。下面给出了只使用两个独立开关的三电平 NPC 拓扑结构及其变量表。此变换器可以通过两个独立开关选择任何一个输入。

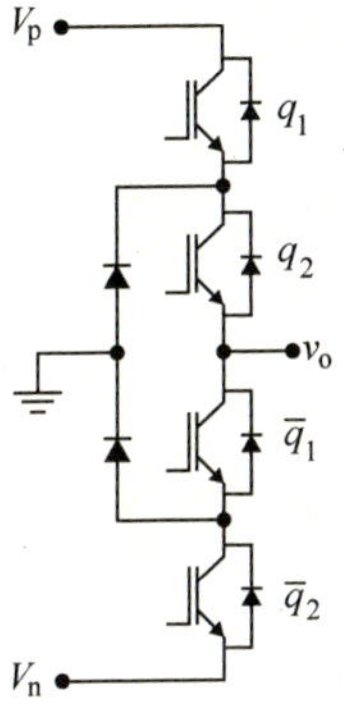

列	q_1	q_2	v_o
1	0	0	V_n
2	0	1	0
3	1	0	未定义
4	1	1	V_p

3.4.2　级联结构

随着电平数的增加，多电平 NPC 变换器在实际控制中的一些约束会限制它的应用，这些限制是由电容电压控制问题产生的。第 4 章中将分析这些限制。另一种在不大幅提升控制复杂性的情况下产生多电平的拓扑是级联结构，因为级联结构通常使用独立直流源。这类变换器得以广泛使用的原因之一是其主要应用于高可靠性大功率电动机驱动系统。

级联多电平配置的架构如图 3. 14 所示，它根据假设 2 直接用了一系列齿连接的第三 PB - ac（见图 3. 5）。变换器输出端的虚线意味着它将处理交流变量，而输入端的直线表示直流变量。级联结构的具体分析将在第 5 章中给出。

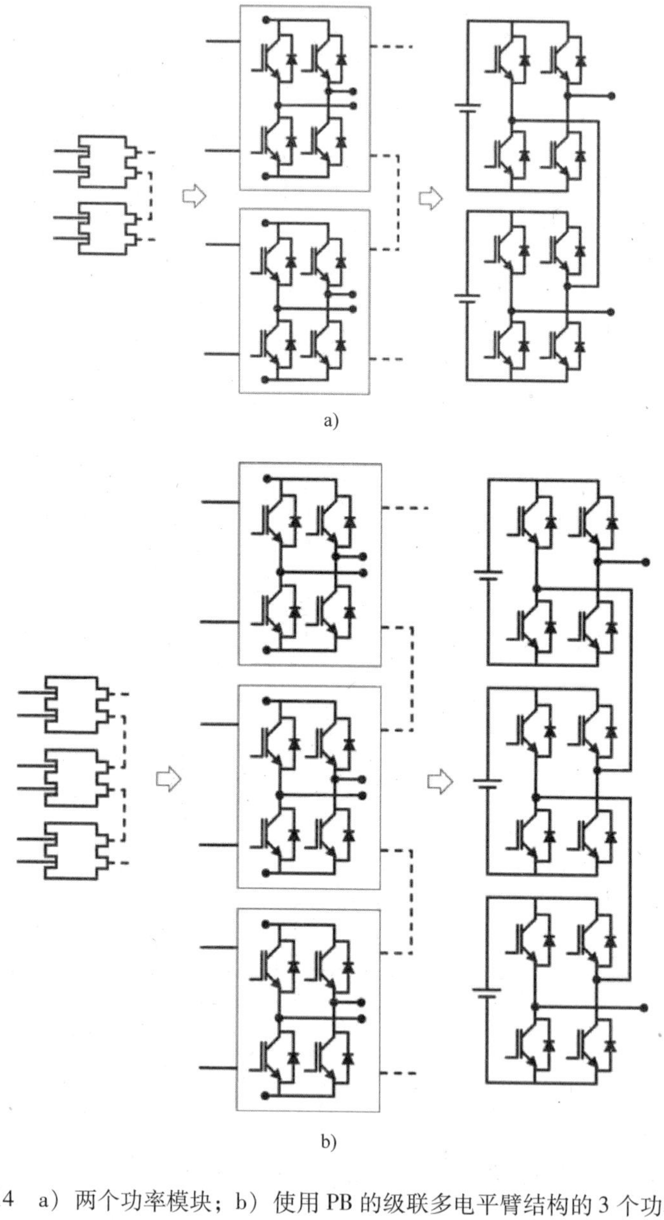

图 3. 14　a）两个功率模块；b）使用 PB 的级联多电平臂结构的 3 个功率模块

例 3.5

对于下图所示的变换器（同图 3.14a），写出当直流链电压为 $V_{dc1}=V_{dc}$ 和 $V_{dc2}=2V_{dc}$ 时变换器的变量表，并求出当 $\bar{q}_j=1-q_j$，$j=1$，2，3，4 时变换器能输出多少电平。

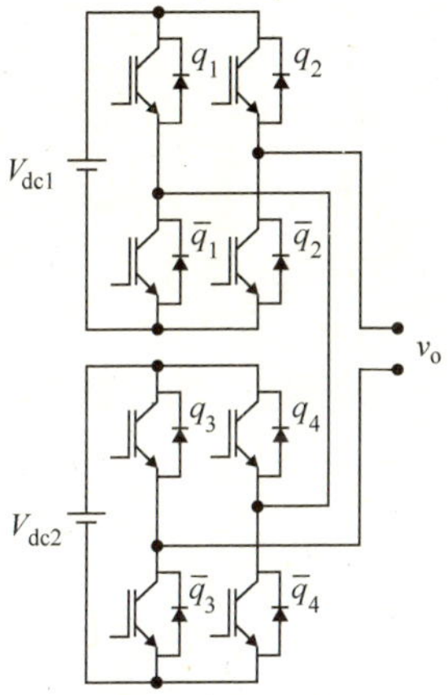

解：该变换器的变量表如下。输出电压有 7 个电平，分别是 0，$\pm V_{dc}$，$\pm 2V_{dc}$ 和 $\pm 3V_{dc}$。

列	q_1	q_2	q_3	q_4	v_o
1	0	0	0	0	0
2	0	0	0	1	$2V_{dc}$
3	0	0	1	0	$-2V_{dc}$
4	0	0	1	1	0
5	0	1	0	0	V_{dc}
6	0	1	0	1	$3V_{dc}$
7	0	1	1	0	$-V_{dc}$
8	0	1	1	1	V_{dc}
9	1	0	0	0	$-V_{dc}$
10	1	0	0	1	V_{dc}
11	1	0	1	0	$-3V_{dc}$
12	1	0	1	1	$-V_{dc}$
13	1	1	0	0	0
14	1	1	0	1	$2V_{dc}$
15	1	1	1	0	$-2V_{dc}$
16	1	1	1	1	0

例 3.6

考虑两个第一 PB - ac 单元，如图 3.5d，根据假设 2 和假设 4，画出一个与目前为止给出的结构都不同的具有 3 个输入和 1 个输出的结构，并写出可能输出的电压。

解：假设中用到两个图 3.5d 中的第一类 PB - ac，一个符合条件的结构如下图

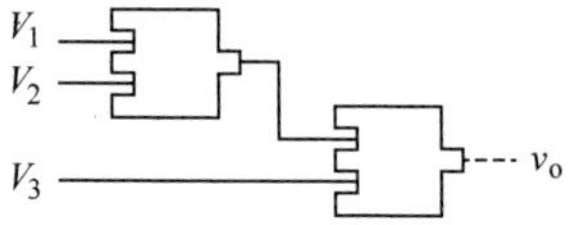

定义拓扑之后，考虑到每个模块的开关，就可以得出输出电压如下。

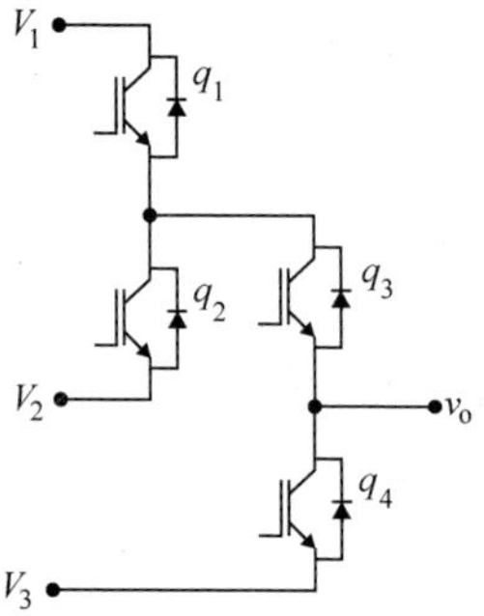

图中的输出电压分别为当

当 $q_1 = q_3 = 1$，$q_2 = q_4 = 0$ 时，$v_o = V_1$

当 $q_2 = q_3 = 1$，$q_1 = q_4 = 0$ 时，$v_o = V_2$

当 $q_4 = 1$，$q_1 = q_2 = q_3 = 0$ 时，$v_o = V_3$

3.4.3 飞跨电容结构

早期提出的以上两种多电平拓扑结构（NPC 和级联结构）都有一定的缺陷。NPC 拓扑结构的一个缺陷是它需要控制直流链电容电压。同时，级联结构的一个明显缺点是它需要大量直流电压源。

飞跨电容变换器是另一种可以产生多电平的变换器。尽管它需要额外的飞跨电容（FC），但它们的电容值比直流侧电容的小，而且有两个开关状态来控制 FC 充放电。与只有一个开关状态的可获得零输出电压的 NPC 拓扑结构不同，FC 变换器有两个开关状态产生零电压输出。

在实际使用 NPC 拓扑时只有一个可用的直流电压，所以为了确保变换器输入端有 3 个电压，通常会使用两个直流链电容，如图 3.15a 所示。图 3.15b 给出了用

于产生三电平的两个电容的变量表。对于一个对称的三电平输出电压（见图 3.12b），各个电容器电压应该相同，比如，$V_{C1}=V_{C2}=V_{pn}/2$。为了确保满足这一要求需采取一控制方案，但如图 3.15b 所示，存在一个缺失的开关状态（状态 3）$q_1=1$，$q_2=0$，这导致了控制电容电压的自由程度的降低。电容飞跨拓扑结构将该问题的影响降至了最小程度，因为它有两个产生零电压输出的开关状态。

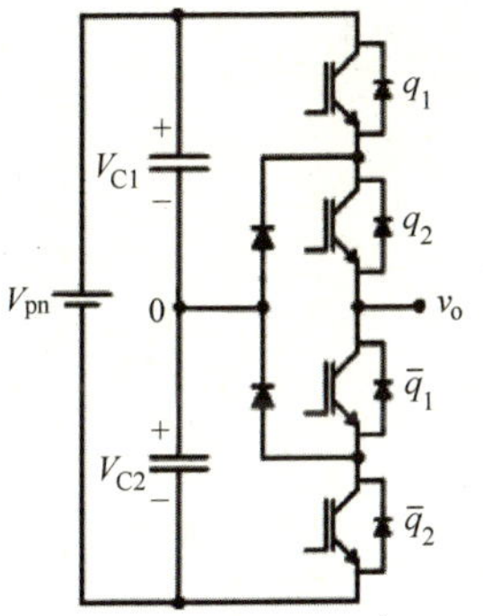

a)

状态	q_1	q_2	v_o
1	0	0	$-V_{C2}$
2	0	1	0
3	1	0	
4	1	1	V_{C1}

b)

图 3.15 一个直流电压源和两个直流侧电容的 NPC 拓扑（图 a）和变量表（图 b）

PBG 方法也可以用来系统化构建飞跨电容变换器。例如，图 3.16a 显示了有 PB 构成的三电平飞跨电容拓扑结构。四电平、五电平的变换器分别如图 3.16b 和图 3.16c 所示。电路的细节分析将在第 6 章中给出。

例 3.7

写出如下变换器的变量表，该变换器基于三电平飞跨电容拓扑结构，用一个直流电压源取代了飞跨电容。并证明开关器件可以用一个二进制变量表示，即开关闭合时 $q_j=1$，开关断开时 $q_j=0$（$j=1, 2, 3, 4$）。

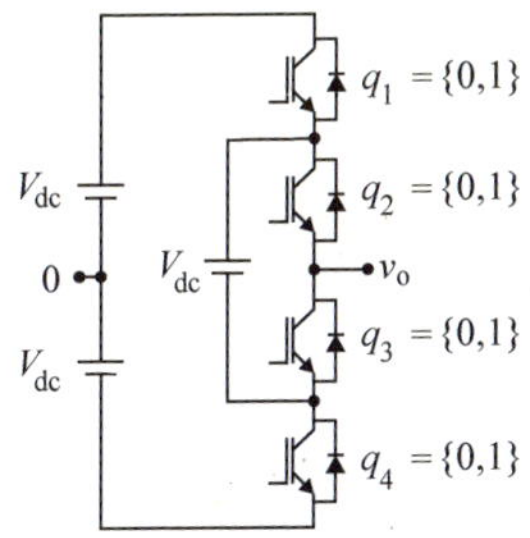

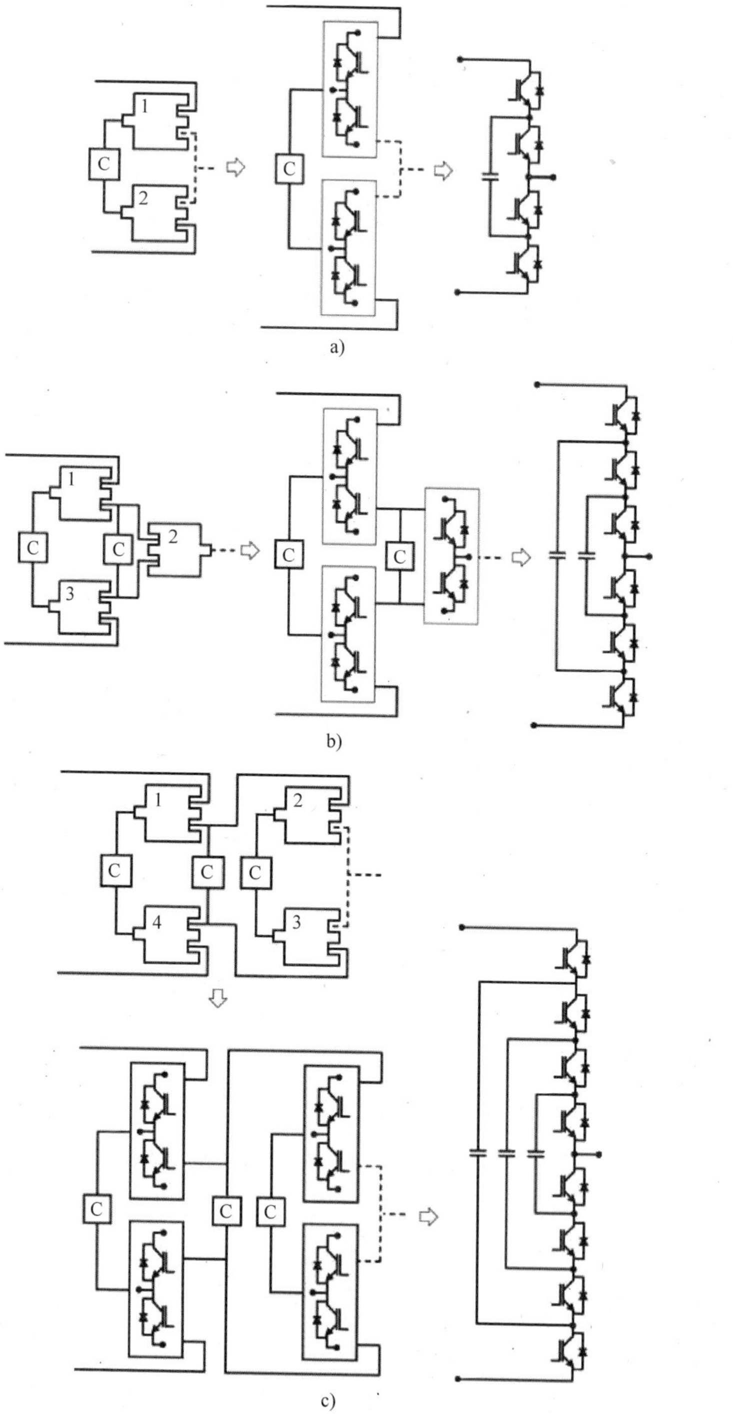

图3.16　使用PB的飞跨电容多电平结构：a）三电平；b）四电平；c）五电平

解：由于这里有 4 个开关，每个开关都有 2 种状态，共有 16 种开关的状态，如下：

列	q_1	q_2	q_3	q_4	v_o
1	0	0	0	0	未定义
2	0	0	0	1	未定义
3	0	0	1	0	未定义
4	0	0	1	1	$-V_{dc}$
5	0	1	0	0	未定义
6	0	1	0	1	0
7	0	1	1	0	短路
8	0	1	1	1	短路
9	1	0	0	0	未定义
10	1	0	0	1	未定义
11	1	0	1	0	0
12	1	0	1	1	$-V_{dc}$
13	1	1	0	0	V_{dc}
14	1	1	0	1	V_{dc}
15	1	1	1	0	短路
16	1	1	1	1	短路

注意表中多个状态都是禁止的，因为它们可能未定义或者会导致短路，必须避免。不考虑禁止的状态，变换器在正负电流条件下可以产生 3 种不同的输出电压（即 $-V_{dc}$，0，V_{dc}）

例 3.8

①分析例 3.7，求出能保证变换器输出端有 3 个电平的最少的独立开关状态数。②画一个使用最少独立开关的功率变换器，确保输出电压为三电平。

解：①如果有 3 个输入电压，要求能用开关状态来选择每个输入，需要的最少独立开关数为 2，因为 $2^2=4$。

②如图3.16a所示，三电平飞跨电容拓扑结构需要4个开关来保证三电平输出。此外，如前文分析，两个独立的开关状态（q_1 和 q_2），可以选择3个输入电压（V_{dc}，0，$-V_{dc}$），最终定义了开关互补状态 $\bar{q}_1$ 和 $\bar{q}_2$（$\bar{q}_1=1-q_1$，$\bar{q}_2=1-q_2$）。如下给出了只使用了两个独立开关状态及其互补开关状态三电平飞跨电容结构，以及其变量表。比较此变量表与图3.15中的变量表，该拓扑结构中没有禁止状态，用于控制飞跨电容的电压。

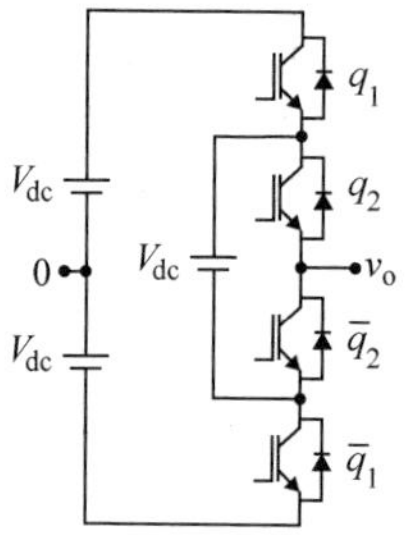

状态	q_1	q_2	v_o
1	0	0	$-V_{dc}$
2	0	1	0
3	1	0	0
4	1	1	V_{dc}

3.4.4　其他多电平结构

尽管例3.6中展示的结构可以产生一个三电平输出电压，这显然是一个非传统拓扑结构，因为它不能被定义成NPC、级联或飞跨电容变换器。本节简要列举一些非传统变换器，具体细节分析将在第7章中给出。

图3.17a展示了一个使用第一和第二PB-ac的可行的四电平拓扑结构。因为这是一个四电平变换器，与之相对的是图3.13b中的四电平NPC结构。只考虑两个电路所需半导体器件的数量，图3.17a中减少了4个二极管，占据优势。

除了前面提到的NPC变换器的缺点，该拓扑结构在半导体电力器件上的损耗分布是不相等的。有源中点箝位变换器（ANPC）有更好的损耗分布以及更高的半导体器件利用率。ANPC也可用PBG方法给出（主要依据假设2和假设4）如图3.17b所示的三电平和图3.17c所示的四电平输出电压。

技术文献中的许多非传统结构都可以通过PBG原则中的公理和假设得到，如图3.18所示。

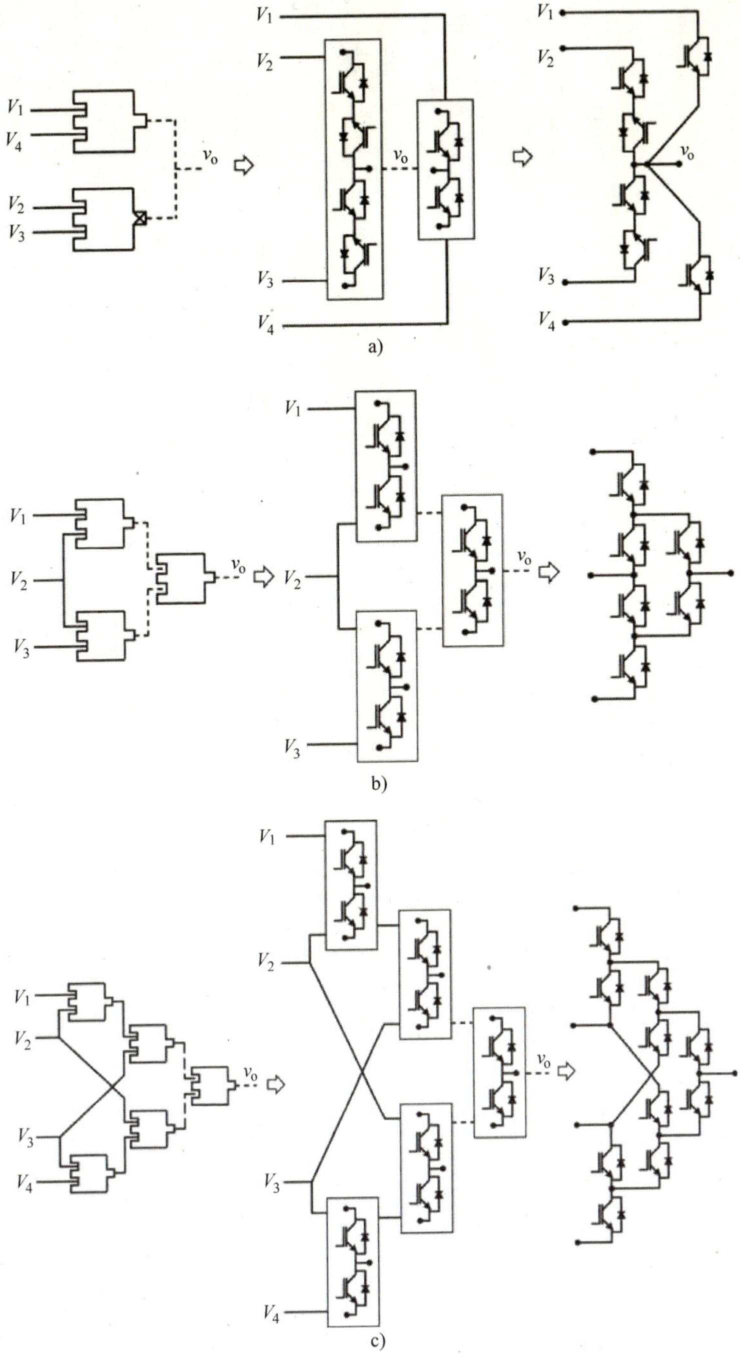

图 3.17　非传统变换器结构：a）嵌套式多电平变换器；b）使用 PB 的三电平 ANPC 多电平电路；c）使用 PB 的四电平 ANPC 多电平电路

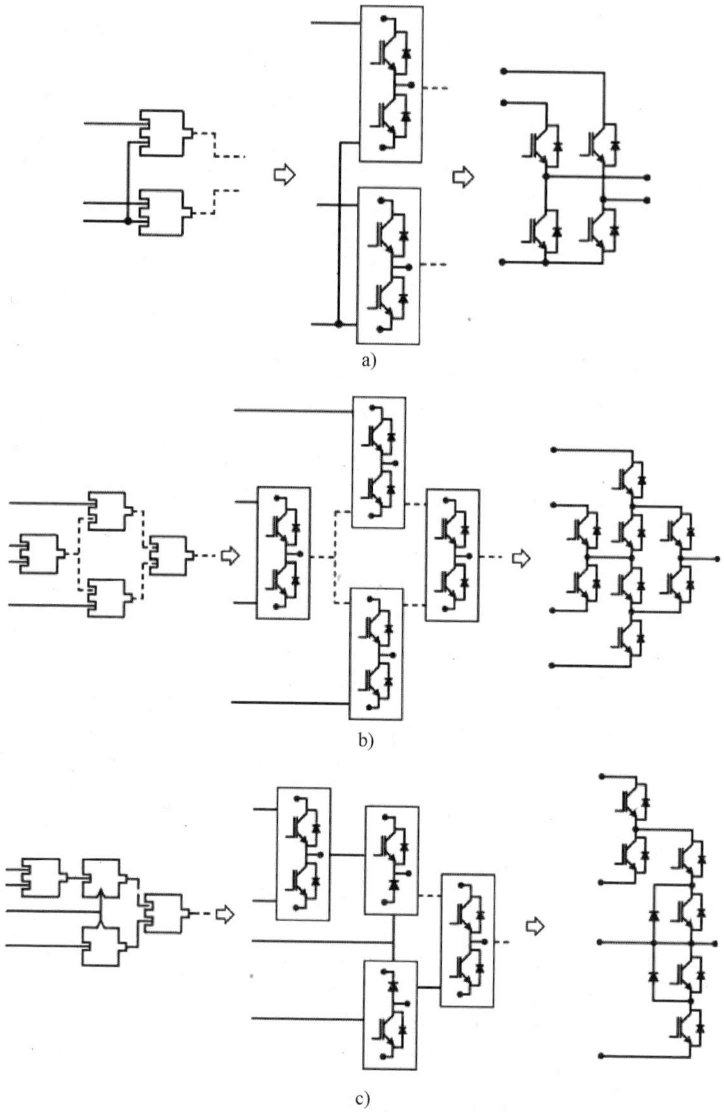

图3.18　使用PB的多电平电路结构

3.5　ac－dc－ac结构中PBG的应用

另一种处理交流电压的架构是两级变换器，也就是说，整流变换器（交流－直流变换器）和逆变变换器（直流－交流变换器）都通过一个直流侧电容相连接。这种拓扑结构通常被称为ac－dc－ac结构（或背靠背结构），或被称为三相－三相

(3ph - 3ph)、单相 - 单相（1ph - 1ph）和单相 - 三相（1ph - 3ph）变换器。尽管每个电力电子变换系统（3ph - 3ph，1ph - 1ph 及 1ph - 3ph）提出了构造多种拓扑结构的可能性，ac - dc - ac 结构仍然可以依照 PBG 原则制定。

许多应用需要下述变换器：①有功率因数校正系统的三相电动机驱动系统（见图 3. 19a），②由并联有源滤波器组合而成的通用有源电力电子滤波器（见图 3. 19b），③风力发电系统（见图 3. 19c）。

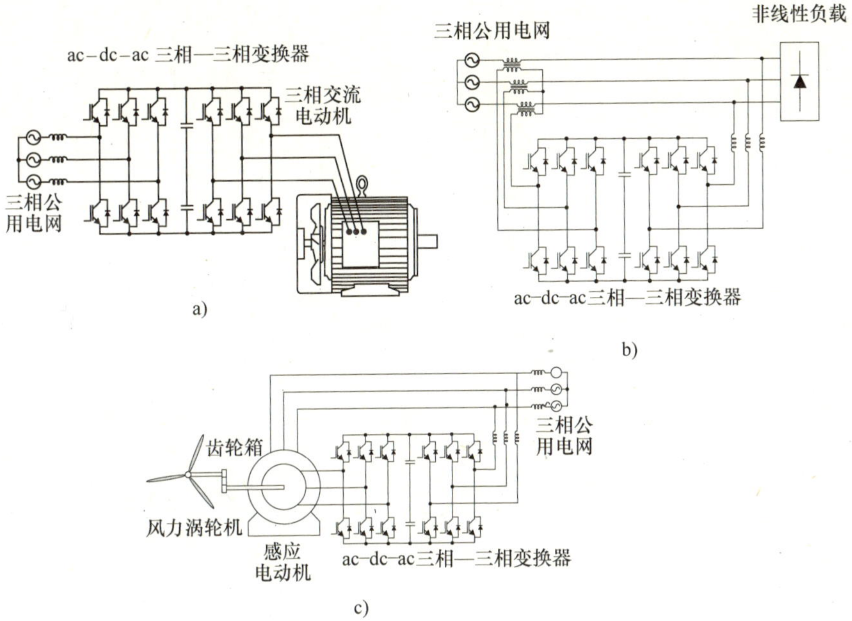

图 3. 19　ac - dc - ac 三相 - 三相变换器的应用：a）交流电动机驱动系统；b）有源电力滤波器；c）用于风力发电机的双馈感应发电系统

3. 5. 1　三相 - 三相结构

图 3. 20a 所示为三相背靠背变换器与三相负载的连接，通过有 6 个桥臂（12 个开关）的三相电网，其中一个桥臂连接到系统的各相。考虑到 PB 及其相关几何结构，虚线表示输入输出变量为交流类型，而实线表示直流侧电压的直流变量。

其他拓扑结构可以由传统型结构衍变而来，如图 3. 20a 所示，尤其是当需要减少半导体器件数量的时候。因此，直流侧中点和共享桥臂连接可作为减少功率开关个数的一个方法。这意味着至少有一个由两个功率开关构成的桥臂，不再适用于图 3. 20b ~ 图 3. 20e 中的方式。

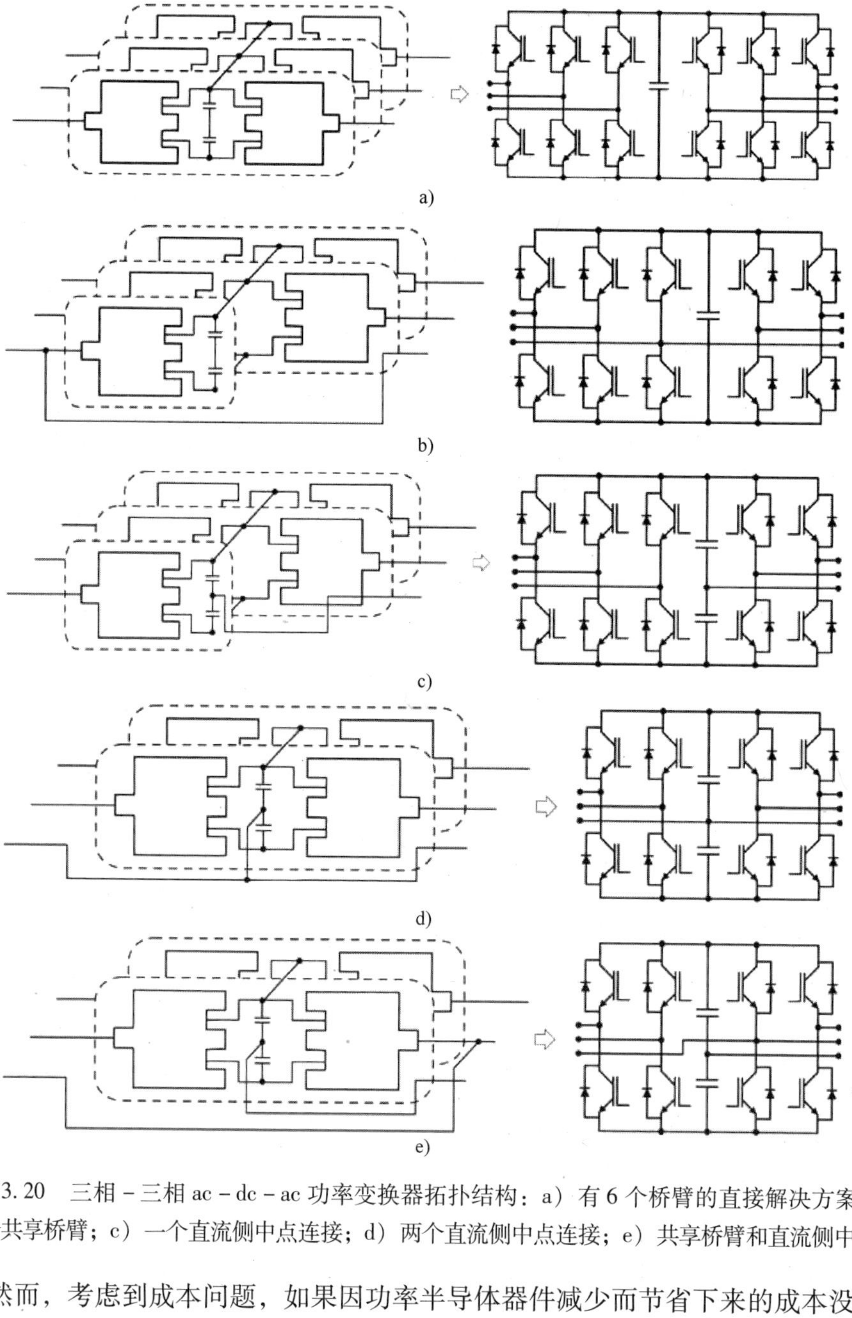

图3.20　三相－三相ac－dc－ac功率变换器拓扑结构：a）有6个桥臂的直接解决方案；b）一个共享桥臂；c）一个直流侧中点连接；d）两个直流侧中点连接；e）共享桥臂和直流侧中点连接

然而，考虑到成本问题，如果因功率半导体器件减少而节省下来的成本没有被更高的器件功率和更高的电解电容值抵消，这种方法是有意义的。如图3.20b所示，为一种在变换器输入输出间搭建共享桥臂的解决方案。图3.20c提出了一个输入端（左端）的全桥架构和一个输出端（右端）的半桥结构。

相比图3.20d，图3.20e更具优势，尽管两者使用的功率开关数是相同的。观察图 3.20e，变换器一端具有了全桥特性（直流侧中点电容没有连接）。而图 3.20d 中，变换器两端都是半桥式结构。图 3.20 所示的拓扑结构将在第 11 章中详细分析。

练习 3.1

图 3.20 中提出的拓扑结构背后的共同原则是三相系统固有冗余。对于一组平衡三相电压，电压间的关系为 $v_1+v_2+v_3=0$，这意味着如果两个电压被定义，第三个电压便可以间接得出（彼此线性独立）。如下图所示，考虑三相负载连接到一个电压源，仅通过两相[$v_A=V_A\cos(\omega t+\Phi_A)$和 $v_B=V_B\cos(\omega t+\Phi_B)$]，定义电压的振幅（$V_A$ 和 V_B）和相位（Φ_A 和 Φ_B）用以保证一个平衡三相负载电压，$v_1=V\cos(\omega t)$，$v_2=V\cos(\omega t+120°)$ 和 $v_3=V\cos(\omega t-120°)$。

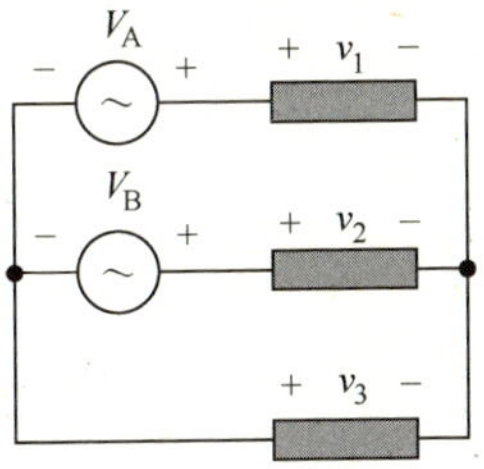

通过减少功率开关的数量来降低成本，同时也可能增加了半导体器件数量，如图 3.21 所示的并联背靠背变换器，减少了变换器每一级消耗的功率，且提高了产生波形的质量。

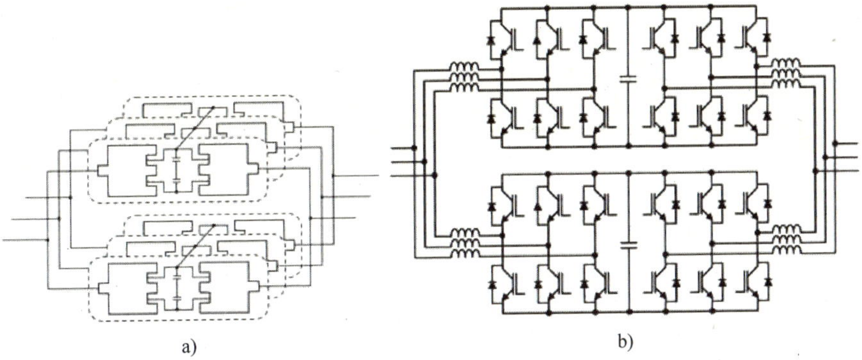

图 3.21　并联背靠背变换器：a）PB 表示法；b）开关表示法

3.5.2　单相－单相结构

正如三相－三相 ac－dc－ac 结构，也可以建立一个系统来产生单相—单相ac－dc－ac 结构，如图 3.22 所示。注意，使用共享桥臂和直流侧电容中点仍然是为了保证器件数量减少。单相背靠背变换器，对于其模型、脉宽调制策略和分析将在第 10 章详述。

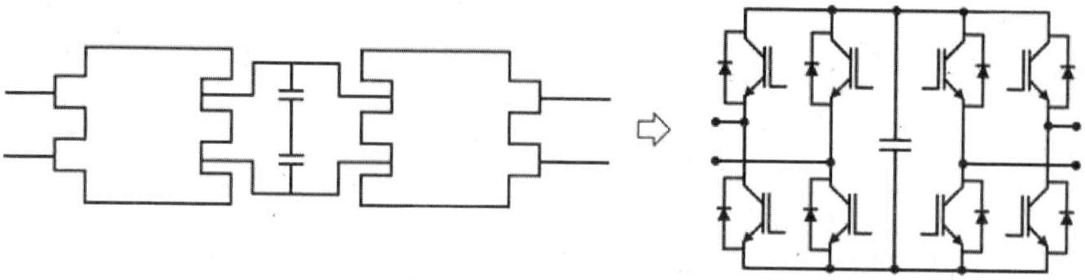

a)

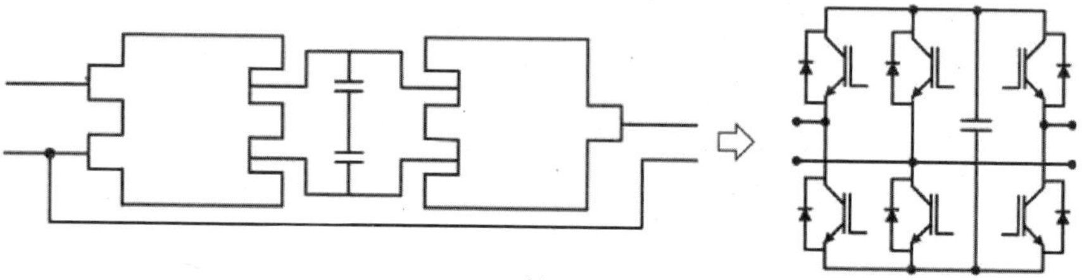

b)

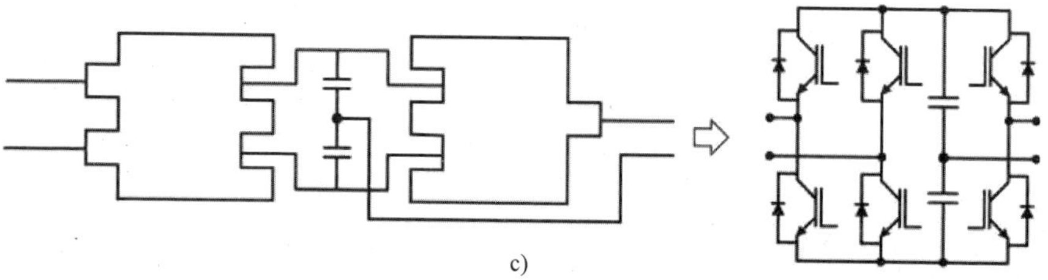

c)

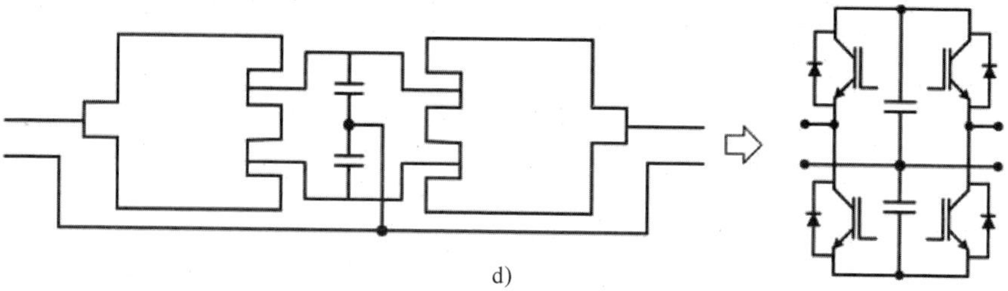

d)

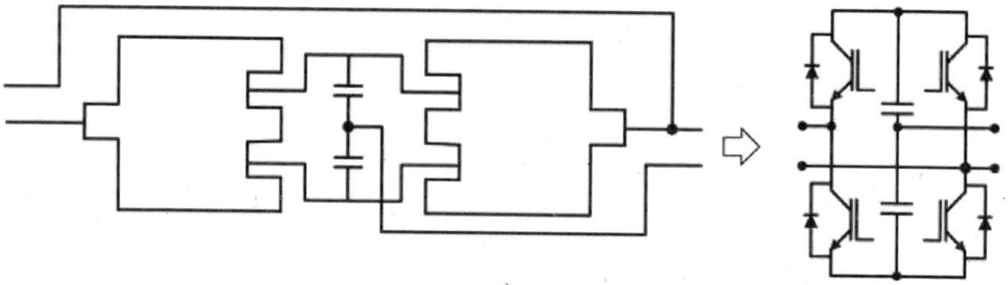

e)

图 3.22 单相 - 单相 ac - dc - ac 电力电子变换器拓扑结构：a）4 个桥臂的直接解决方案；
b）单共享桥臂；c）一个直流侧中点连接；
d）两个直流侧中点连接；e）共享桥臂和直流侧中点连接

3.6 小结

本章表明，提出的 PBG 策略可以用来建立一个系统化的方法，以表示许多通过直流级来处理交流电压的电力电子变换器。通过 PBG 方法建立了一种主要架构。并非将功率开关作为变换器的基础器件，而是采用模块内部描述的更高层次的组件 PB，其模块内部有细节描述。PB 间的连接，利用假设和定理，提供了一个层次简单且熟悉的几何块结构概念。这种方法被用于建立传统和非传统结构。

由于采用了 PBG 方法，不同结构现在被视为是同一组变换器的不同部分（即有至少一个直流级的处理交流电压的拓扑结构）。除了所提出的一个系统架构外，PBG 技术将在处理拓扑结构中扮演重要角色。即使是在实际应用中不直接运用 PBG 方案的特定结构，本书也将会予以讨论，因为它在理解变换器和对其模型及控制方案进行设计创新上有一定的挑战性。

本章展示的各个结构将在后续章节中详细讨论，并结合模型的开发和 PWM 策略综合阐述。更多细节详见本章参考文献［1］~参考文献［21］。

参考文献

[1] Escaud B, Marty P. Introduction à l'étude des structures des convertisseurs statiques. Electron Ind 1983;56:65–71.
[2] Marty and Escaud B. La commutation dans les convertisseurs statiques, Ibid., No. 60; 1983. p 69–73.
[3] M. V. Miranda, A. M. N. Lima, Formal verification and controller redesign of power electronic converters, Proc IEEE Int Symp Ind Electron, 2004. v. 1. p. 1–6.
[4] E. C. dos Santos Jr, E. R. C. da Silva. Power block geometry applied to the building of power electronics converters, IEEE Trans Educ, v. 2, pp. 191–198, 2013.
[5] Babaei E, Hosseini SH. New multilevel converter topology with minimum number of gate driver circuits, SPEEDAM 08; 2008. p 792–797.
[6] Baker RH. Bridge converter circuit. US patent 4270163. May 1981 (filed in Aug. 79).
[7] Nabae A, Takahashi I, Akagi H. A new neutral-point-clamped PWM inverter. Trans Ind Appl 1981;IA-17(5):518–523.
[8] Meynard TA, Foch H. Multilevel conversion: high voltage chopper and voltage source inverters. Proceedings of IEEE PESC'92; 1992. p 397–403.
[9] Chen A, Hu L, He X. A novel type of combined multilevel converter topologies. IEEE Proceedings of IECON'04; 2004. p 2290–2294.
[10] Andrejak JM Lescure M. High voltage converters promising technological developments. Proc. Rec. EPE Conf.; 1987. p 1.159–1.162.
[11] Choi NS, Cho JG, Cho GH. A general circuit topology of multilevel inverter. Proc Rec IEEE PESC; 1991. p 96–103.
[12] Carpita M, Tenconi S. A novel multilevel structure for voltage source inverter. Proc. Rec. EPE Conf.; 1991. p. 1.90–1.94.
[13] Hammond PW. Medium voltage PWM drive and method. US patent 5,625,545. 1997.
[14] Peng FZ. A generalized multilevel inverter topology with self voltage balancing. IEEE Trans Ind Appl 2001;37(2):611–618.
[15] Brückner T, Bernet S, Güldner H. The active NPC converter and its loss-balancing control, IEEE Trans Ind Electron, 52, No. 3, 2005, pp. 855–868.
[16] T. Bruckner, S. Bernet, P.K. Steimer, Feedforward loss control of three-level active NPC converters,

IEEE Trans Ind Appl, 43, no.6, pp.1588–1596, 2007.
[17] Lin B-R, Yang T-Y. Single-phase switching mode multilevel rectifier with a high power factor. IEE Proc-Electr Power Appl 2005;152(3):447–454.
[18] Bhagwat PM, Stefanovic VR. Generalized structure of a multilevel PWM inverter. IEEE Trans Ind Appl 1983;IA-19(6):1057–1069.
[19] dos Santos Jr EC, Muniz JH, da Silva ERC, Jacobina CB. Nested multilevel configurations. IEEE Energy Conversion Congress and Exposition, ECCE 2012; 2012. p 324–329.
[20] Perantzakis GS, Xepapas FH, Manias SN, A new four-level PWM inverter topology for high power applications - effect of switching strategies on power losses distribution, PESC'04; 2004. p 4398–4404.
[21] Tang T, Han J, Zhou L, Yao P, Tan X. Novel hybrid cascade asymmetrical converter based on asymmetrical converter. Proceedings of IEEE ISIE; 2007 Jun. p 1004–1008.

第4章　中点箝位结构

4.1　引言

本章将从 PBG 方面分析中点箝位结构（NPC），也称为二极管箝位结构。本章将介绍从三电平到 n 电平的 NPC，以及这些电路的模型、脉宽调制（PWM）和控制策略。

三电平 NPC 是最普遍地用于中高压，尤其是电动机驱动系统的拓扑之一，因为它能够减少 dv/dt，降低总谐波失真（THD），特别是它处理高压不需要一系列开关串联。然而，也可以在低压应用中采用这种拓扑结构，如在光伏能源系统中，如电压较低失真和降低漏电流等其他因素也是重要因素。

本章结构如下：4.2 节分析由 PB 构成的三电平 NPC 拓扑，并由功率开关控制。其模型由推导交流侧电压方程得到。这一方程由变量表实现，在 PWM 发展中也起重要作用。4.3 节具体分析了最简单的 PWM 方法实现的半桥单相三电平变换器。4.4 节和 4.5 节分别将之前介绍的概念拓展至全桥单相和三相变换器。4.6 节提出了一些非传统变换器，它们的拓扑能够容易地通过 PBG 构造。4.7 节讨论了 NPC 拓扑中不平衡电容电压的固有问题。4.8 ~ 4.11 节提出了高于 3 电平的 NPC。4.12 节对全章进行了总结。

4.2　三电平结构

正如所看到的，功率模块（PB）可以遵循一套系统的方法以保证多电平 NPC 的创建。图 4.1a 所示为带三角形与三角形相连、正方形和正方形相连的第一种和直接式模块排列重复。图 4.1b ~ 图 4.1d 显示了在输出端获得各个电平（V_1，V_2，V_3）的方法。图 4.1b 说明了获得 $v_o = V_1$ 需要激活 PB_1 和 PB_3，获得 $v_o = V_3$ 需要激活 PB_2 和 PB_3（见图 4.1d）。另一方面，只有 PB_3 完全激活时，电压 V_2 才能在输出端出现（v_o），如图 4.1c 所示。为了生成一个三电平的输出波形，需要依次激活如图 4.2 所示的 PB。

由于 v_o 可以假设成任何时刻只有一个输入电压 V_1、V_2 或 V_3，输出电压 v_o 可以用一个含有输入电压和两个独立二进制变量（q_1 和 q_2）的方程来描述。因为有 3 个输入被选择，而用来选择这些输入的二进制变量的最小数量是两个。这 3 个输入必须出现在变换器输出端，通过采用两个二进制变量，这意味着可能的组合如表 4.1 所示。

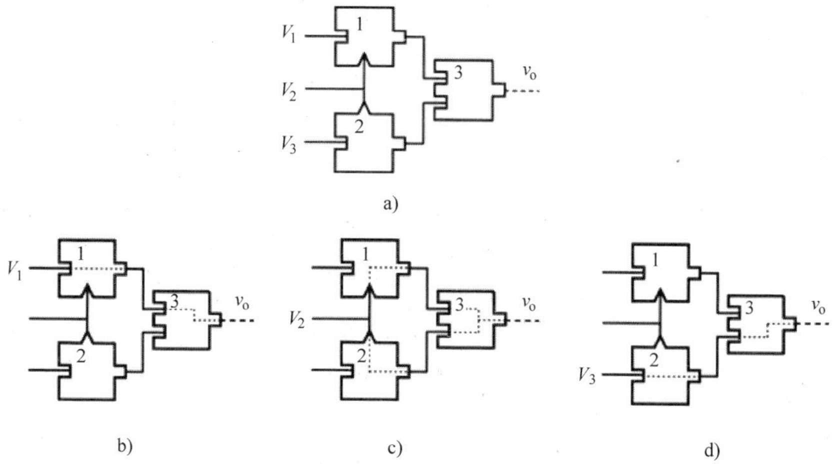

图4.1 a）带PB的三电平（V_1、V_2和V_3）NPC结构（PB激活后所得各电平）；b）$v_o=V_1$；c）$v_o=V_2$；d）$v_o=V_3$

表4.1 图4.1a中变换器的变量表

状态	q_1	q_2	v_o
1	0	0	V_3
2	0	1	V_2
3	1	0	—
4	1	1	V_1

定义互补变量（$\bar{q}_1$ 和 $\bar{q}_2$），其中 $\bar{q}_1=1-q_1$，$\bar{q}_2=1-q_2$，则输出电压可被定义为如下：

$$v_o=\bar{q}_1\bar{q}_2V_3+\bar{q}_1q_2V_2+q_1q_2V_1 \tag{4.1}$$

通过式（4.1）我们能得到

$$v_o=(1-q_1)(1-q_2)V_3+(1-q_1)q_2V_2+q_1q_2V_1 \tag{4.2}$$

$$v_o=(1-q_2-q_1)V_3+q_2V_2+q_1q_2(V_3-V_2+V_1) \tag{4.3}$$

通常图4.2中所示给出的波形必须对称，这意味着 $V_1=V_{dc}$，$V_2=0$，$V_3=-V_{dc}$ 于是可以得出

$$v_o=(q_1+q_2-1)V_{dc} \tag{4.4}$$

值得一提的是，表4.1中的二进制变量和图4.1中模块里的开关状态有关。图4.3画出了图4.1中拓扑中二进制变量描述正负输出电流（i_o）下开关状态。

注意，与PB-dc单独工作不同（见图3.7和图3.8），NPC拓扑在电流正负状态下都能够产生所需的输出电压，也就是说各个电压值（V_1、V_2和V_3）均能够在电流值独立的情况下从变换器输出。换句话说任何期望的输出电压都可在 $i_o>0$ 和

$i_o<0$ 两种情况下得到，如图 4.3 所示。

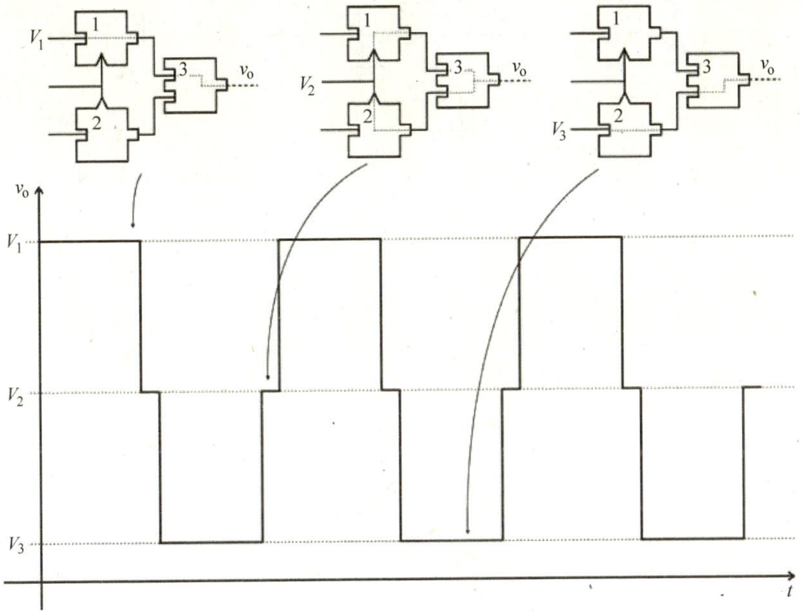

图 4.2　产生三电平输出电压（具体值为 V_1、V_2 和 V_3）

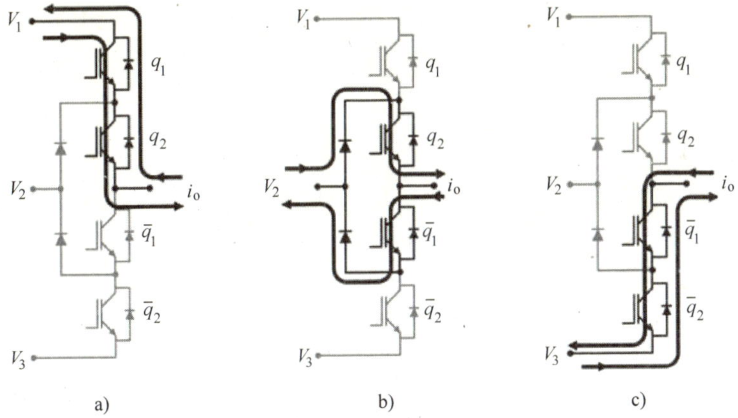

图 4.3　独立于输出电流的电平输出值：a）V_1；b）V_2；c）V_3

例 4.1

考虑如下变量表，将各个开关（q_1，q_2，$\bar{q}_1$，$\bar{q}_2$）置于正确状态，以保证在电路中所产生的电平如下表所示。

状态	q_1	q_2	v_o
1	0	0	
2	0	1	
3	1	0	
4	1	1	

状态	q_1	q_2	v_o
1	0	0	
2	0	1	
3	1	0	
4	1	1	

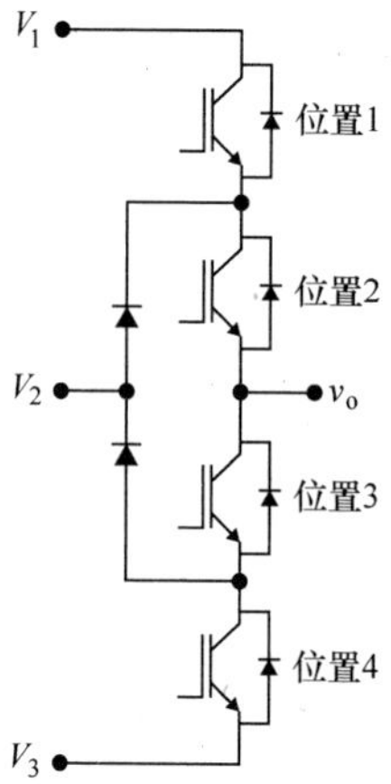

解：为保证输出电压 v_o 满足第一个表中的要求，开关 q_1、q_2、$\overline{q}_1$ 和 $\overline{q}_2$ 需要被分别置于3、4、1、2处。没有能够满足第二个表的组合。

状态	q_1	q_2	v_o
1	0	0	V_1
2	0	1	–
3	1	0	V_2
4	1	1	V_3

状态	q_1	q_2	v_o
1	0	0	V_1
2	0	1	V_2
3	1	0	V_3
4	1	1	—

例4.2

写出下列电路的变量表，并表示各个开关的状态。

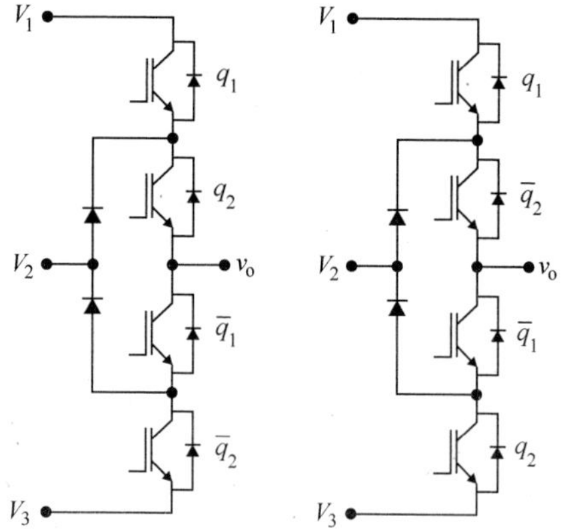

解：两个电路的变量表分别如下

状态	q_1	q_2	v_o
1	0	0	V_3
2	0	1	未定义
3	1	0	未定义
4	1	1	V_3

状态	q_1	q_2	v_o
1	0	0	V_2
2	0	1	未定义
3	1	0	未定义
4	1	1	未定义

练习 4.1

考虑例 4.2 中的变量表，通过展示等效电路和假设正负电流，分析为什么有些状态是未定义的。注意例 4.2 中的两个处理方法有不止一个未定义的状态，也就是说没有办法获得图 4.3 中的三电平输出。这样的特性是处理交流电压的电力电子变换器所不期望的。

4.3 PWM 方案（半桥拓扑结构）

如果目标是生成一个交流电压，且振幅和频率可控制，可采用一种 PWM 方案来生成开关控制信号。理想情况下，一个处理交流电压的变换器输出正弦电压。然而，根据图 4.2 中 NPC 变换器的特性，电平数被限制在了 3 个。因此，PWM 方案的目的是保证三电平变换器输出理想的正弦电压。输出波形的方均值必须等于如下图所示的正弦参考信号（在开关切换期间）。

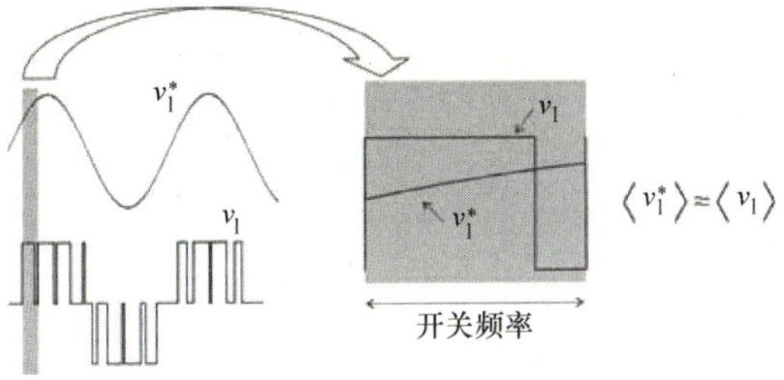

通常，开关频率保持较高（相比于调制信号）以增加 $v_1 \approx v_1^*$ 的精度。实际上许多技术文献提出的调制方法都能用于 NPC 变换器在不同方面得以提高。本章中，分析一种最简单的产生 PWM 波形的方法。但是，一个优化的 PWM 方法在第 8 章给出。

图 4.4 显示了一个简单的模拟方法，四个开关的状态由正弦波形（$v_{\sin}^*$）和两个高频三角波形（v_{t1}^* 和 v_{t2}^*）的比较而定。这样的 PWM 可以展开来形成多电平 NPC 变换器，它使用 $N-1$（N 是电平数）三角载波信号，其中只有一个调制信

号。正弦波形 $v_{sin}^* = V_1\sin(\omega_1 t)$，其中 V_1 是振幅，ω_1 是由负载决定的角频率。作为驱动模块必须保证开关门电路的电流和电压的电平足以驱动功率器件，同时还要保证绝缘。

注意图 4.4c 和图 4.4d，当开关 q_1 和 $\bar{q}_1$ 的状态发生改变时（在 v_{sin}^* 的正半周时），在这半周期内 q_2 闭合而 $\bar{q}_2$ 断开；而在 v_{sin}^* 的负半周，当 q_2 和 $\bar{q}_2$ 的状态发生改变时，开关 q_1 断开且 $\bar{q}_1$ 闭合。

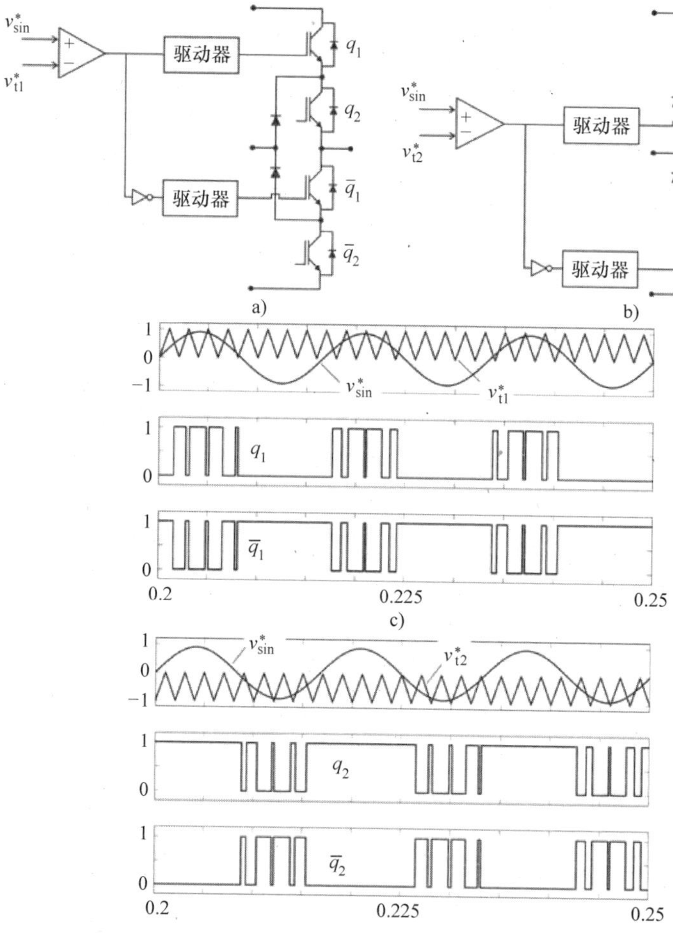

图 4.4　a）开关 q_1 和 $\bar{q}_1$ 用脉宽调制产生电路；b）q_2 和 $\bar{q}_2$ 的脉宽调制产生电路；c）与 q_1 和 $\bar{q}_1$ 相关的变量（由上至下）－参考电压、开关 q_1 的门信号和开关 $\bar{q}_1$ 的门信号；d）与 q_2 和 $\bar{q}_2$ 相关的变量（由上至下）－参考电压、开关 q_2 的门信号和开关 $\bar{q}_2$ 的门信号

图 4.4 所示的调制器描述了表 4.1 中的状态，当 q_2 闭合时，q_1 可以为断开

(表4.1中状态2)，也可以为闭合(表4.1中状态4)。同样，当 q_1 断开，q_2 可为断开(表4.1中状态1)，或闭合(表4.1中状态2)。另外，这个调制器避免了不期望的状态3的产生。

图4.5a显示了一个半桥式三电平结构，负载连接在直流链中点和桥臂中点之间。图4.5b分别描述了(由上到下)PWM参考波形，开关 q_1 和 q_2 的门极信号、负载电压和负载电流。这些模拟测试中的参数为：$V_{dc}=200V$，$R=5\Omega$，$L=5mH$，开关频率为500Hz。为了便于比较，本章中其他模拟也都采用同样参数进行。

有时在实际应用中只有一个直流源可用，这意味着图4.5a中的两个直流源将变为电阻连接一个单独的直流源。所以，有必要确保两个电容的控制电压。本章后面将对这种情况进行分析。

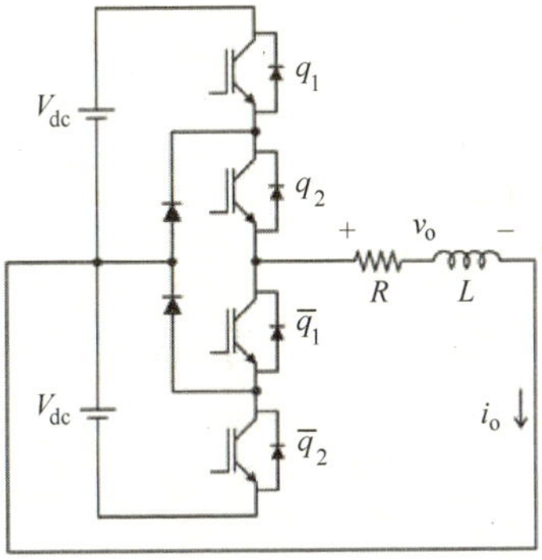

a)

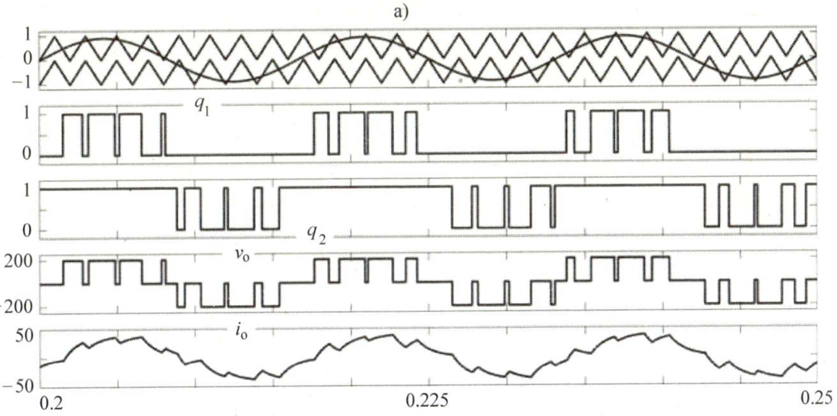

b)

图4.5　a)三电平NPC半桥式变换器；b)(由上到下)v_{sin}^*、v_{t1}^*、v_{t2}^*；q_1 和 q_2 的门信号；负载电压和负载电流

4.4　全桥拓扑结构

带双桥臂的三电平 NPC 拓扑结构，构成一个全桥单相变换器，可以通过合理连接图 4.1 所示的 PB 而基于 PBG 来获得，如图 4.6a 所示。根据这种方法也可以构建具有 n 个桥臂的结构。为了满足一个三相系统的应用要求（如三相电动机驱动系统或三相整流变换器），图 4.6b 展示了一个带三桥臂的三电平 NPC 拓扑结构，图 4.6c 展示了一个有 4 个桥臂的三电平 NPC 拓扑作为三相四线系统的例子。在后续小节将对图 4.6 中这 3 种结构进行分析。

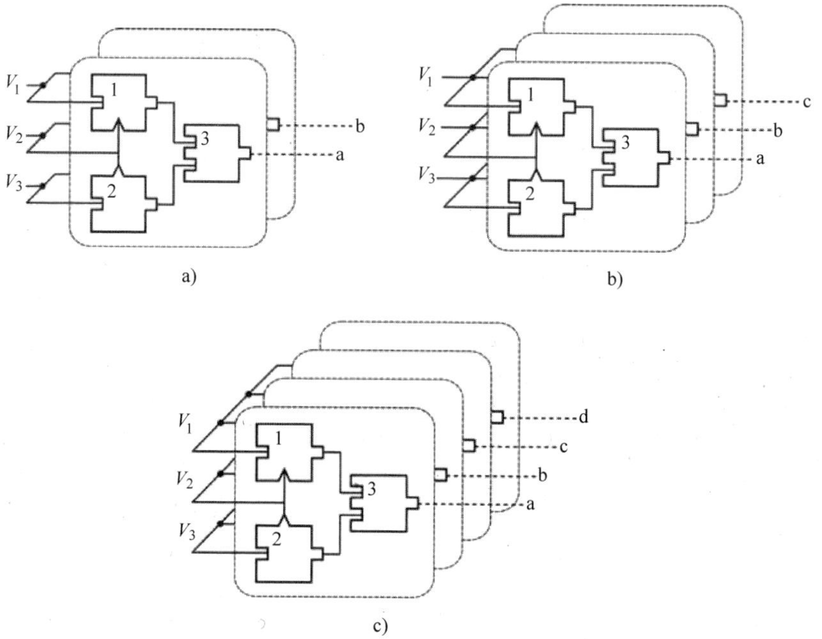

图 4.6　NPC 三电平拓扑：a）两桥臂（全桥单相负载）；
b）三桥臂（三相负载）；c）四桥臂（三相四线负载）

图 4.7a 介绍了全桥单相变换器（见图 4.6a），突出了开关的连接。值得一提的是尽管图 4.7a 中的全桥拓扑有 3 个桥臂，其输出电压有 5 个电平。

图 4.7b 分别显示了（由上到下）具有三电平的桥臂极点电压（桥臂中点和直流侧电容中点间电压 v_{a0}），具有三电平的桥臂极点电压（v_{b0}）、负载电压和负载电流。比较图 4.5 和图 4.7，可明显看出全桥拓扑的负载电压电平数的增加确保了负载电流的脉冲抑制。这种情况下的电压表示为

$$v_o = (q_{1a} + q_{2a} - q_{1b} - q_{2b})V_{dc} \tag{4.5}$$

本章考虑的变换器拓扑结构的电平数由极点电压定义。例如，图 4.5 和图 4.7 中的两个变换器都被视为单相三电平 NPC 拓扑结构，尽管它们负载电压电平数不同。

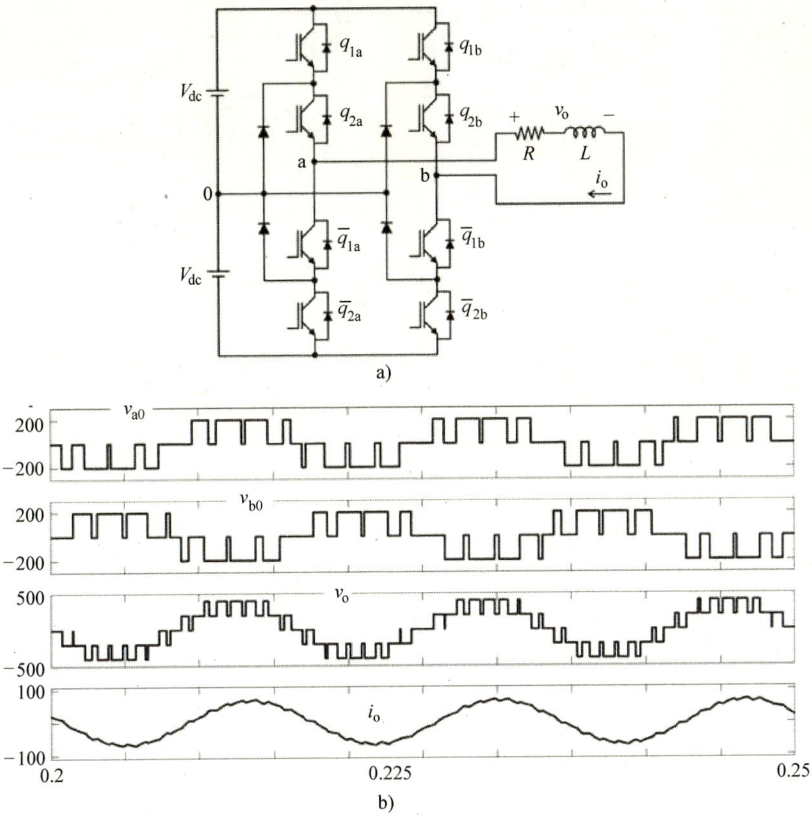

图 4.7　a）三电平 NPC 全桥变换器；b）（由上到下）第一桥臂的极点电压（v_{a0}）、第二桥臂的极点电压（v_{b0}）、负载电压和负载电流

例 4.3

考虑图 4.7a 中的拓扑，找到一个 PWM 产生电路的解决方案以保证产生图 4.7b 中的波形。

解：带一组参考正弦信号和两个三角波信号加上两个运放（如图 4.4 的半桥拓扑）的每个桥臂均可以用于全桥拓扑 PWM 信号的产生。由于两个桥臂的控制是不相关的，那些正弦波形需要有相位差，以保证最大输出电压。

例 4.4

如果两个参考正弦波形产生不同的相位移，会发生什么？

解：下图显示了极点电压 v_{a0} 和 v_{b0} 的相位图（仅仅正弦部分）和负载电压 $v_o = v_{a0} - v_{b0}$。输出电压是极点电压相移的函数，表示了当相位角等于 180°时可得到最大输出电压。

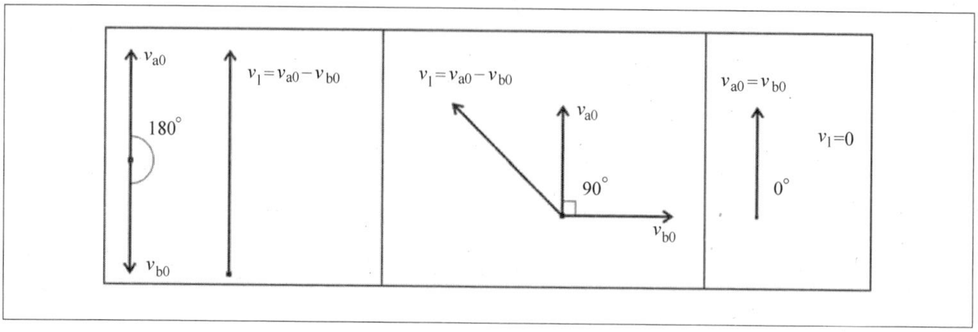

4.5　三相 NPC 变换器

由开关组成的三相三电平全桥 NPC 结构如图 4.8a 所示。注意该电路仅仅是由 PB 简易构建，如图 4.6b 所示。而图 4.8b 分别展示了变换器的一些相关变量（由上到下）：极点电压、负载中点（NP）（n）和直流链中点连接（0）间的电压、负载相电压和负载电流。极点电压如下式：

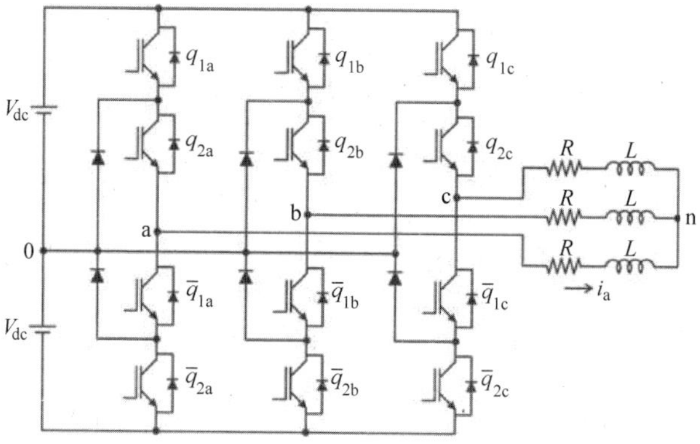

a)

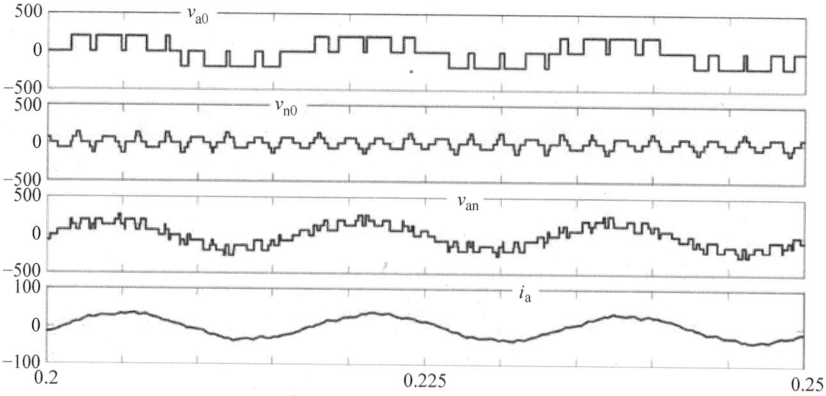

b)

图 4.8　a）三相 NPC 变换器；b）从上到下极点电压，电压 v_{n0}，负载电压和负载电流

$$v_{a0}=(q_{1a}+q_{2a}-1)V_{dc} \tag{4.6}$$

$$v_{b0}=(q_{1b}+q_{2b}-1)V_{dc} \tag{4.7}$$

$$v_{c0}=(q_{1c}+q_{2c}-1)V_{dc} \tag{4.8}$$

负载相电压为

$$v_a=v_{a0}-v_{n0} \tag{4.9}$$

$$v_b=v_{b0}-v_{n0} \tag{4.10}$$

$$v_c=v_{c0}-v_{n0} \tag{4.11}$$

分析三相平衡条件（$v_a+v_b+v_c=0$），三相负载的 NP（n）和直流链中点可定义为

$$v_{n0}=\frac{1}{3}(v_{a0}+v_{b0}+v_{c0}) \tag{4.12}$$

结合式（4.10）~式（4.12）可得到式（4.13）

$$v_{n0}=\frac{V_{dc}}{3}(q_{1a}+q_{2a}+q_{1b}+q_{2b}+q_{1c}+q_{2c})-V_{dc} \tag{4.13}$$

从式（4.13）可得出，三相负载各个相位的电压可写为

$$v_a=\left(\frac{2}{3}q_{1a}+\frac{2}{3}q_{2a}-\frac{1}{3}q_{1b}-\frac{1}{3}q_{2b}-\frac{1}{3}q_{1c}-\frac{1}{3}q_{2c}\right)V_{dc} \tag{4.14}$$

$$v_b=\left(-\frac{1}{3}q_{1a}-\frac{1}{3}q_{2a}+\frac{2}{3}q_{1b}+\frac{2}{3}q_{2b}-\frac{1}{3}q_{1c}-\frac{1}{3}q_{2c}\right)V_{dc} \tag{4.15}$$

$$v_c=\left(-\frac{1}{3}q_{1a}-\frac{1}{3}q_{2a}-\frac{1}{3}q_{1b}-\frac{1}{3}q_{2b}+\frac{2}{3}q_{1c}+\frac{2}{3}q_{2c}\right)V_{dc} \tag{4.16}$$

对于平衡的三相负载，负载电压只取决于式（4.14）~式（4.16）中的开关状态和直流链电压。

三相变换器的控制电路可由图 4.4 获得。不同的是所需调控信号的数量，本例中有 3 个参考变量：$v^*_{\sin1}=V_1\sin(\omega t)$，$v^*_{\sin2}=V_1\sin(\omega t+120°)$ 和 $v^*_{\sin3}=V_1\sin(\omega t+240°)$，其中 V_1 和 ω 是分别是期望的负载峰值电压和频率。

练习 4.2

对于图 4.8 中所示的变换器，绘一个包含所有开关状态（64 种可能性）的表格，找出 v_{n0} 的电平数量和相电压 v_a 的电平数量。

应用（高压电动机驱动系统）

三相 NPC 多电平结构可用于中压（MV）驱动达到高压水平，而不需要使用一系列相连的开关器件。MV 高功率应用的开关频率通常比两电平变换器低，以减少功率损耗（通常限制在几百 Hz），不会因为电平数量而影响波形产生的质量。一般来说，特殊的调制技术需要产生最小的电动机电流谐波失真以保证大跨度的速度和转矩。主要应用在泵、风扇/通风装置、压缩机、混合器、搅拌器、输送机、水泥磨机、轧钢厂、绕线机/拆卷机、糖厂、炼油厂、密炼机和挤压机。图 4.9 所示为一个用于中压驱动器具有 NPC 结构的常见方案。

练习 4.3

对一个中压三相电动机分别加以 2.3kV 线电压和 150kW 有效功率（功率因数 0.85）。假设这个电动机由一个三桥臂的 NPC 拓扑结构供电，确定该结构中开关的电压和电流额定值。

为 Δ 联结的三相负载供电的 NPC 三相电力电子变换器拓扑结构如图 4.9 所示。图 4.9 和图 4.8a 的主要区别在于负载决定的电压和电流值，以及负载电压的电平数量。在这种情况下（Δ 联结）负载相位电压只有 5 个电平，如下式：

$$v_a = (q_{1a} + q_{2a} - q_{1b} - q_{2b})V_{dc} \tag{4.17}$$

$$v_b = (q_{1b} + q_{2b} - q_{1c} - q_{2c})V_{dc} \tag{4.18}$$

$$v_c = (q_{1c} + q_{2c} - q_{1a} - q_{2a})V_{dc} \tag{4.19}$$

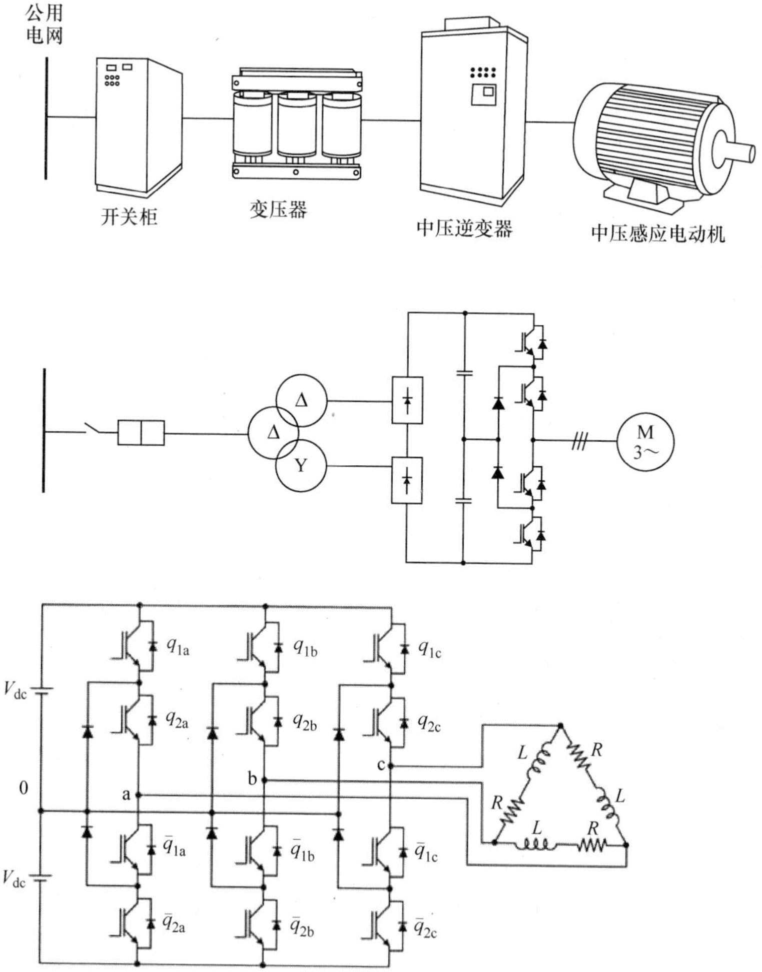

图 4.9　三电平 NPC 变换器供给一个三角形联结的三相负载

4.6　采用三电平桥臂的非常规结构

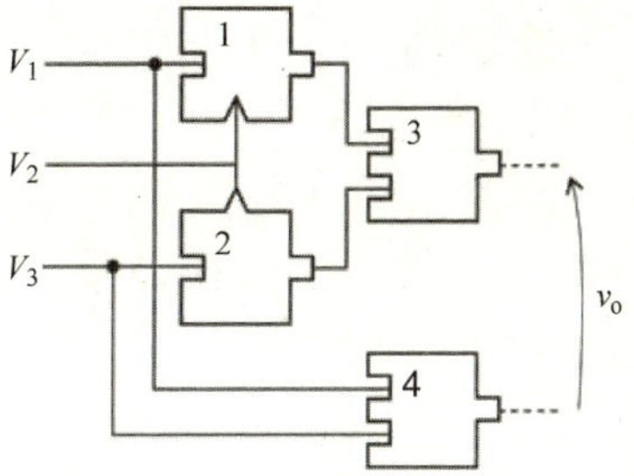

图 4.10　NPC 和传统桥臂组成的五电平单相变换器模块化表示

可以将 NPC 的桥臂与本章前面已经提出的采用如图 4.10 所示的非常规单相多电平变换器两电平桥臂结合起来。这种情况下，它使用 4 个 PB 和输出负载接在模块 3 和 4 之间。因为模块 3 的输出有 3 个电平（V_1、V_2 和 V_3），而模块 4 的输出有两个电平（V_1 和 V_3），从而输出电压有 5 个电平（0、V_1-V_3、V_2-V_1、V_2-V_3 和 V_3-V_1）。

对于产生对称输出电压，输入电压需要满足以下参数：$V_1=V_{dc}$，$V_2=0$，且 $V_3=-V_{dc}$，也就是说输出电压需要为以下值：0，$\pm V_{dc}$，$\pm 2V_{dc}$。对于图 4.10 中所示的变换器，需要有 3 个独立的二进制信号（q_{1a}、q_{2a}和 q_{1b}）来产生所需的输出电压，因为它有 5 个电平。表 4.2 显示出了电压 v_o 与 q_{1a}、q_{2a}和 q_{1b}的函数关系。

表 4.2　图 4.10 中变换器的变量表

状态	q_{1a}	q_{2a}	q_{1b}	PB_3 输出	PB_4 输出	v_o
1	0	0	0	$-V_{dc}$	$-V_{dc}$	0
2	0	0	1	$-V_{dc}$	V_{dc}	$-2V_{dc}$
3	0	1	0	0	$-V_{dc}$	V_{dc}
4	0	1	1	0	V_{dc}	$-V_{dc}$
5	1	1	0	V_{dc}	$-V_{dc}$	$2V_{dc}$
6	1	1	1	V_{dc}	V_{dc}	0

描述极点电压（v_{a0}和 v_{b0}）方程和输出电压 v_o 与输入电压函数和 3 个独立二进制变量（q_{1a}、q_{2a}和 q_{1b}）的函数关系式分别如下：

$$v_{a0}=(q_{1a}+q_{2a}-1)V_{dc} \quad (4.20)$$

$$v_{b0}=(2q_{1b}-1)V_{dc} \quad (4.21)$$

$$v_o=(q_{1a}+q_{2a}-2q_{1b})V_{dc} \quad (4.22)$$

表 4.2 和方程式（4.22）中考虑的二进制变量实际上是模块内开关的状态，这意味着图 4.10 中的拓扑可以被认为表示较低电平（是开关而不是模块），如图 4.11 所示。

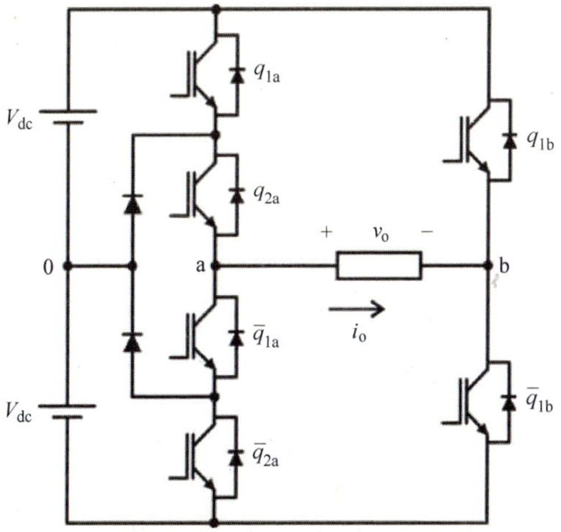

图 4.11　NPC 与带开关的常规桥臂组合而成的五电平单相变换器

练习 4.4

假设所有开关状态如表 4.2 中所给，绘出图 4.11 中 6 个开关的阻断电压和流过开关的电流。

还可以用图 4.10 中同样的 PB 生成一个四电平拓扑结构，但连接方式不同，如图 4.12 所示。注意图 4.12a 中电容用于保证 NPC 桥臂所需的 NP。图 4.12b 显示了使用开关的相同结构。这种情况下，它需要 3 个直流源，从而在同样阻断电压下可以使用所有开关，如本节所讨论。

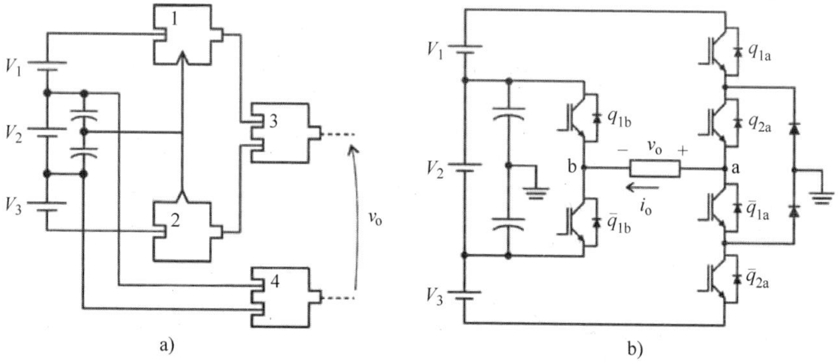

图 4.12　四电平单相变换器：a）模块表示；b）开关表示的电路

图 4.12 中变换器有 6 个开关（q_{1a}、$\bar{q}_{1a}$、q_{2a}、$\bar{q}_{2a}$、q_{1b}和 $\bar{q}_{1b}$）、两个箝位二极管、3 个直流源和两个直流侧电容。考虑所有可能的开关状态，去除禁止态，输出电压如表 4.3 所示。保证所有功率开关都在同样的阻断电压和对称输出电压下工作，需要满足 $V_1 = V_3 = V_{dc}/4$ 和 $V_2 = V_{dc}/2$。

表 4.3　图 4.12 中变换器的变量表

状态	q_{1a}	q_{2a}	q_{1b}	v_o
1	0	0	0	$-V_3$
2	0	0	1	$-V_3-V_2$
3	0	1	0	$-V_2/2$
4	0	1	1	$V_2/2$
5	1	1	0	V_1+V_2
6	1	1	1	V_1

假设将两电平和三电平 PWM 方法组合，可以得出图 4.12 中变换器的调制策略，也就是说，对于两电平桥臂（图 4.12a 中的 PB_4）只有一个三角载波信号被使用，而三电平桥臂（图 4.12a 中的 PB_1、PB_2、PB_3）有两个三角载波信号被使用，如图 4.13a 所示。由于三角波形与每个桥臂的直流链电压有关，可以得出电压 v_{t1}^*、v_{t2}^* 和 v_{t3}^*，如图 4.13b 所示。从这个意义上说，两电平桥臂将处理三分之一的输出电压，而三电平桥臂将处理三分之二的所需输出电压。

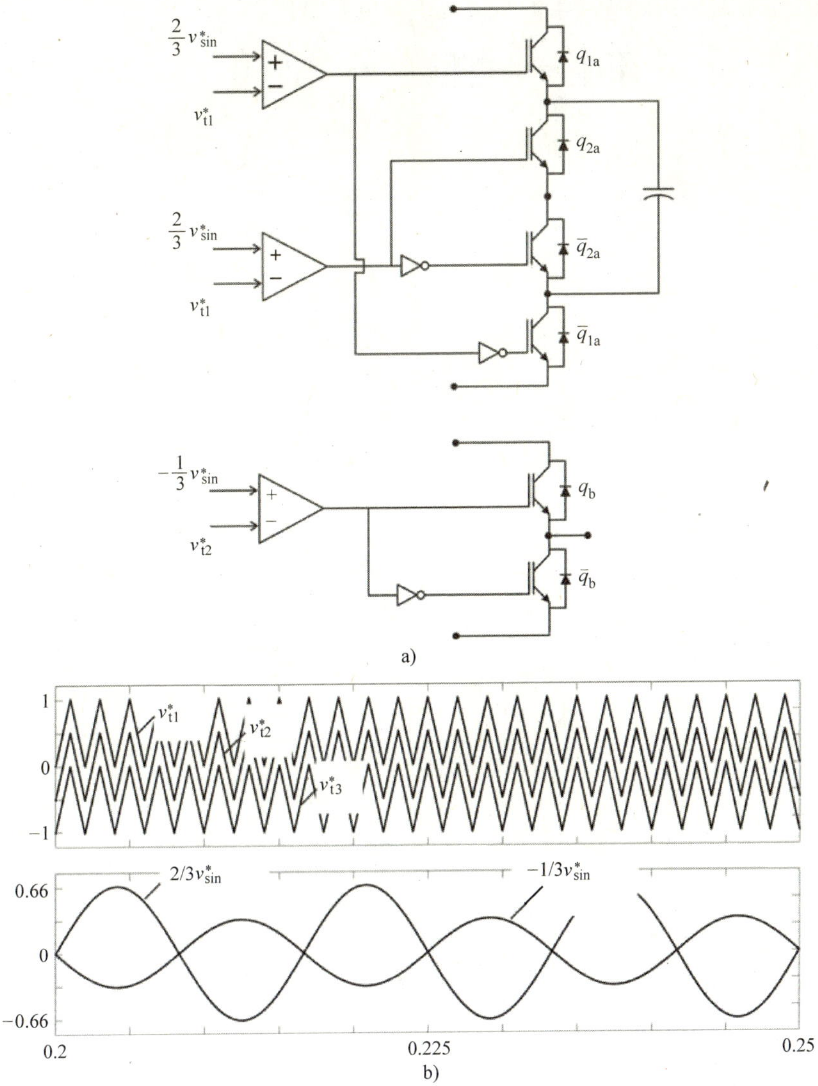

图 4.13　PWM 产生：a）模拟实现；b）波形

三电平、两电平桥臂的极点电压和输出电压分别如下式所示：

$$v_{a0}=(q_{1a}+q_{2a}-1)2V_{dc} \tag{4.23}$$

$$v_{b0}=(2q_{1b}-1)V_{dc} \tag{4.24}$$

$$v_o=(q_{1a}+q_{2a}-2q_{1b}-1)2V_{dc} \tag{4.25}$$

图 4.14a 和图 4.14b 分别显示了开关频率为 500Hz 和 1kHz 时的输出电压与电流。

尽管图 4.12 所示结构能够产生一个四电平输出电压，它需要 3 个独立直流电压源或一个辅助电路以从一个直流电压源得到 3 个控制电压，如图 4.14c 上图。图 4.14c 下图显示了当辅助电路的开关同时闭合和断开时的等价拓扑状态。应该产生

50% 的工作周期所需的变换器的直流链中的电容电压。

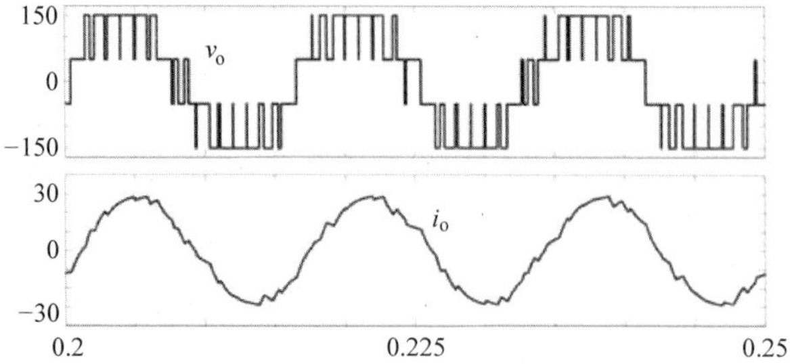

a)

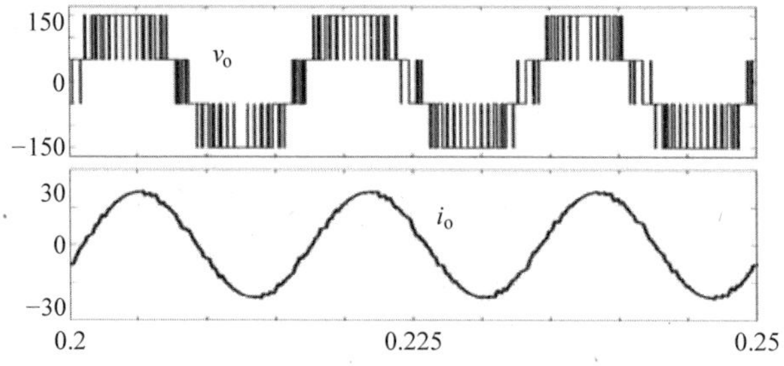

b)

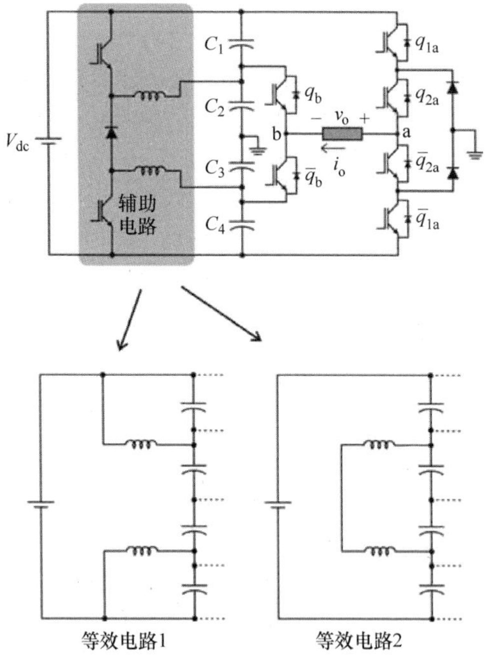

c)

图 4.14　图 4.12 所示结构的输出电压与电流：

a）500Hz 时；b）1kHz 时；c）（上）辅助电路（下）等效拓扑电路

使用三电平 NPC 拓扑和一个三相负载，可以构建一个极点电压有两电平和三电平特性的三相 NPC 拓扑结构。这种情况下，三相变换器的直流侧两个 PB - dc 模块相连接，如图 4.15 所示。图 4.15a 显示了一个 PB 层次的混合拓扑结构，图 4.15b 描述了功率开关组成的相同的拓扑结构。为产生对称波形，需要定义输入电压如下：$V_1 = V_{dc}$，$V_2 = 0$，$V_3 = -V_{dc}$。

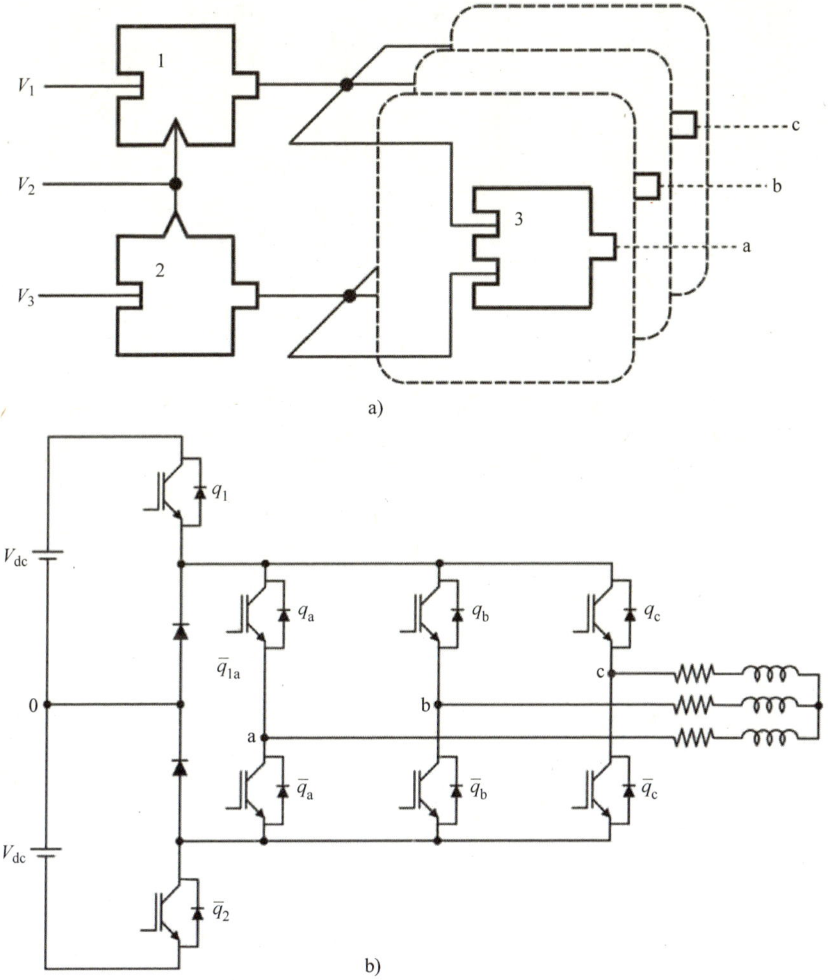

图 4.15　混合拓扑：a）功率模块；b）开关表示

变换器的这个操作考虑到了一个事实，就是根据参考电压的值，在每个相位可以获得不同电平。例如，图 4.16a 上图显示了各个部分所需的相位电压（v_a^*、v_b^* 和 v_c^*）。第一个部分由时间间隔定义，其中 v_a^* 为最大值，v_b^* 为最小值，v_c^* 为中间值。也就是说：①由于期望产生电压最大值，相位 a 可以被调制为一三电平桥臂（极点电压 v_{a0} 在 V_{dc} 和 0 之间）；②相位 b 也可以被调制为一三电平桥臂（极点电

压 v_{b0} 在 0 和 $-V_{dc}$ 之间）；③相位 c 可以被调制为一两电平桥臂（极点电压在 V_{dc} 和 $-V_{dc}$ 之间）。

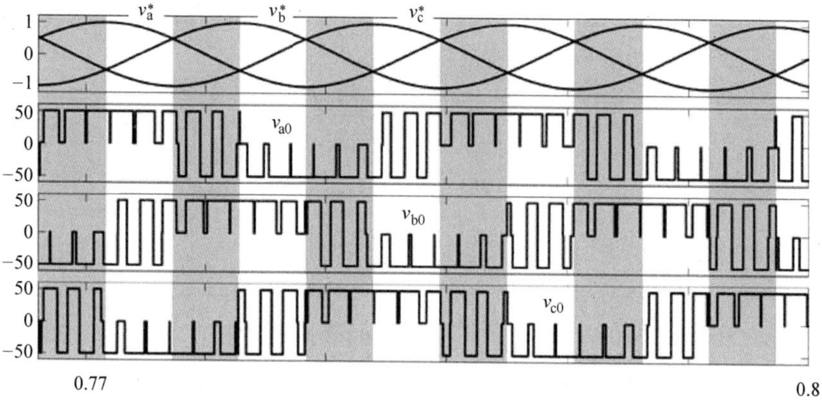

a)

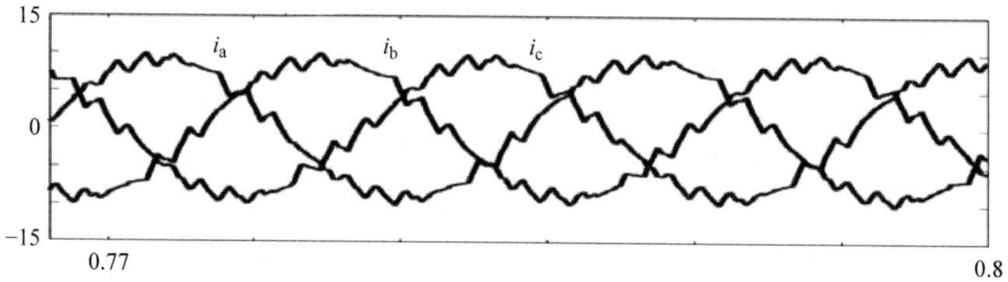

b)

图 4.16　a）参考电压和极点电压；b）负载电流

处理最大和最小电压（三电平）的桥臂的调制策略由对比理想波形和两个三角波形（电平移位方法）得到，如图 4.4 所示。处理中压（两电平）桥臂的调制通过比较参考电压和一个三角波形得到。

仍考虑非传统结构，一半桥三相 NPC 拓扑如图 4.17a 所示。

正如之前的非传统拓扑结构，需要调整 PWM 策略（见图 4.17b 和图 4.17c）以保证三相平衡负载的产生。这种情况下的挑战就是在仅有的两个桥臂可用条件下，负载的三相电流必须调节在一个平衡的状态。两个负载电流直接被这两个桥臂所控制，第三个负载电流被间接控制，根据 $i_a + i_b + i_c = 0$。线间参考电压的最大幅值($v_{ac}^* = v_a^* - v_c^*$)和($v_{bc}^* = v_b^* - v_c^*$)被三角波形的幅值所限制，如图 4.17c 所示。此时三角波形的频率为 1kHz。

由于该拓扑结构不能被认为是传统的，在它的实际应用时有一些限制。然而，它可以用于容错系统，作为三桥臂传统拓扑结构故障情况下的备份结构。

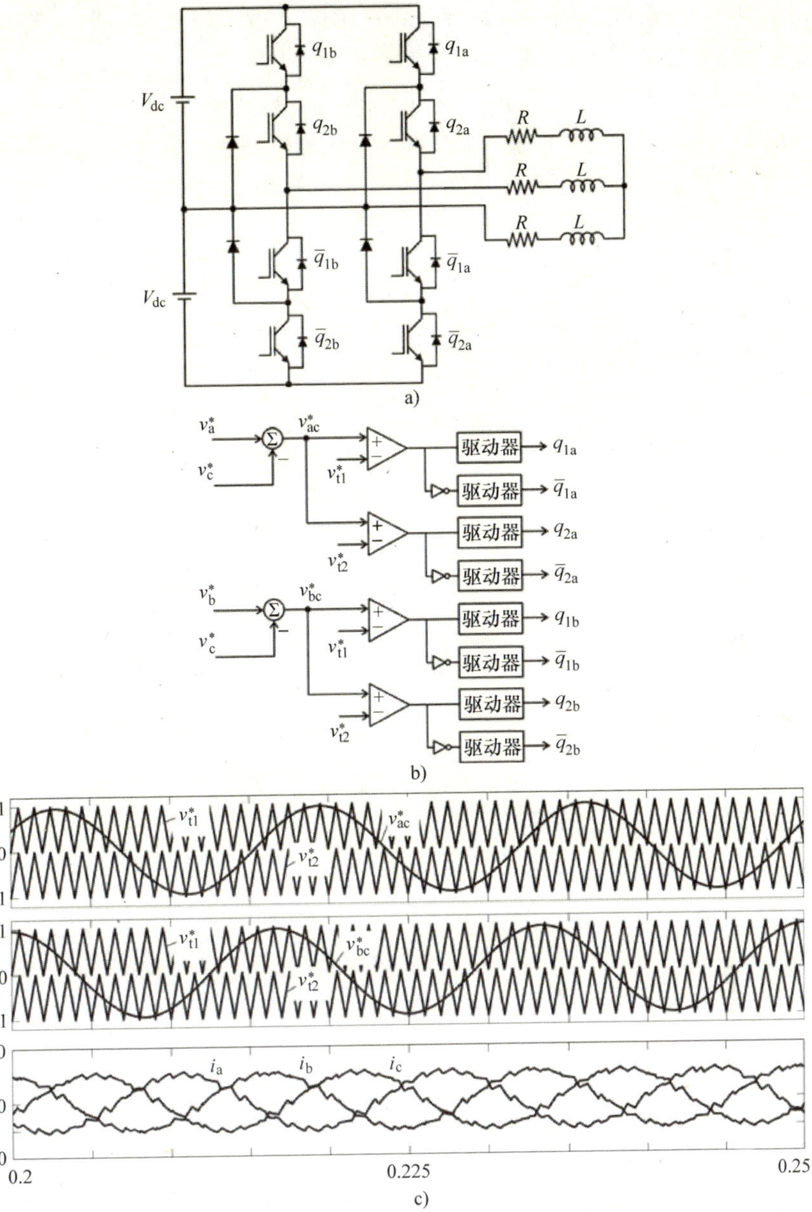

图 4.17　a）半桥三电平三相 NPC 变换器；b）PWM 策略；c）（由上到下）桥臂 a 的参考波形（$v_a^* - v_c^*$、v_{t1}^* 和 v_{t2}^*），桥臂 b 的参考波形（$v_b^* - v_c^*$、v_{t1}^* 和 v_{t2}^*）以及负载电流

4.7　非平衡电容电压

如果只有一个直流电压源可用，NPC 所需的 NP 可以由两个电容串联而得，如

图 4.18a 所示。当变换器的一个桥臂与 NP 相连（或箝位），如图 4.18b 所示，则其电流在此点被注入。NP 电流可由下式表示：

$$i_{NP} = q_{2a}\bar{q}_{1a}i_a + q_{2b}\bar{q}_{1b}i_b + q_{2c}\bar{q}_{1c}i_c \tag{4.26}$$

注意 NP 是一个浮点。在没有特定的 PWM 策略的开环操作中，无法保证 v_{C1} 和 v_{C2} 能收敛于期望的电压 $V_{dc}/2$。考虑本章中的简单调制策略，电容电压不平衡，如图 4.18c 所示，导致了变换器输出电压的不对称。

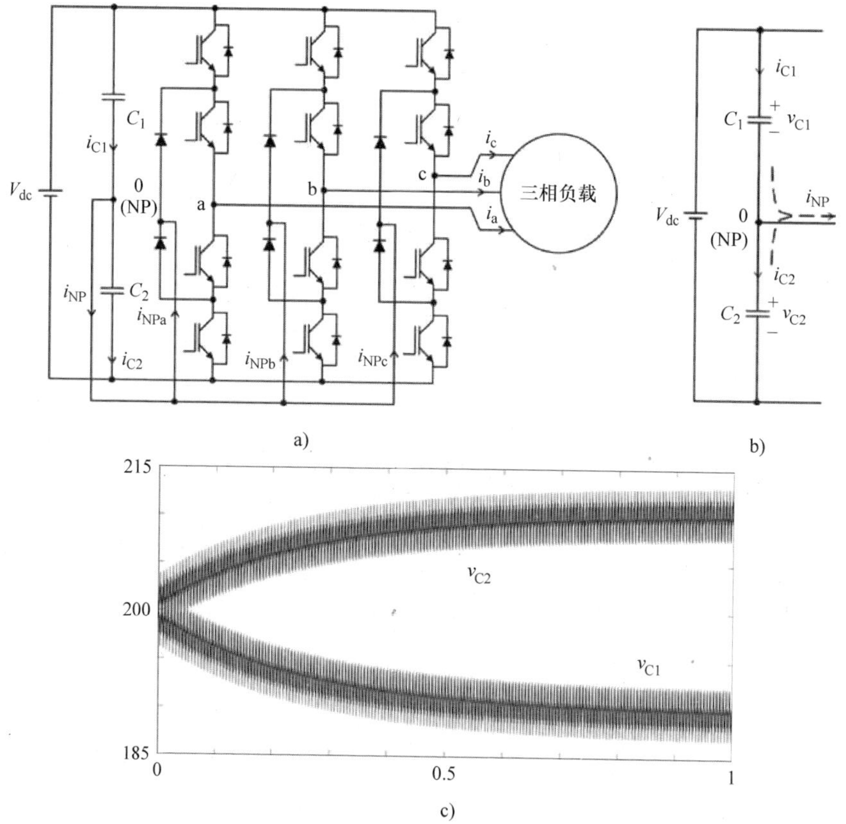

图 4.18　a）带一直流电压源的 NPC 三电平拓扑；b）电容电流的示意图；c）电容电压

为了解释该电容电压的行为，需要观察 C_1 和 C_2 的充放电过程中的变量，尤其是启动瞬间。从方程式（4.25）可以看到每个 NP 电流 $i_{NPx} = q_{2x}\bar{q}_{1x}i_x(x = a, b, c)$ 的每个参数都是负载电流和开关状态的函数。

例如，图 4.19a 显示了两个与相位 a（即 i_a 和 i_{NPa}）相关的电流。注意 i_{NPa}［等式（4.26）的第一部分］实际上是电流 i_a 乘以开关状态 q_{2a} 和 $\bar{q}_{1a}$。正如预期，该电流的平均值等于 0。电流 i_{NPa}、i_{NPb} 和 i_{NPc} 的波形如图 4.19b 所示。

电容的电流 i_{C1} 和 i_{C2} 是 i_{NPa}、i_{NPb} 和 i_{NPc} 的函数，如图 4.19c 所示。图 4.18c 中

电容电压 v_{C1} 变小、v_{C2} 变大的原因在于 i_{C1} 始于一个负值，而 i_{C2} 始于一个正值，也就是说，最初 C_1 放电而 C_2 充电但仍然保持 $v_{C1}+v_{C2}$ 恒等于 V_{bc}。有不同策略可用于调节 v_{C1} 和 v_{C2}，采用反馈控制或特定的 PWM 方法。

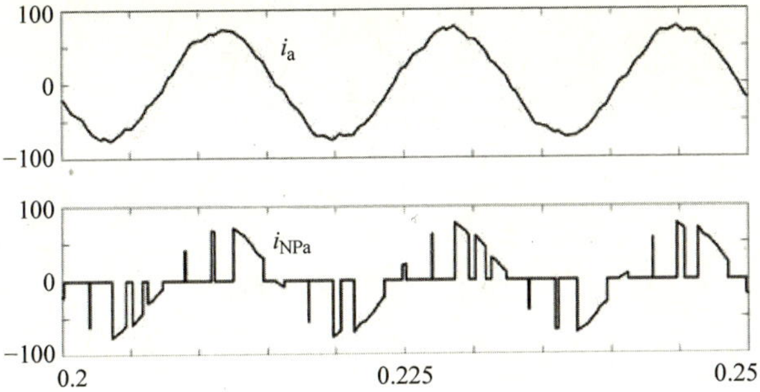

a)

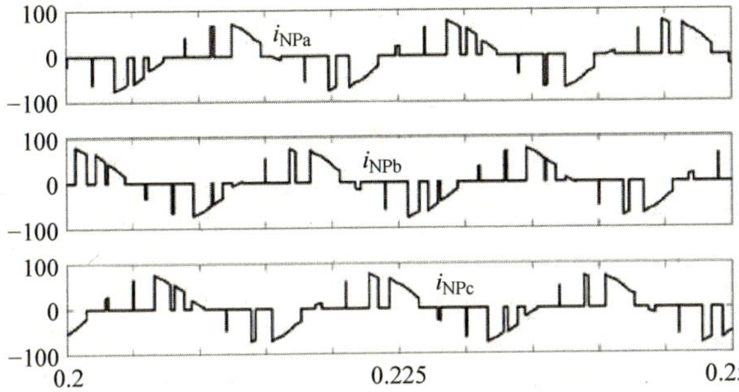

b)

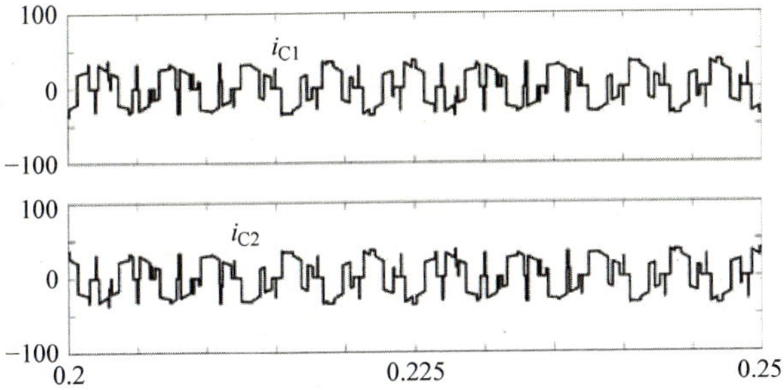

c)

图 4.19　a）i_a 和 i_{NPa}；b）i_{NPa}、i_{NPb} 和 i_{NPc}；c）i_{C1} 和 i_{C2}

4.8　四电平结构

根据前面章节提出的与 PB 相关的公理和假设，很容易得到如图 4.20a 所示的四电平（NPC）桥臂结构。图 4.20b ~ 图 4.20e 展示了得到各个电平输出（V_1、

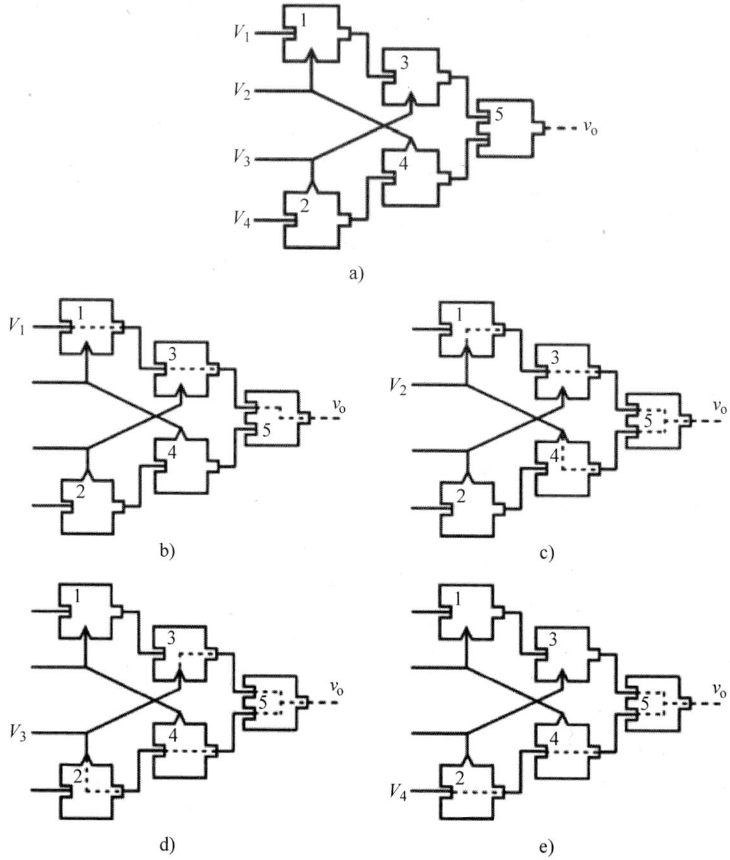

图4.20　a）PB构成的四电平NPC结构；b）$v_o=V_1$；c）$v_o=V_2$；d）$v_o=V_3$；e）$v_o=V_4$

V_2、V_3、V_4）的方法。图4.20b说明要得到$v_o=V_1$需要激活PB_1、PB_3、PB_5，得到$v_o=V_4$需要激活PB_2、PB_4、PB_5（见图4.20e）。另一方面，当PB_3和PB_5，PB_4和PB_5被激活时，分别可以得到中间电压V_2和V_3。总之，激活输出波形的一个电平如图4.21（下图）所示，需要激活图4.21（上图）中的一系列PB。

因为v_o一次只能产生V_1、V_2、V_3或V_4中的一个值，可写出一个用输入电压和独立二进制变量（q_1、q_2和q_3）描述输出电压的方程。在三电平NPC拓扑中，表4.4中二进制变量与图4.20中模块内的开关状态相关联。

这种情况下，给出的输出极点电压为

$$v_o=\bar{q}_1\bar{q}_2\bar{q}_3V_4+\bar{q}_1\bar{q}_2q_3V_3+\bar{q}_1q_2q_3V_2+q_1q_2q_3V_1 \tag{4.27}$$

其中$\bar{q}_1=1-q_1$，$\bar{q}_2=1-q_2$，且$\bar{q}_3=1-q_3$。

通常图4.21中显示的波形必须是对称的，即$V_1=V_{dc}$，$V_2=V_{dc}/3$，$V_3=$

$-V_{dc}/3$且 $V_4=-V_{dc}$，以及

$$v_o=\left(-\bar{q}_1\bar{q}_2\bar{q}_3-\frac{\bar{q}_1\bar{q}_2q_3}{3}+\frac{\bar{q}_1q_2q_3}{3}+q_1q_2q_3\right)V_{bc} \tag{4.28}$$

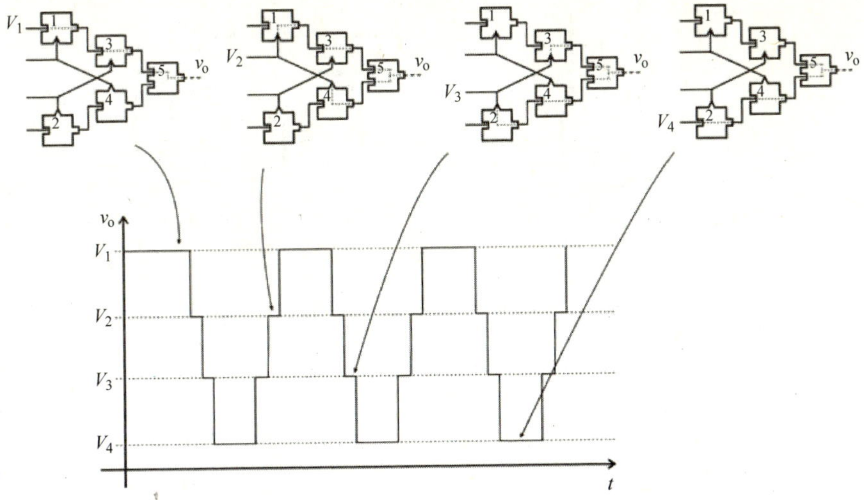

图 4.21　通用四电平输出电压的产生

表 4.4　图 4.20a 中变换器的变量表

状态	q_1	q_2	q_3	v_o
1	0	0	0	V_4
2	0	0	1	V_3
3	0	1	0	—
4	0	1	1	V_2
5	1	0	0	—
6	1	0	1	—
7	1	1	0	—
8	1	1	1	V_1

如果考虑与输出电压相关的开关状态的其他组合，而不是表 4.4 中的状态，将会导致例 4.2 中所示的不期望的状态。

四电平 NPC 结构没有限制，依照所需输出电压和电流值的产生，这意味着每个所需电压值 V_1、V_2、V_3 和 V_4 可在任何电流值（$i_o>0$ 和 $i_o<0$）时产生，如图 4.22 所示。

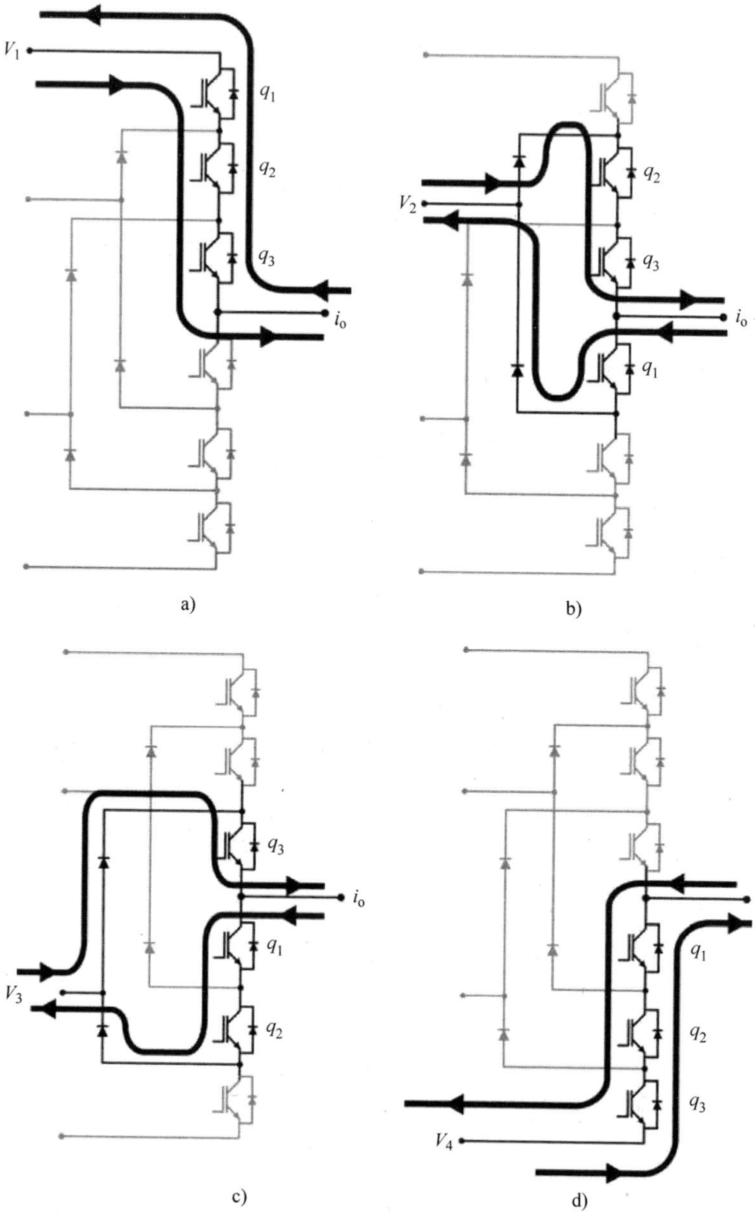

图 4.22　与输出电流无关的电平产生：a）V_1；b）V_2；c）V_3；d）V_4

4.9　PWM 方案（四电平结构）

图 4.23 展示了单桥臂产生 PWM 的模拟解决方案。6 个开关的状态由 3 个高频

三角波形（v_{t1}^*、v_{t2}^* 和 v_{t3}^*）与一个正弦波形（v_{sin}^*）的进行比较来确定。

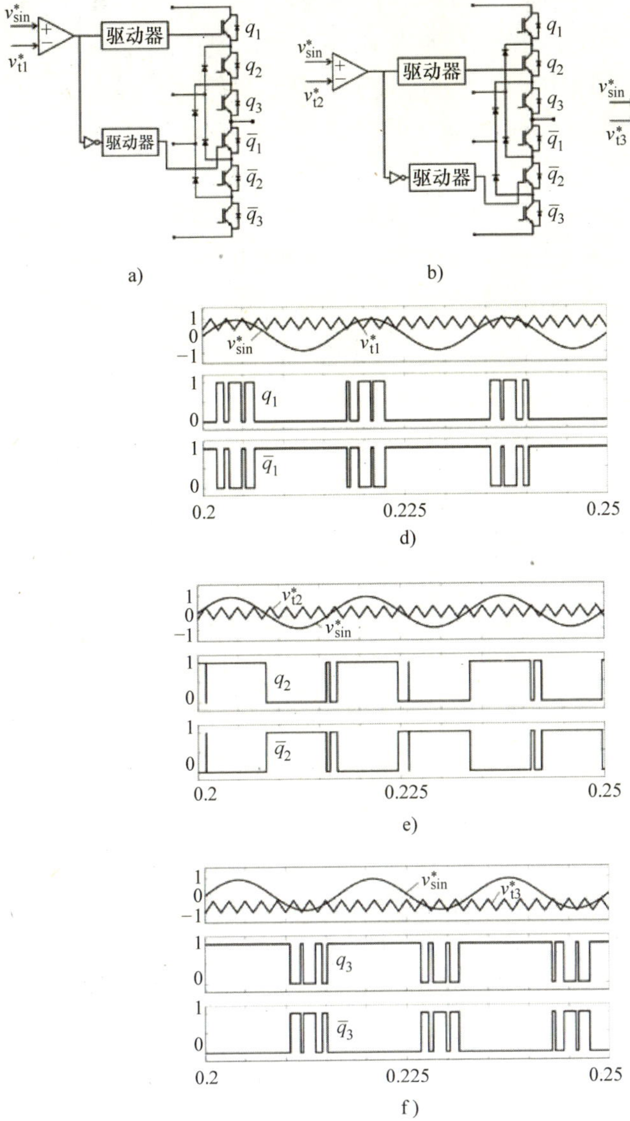

图 4.23　四电平 NPC 拓扑结构 – 控制电路及开关信号

从图 4.23 可以看出 3 个三角波形（v_{t1}^*、v_{t2}^* 和 v_{t3}^*）的电平被特意进行电平移位，以确保变换器能输出 4 个电平。在 q_1 和 $\bar{q}_1$ 操作（即闭合和断开）的时间间隔中，q_2 和 q_3 一直处于闭合状态，从而 $\bar{q}_2$ 和 $\bar{q}_3$ 一直处于断开状态。这正是表 4.4 中第 8 行和第 4 行中所表述的，即，当开关序列由$(q_1, q_2, q_3)=(1, 1, 1)$变为$(q_1, q_2, q_3) = (0, 1, 1)$ 时，输出电压将从 V_1 变为 V_2。另一方面，在 q_2 和 $\bar{q}_2$

操作（即闭合和断开）的时间间隔中，q_1 一直处于断开状态而 q_3 一直闭合，正如表 4.4 中第 2 行和第 4 行。这时，当开关序列由 $(q_1, q_2, q_3) = (0, 0, 1)$ 变为 $(q_1, q_2, q_3) = (0, 1, 1)$ 时，输出电压将从 V_3 变为 V_2。最终，在 q_3 和 $\bar{q}_3$ 操作（即开启和关闭）的时间间隔中，q_1 和 q_2 一直处于断开状态，正如表 4.4 中第 1 行和第 2 行。当开关序列由 $(q_1, q_2, q_3) = (0, 0, 0)$ 变成 $(q_1, q_2, q_3) = (0, 0, 1)$ 时，输出电压将从 V_4 变为 V_3。

图 4.24 展示了一半桥四电平结构的电力电子变换器和波形。如果只有一个直流源可使用，如图 4.18 所示，可使用额外的电容来获得 4 个电平。然而，用单个直流源控制电容电压的挑战性也随着变换器电平数的增加而增长。从四电平开始，通常需要使用一个辅助电路在大范围负载功率因数下控制电容。

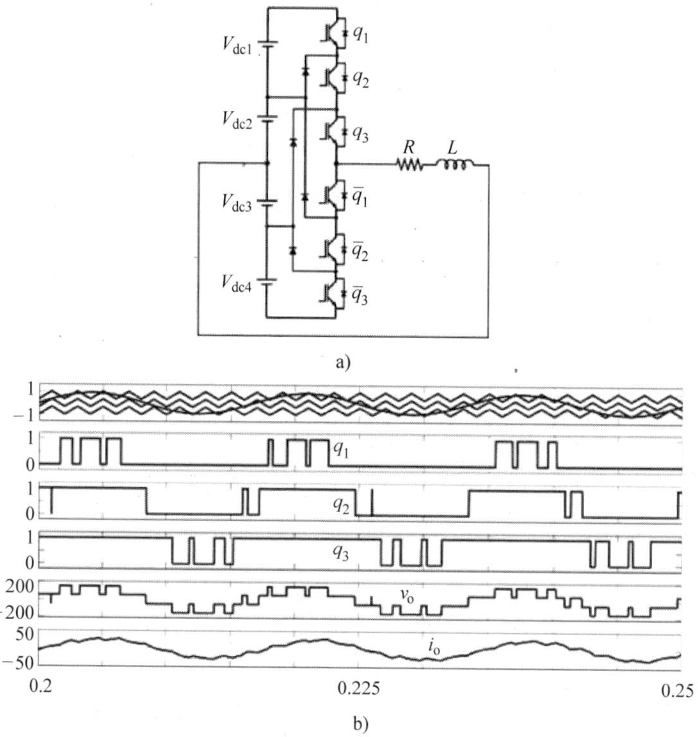

图 4.24 a）四电平 NPC 半桥变换器；b）（自上而下）v_{sin}^*，v_{t1}^*，v_{t2}^*，v_{t3}^*；开关 q_1 的门控信号；开关 q_2 的门控信号；开关 q_3 的门控信号；负载电压和负载电流

值得一提的是三角波的数量随着电平数增加而增加。对于 n 电平变换器，其输出端需要 $n-1$ 个三角波。由于三角波的数量增多，这些变换器必须为在高调制系数下工作而设计，以确保变换器输出所需的电平。图 4.25 显示了变换器波形的调制系数（m_a）。这个图形强调了 3 个不同的 m_a 值下变换器控制（上图）和输出

（中图和下图）波形。当 m_a 降低，电平数量也随之减少，分别如图 4. 25a ~ c 所示。当调制系数等于 0. 2 时，输出电压减少至两电平波形。

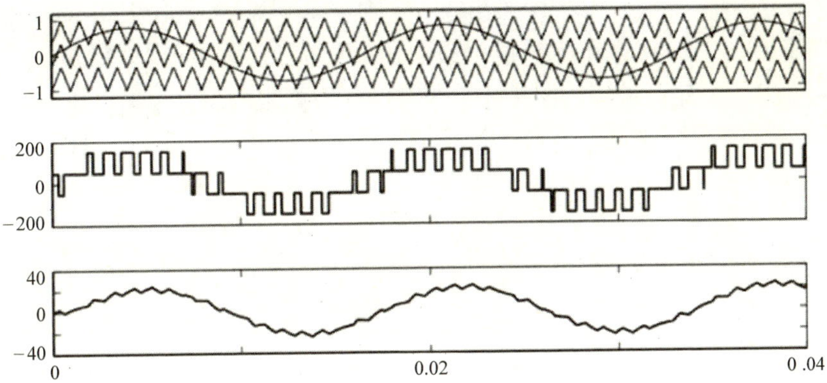

a)

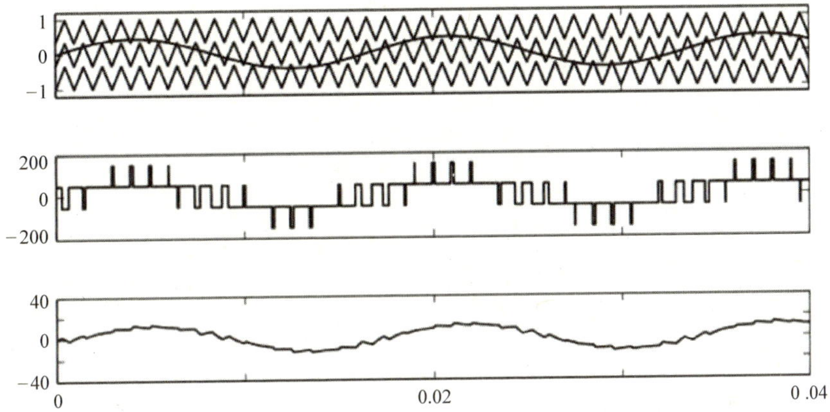

b)

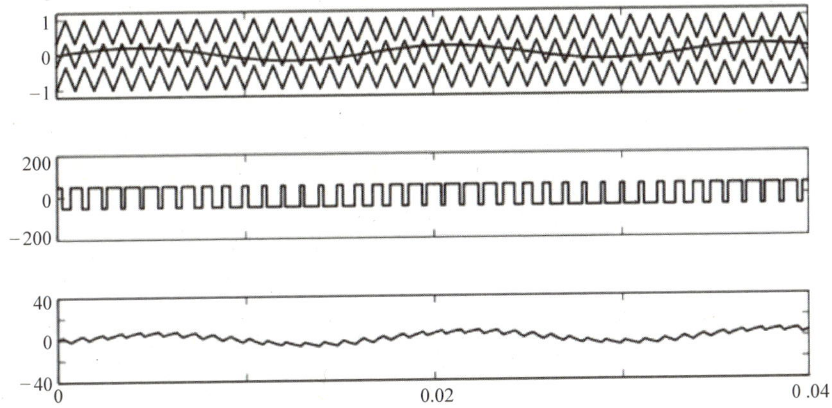

c)

图 4. 25　（上）正弦波和三角波，（中）负载电压及（下）负载电流：
a）$m_a = 0.8$；b）$m_a = 0.45$；c）$m_a = 0.2$

4.10 全桥和其他电路（四电平结构）

使用四电平 NPC 桥臂的全桥单相变换器如图 4.26a 所示。因为负载电压（$v_o = v_{a0} - v_{bo}$）几乎是正弦波形，该拓扑结构可以作为单相应用，输出电压质量是设计的一个重要方面。图 4.26b 分别显示了（从上到下）极点电压 v_{a0}、极点电压 v_{b0}、负载电压和负载电流。

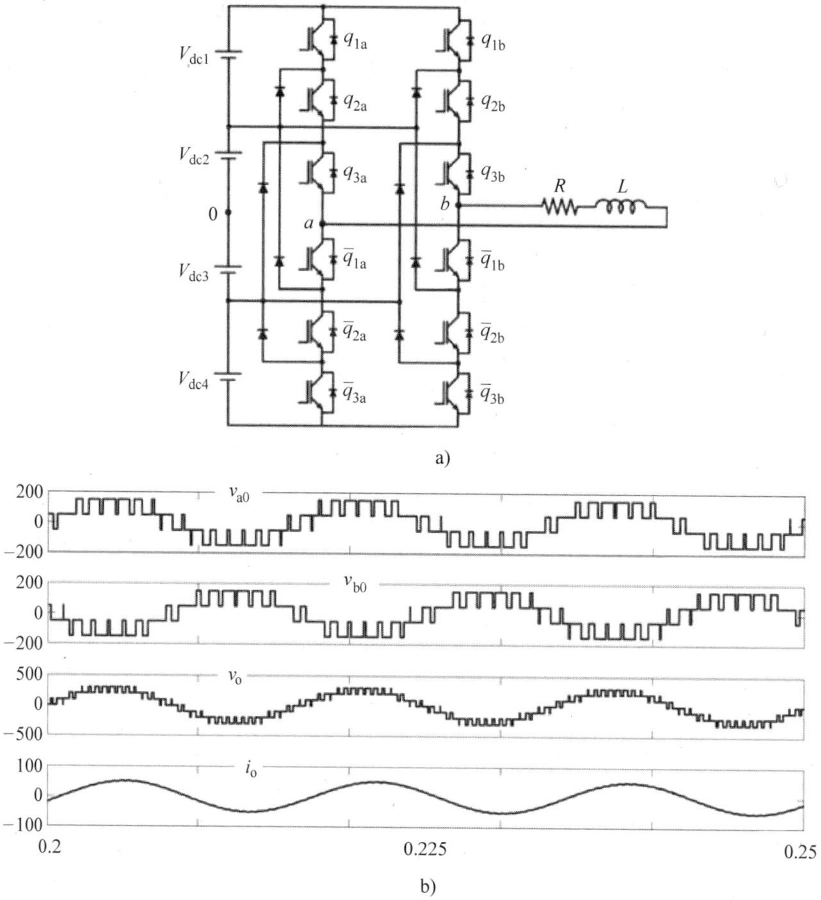

图 4.26　a）四电平 NPC 全桥变换器；b）（从上到下）极点电压 v_{a0}、极电压 v_{b0}、负载电压和负载电流

一三相三电平全桥 NPC 变换器如图 4.27a 所示，图 4.27b 展示了与此变换器相关的变量，（从上到下）分别为极点电压（v_{a0}）、负载 NP 和直流链中点连接间的电压（v_{n0}）、负载相电压（v_{an}）和负载电流（i_a）。

图 4.28 展示了一个半桥三相四电平 NPC 拓扑结构。在这种情况下，对于

PWM 电路而言，适用于三电平拓扑的类似方法同样采用这种结构。

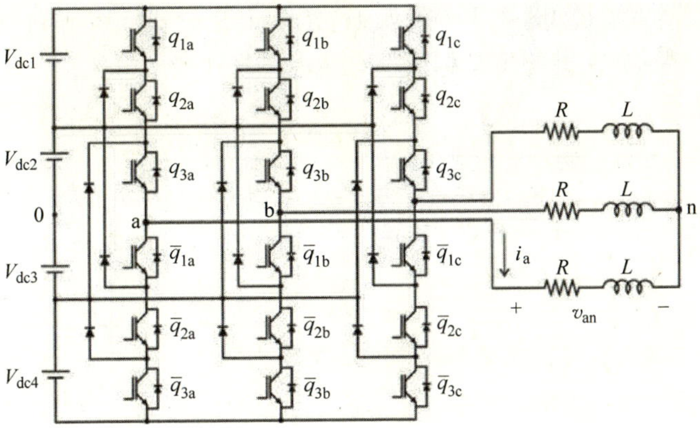

a)

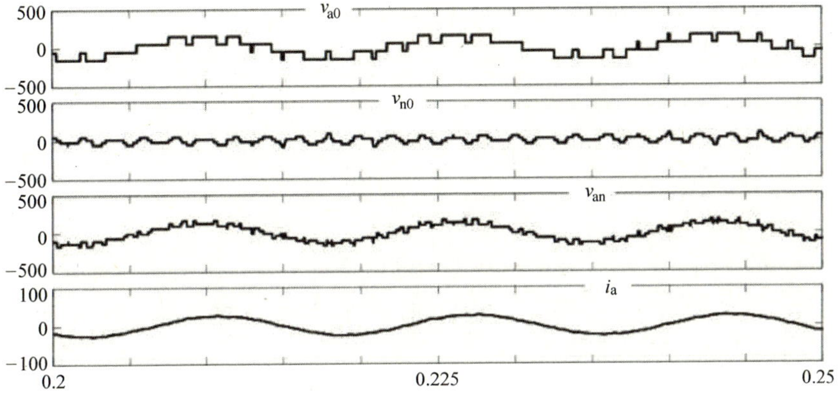

b)

图 4.27　a）四电平三相 NPC 变换器；b）（由上到下）极点电压、NP 和直流链中点连接间的电压、负载电压与负载电流

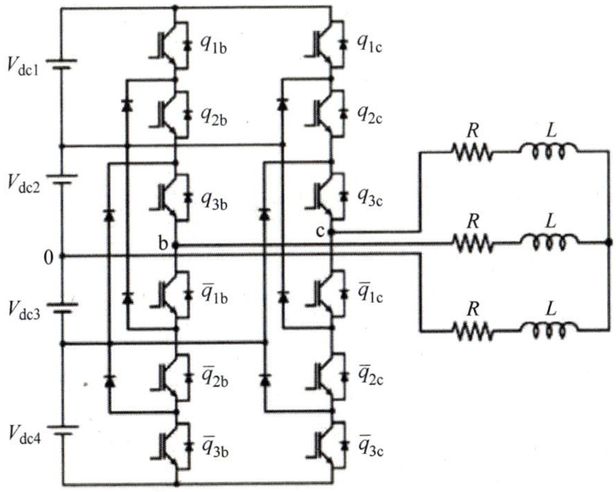

图 4.28　半桥四电平三相 NPC 变换器

同理，按照图4.12所示的模式，也可以获得适用于带开放式绕组的三相电动机的四电平拓扑结构，如图4.29所示。这是一个开放式绕组电动机驱动系统，需要获得6个端口。电动机的每个相位都有四电平电压。

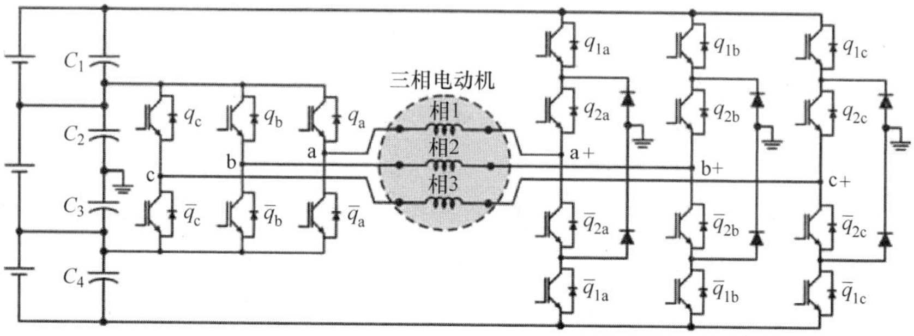

图4.29　四电平开放式电动机驱动系统

4.11　五电平结构

遵循与前文所述三电平及四电平结构的同样的方法，五电平变换器如图4.30a所示。同之前的NPC拓扑一样。注意只使用了两种类型的PB。传统的使用开关表示的五电平结构如图4.30b所示。

除了电容电压平衡问题，当NPC拓扑的电平数增加时，另一个挑战就呈现了。各个箝位二极管的阻断电压将随它在电路中的位置而改变。二极管电压可以表示为

$$v_D - (N-1-x)(N-1)^{-1}V_{dc} \qquad (4.29)$$

式中，N是电平数；x从1到$N-2$改变；V_{dc}是整个直流源的直流侧电压。

对于高压应用，这些不同的阻断电压特性可能导致变换器工作的限制。为了解决这一问题且保证所有二极管都有相同的闭锁电压，需要增加更多串联的箝位二极管。

通过增加如图4.31a中的第一PB-dc，可以发现一金字塔结构的拓扑，其所有二极管阻断电压都相同，该结构由Yuan和Barbi［14］提出，如图4.31b所示。

理论上，一个NPC拓扑的电平数可以根据需要增加，同时PB-ac模块必须如图4.32所示堆叠。

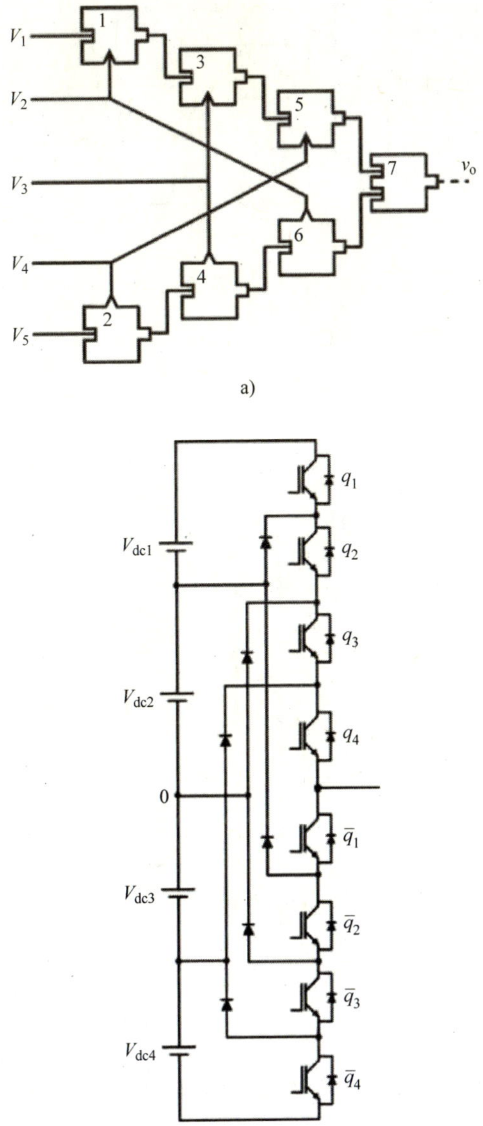

图 4.30　五电平 NPC 变换器：a）PB 表示法；b）开关表示法

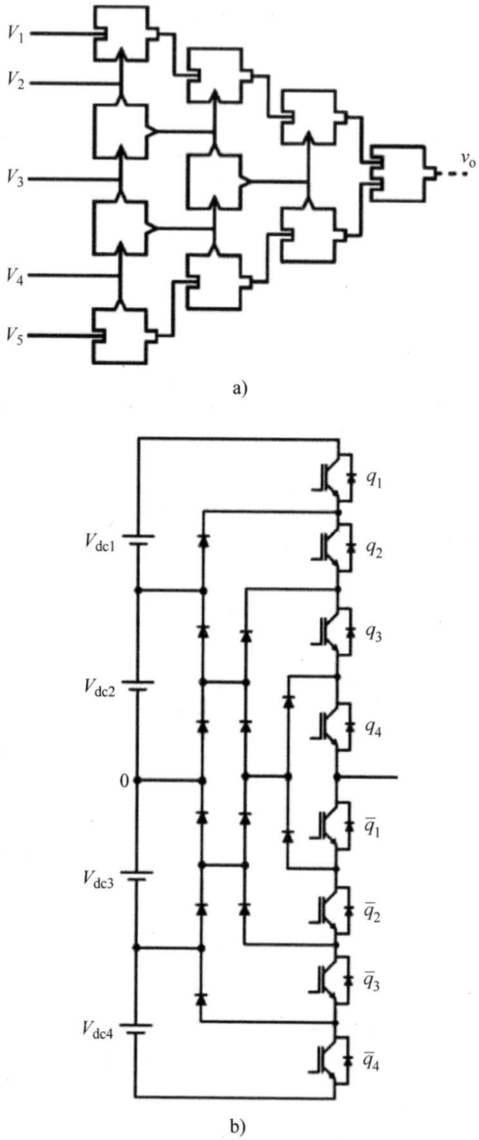

图 4.31　金字塔结构五电平 NPC 变换器：a）PB 表示法：b）开关表示法

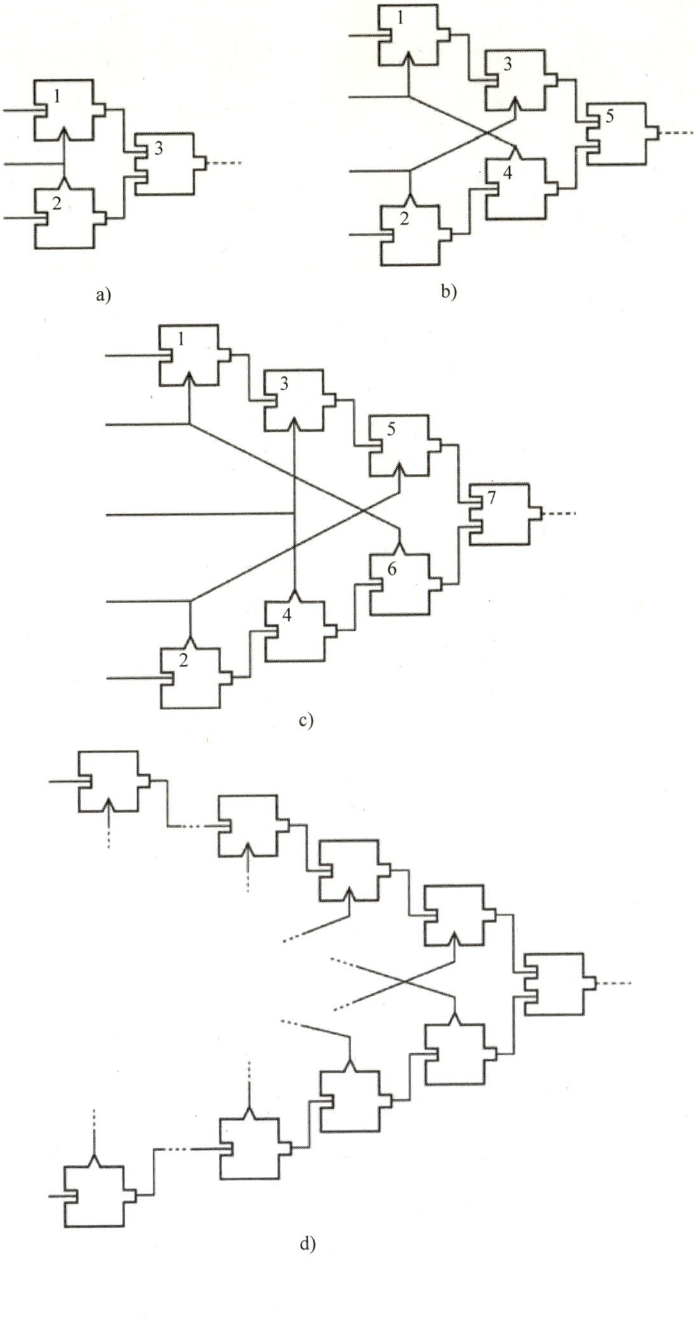

图 4.32　产生 n 电平 NPC 拓扑：a）三电平；b）四电平；c）五电平；d）n 电平

4.12 小结

本章重点表述了NPC结构。更多关于NPC结构的细节可见参考文献［1］~［14］。拓扑被按照下列序列系统地给出：①按照第3章中所给规则进行PB连接；②当拓扑给定，其变量表也将得到；③下一步是通过写出输出电压来给变换器建模，描述变量表中的内容；④最后从变量表中找到脉宽调制方法。同样的方法可应用于传统和非传统拓扑结构。

非经典结构的变换器不只是为电力电子变换器的应用带来更多可能性，对于学习过程和深刻理解本学科而言，也发挥着重要作用。

参考文献

[1] Baker RH. Bridge converter circuit. US patent 4270163. 1981 May (filed in Aug. 79).

[2] Nabae A, Takahashi I, Akagi H. A new neutral-point-clamped PWM inverter. IEEE Trans Ind Appl 1981;IA-17(5):518–523.

[3] Steinke JK. Control of a neutral-point-clamped PWM inverter for high power AC traction drives. Int'l Conf on Power Electron and Variable-Speed Drives on; 1988 Jul 13–15. p 214–217.

[4] Holtz J. Self-commutated inverters with a stepped output-voltage waveform suitable for high powers and frequencies. Siemens Forsch-U Entwick1-Ber 1977;6(3):164–171.

[5] Carrara G, Gardella S, Marchesoni M, Salutari R, Sciutto G. A new multilevel PWM method: a theoretical analysis. IEEE Trans Power Electron 1992;7:497–505.

[6] Lin B-R, Wei T-C. Space vector modulation strategy for an eight-switch three-phase NPC converter. IEEE Trans Aerosp Electron Syst 2004;40(2):553–566.

[7] Holmes DG, Lipo TA. *Pulse Width Modulation for Power Converters*. Piscataway: IEEE/Wiley Interscience; 2003.

[8] E. C. dos Santos Jr., Muniz JHG, and da Silva ERC. 2L3L inverter. Proc of Brazilian Power Electron Conf (COBEP); 2011, p 924–929

[9] Mihalache L. A hybrid 2/3 level converter with the minimum switch count. Industry Applications Conference. 41st IAS Annual Meeting. Conference Record of the 2006 IEEE; 2006; vol. 2. p 611–618.

[10] da Silva ER, Muniz JG, da Nobrega RB, dos Santos Jr. EC. An improved pulse-width-modulation for the modified hybrid 2/3-level converter. Proc of Brazilian Power Electron Conf (COBEP); 2013, p 248–253.

[11] Choi NS, Cho JG, Cho GH. A general circuit topology of multilevel inverter. Proc. Rec. IEEE PESC; 1991. p 96–103.

[12] Carpita M, Tenconi S. A novel multilevel structure for voltage source inverter. Proc. Rec. EPE Conf.; 1991. p 1.90–1.94.

[13] Hammond PW. Medium voltage PWM drive and method. US patent 5,625,545. 1997.

[14] Yuan X, Barbi I. A new diode clamping multilevel inverter. Proceedings of APEC99; 1999. p 495–501.

第5章 级联结构

5.1 引言

在本章中 PBG 被用来描述级联多电平结构，也被称为全桥串联结构。其介绍和基本概念是由一个单一的 H 桥拓扑结构提供，其次是其他产生多电平 H 桥变换器拓扑的连接来。这样的结构一般处理多电平电路重要特性，如低电磁干扰(EMI)、总谐波失真的降低和开关数量与电平的数量之间的高度关系。比较这种多电平的结构与前面描述的中性点箝位（NPC）的拓扑结构，可以列出它的一些优势，如①简单的包装和物理结构，无中性点钳位电路，②模块化结构（H 桥级联型细胞数量可根据所需电能质量确定），③即使有部分故障也可工作。另外，主要的缺点是更大数量的直流源及控制复杂度。

前一章是从电平数量方面划分和组织，即，三电平，四电平，等等。在这一章中，考虑了 H 桥变换器的数量代替多电平的数量。其主要原因是，根据直流电压源和调制方法的值，相同的拓扑结构可以产生不同数量的电平。

因此，5.2 节提供单个 H 桥变换器的描述，并包含了其变量表。其脉冲宽度调制（PWM）的实现是来自变量表，如第 5.3 节中的重点论述。接下来的部分介绍了一个单相 H 桥变换器的三相版本。5.5 ~5.7 节分析两个串联的 H 桥变换器，分别从功率变换器结构、脉宽调制方法和三相版本的 3 个方面进行。在 5.7 节分析了这种变换器如何避免故障传递操作之后，5.8 节展示了通过采用正确的直流环节电压之间的关系，两个 H 桥变换器可以用来产生七电平或者九电平的输出电压。5.9 节介绍了 3 个 H 桥变换器串联连接的不同的安排和 PWM 方案。最后，5.10 节介绍了 H 桥电路不同安排可能产生的变换器特性。

5.2 单 H 桥变换器

考虑到功率模块（PB），在 PB 间不需要连接就能获得 H 桥拓扑结构，因为有一模块直接展示该变换器，如图 5.1a 所示。图 5.1b ~ d 描述了这种方法，该方法用于在变换器输出侧获得 3 个电平（$V_1 - V_2$，$V_2 - V_1$，0）。一般来说，为了产生如图 5.2（下）所示的三电平输出波形，需要依次激活图 5.2（上）所示的一系列 PB。

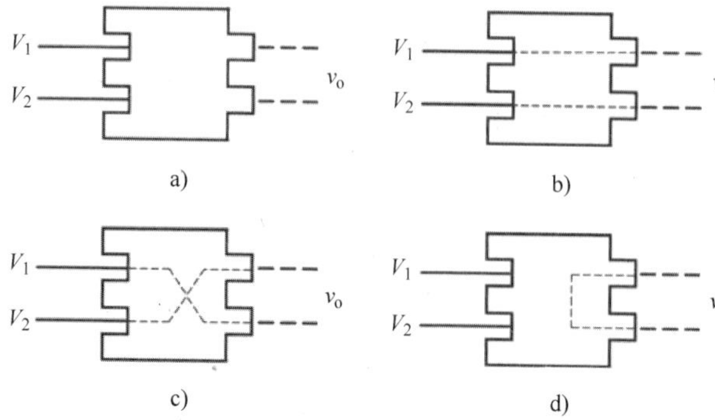

图 5.1　a）用 PB 表示的一个 H 桥结构；b）$v_o = V_1 - V_2$；c）$v_o = V_2 - V_1$；d）$v_o = 0$

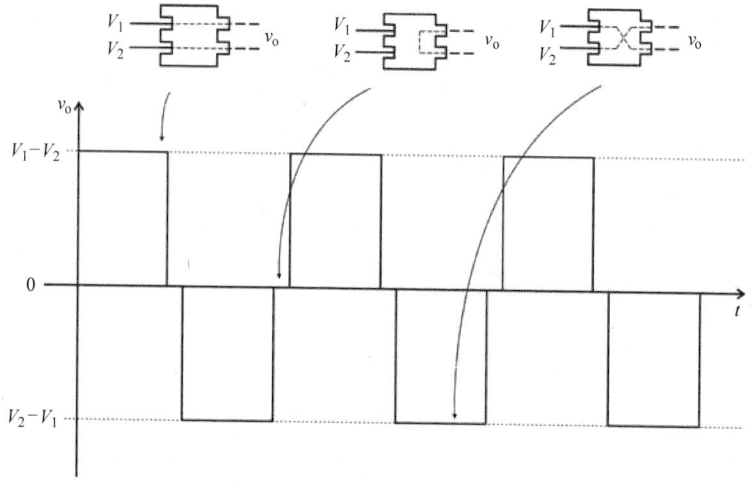

图 5.2　通用三电平输出电压

注意，并非如前面章节所述，从 NPC 结构输入电压 V_1、V_2 和 V_3 中选择一个，图 5.2 中的三电平输出电压是输入变换器侧两个电压 V_1 和 V_2 的组合。尽管图 5.2 中的三电平电压，通过假设输出变换器侧仅有两电平（$V_1 - V_2$，$V_2 - V_1$），但仍可以很方便地开始对级联多电平拓扑结构进行分析，如图 5.1b 和 c 所示。

由于 v_o 可以假设为每次仅仅是输入电压的组合，可以写一个方程来描述输出电压 v_o，方程应为两个输入电压和一个独立的二进制变量的函数。由于可选择的输入电压的数目是两个，二进制控制变量的最小数目是一个。该二进制变量应该被用来选择一个输入的组合使其出现在变换器输出侧，这意味着有一种可能的解决方案以实现这一目标，如表 5.1 所示。

表 5.1　图 5.1a 中变换器作为两电平变换器

状态	q_1	v_o
1	1	$V_1 - V_2$
2	0	$V_2 - V_1$

从 q_1 及其互补信号 $\bar{q}_1 = (1-q_1)$，可以得到输出电压如下：

$$v_o = q_1(V_1 - V_2) + \bar{q}_1(V_2 - V_1) \tag{5.1}$$

如果 $V_1 - V_2 = V_{dc}$，式（5.1）式可被写作

$$v_o = (2q_1 - 1)V_{dc} \tag{5.2}$$

如在前一章所示，这些控制变量（q_1 和 $\bar{q}_1$）实际上是模块内部开关的状态。比较表 5.1 和图 5.2（下）可以看出只有一个二进制控制变量（q_1）及其互补信号（$\bar{q}_1$）是不足以选择变换器输出侧的三电平的。

如果需要三电平的输出电压（$\pm V_{dc}$，0），这时用来选择所需的输出电压的二进制变量的最小数目的应该是两个，也就是说实现此目标的一个可能的组合如表 5.2 所示。

表 5.2　图 5.1a 中变换器作为一个三电平变换器

状态	q_1	q_2	v_o
1	0	0	0
2	0	1	$-V_{bc}$
3	1	0	V_{dc}
4	1	1	0

输出电压可写为

$$v_o = -\bar{q}_1 q_2 V_{dc} + \bar{q}_2 q_1 V_{dc} \tag{5.3}$$

其中 $\bar{q}_2 = 1 - q_2$。替换该互补变量，上式变为

$$v_o = -(1-q_1)q_2 V_{dc} + (1-q_2)q_1 V_{dc} \tag{5.4}$$

$$v_o = (q_1 - q_2)V_{dc} \tag{5.5}$$

图 3.10 所示与图 5.1 所示为相同结构，也用二进制变量在输出电流（i_o）为正和负时表述开关状态。注意对于开关状态和电流值没有限制，也就是说变换器的每个输出电压值都可以独立于电流值（$i_o > 0$ 和 $i_o < 0$）产生。

例 5.1

考虑以上分析，根据电路将各个开关（q_1、$\bar{q}_1$、q_2 和 $\bar{q}_2$）设置在正确的状态，以确保产生表 5.2 中的电平。

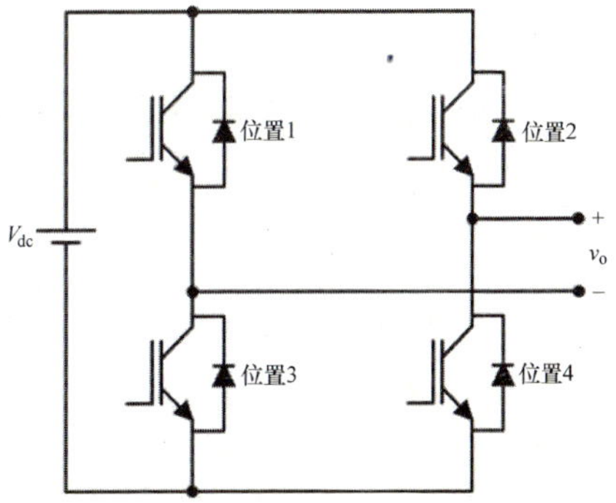

解：要产生表 5.2 中的三电平 v_o，q_1 应该被设置成位置 2，而 q_2 应该被设置成位置 1。从而 $\bar{q}_1$ 和 $\bar{q}_2$ 应该分别被设置为位置 4 和 3。

5.3 单 H 桥变换器的 PWM 方案

如果一个 H 桥变换器分别工作在两电平和三电平状态，控制的最终目标是保证输出端有一稳定的电压。输出电压与振幅和频率相关，由 PWM 策略得到。技术文献中许多工作都提出了用于调制级联变换器的解决方案。本章分析了一个基于正弦载波的 PWM 策略。

一个模拟方法来实施的 PWM 如图 5.3 所示，其中 4 个开关的状态取决于一个高频三角波（v_t^*）和一个正弦波（$v_{\sin}^*$）的比较。注意该调制策略产生的波形有两个电平，如表 5.1 所示。在图 5.3a（上）中同样的门信号被送给 q_1 和 $\bar{q}_2$，而同

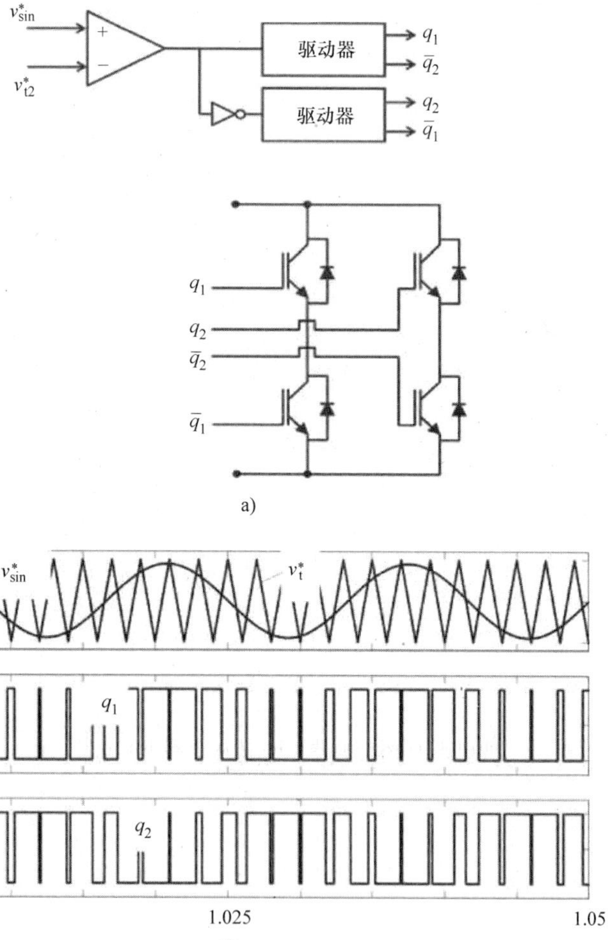

图 5.3 a）开关 q_1、q_2、$\bar{q}_1$ 和 $\bar{q}_2$ 的 PWM 产生；

b）（从上到下）参考电压、开关 q_1 的门信号、开关 q_2 的门信号

样的互补信号被送至 q_2 和 $\bar{q}_1$，这意味着开关对 $q_1-\bar{q}_2$ 和 $q_2-\bar{q}_1$ 总是同时闭合和断开。图 5.3a（下）显示了变换器的功率部分，而图 5.3b 显示了 PWM 和门信号的波形。

图 5.4a 显示了一个 H 桥变换器为一个单相 RL 负载供电，图 5.4b 分别显示了（从上到下）PWM 参考波形（v_{sin}^* 和 v_{t}^*）、开关 q_1 的门信号、开关 q_2 的门信号、负载电压和负载电流。这些仿真结果中的参数为 $V_{\text{dc}}=200\text{V}$，$R=5\Omega$ 和 $L=5\text{mH}$，开关频率等于 1000Hz。本章其他仿真中也采用同样的参数。

图 5.3 和图 5.4 中显示的调制策略看似有着较低的实用价值，因为只产生两电平电压，也就是说相对三电平选项有着更低的 THD。但是，由于共模电压和电流有所降低，它可以应用在光伏系统中。

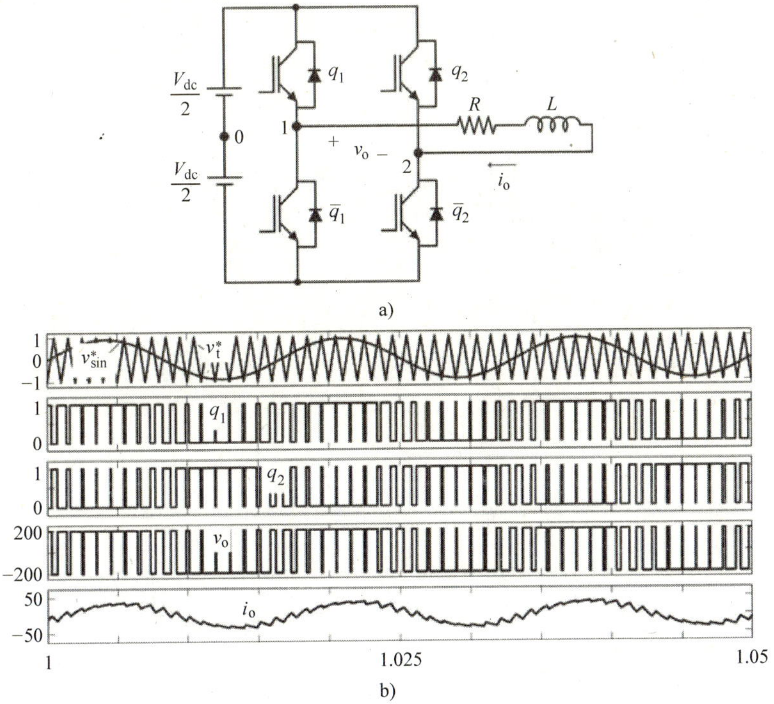

图 5.4　a）两电平 H 桥变换器；b）（从上到下）v_{sin}^*、v_{t}^*，开关 q_1 的门信号，开关 q_2 的门信号，负载电压和负载电流

如图 5.2 和表 5.2 中所指出，一个 H 桥变换器也能够通过改变 PWM 控制信号来产生一个三电平电压。

图 5.5 显示了两个控制 H 桥变换器的 PWM 方法。图 5.5 中所得结果的直接比较突出呈现了，产生三电平输出的变换器的方法都有各自的优点和缺点。例如，用两个高频波形（v_{t1}^* 和 v_{t2}^*）（见图 5.5a 和 5.5c 方法 1）可以使功率变换器的损耗

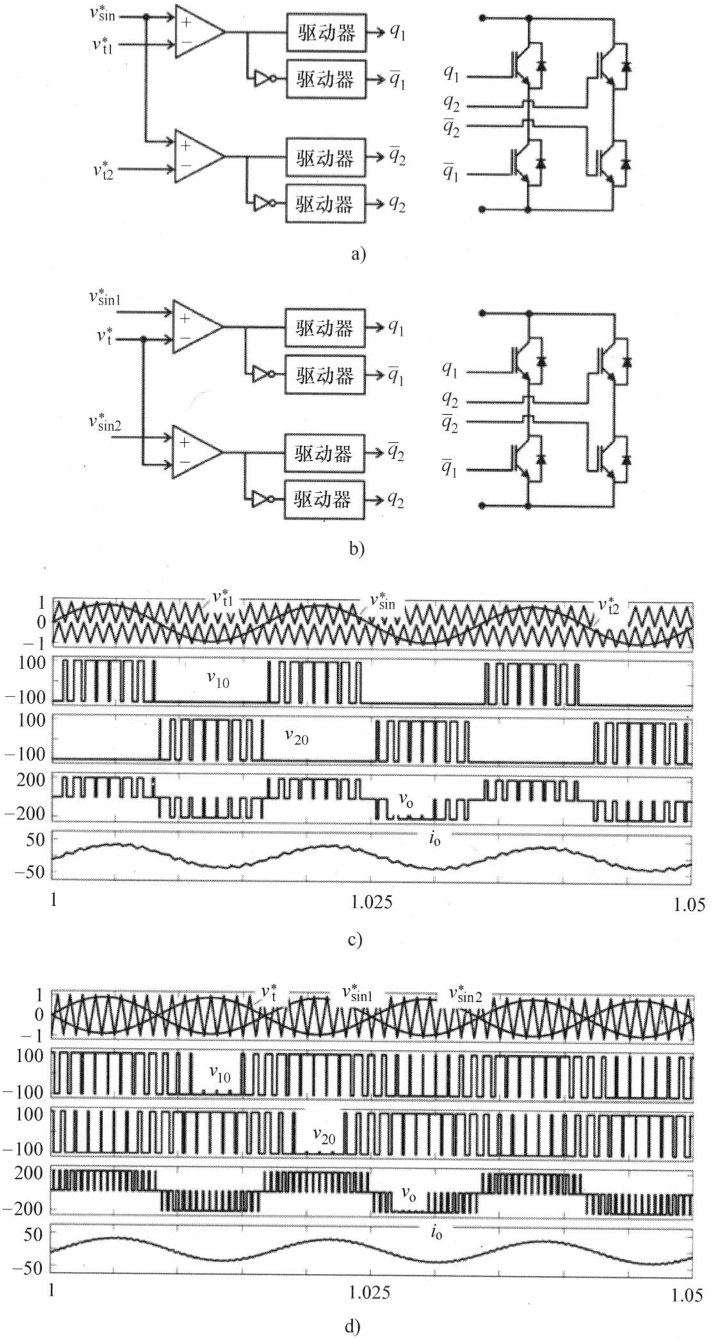

图5.5　PWM策略：a）方法1；b）方法2；c）方法1的波形（从上到下）v_{sin}^*、v_{t1}^*和v_{t2}^*，极点电压v_{10}，极点电压v_{20}，负载电压v_o和负载电流i_o；d）方法2的波形（从上到下）v_{sin1}^*、v_{sin2}^*和v_t^*，极点电压v_{10}，极点电压v_{20}，负载电压v_o和负载电流i_o

降低，因为一个桥臂可以用于调控（闭合或断开开关）而另一个将被夹断。方法1也被视为电平变换PWM策略。另一方面，对于一个高频波形（v_t^*）和两个调控信号（v_{sin1}^*和v_{sin2}^*）的操作（见图5.5b和图5.5d－方法2）保证了较低的谐波失真，可以由较低的纹波电流得以验证。这种情况下，两个桥臂在正弦波整个周期都调制；因此，高频的谐波含量是开关频率的两倍。

在方法1（图5.5a和图5.5c）中，只有两个表5.2中的状态出现在正弦周期的一半，即，状态1和3在正弦正半部分，状态1和2在正弦负半部分。该方案中，状态4中两个开关都闭合的状态不会出现。另一方面，方法2中所有状态都会出现。

图5.4和图5.5显示了变换器输出端的相同平均电压和负载电流的相同振幅（对于平均电压），与调制策略无关。

输出电压的傅里叶变换的频域表示是理解图5.5中PWM策略的重要工具。图5.6a和图5.6b显示了图5.5中的波形，分别是方法2和方法1的时间和频率表示。注意方法2的极点电压有两个主要频率分量，即一个与正弦相关而另一个与三角波形相关。因为$v_o = v_{10} - v_{20}$且只有一个三角波，这个频率分量被消去为v_o。尽管图中没有显示，仍有高频分量。另一方面，方法2中有两个正弦波形，其相位差等于180°，这解释了为什么v_o的正弦频率分量是v_{10}和v_{20}的两倍。该特性也解释了在时域上v_o的开关频率更高。对于方法1（图5.6b），各个极点电压的直流分量都因v_o而取消了。因为该波形由不同的载波信号组成，这就是为什么方法1中v_o的开关频率等于极点电压的开关频率分量。

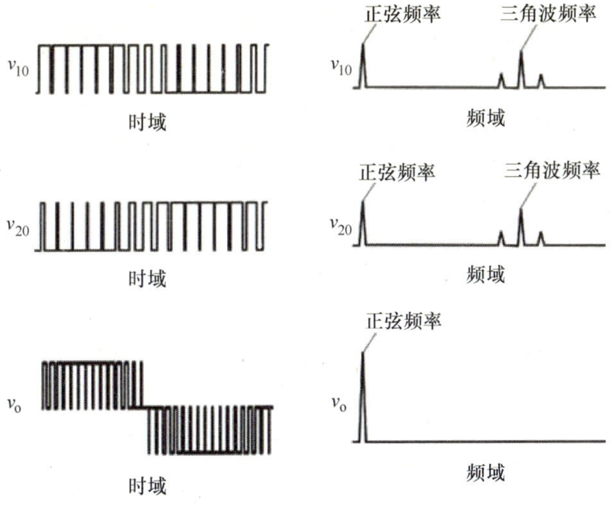

a)

图5.6 时域和频域波形：a）方法2；b）方法1

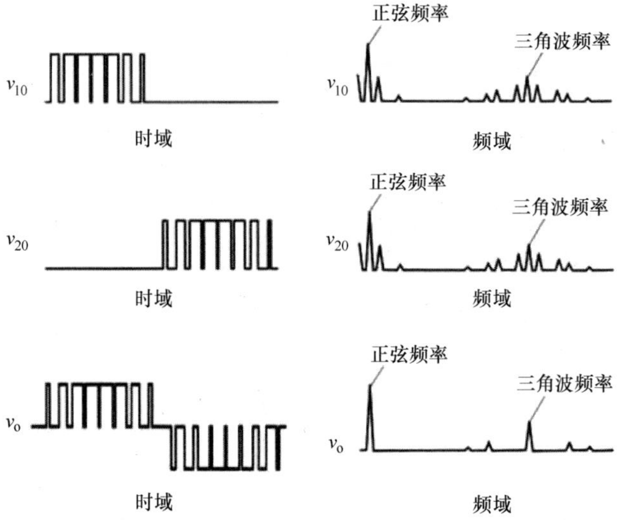

b)

图 5.6　时域和频域波形：a）方法 2；b）方法 1（续）

练习 5.1

确定图 5.5 中所示的两个方案开关状态的所有拓扑状态（等效电路）。假设电流为正和负。

总之，对于一个对比图 5.3 和图 5.5b 中正弦波和三角波的 PWM 策略，极点电压的峰值的基波分量 $V_{10(1)}$ [见式（2.10）] 如下

$$V_{10(1)} = \frac{V_{\sin}^{*}}{V_{t}} \frac{V_{dc}}{2} = m_{a} \frac{V_{dc}}{2} \tag{5.6}$$

于是基波分量可以写成 $v_{10(1)}(t) = m_a(V_{dc}/2)\sin(\omega t)$，其中 $m_a \leqslant 1$。谐波分量可由傅里叶序列计算得出：

$$v_{10}(t) = V_{10(0)} + \sum_{h=1}^{\infty} v_{10(h)}(t) \tag{5.7}$$

其中 $\sum_{h=1}^{\infty} v_{10(h)}(t) = \sum_{h=1}^{\infty} [a_h\cos(h\omega t) + b_h\sin(h\omega t)]$。注意 a_h 是傅里叶级数的余弦分量，b_h 是正弦分量，见式（2.1）~式（2.3）。

实际上极点电压的谐波作为开关频率及其倍数的边带出现。下图显示了归一化的谐波分量的振幅 $V_{10(h)}/(V_{dc}/2)$ 与谐波，式（5.6）中的 3 个调制系数 $m_a = 1.06$ 和 0.4，及 $m_f > 21$ 应用于所有情况。

从图中可以看出极点电压有个有趣的特性，即它只有奇次谐波。当 m_f 是个大于 9 的奇数时，偶次谐波消失。这是由于存在奇对称 $v_{10}(-t) = -v_{10}(t)$。同样，a_h（傅里叶级数余弦因数）等于零，而 b_h（正弦因子）可以与零不同。

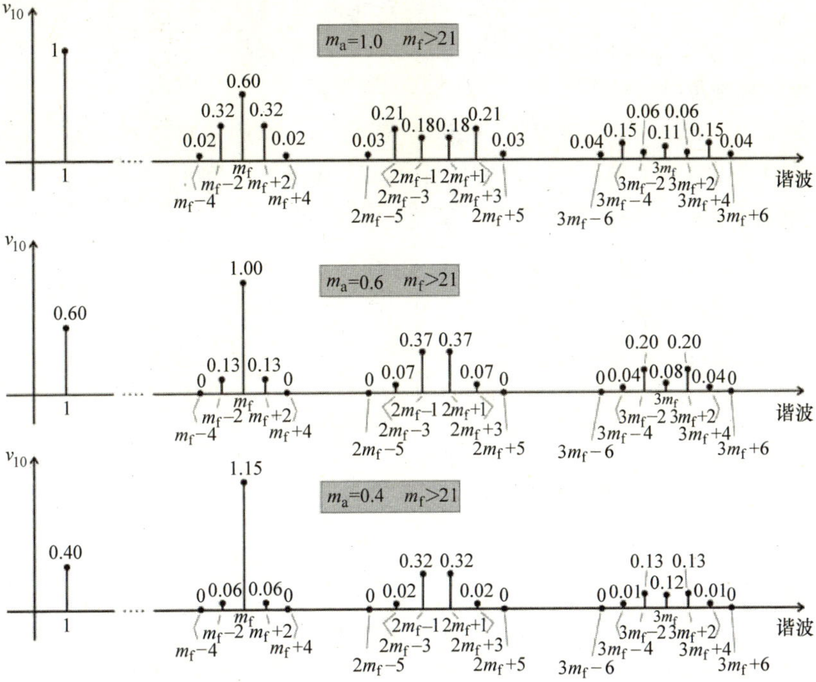

极点电压在下方显示，以演示 m_f 为偶数和奇数时效果的不同。注意当 $m_f=8$，极点电压将获得非对称波形，因为比较正弦电压的峰值和谷值与三角电压时不同。另一方面，当 $m_f=9$（m_f 为一奇数）时可获得一个对称波形，因为所有周期的比较都是对称的，图中所示的峰和谷处已高亮标出。

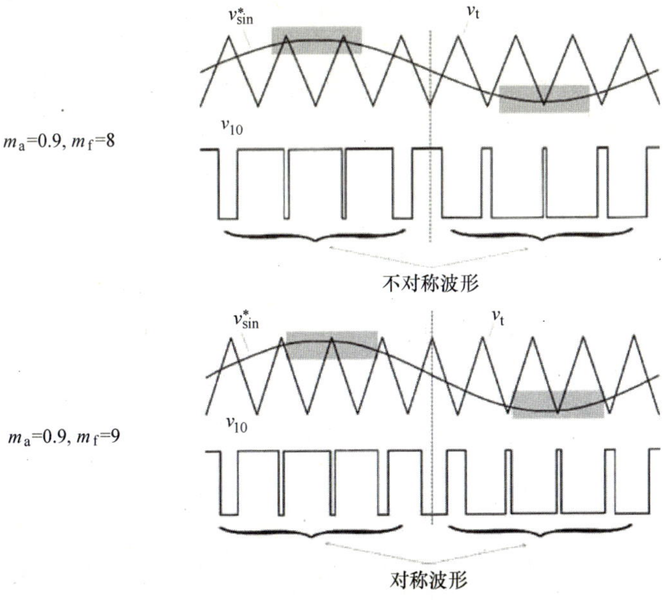

$m_f<21$ 时，其他谐波分量的消去可以在正弦（$v_{\sin}^*$）和三角波（v_t）同步。如果 $m_f>21$，由于增益较低，无需同步。

应用（光伏系统）

典型光伏（PV）电力系统由一组PV阵列和一个中央逆变器组成，它可以不用变压器，或用一个独立的变压器实现，如下图所示。最后一个解决方案有时由于低频变压器的大小、重量和价格等因素而被忽略。

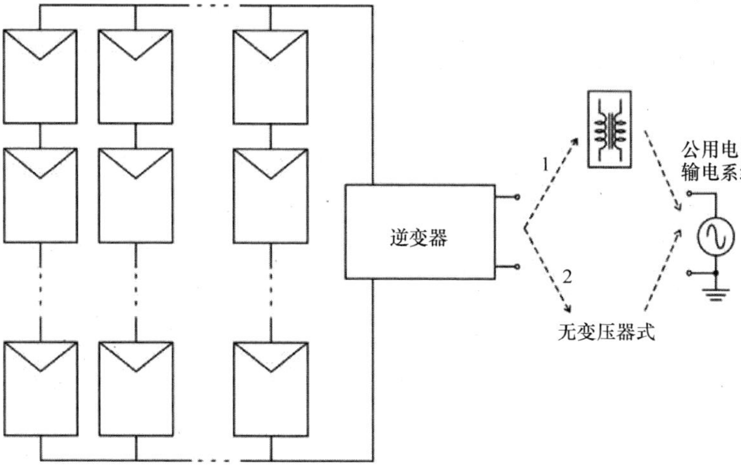

光伏阵列

由于逆变器的高频率，产生了一个对地共模电压（v_{CM}），这将使得光伏电池板和电网之间的环电流通过逆变器。注意该电流在变压器使用时并不存在。

出于安全要求，PV模块框架与地相连，如下图（左）所示。因为PV面板有一个平面结构的玻璃模块，它使得电容接地。实际上，单个PV电池与地之间分布有杂散电容，如下图中。整个模块的分布电容可用一个等效总电容表示，如右下图所示。

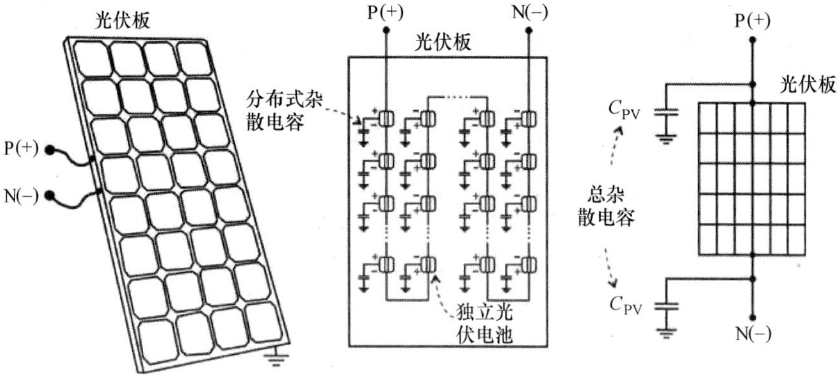

假设这是PV与杂散电容的等效电路，可以获得下图（上）所示电路。在电网和图中的光伏阵列之间没有独立的变压器，有一个电流的连接，即环电流 i_{Leaage}。左下角的图显示了电路的简化结构，用模块表示电池板和逆变器。

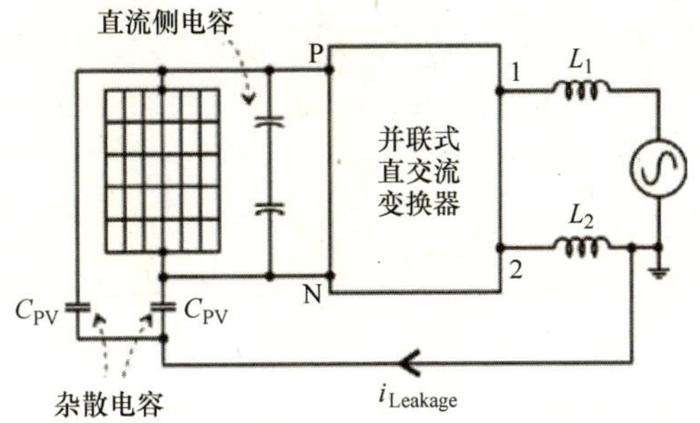

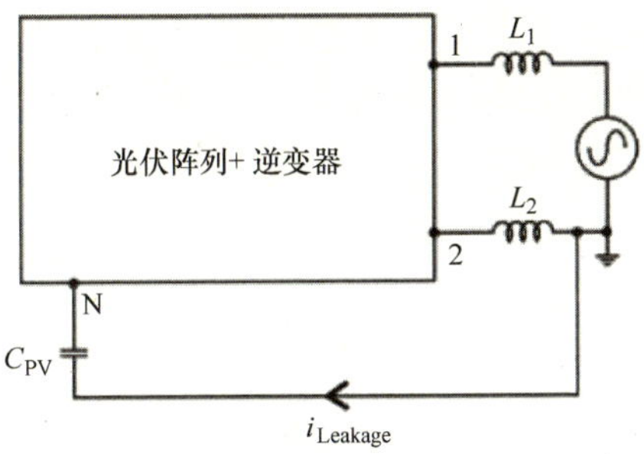

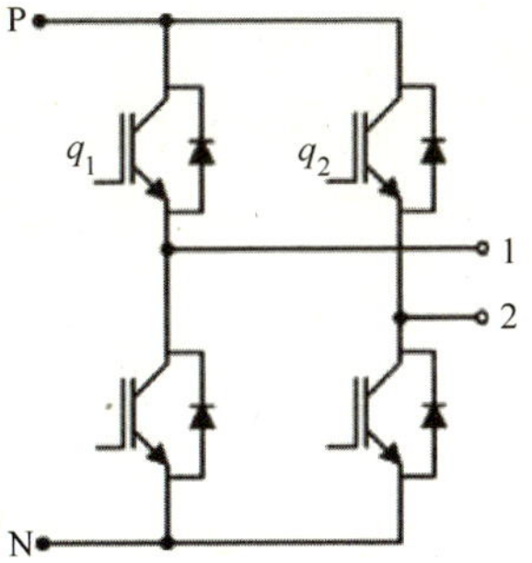

在这种情况下，出于简化的目的，在 N 点和地之间只考虑 C_{PV}。如果一个 H 桥拓扑（上图右上部分）被选用于并联式直交流变换器，可以定义两个电压函数为 $v_{1N}=q_1V_{PN}$和 $v_{2N}=q_2V_{PN}$如下：

- 差动电压：$v_{DM}=v_{1N}-v_{2N}$；
- 共模电压：$v_{CM}=(v_{1N}+v_{2N})/2$。

用 v_{DM}和 v_{CM}可以建立模型描述上面的光伏阵列 + 逆变器，电路如下。

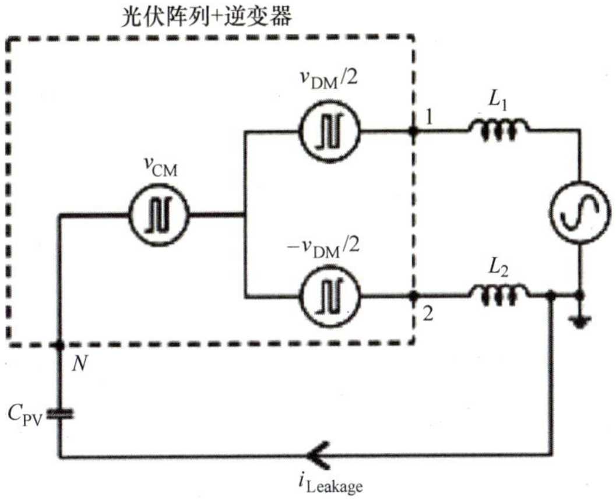

根据上图所示，漏电流特意随着 v_{CM}而改变，换句话说，$i_{Leakage}$是共模电压的函数，表达式为 $v_{CM}=(q_1+q_2)V_{PN}/2$。从下表所示的序列中，显然如果调制策略只选择状态 2 和 3，v_{CM}总是等于 $V_{PN}/2$，也就是说电容 C_{PV}为恒压，从而没有环电流（即 $i_{Leakage}=0$）。消去 i_{CM}的后果就是变换器输出的电平数将会是两个而不是三

个。见表5.1和图5.3。

状态	q_1	q_2	v_{CM}
1	0	0	0
2	0	1	$V_{PN}/2$
3	1	0	$V_{PN}/2$
4	1	1	V_{PN}

例5.2

对于图5.4a中H桥拓扑，其中 $V_{dc}=600V$，$m_a=0.6$，开关频率为1950Hz，而 $v_{sin}^*=180\sin(2\pi 50t)$，用图5.5中方法2计算极点电压 v_{10} 的基波和最重要的（至少为最大谐波振幅的10%）谐波的方均根（RMS）。

解：主要谐波仿真的幅值可由下图得出，图中显示了 $V_{10(h)}/(V_{dc}/2)$ 和谐波的关系。

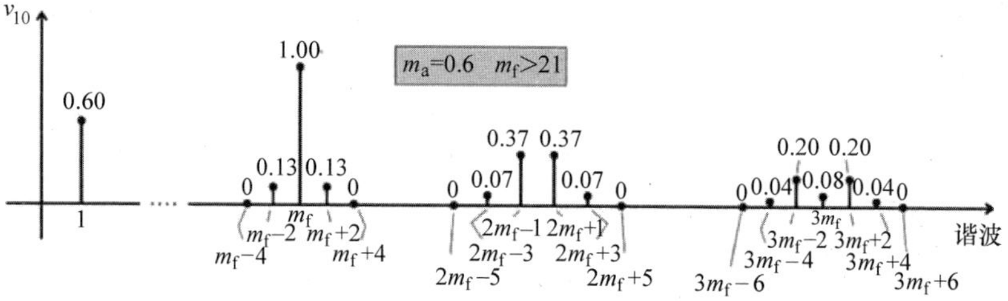

因此，谐波振幅 $hV_{10(h)}$ 为

$$V_{10(h)}=\left[\frac{V_{10(h)}}{V_{dc}/2}\right]\frac{V_{dc}}{2}$$

方均根的值可直接求出：

$$V_{10(h)RMS}=\frac{1}{\sqrt{2}}\left[\frac{V_{10(h)}}{V_{dc}/2}\right]\frac{V_{dc}}{2}$$

由于 $m_a=0.6$ 以及 $m_f=f_t/f_{sin}=1950/50=39$，可以得出：

$$h=1\rightarrow V_{10(1)RMS}=\frac{1}{\sqrt{2}}\times 0.6\times\frac{600}{2}=127V$$

$$h=39\rightarrow V_{10(39)RMS}=\frac{1}{\sqrt{2}}\times 1\times\frac{600}{2}=212V$$

$$h=37,41\rightarrow V_{10(37,41)RMS}=\frac{1}{\sqrt{2}}\times 0.13\times\frac{600}{2}=27V$$

$$h=77,79\rightarrow V_{10(77,79)RMS}=\frac{1}{\sqrt{2}}\times 0.37\times\frac{600}{2}=78V$$

$$h=115,119\rightarrow V_{10(115.119)RMS}=\frac{1}{\sqrt{2}}\times 0.2\times\frac{600}{2}=42V$$

其他谐波的振幅在10%以下所以不用考虑。

例 5.3

对于最后一个例子的条件，计算输出电压谐波数为 39 的 RMS 电压值，考虑图 5.4 和图 5.5b 中两种 PWM 策略。

解：因为图 5.4 中显示的 PWM 方法的输出电压和极点电压（见图 5.4b）有相同的形状，可以继续使用图中$\frac{V_{10(h)}}{V_{dc}/2}$与谐波的函数模板。但是，RMS 值为

$$V_{o(h)}=\left[\frac{V_{10(h)}}{V_{dc}/2}\right]V_{dc}$$

$$h=1\rightarrow V_{o(1)RMS}=\frac{1}{\sqrt{2}}\times 0.6\times 600=254V$$

$$h=39\rightarrow V_{o(39)RMS}=\frac{1}{\sqrt{2}}\times 1\times 600=424V$$

另一方面，对于图 5.5b 中给出的 PWM 技术，输出电压与极点电压的形状不同，也就是说可以用 $V_{10(h)}/(V_{dc}/2)$与谐波的函数模板。尽管 v_o 有 3 个电平而不是两个，基波分量（$h=1$）应该与图 5.3 中 PWM 一样，因为两个情况下变换器都是在 V_{dc}、m_a 和 m_f 相同的条件下工作。因此 $h=1\rightarrow V_{o(1)RMS}=254V$。

对于谐波 39，有 $V_{o(39)RMS}=0$［见图 5.6（a）］。

练习 5.2

将 m_a 的值由 0.6 换成 1，其他条件都与前面例子相同，重复例 5.2 和例 5.3。

5.4　三相变换器——每相单 H 桥变换器

采用每相单 H 桥变换器的三相结构如图 5.7a 所示。值得一提的是变换器和三相负载都为星形联结。变换器极点电压可以写成一个开关的状态函数，如下：

$$v_{a0}=(q_{1a}-q_{2a})V_{dc} \tag{5.8}$$

$$v_{b0}=(q_{1b}-q_{2b})V_{dc} \tag{5.9}$$

$$v_{c0}=(q_{1c}-q_{2c})V_{dc} \tag{5.10}$$

考虑一平衡三相系统，得出负载中点和“0”点间的电压为

$$v_{n0}=\frac{V_{dc}}{3}(q_{1a}-q_{2a}+q_{1b}-q_{2b}+q_{1c}-q_{2c}) \tag{5.11}$$

编译方程式（5.8）~式（5.11），可以用一个矩阵写出负载电压 v_{an}、v_{bn} 和 v_{cn}，如下：

$$\begin{bmatrix} v_{\mathrm{an}} \\ v_{\mathrm{bn}} \\ v_{\mathrm{cn}} \end{bmatrix} = V_{\mathrm{dc}} \begin{bmatrix} \frac{2}{3} & \frac{-2}{3} & \frac{-1}{3} & \frac{1}{3} & \frac{-1}{3} & \frac{1}{3} \\ \frac{-1}{3} & \frac{1}{3} & \frac{2}{3} & \frac{-2}{3} & \frac{-1}{3} & \frac{1}{3} \\ \frac{-1}{3} & \frac{1}{3} & \frac{-1}{3} & \frac{1}{3} & \frac{2}{3} & \frac{-2}{3} \end{bmatrix} \begin{bmatrix} q_{1\mathrm{a}} \\ q_{2\mathrm{a}} \\ q_{1\mathrm{b}} \\ q_{2\mathrm{b}} \\ q_{1\mathrm{c}} \\ q_{2\mathrm{c}} \end{bmatrix} \tag{5.12}$$

功率变换器由H桥拓扑排列构成，图5.7a允许H桥变换器间具有不同的连接。该特点是前面章节中介绍的变换器所没有的。事实上，对于一个给定的三电平NPC拓扑结构，负载端可用星形或三角形联结方式与三相负载相连，但变换器本身的联结方式不能改变，因为所有的桥臂都与同一个直流侧电源相连。另一方面，由于它的模块特性，H桥变换器可以根据特殊需求有所改变。如图5.7b中显示了一个变换器以三角形联结的解决方案。也可以将一个三相负载以三角形联结，如图5.7中所示变换器。

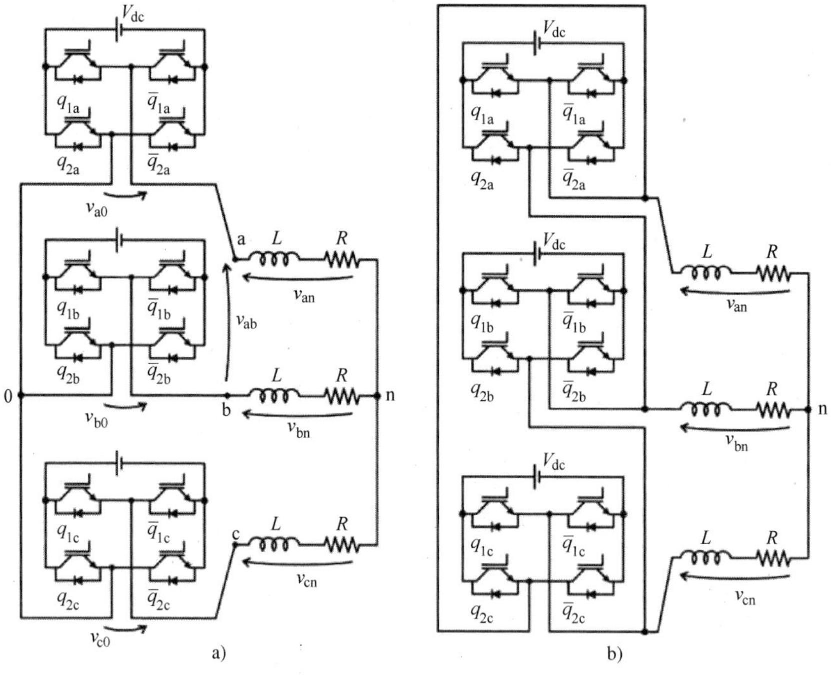

图5.7　a）以星形联结的三相H桥变换器；b）以三角形联结的三相H桥变换器

练习5.3

绘一个表格写出图5.7中两个拓扑的负载相电压v_{an}电平数，用开关状态的函数表示。

为了强调图 5.5（方法 1 和 2）显示的图 5.7a 中三相变换器的 PWM 策略的影响，图 5.8a、b 分别显示了方法 1 和 2 的波形。在三相的情况，方法 1 中线间电压

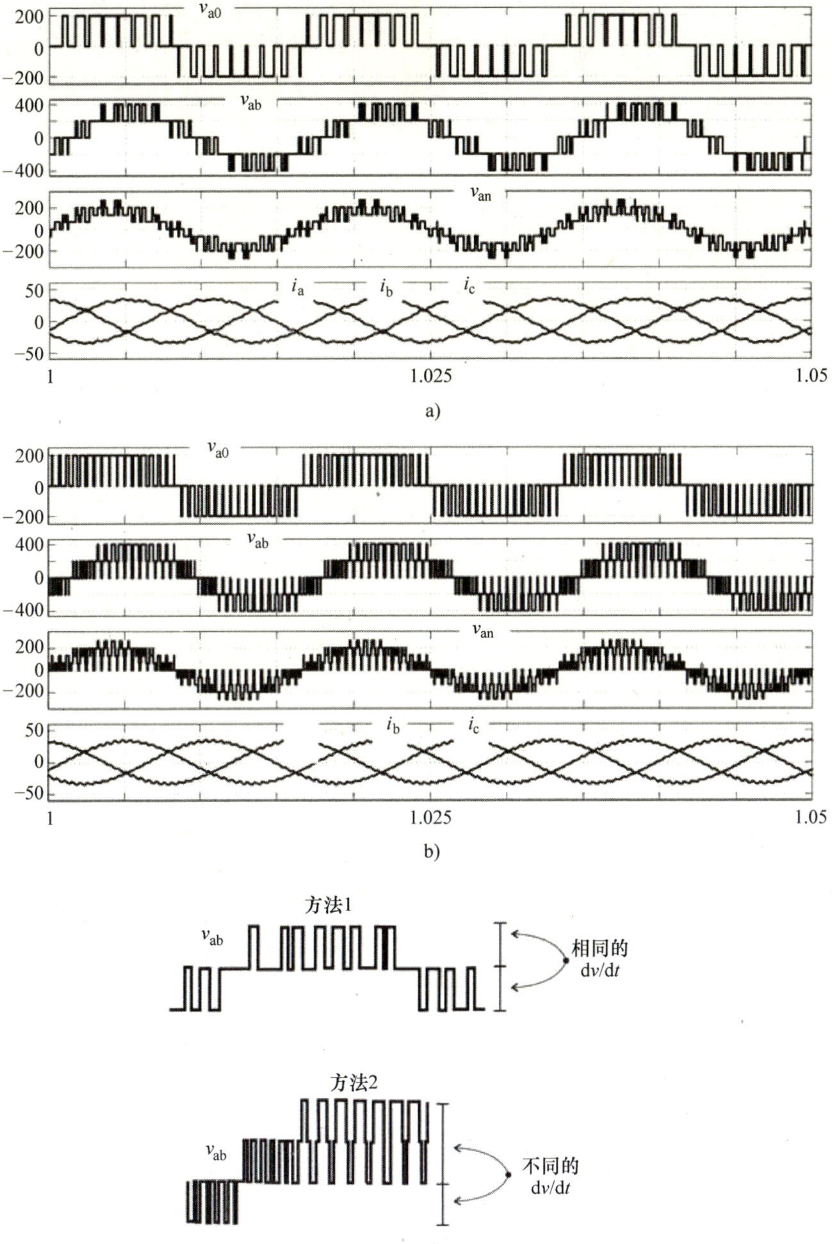

图 5.8　a)（由上到下）电压：v_{a0}、v_{ab}和 v_{an}以及方法 1 的负载电流；b)（由上到下）电压：v_{a0}、v_{ab}和 v_{an}以及方法 2 的负载电流；c）线间电压的电平

的波形有个有趣的特点，即具有相同的 dv/dt。而方法 2 展示了线间电压电平未被明确定义的情况，如图 5.8a 所示。所以图 5.8a 中的 v_{an} 比图 5.8b 更接近一个正弦波形。注意图 5.8c 强调了方法一的优点，用一个电压产生相同的 dv/dt。

如前面章节所述，因为第三相可以被间接控制，依照平衡的三相系统的特性（$i_a+i_b+i_c=0$ 和 $v_a+v_b+v_c=0$），可以用一个只能提供两个相的变换器供给一个三相负载。

练习 5.4

假设变换器和三相负载相连接的所有可能性都由下表给出，指定变换器开关的电压和电流，假设下面所有连接都有相同的 *RL* 负载和直流侧电压。同时，指定器件时忽略所有安全裕度。

变换器联结	负载联结	图
Y	Y	5.7a
△	Y	5.7b
Y	△	—
△	△	—

图 5.9a 显示了只有两个 H 桥与相 a 和 b 连接的结构，图 5.9b 显示了该结构的波形。这类拓扑看似有较低的应用需求，但是在容错系统中可以被采用，因为它能够在负载出错时依然提供三相电压。在这个情况下，“健壮的”结构在经过变换器第三个相位的故障识别后变成了出错的结构。

需要改变图 5.9a 所示结构的 PWM 控制。负载电压减少了$\sqrt{3}$且其畸变谐波增加。然而，变换器仍然可以用平衡的电流供应一个三相负载，如图 5.9b 所示，其中 i_a、i_b 和 i_c 有相同的振幅，相移都等于 120°。

练习 5.5

图 5.9 中的连接对负载相位电压电平数是否有影响？绘出一个表格用开关状态的函数表示负载电压，并与练习 5.3 中的结果进行比对。

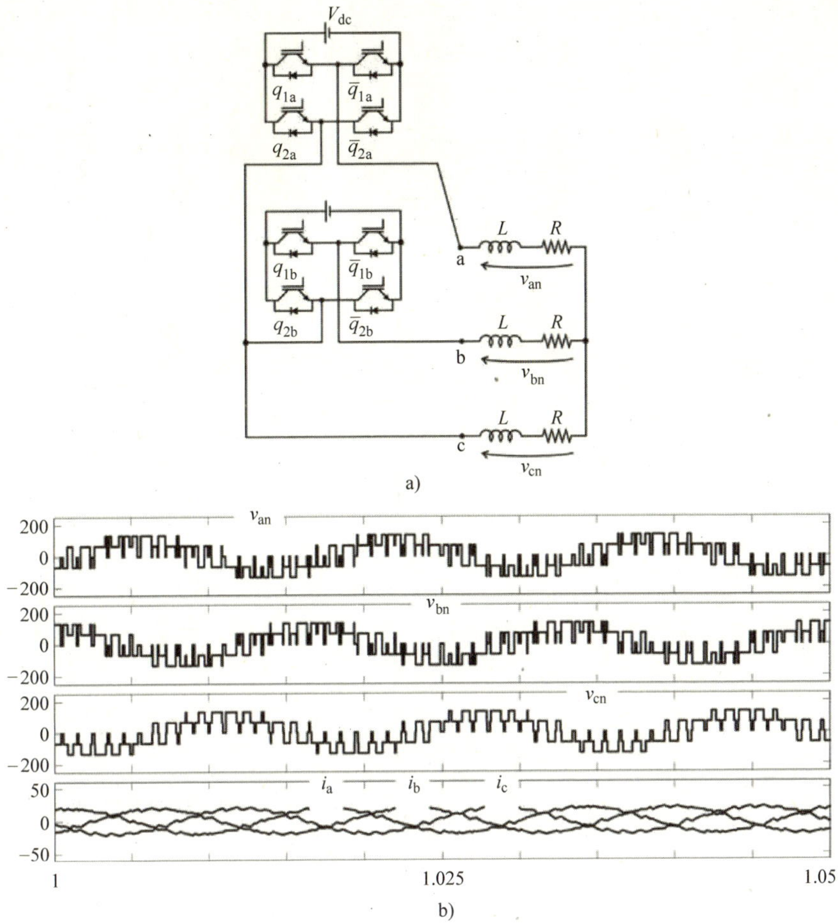

图 5.9 a）连接三相负载的只提供两个相位的结构；b）（从上到下）v_{an}、v_{bn}、v_{cn}和负载电流

5.5 双 H 桥变换器

将 H 桥变换器串联，如图 5.10a 所示，能够产生具有更多电平数的电压。这种级联变换器实际上是高压电动机驱动应用中常用的拓扑结构，尤其是由于其模块化的特点。

如前面所讨论，每个 H 桥变换器能够产生最多 3 个电平，也就是说两个 H 桥串联可以产生最多 9 个电平。所有电平都在表 5.3 中由开关状态表示出。这些电平是：$\{0,\ \pm V_a,\ \pm V_b,\ -V_a-V_b,\ -V_a+V_b,\ V_a-V_b,\ V_a+V_b\}$。图 5.10b ~ j 显示了在变换器输出端获得的各个电平的组合方式。

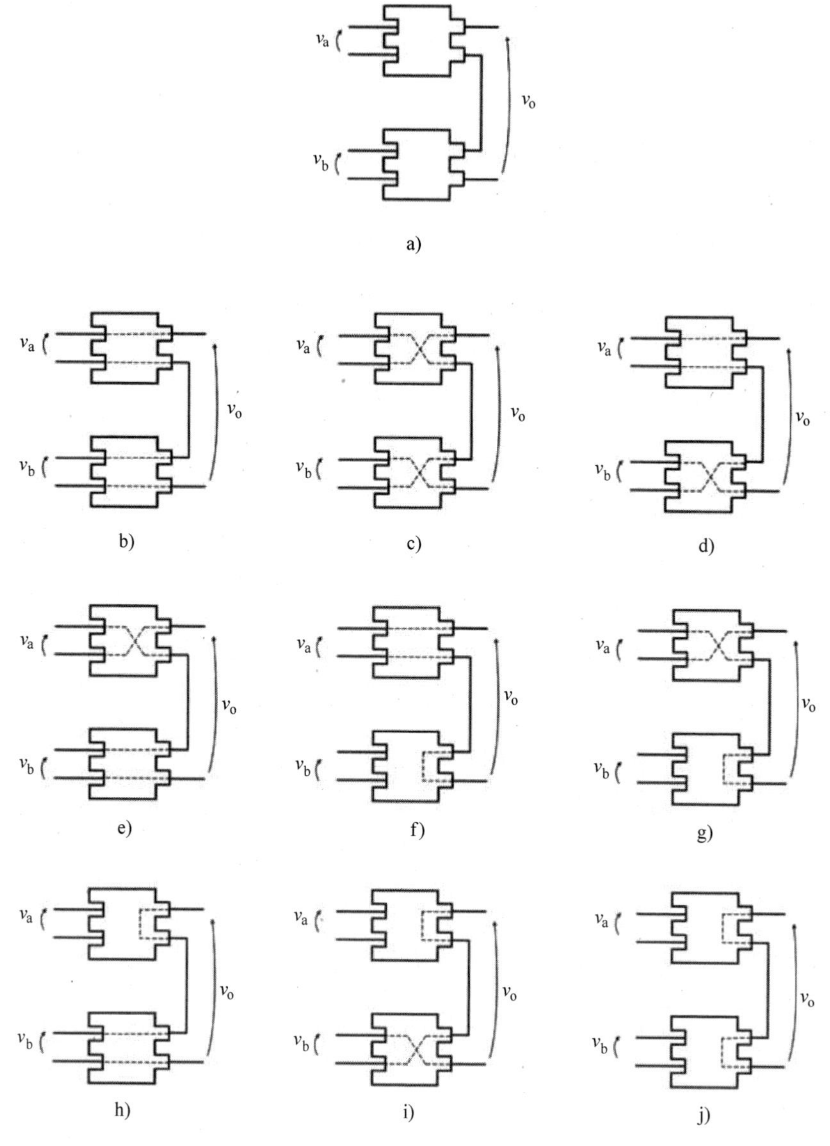

图5.10　a）两个H桥结构的PB表示；b）$v_o=V_a+V_b$；c）$v_o=-V_a-V_b$；d）$v_o=v_a-v_b$；e）$v_o=-V_a+V_b$；f）$v_o=V_a$；g）$v_o=-V_a$；h）$v_o=V_b$；i）$v_o=-V_b$；j）$v_o=0$

根据式（5.5）中一个H桥变换器的输出电压的表达式，图5.10a中变换器的输出电压v_o可被写作一个由表5.3中二进制变量所表示的函数，如下：

$$v_o=(q_{1a}-q_{2a})V_a+(q_{1b}-q_{2b})V_b \tag{5.13}$$

尽管图5.10中变换器能够产生9个输出电平，本节将依次分析产生5个、7个和9个电平的情况。

表 5.3　图 5.10 中变换器的变量表

状态	q_{1a}	q_{2a}	q_{1b}	q_{2b}	v_o
1	0	0	0	0	0
2	0	0	0	1	$-V_b$
3	0	0	1	0	V_b
4	0	0	1	1	0
5	0	1	0	0	$-V_a$
6	0	1	0	1	$-V_a-V_b$
7	0	1	1	0	$-V_a+V_b$
8	0	1	1	1	$-V_a$
9	1	0	0	0	V_a
10	1	0	0	1	V_a-V_b
11	1	0	1	0	V_a+V_b
12	1	0	1	1	V_a
13	1	1	0	0	0
14	1	1	0	1	$-V_b$
15	1	1	1	0	V_b
16	1	1	1	1	0

例 5.4

当变换器输出端达到最大的 9 个电平时，V_a 和 V_b 的关系是怎样的?

解： 要产生变换器输出的最大电平数，需要保证 $V_1=3V_2$ 或 $V_2=3V_1$。其他数量的电平能够由其他的输入电压关系得到。例如，七电平可以由 $V_1=2V_2$ 或 $V_2=2V_1$ 得到，而五电平可由 $V_1=V_2$ 得到。

5.6　两级联 H 桥变换器的 PWM 方案

PWM 控制策略也可以用在两个级联 H 桥拓扑结构上，以确保在输出端电压和频率可控。因为相比于单个 H 桥拓扑，它有更多开关用于产生所需的输出电压，也希望将有方法可以实现 PWM 策略。本节介绍一些这样的 PWM 方法。

图 5.11 显示了多载波相移调制技术的模拟解决方案，8 个开关的状态都取决于两个高频三角波（v_{t1}^* 和 v_{t2}^*，载波信号）和正弦信号（v_{sin}^* 和 $-v_{sin}^*$，控制信号）的比较，且 $V_a=V_b=V_{dc}$。电压 v_{t1}^* 和 v_{t2}^* 相移了 90°。这种情况下变换器能够产生五电平输出波形。如前文提到的，名为驱动的模块必须确保操作（开启或关闭）功率开关所需的电压和电流的电平，以及控制（信号）和功率电路的隔离。

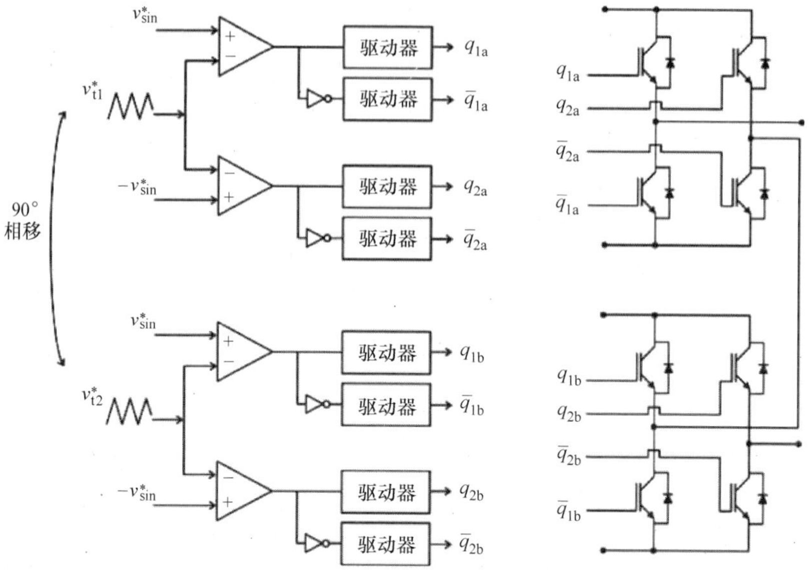

a)

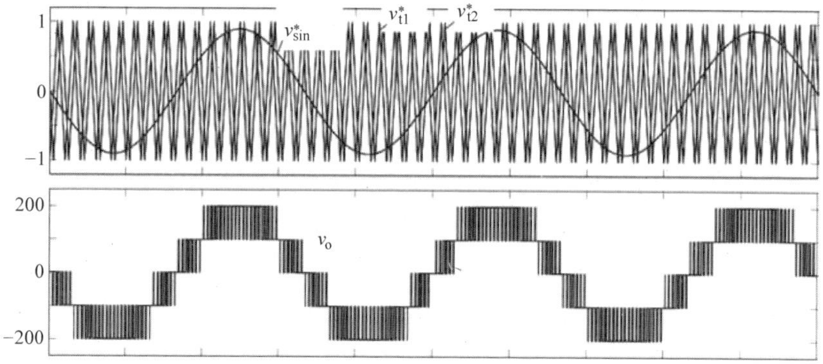

b)

图5.11　a）具有相移的PWM策略；b）（上）PWM波形和（下）变换器输出电压波形

很明显，v_{t1}^*与v_{t2}^*之间的相移在图5.11中的PWM方法中起着重要的作用。实际上，这个参数的影响如图5.12所示，图中显示了三角波（v_{t1}^*和v_{t2}^*）和正弦波（v_{sm}^*）电压（上）以及负载电压（中）和负载电流（下）。仿真中所使用的参数为：输入电压$V_a=100$V和$V_b=100$V；负载$R=5\Omega$和$L=5$mH；和开关频率1kHz。图5.12a显示了v_{t1}^*和v_{t2}^*之间相移等于0°时的变量。图5.12b～d分别显示了相移为45°、90°和180°的情况。考虑负载电压和负载电流的波形，显然电流和电压的谐波失真都减少了90°。尽管高压器件发生改变，变量的总谐波失真、相移都不会影响负载的电压值。

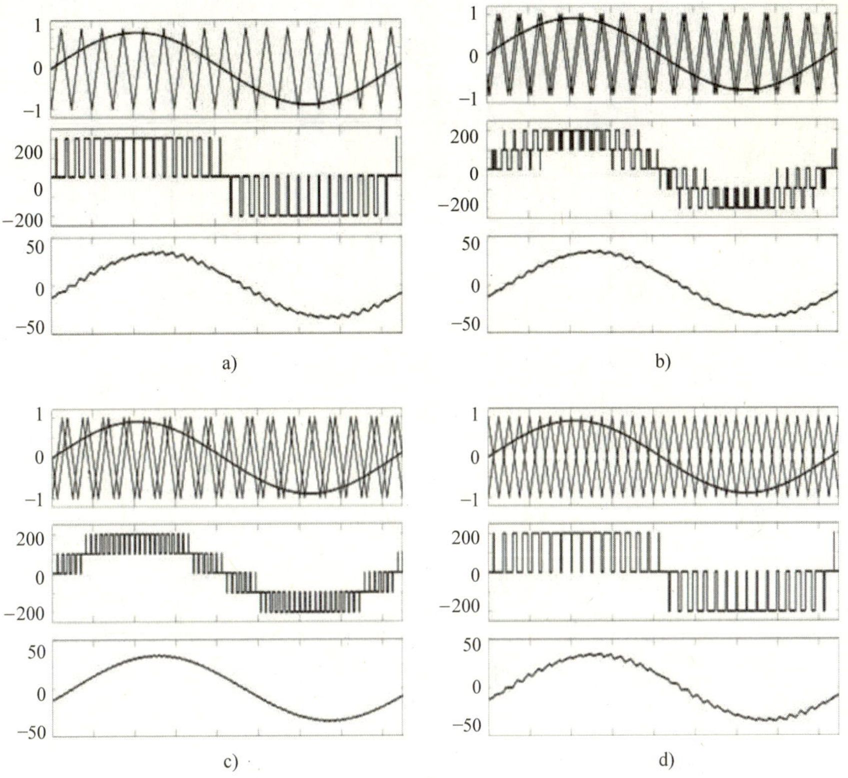

图5.12 三角波 v_{t1}^*，v_{t2}^* 和正弦波（v_{sin}^*）波形（上）以及负载电压（中）和负载电流（下）：a）相移0°；b）相移45°；c）相移90°；d）相移180°

实际上，v_{t1}^* 和 v_{t2}^* 之间的相位角之差为90°保证了一个最佳输出电压，因为它产生了一系列开关状态，如图5.8所示。例如，在峰值时希望输出电压从 V_{dc} 变为 $2V_{dc}$，在谷值时电压应从 $-2V_{dc}$ 变为 $-V_{dc}$。图5.13显示了当 v_{sin}^* 在峰值周围时开关切换状态顺序。因为 $V_a=V_b=V_{dc}$，表5.3中状态3、9、15和12产生相同的输出电压且均等于 V_{dc}。另一方面，只有一种方法来产生 $2V_{dc}$，即通过状态11。注意其他相移将产生不同于图5.13的一个结果。

另一种使用两个H桥单元串联来实现PWM策略的方法如图5.14所示。这种技术称为电平转换（或电平配置），所有载波信号都同相但是偏移量不同。

对于对称（相同的直流侧电压）级联多电平变换器，载波信号的质量取决于变换器输出电平的数量，即产生 N 电平需要（$N-1$）个三角载波。

图5.15显示了两电平转换PWM方法。注意其他结果在所有三角载波都有相同的峰-峰电压值时可以得到，但在每两个相邻载波中存在180°相位差。

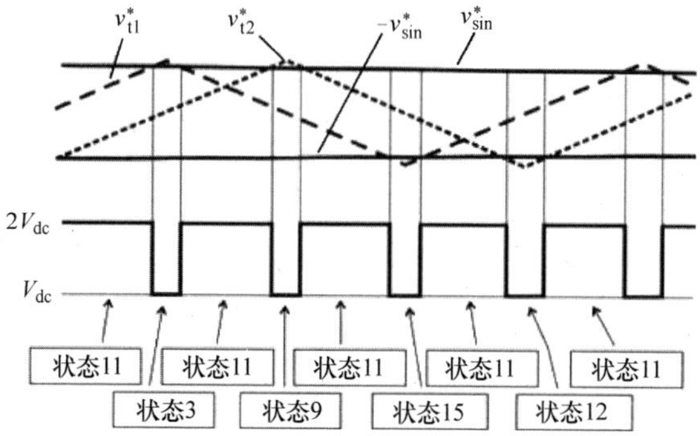

图5.13　当v_{sin}^*为峰值且v_{t1}^*和v_{t2}^*之间相移为90°时的开关状态

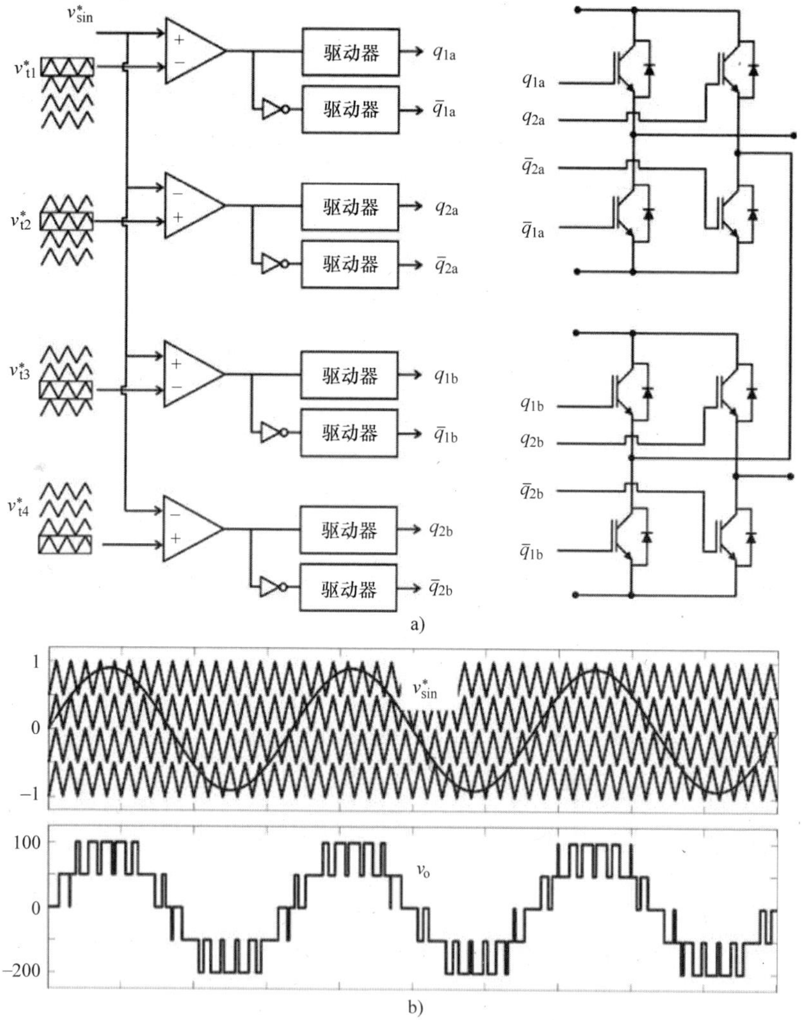

图5.14　a）用同相（PD）法的PWM策略；b）（上）PWM波形和（下）变换器输出电压

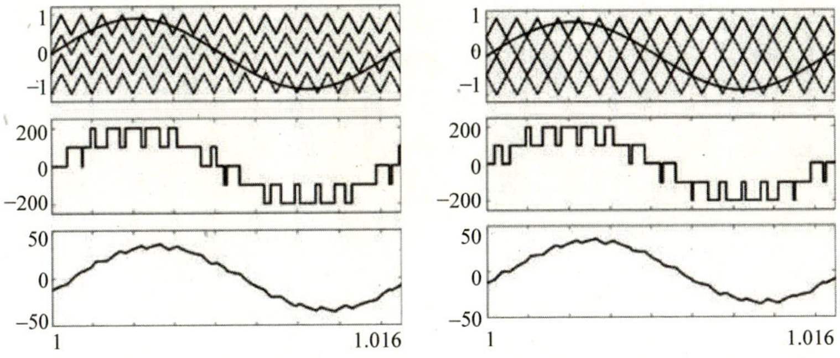

图5.15 两电平变换 PWM 技术的比较

5.7 三相变换器——每相两级联 H 桥结构

每相包含两个 H 桥变换器的三相结构如图 5.16a 所示，变换器和负载都是星形联结。此结构产生的波形在图 5.16b 中显示。这些负载电压表现出 THD 降低的高质量特性，因为具有较高的电平数量。图 5.16 中使用的 PWM 策略被用于电平转换方法，如图 5.14 所示。

变换器电压可写成一个由开关状态表示的函数，如下：

$$v_{a0} = (q_{1a} - q_{2a} + q_{3a} - q_{4a}) V_{dc} \tag{5.14}$$

$$v_{b0} = (q_{1b} - q_{2b} + q_{3b} - q_{4b}) V_{dc} \tag{5.15}$$

$$v_{c0} = (q_{1c} - q_{2c} + q_{3c} - q_{4c}) V_{dc} \tag{5.16}$$

考虑到平衡三相系统，负载"n" 的中点和"0" 点间的电压为

$$v_{n0} = \frac{V_{dc}}{3} \sum_{x=a}^{c} (q_{1x} - q_{2x} + q_{3x} - q_{4x}) \tag{5.17}$$

编译方程式（5.14）~式（5.17），假设平衡情况下，可以用开关状态和直流侧电压写出负载电压 v_{an}、v_{bn}和 v_{cn}的函数。

如前文提到，级联结构的主要优势之一是它的模块化，使其具有容错能力。故障补偿是通过重新配置功率变换器拓扑来保证系统工作，即使是每相有不同数量的 H 桥。图 5.17a 显示了图 5.16a 中三相变换器在“正常”工作下的一个相，且在输出端产生了一个五电平电压。为了便于说明，让我们假定一个故障发生在开关 q_{1a}，如 5.17b 中圆圈处显示。该故障可以被描述为一个永久短路（见图 5.17c）或者一个永久开路（见图 5.17d）。故障检测系统必须能够识别故障发生的位置（确定哪

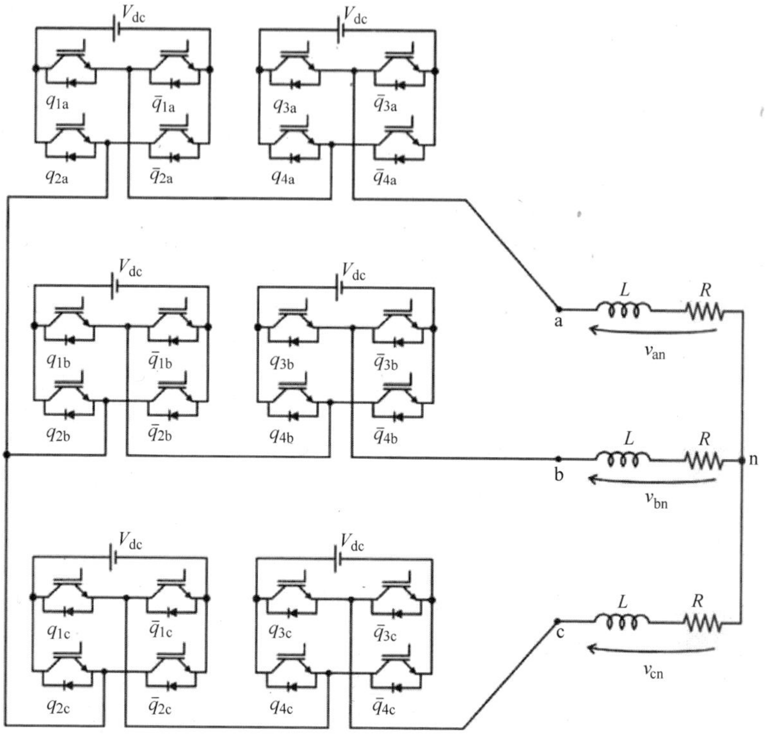

a)

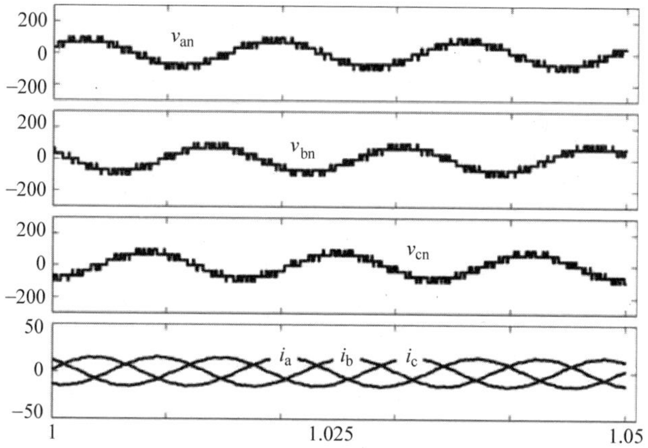

b)

图 5.16 a）星形联结的三相 H 桥结构；b）电压和电流

个开关故障)，以及故障的类型（短路或开路）。有时需要使用熔丝来重新配置功率变换器，用于隔离变换器的故障部分。为了简化，保险丝器件等在图 5.17 中不显示。

对于开关 q_{1a} 的短路故障（见图5.17c）所采取的第一步是保持互补开关 $\bar{q}_{1a}$ 断开。因此，该H桥变换器产生的电压 $v_{1a2a}=v_{1a}-v_{2a}$ 可以假设只有两个值0和 V_{dc}，即，$v_{1a2a}=\{0,V_{dc}\}$。另一个情况是图5.17d中显示的开路故障。这种情况下，互补开关 $\bar{q}_{1a}$ 必须闭合以避免电流不连续。所以，H桥变换器输出端产生的电压也可视为只有两个值，即 $v_{1a2a}=\{0,\ -V_{dc}\}$。这两种故障都导致H桥输出端产生的电压只有一个极：短路故障只有正极 $\{0,\ V_{dc}\}$，而开路故障只有负极 $\{0,\ -V_{dc}\}$。这用相代表了输出电压的故障。然而，一个只有三电平 $\{0,\ \pm V_{dc}\}$ 的小幅正弦电压仍然可以由这两个H桥变换器串联产生。

尽管图5.17给出了一些故障，还有一些故障会损害整个H桥变换器。例如，经常会有两个开关插入同一个模块构成一个桥臂，若其中一个开关发生故障，另一个也将会被影响。另一个使整个H桥单元（按照产生任意电压的能力）恶化的故障是直流侧出现故障时，若没有直流侧电压，H桥将无法产生任何输出电压。当H桥遇到故障时，故障补偿通过额外器件，例如双向可控硅，来重新配置功率变换器拓扑结构，如图5.18a所示。双向可控硅 t_1 和 t_2 在“正常”工作时断开，当检测到故障时必须闭合，以将H桥与故障隔离。图5.18b显示了故障发生时双向可控硅 t_1 将H桥变换器隔离。

故障后操作需要一个新的PWM方法来保证平衡三相电压给负载供电。由不同的方法来给故障后拓扑结构产生PWM信号，如图5.18b所示，因为每个相都有两个变换器（在相b和相c）且只有一个变换器在相a用于产生所需三相负载电压。保持三相平衡电压的一个可能的方法是断开双向可控硅 t_3 和 t_5 来使得该拓扑等价于图5.7a。这意味着每个相两个H桥的结构将变为每个相单H桥结构。额定电压也将减少为故障前操作的一半。另一个可能保持故障后拓扑结构的方法如图5.18b所示，也就是相a有一个H桥而相b和c有两个H桥。为了保证各相之间有平衡的三相电压，相b和c的调制系数应该减少为a的50%。

练习5.6

确定图5.18b中故障后拓扑结构的电平数量，考虑当相b和c的调制指数降低50%的情况。

如之前所述，变换器的连接可以在处理特殊负载要求时有所改变。例如，图5.19显示了当变换器呈三角形联结时的解决方法。也可以将三相负载连接成三角形联结。

如果三相负载是一电机，也可以用开放式绕组排来连接该机器，如图5.20所示。开放式绕组电动机结构是断开传统的感应或同步电机的中点而不需要对机器的设计做任何改变。实际上，需要一个有6个终端的三相电机。这种情况下变换器模型如下：

$$v_{a1n1}=(q_{1a}-q_{2a})V_{bc} \tag{5.18}$$

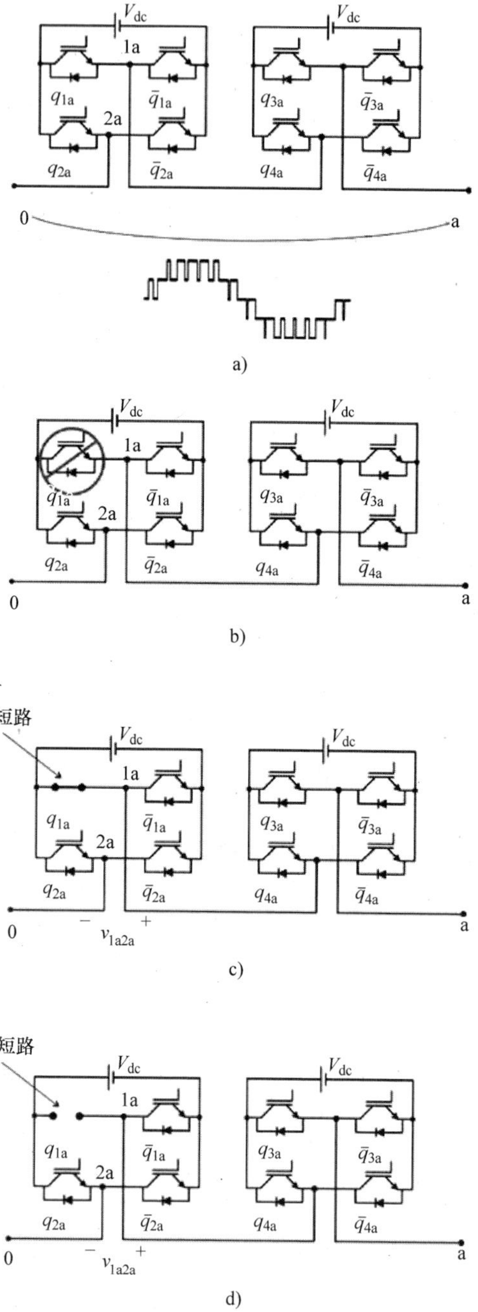

图 5.17　a）级联拓扑结构中桥臂的“正常”工作；b）开关 q_{1a} 发生的故障；c）短路故障；d）开路故障

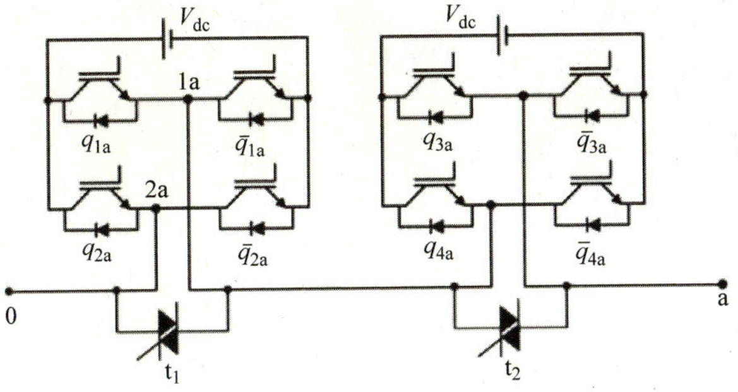

a)

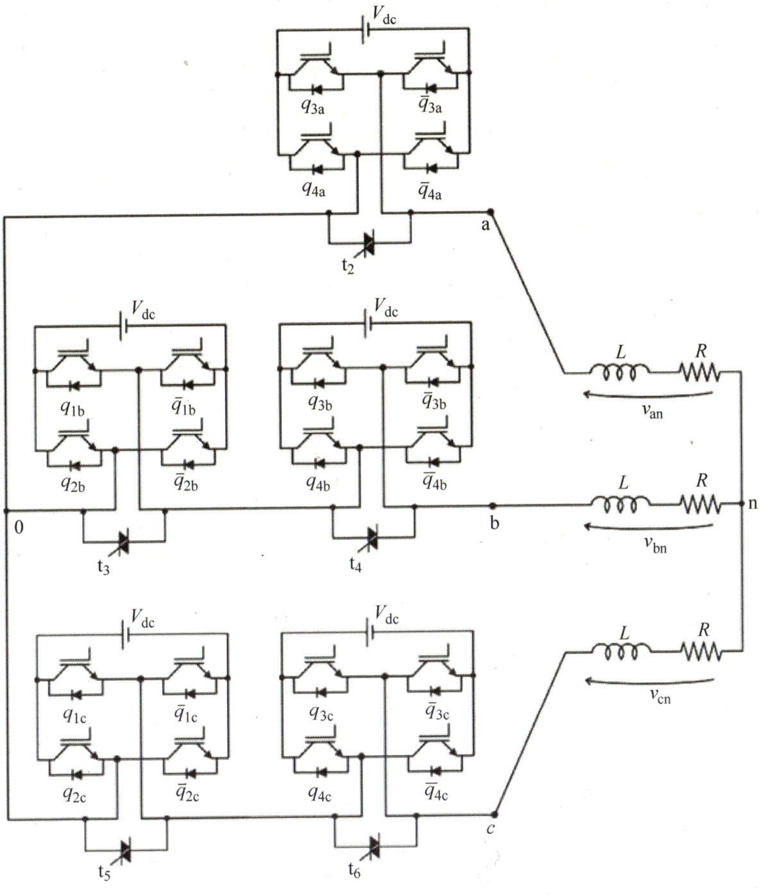

b)

图 5. 18　a）带双向可控硅的容错变换器；b）故障后拓扑结构

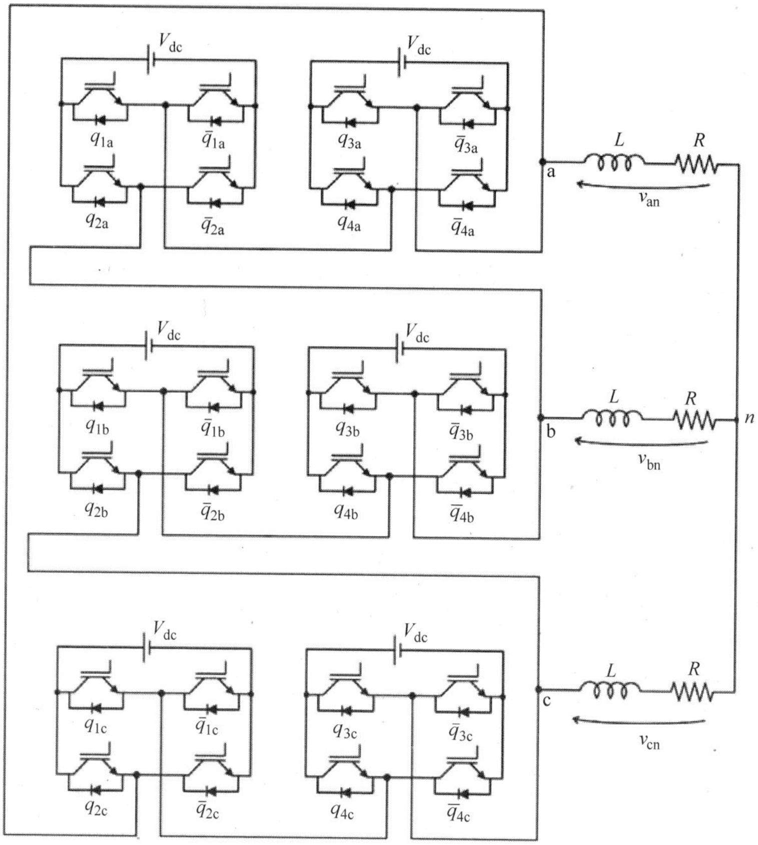

图5.19　带两个H桥呈三角形联结的三相

$$v_{b1n1}=(q_{1b}-q_{2b})V_{dc} \tag{5.19}$$

$$v_{c1n1}=(q_{1c}-q_{2c})V_{dc} \tag{5.20}$$

和

$$v_{a2n2}=(q_{3a}-q_{4a})V_{dc} \tag{5.21}$$

$$v_{b2n2}=(q_{3b}-q_{4b})V_{dc} \tag{5.22}$$

$$v_{c2n2}=(q_{3c}-q_{4c})V_{dc} \tag{5.23}$$

于是供给电机各相的电压可以表示为

$$v_{a1a2}=v_{a1n1}-v_{a2n2}+v_{n1n2} \tag{5.24}$$

$$v_{b1b2}=v_{b1n1}-v_{b2n2}+v_{n1n2} \tag{5.25}$$

$$v_{c1c2}=v_{c1n1}-v_{c2n2}+v_{n1n2} \tag{5.26}$$

v_{n1n2}表示为

$$v_{n1n2}=v_{a1n1}+v_{b1n1}+v_{c1n1}-v_{a2n2}-v_{b2n2}-v_{c2n2} \tag{5.27}$$

三相电动机的开放式绕组方式可以允许变换器以其他方式的串联连接，如图

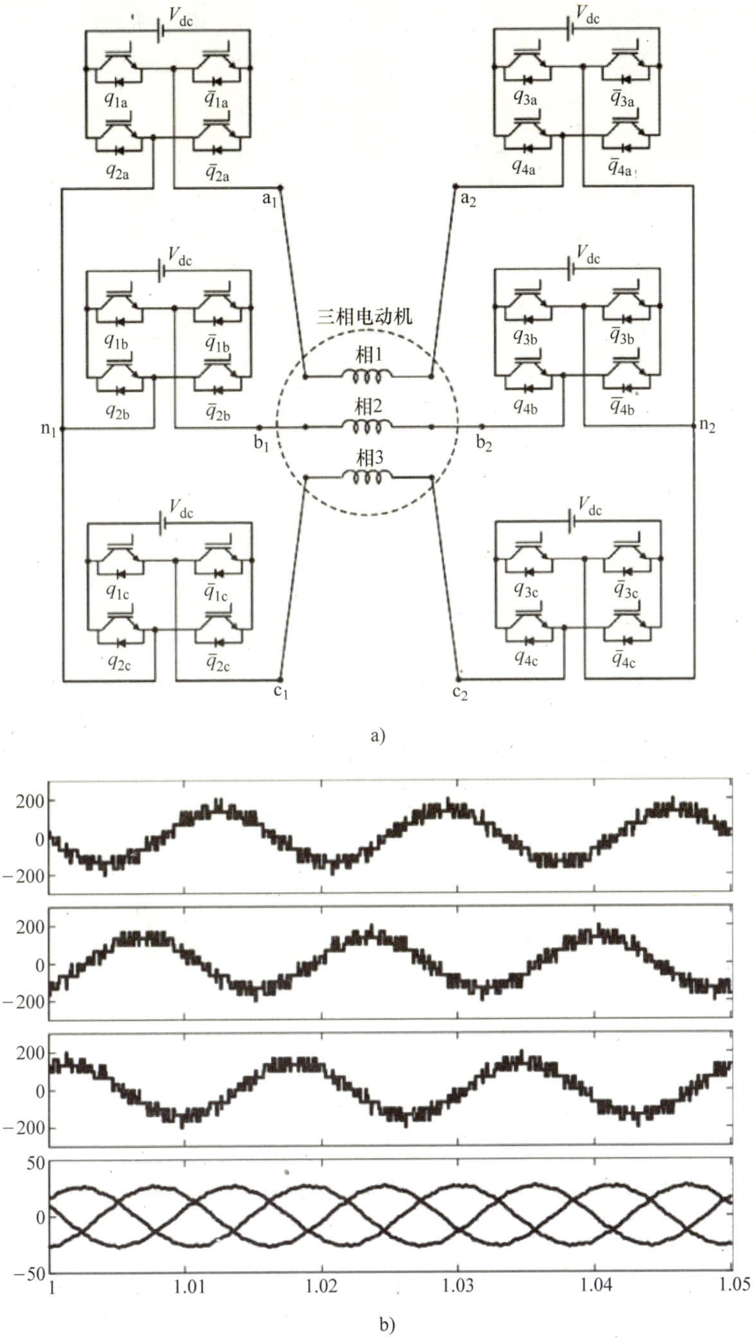

图 5.20　a）使用开放式绕组拓扑结构的电动机驱动系统；b）电压与电流

5.21a 所示。这是一个采用两个三桥臂逆变器的三相电动机驱动系统。因为三相电动机的两个变换器都是串联，也可以考虑一个变换器和电动机之间的串联连接。图5.21a 中所示系统的优势之一在于它的容错能力。下面考虑两种情况：

情况Ⅰ。故障补偿不使用额外器件（如双向可控硅），重新配置功率变换器拓扑结构。故障后结构保证了电动机的星形联结。

情况Ⅱ。故障补偿使用额外器件（如双向可控硅），来重新配置功率变换器拓扑结构。故障后结构保证了电动机的三角形联结。

两种容错策略（情况Ⅰ和情况Ⅱ）都基于开放式绕组电动机且能够补偿功率开关的直流侧电容故障、短路故障、开路故障。如之前所述，故障补偿是当故障被检测出时重新配置功率变换拓扑结构。

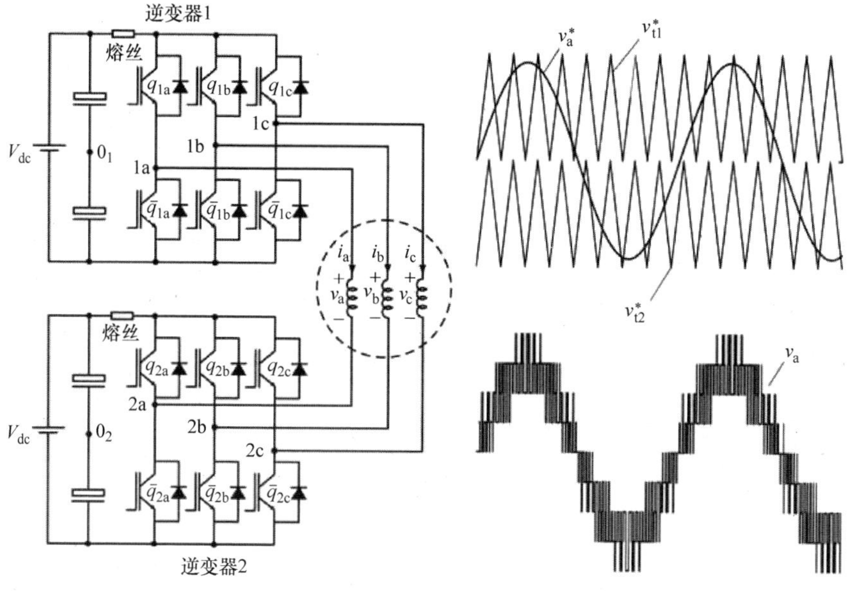

a) b)

图5.21 a）故障前结构－开放式绕组电动机驱动系统；
b）PWM 波形（上）和电动机相电压（下）

带两个载体的调制器可被用于“正常”开放式绕组电动机驱动系统（见图5.21a）的PWM 产生，如图5.21b 所示。v_a^* 与 v_{t1}^* 的比较定义了开关 q_{1a} 的状态，v_a^* 与 v_{t2}^* 的比较定义了开关 $\bar{q}_{2a}$ 的状态。每个逆变器也有用于隔离的熔丝。如图5.21b 所示电动机相电压（v_a）也有多电平特性。

对于情况Ⅰ，架构重构的方法是使用另一个未被故障影响的功率开关来产生一个电动机的中点。图5.22a～c 分别显示了在开路故障、短路故障和直流侧故障的故障后结构的构建过程。注意，在直流侧故障的情况下，机器中点的创建可以通过

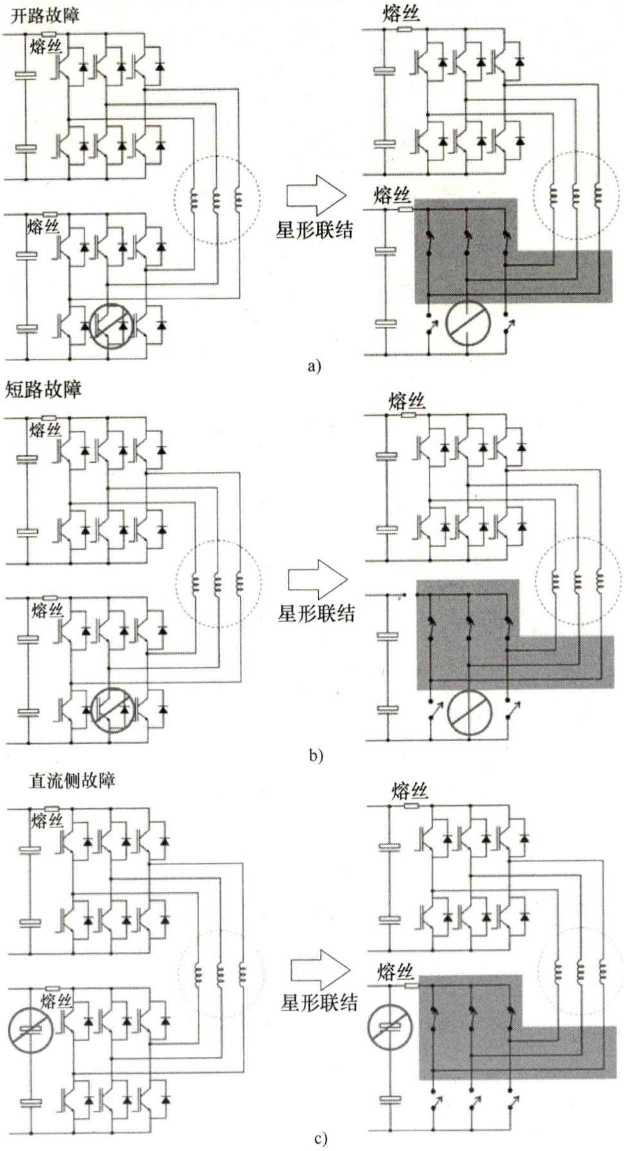

图 5.22　故障后结构：a）开路故障；b）短路故障；c）直流侧故障

故障变换器上面或下面的开关来完成。这种策略（情况Ⅰ）下电动机电压值在故障后被减去 50% 。

另一方面，对于情况Ⅱ，故障补偿是通过采用重新配置器件（双向可控硅）来重新配置功率变换器拓扑。故障前结构如图 5.23a。为了提高电动机的工作电压，重配置方法目标是保证电动机在故障后呈三角形联结。控制系统必须执行两个步骤：隔离变换器的源与故障，且导通所有双向可控硅，如图5.23b所示。尽管比起情况Ⅰ中使用了更多器件（3个双向可控硅 t_a、t_b 和 t_c），电动机相电压的值由于是三角形联结，在故障后只减少了13.4%。

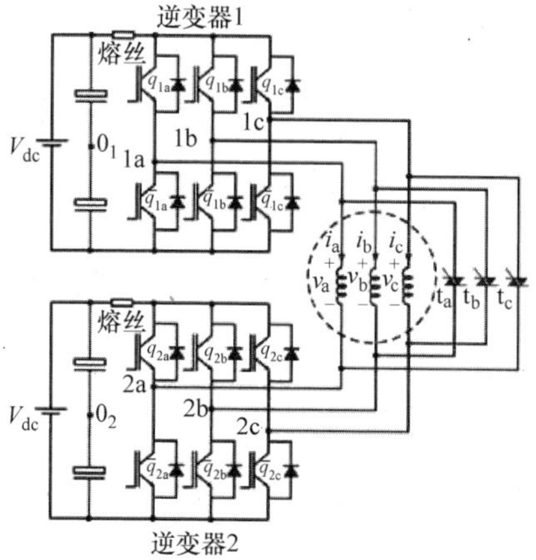

a)

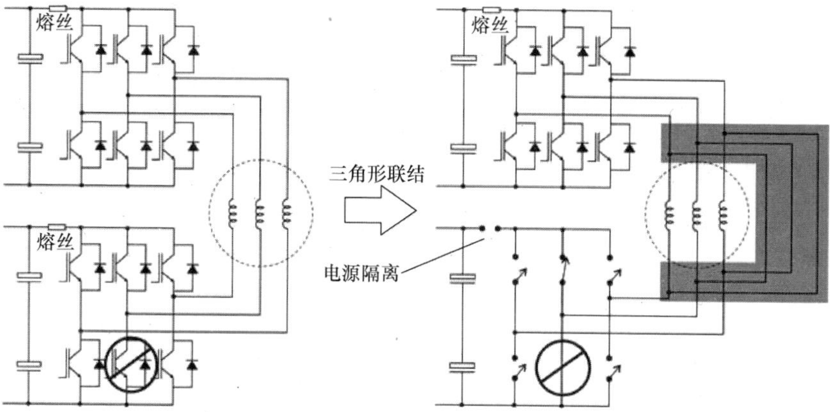

b)

图5.23　容错策略－情况Ⅱ：a）故障前结构；b）故障补偿过程在短路故障是将电动机呈三角形联结

图5.24显示了情况Ⅰ和情况Ⅱ的控制策略的简化电路。故障可由比较测量电压和参考电压来检测。故障发生后，重新配置程序将开放式绕组电动机（“正常”结构）变为故障后变换器。图5.25显示了当故障（开路故障）于 $t=0.1$s时发生在 $\bar{q}_{2b}$ 上的模拟结果。图中的变量为电机相电压（v_a）和电机电流（i_a、i_b 和 i_c）。图5.25a显示了情况Ⅰ的结果，图5.25b显示了情况Ⅱ的结果。在这种情况下，开关频率为2kH，每个直流源的直流链电压为50V。

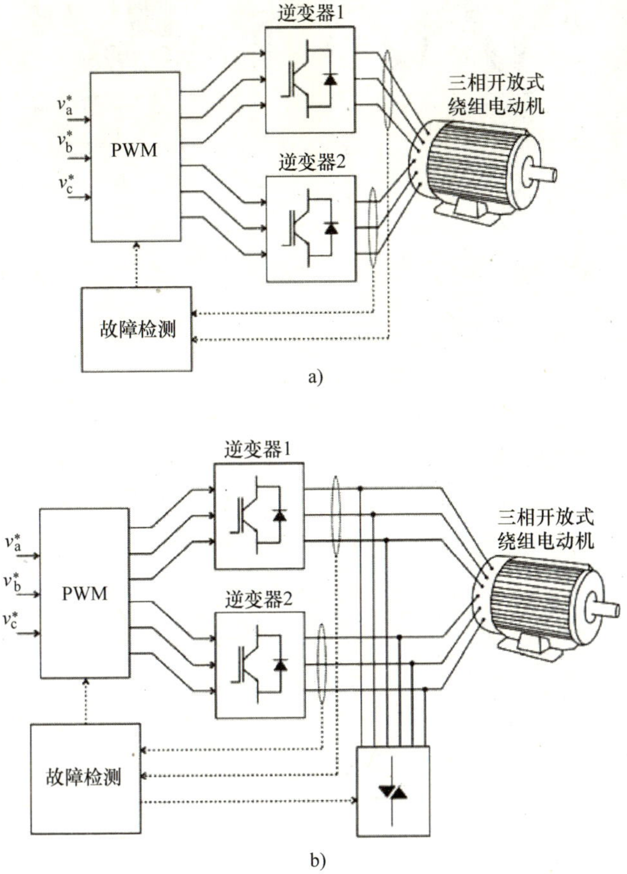

图 5.24　控制模块图：a）情况Ⅰ；b）情况Ⅱ

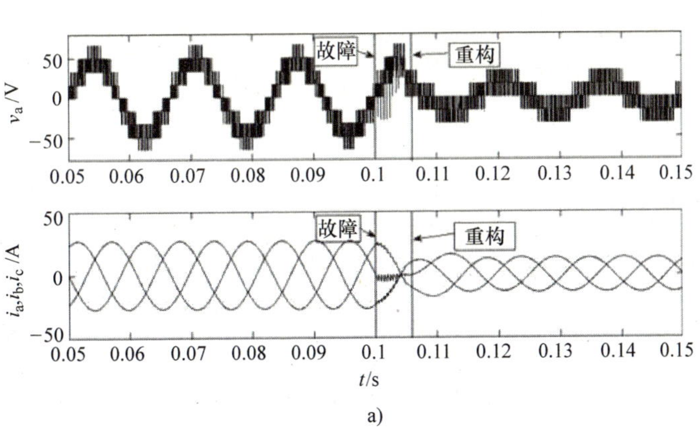

图 5.25　当故障发生在 $t=0.1\mathrm{s}$ 时电动机相电压（上）和电流（下）：a）情况Ⅰ；b）情况Ⅱ

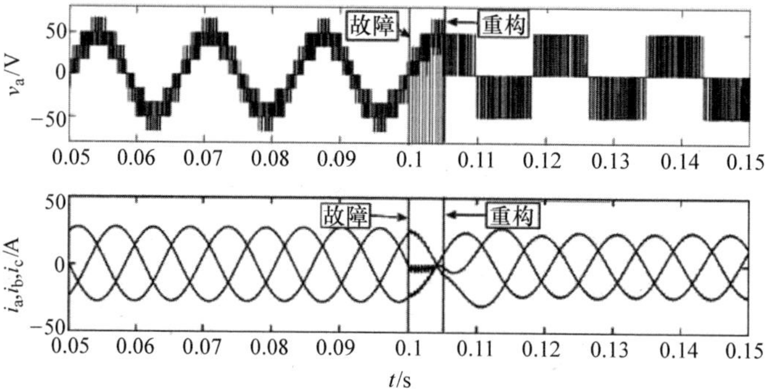

b)

图5.25 当故障发生在 $t=0.1$s 时电动机相电压（上）和电流（下）：a）情况Ⅰ；b）情况Ⅱ（续）

5.8 双H桥变换器（七电平与九电平拓扑结构）

PWM方法在前面被用于两个H桥变换器串联连接产生门信号来保证变换器产生一个五电平输出电压。这样的变换器结构也被视为对称级联多电平逆变器，因为它使用相同的直流侧电压。一个各相使用不相等直流源的不对称级联多电平逆变器可被用于产生七电平或九电平波形。

考虑 $v_a=2V_b$，从表中可以得出 v_o 的电平数量为七个：$\{0, \pm V_b, \pm 2V_b, \pm 3V_b\}$，如表5.4所示。注意式（5.28）用开关状态描述了变换器输出端的电压函数。

$$v_o=(2q_{1a}-2q_{2a}+q_{1b}-q_{2b})V_b \tag{5.28}$$

表5.4 处理七个电平的级联变换器的变量表

状态	q_{1a}	q_{2a}	q_{1b}	q_{2b}	v_o
1	0	0	0	0	0
2	0	0	0	1	$-V_b$
3	0	0	1	0	V_b
4	0	0	1	1	0
5	0	1	0	0	$-2V_b$
6	0	1	0	1	$-3V_b$
7	0	1	1	0	$-V_b$
8	0	1	1	1	$-2V_b$
9	1	0	0	0	$2V_b$
10	1	0	0	1	V_b
11	1	0	1	0	$3V_b$
12	1	0	1	1	$2V_b$
13	1	1	0	0	0
14	1	1	0	1	$-V_b$
15	1	1	1	0	V_b
16	1	1	1	1	0

尽管电平数增加，不对称级联多电平逆变器的开关控制仍涉及不同的模块电压并且需要不同的直流侧电压，这将限制它们的应用。

当 $V_a = 3V_b$ 可以得到更多的电平。表 5.5 显示了 9 个输出电压电平用开关状态表示的函数。在这种情况下 9 个电平为 $\{0, \pm V_b, \pm 2V_b, \pm 3V_b, \pm 4V_b\}$。不对称级联多电平拓扑结构的另一个可能的限制是与每个电平缺乏冗余相关。这样一个冗余为变换器操作带来了自由度优化。

比较表 5.4 和表 5.5 可看出七电平变换器中的电平 $2V_b$ 可由两个开关状态产生（表 5.4 中状态 9 和状态 12），而九电平变换器中产生该电平的开关状态只有一种（表 5.5 中状态 10）。

表 5.5　控制 9 个电平的级联变换器的变量表

状态	q_{1a}	q_{2a}	q_{1b}	q_{2b}	v_o
1	0	0	0	0	0
2	0	0	0	1	$-V_b$
3	0	0	1	0	V_b
4	0	0	1	1	0
5	0	1	0	0	$-3V_b$
6	0	1	0	1	$-4V_b$
7	0	1	1	0	$-2V_b$
8	0	1	1	1	$-3V_b$
9	1	0	0	0	$3V_b$
10	1	0	0	1	$2V_b$
11	1	0	1	0	$4V_b$
12	1	0	1	1	$3V_b$
13	1	1	0	0	0
14	1	1	0	1	$-V_b$
15	1	1	1	0	V_b
16	1	1	1	1	0

5.9　三 H 桥变换器

由 3 个 H 桥组成的多电平结构可以轻易地由 PBG 的公理和假设获得。图 5.26a 显示了一个由 3 个 H 桥串联连接的单相拓扑。图 5.26b ~ d 分别显示了 H 桥星形联结、三角形联结和开放式电动机方式的三相方案。图 5.26e 显示了另一种可能的外部变换器的三角形联结方法。

随着 H 桥单元的数量的增加，开关状态和电平也增加。例如，假设 V_a、V_b 和 V_c 有相同的值 V_{dc}，有 6 种方式来产生电平 $2V_{dc}$，如表 5.6 所示。

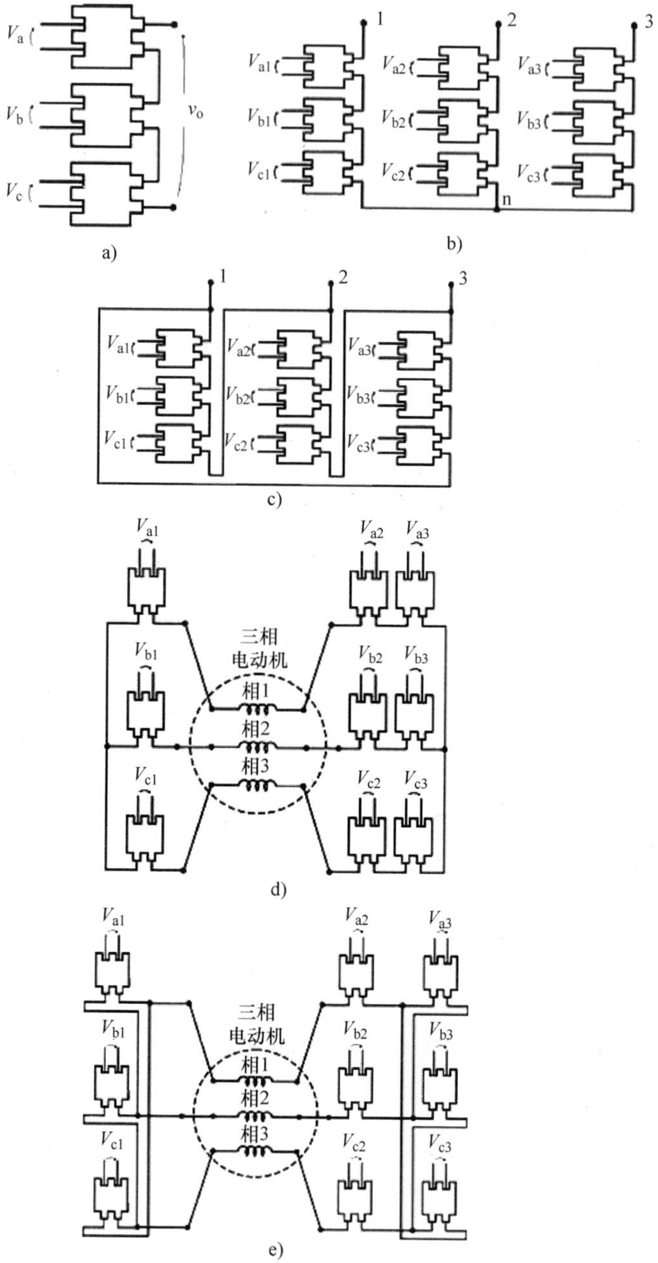

图 5.26　3 个 H 桥结构：a）单相；b）三相星形联结；c）三相三角形联结；d）开放式电动机；e）外部变换器的三角形联结

表 5.6　产生相同电平

状态	q_{1a}	q_{2a}	q_{1b}	q_{2b}	q_{1c}	q_{2c}	v_o
1	1	0	1	0	0	0	$2V_{dc}$
2	1	0	1	0	1	1	$2V_{dc}$
3	1	0	1	1	1	0	$2V_{dc}$
4	1	0	0	0	1	0	$2V_{dc}$
5	0	0	1	0	1	0	$2V_{dc}$
6	1	1	1	0	1	0	$2V_{dc}$

通常，3 个对称 H 桥结构的输出电压可被写作

$$v_o=(q_{1a}-q_{2a})V_a+(q_{1b}-q_{2b})V_b+(q_{1c}-q_{2c})V_c \tag{5.29}$$

图 5.27 显示了为一单相 *RL* 负载供电的图 5.26a 所示的结构波形。图 5.27a 显示了 PWM 信号的相位移动多载波调制器的相关波形。此处需要 6 个三角载波信号（v_{t1}^*、v_{t2}^*、v_{t3}^*、v_{t4}^*、v_{t5}^* 和 v_{t6}^*），因为输出需要 7 个电平。在任意两个相邻载波波形间都有个 360°/($N-1$)的相移，其中 N 是电平数。

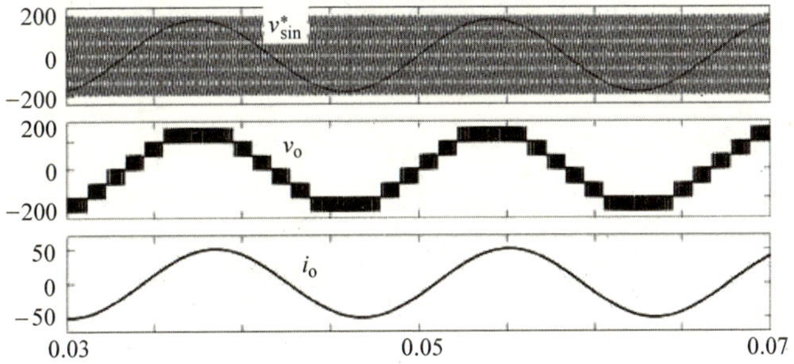

a)

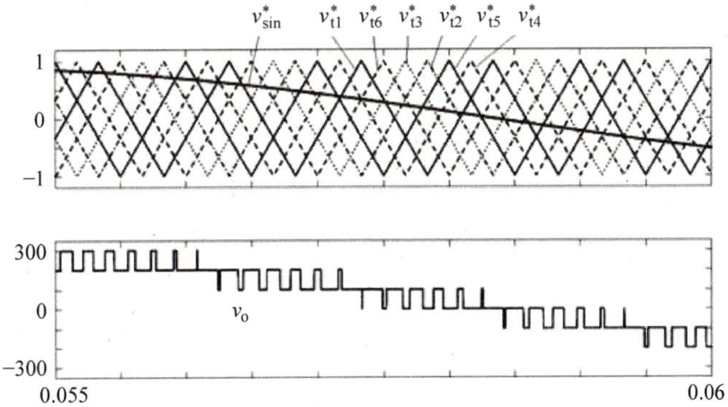

b)

图 5.27　a）相位挪动调制器的（上）PWM 信号，（中）输出电压（下）输出电流；b）放大的 PWM 和输出电压

图 5.27b 显示了图 5.27a 中电压的细节（缩放）。控制电路和变换器功率模块（包括功率开关）在图 5.28 中给出。

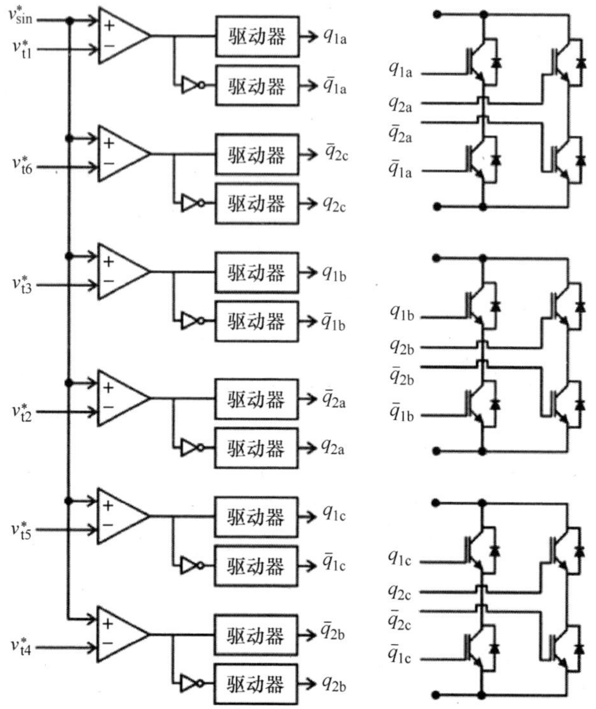

图 5.28　模拟控制电路（左）及变换器功率模块（右）

注意控制波形（v_{sin}^*和 v_{t1}^*、v_{t2}^*、v_{t3}^*、v_{t4}^*、v_{t5}^* 和 v_{t6}^*）以及图 5.28 所示的模拟电路产生一个理想的七电平脉冲序列输出电压，这些电压具有同样的 dv/dt。如果另一个 PWM 信号被采用（与图 5.27 中的不同），模拟电路方案中也会发生改变。比如，图 5.29 显示了电平移动多载波 PWM 调制器，它由 3 个 H 桥变换器和 6 个三角载波信号纵向设置。在这种情况下，所有载波信号都是彼此的相。这种技术也被称为同相位排列（IPD）。除了图 5.29 中的方法之外，还存在其他可能性：交替反相调制（APOD）和反相调制（POD）。在 APOD 方法中所有载波都交替地反向，而 POD 中所有低于零的载波都同相，且与高于零的载波相位相反。

图 5.30 显示了图 5.29 中变换器产生一七电平输出电压时的控制部分和电源部分。相位移动和电平移动策略的比较（分别如图 5.27 和 5.29）可以直观地看出，相移方法在降低谐波失真方面更有优势。

还可以结合图 5.27 和 5.29 中的方法，如图 5.31 所示。结合的结果是一个相移和电平移动多载波方法。

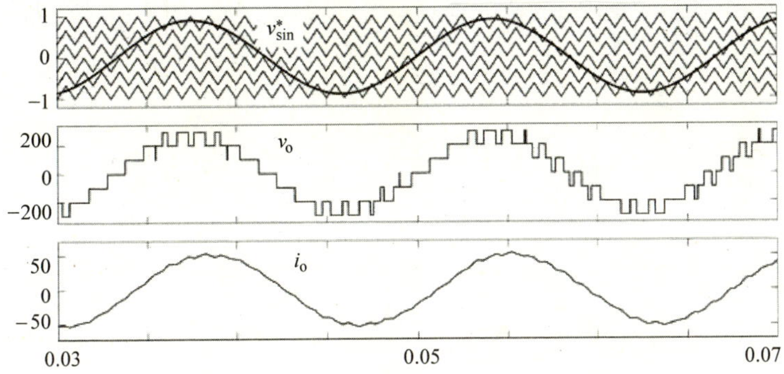

图5.29 电平移动多载波调制器［（上）PWM信号（从上到下）：v_{t1}、v_{t3}、v_{t5}、v_{t6}、v_{t4}和v_{t2}，（中）输出电压v_o，（下）输出电流i_o］

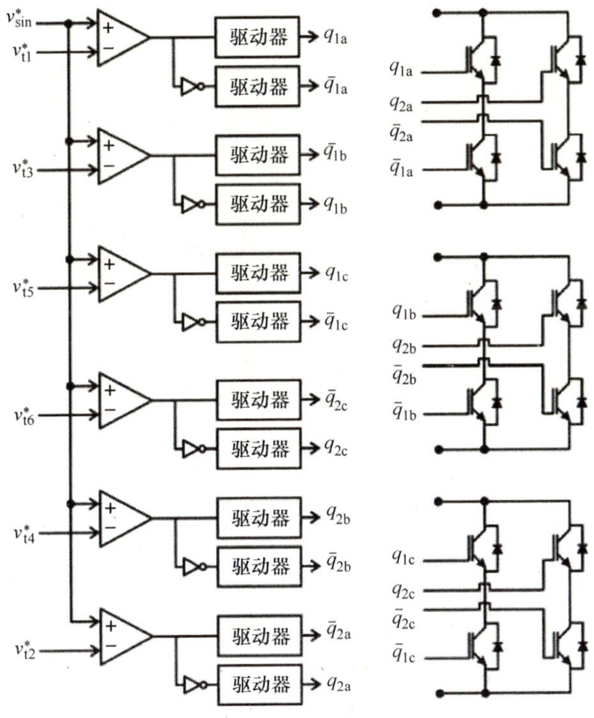

图5.30 电平转换调制器的模拟控制电路（左侧）与变换器功率部分（右侧）

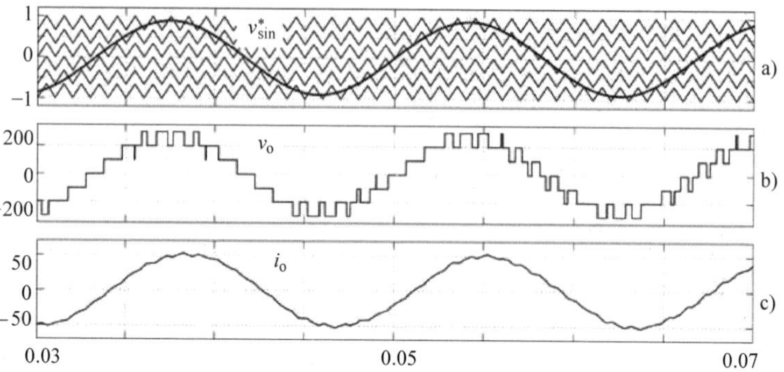

图5.31　a）相移/电平转换多载波调制器：（上）PWM信号 v_{t1}，v_{t3}，v_{t5}，v_{t6}，v_{t4} 和 v_{t2}；b）输出电压 v_o；c）输出电流 i_o

5.10　三H桥变换器及推广

4个H桥的变换器和级联变换器的一般结构如图5.32a所示。图5.32b显示了另一种串联变换器，结合了传统的三相变换器和H桥拓扑结构。

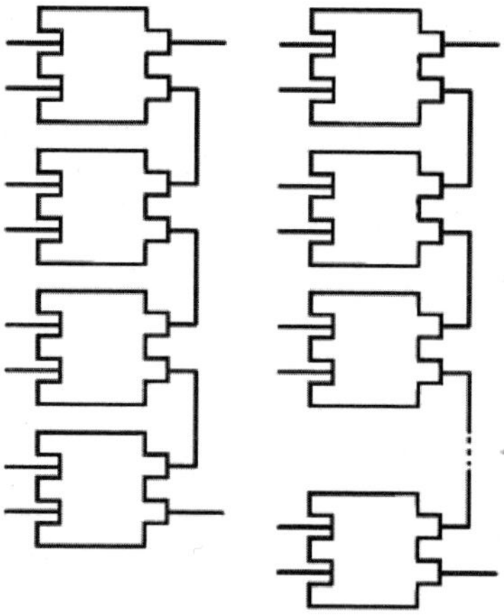

a)

图5.32　a）4个H桥和一般结构；b）结合H桥和传统三相逆变器的混合拓扑

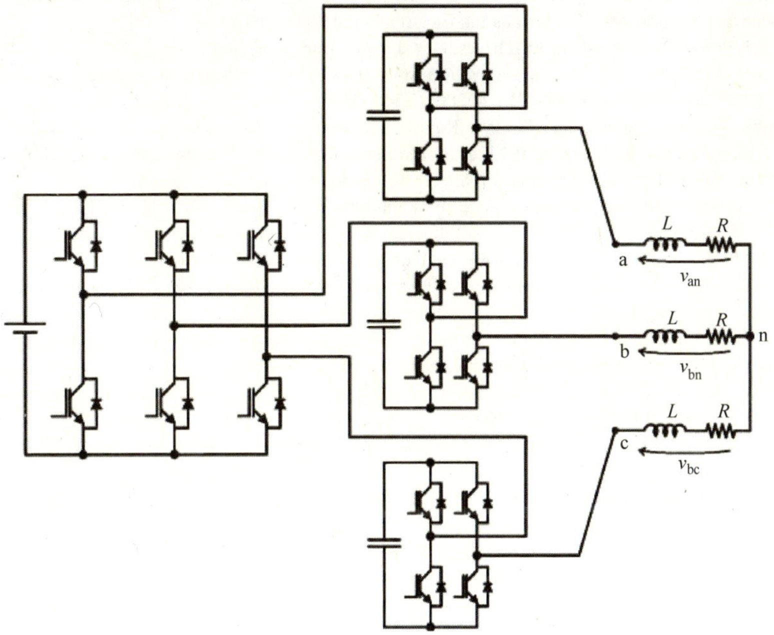

b)

图 5.32　a）4 个 H 桥和一般结构；b）结合 H 桥和传统三相逆变器的混合拓扑（续）

5.11　小结

本章分析了 H 桥变换器串联的架构和 PWM 技术。首先分析了单相变换器，随后以每个相一个 H 桥变换器的方式给出了三相变换器。同时也分析了如何通过两个 H 桥变换器串联来增加电平数，分别依次提出了用功率变换器结构、模型、PWM 方法和三相版本。提出了不同的给予多载波的方案并对各相关方面进行了讨论。例如，相移和电平变换策略的直接比较反映出了相移策略的优势，它有着更低的谐波失真。本章讨论的一个特殊情况是用 H 桥变换器保障故障后操作的可能性。此外，展示了直流侧电压间正确的关系下，两个 H 桥变换器可以用来生成一个七电平和九电平的输出电压。最后，基于 PBG 方法，介绍了 3 个 H 桥变换器串联的不同的方法和 PWM 方案。本章包含了大多数情况的变量表和模拟控制电路。

参 考 文 献

[1] L. M. Tolbert, F. Z. Peng, and T. G. Habetler, Multilevel converters for large electric drives, IEEE Trans Ind Appl, vol. 35, no. 1, pp. 36–44, 1999.

[2] R. Rabinovici, D. Baimel, J. Tomasik, A. Zuckerberger, Series space vector modulation for multi-level cascaded H-bridge inverters, IEE Proc IET, vol. 3, no. 10, pp. 843–857, 2010.

[3] Rodriguez J, Hammond PW, Pontt JO, Musalem R, Escobar Mj. Operation of a medium-voltage drive under faulty conditions. IEEE Trans Ind Electron 2005;52(4):1080–1085.
[4] Wu B. High Power Converters and AC Drives. New Jersey: John Wiley and Sons; 2006.
[5] J. Rodriguez, J. Lai and F. Z. Peng, Multilevel inverters: a survey of topologies, controls, and applications, IEEE Trans Ind Electron, 49, No. 4, 2002, 724–738.
[6] J Rodriguez, S. Bernet, Bin Wu, J. O. Pontt, S. Kouro, Multilevel voltage-source-converter topologies for industrial medium-voltage drives, IEEE Trans Ind Electron, vol. 54, no. 6, pp. 2930–2945, 2007.
[7] Rashid MH. Power Electronics Handbook. New York: Academic; 2001.
[8] Peng FZ, Lai J-S. Multilevel cascade voltage source inverter with separate DC sources. US patent 5,642,275. Jun 1997.
[9] Hammond PW. Medium voltage PWM drive and method. US patent 5,625,545. Apr 1997.
[10] Corzine Keith, Familiant Yakov. A new cascaded multilevel H-bridge drive. IEEE Trans Power Electron, 2002, Vol. 17, No. 1, pp.125–131.
[11] Manjrekar MD, Lipo TA. Hybrid multilevel power conversion system: a competitive solution for high-power applications. IEEE Trans Ind Appl 2000;36(3):834–841.
[12] Lund R, Manjrekar MD, Steimer P, Lipo TA. Control strategies for a hybrid seven-level Inverter, Conference Record of EPE, pp. 1–10, 1999.
[13] Manjrekar MD, Lipo TA. A hybrid multilevel inverter topology for drive applications. IEEE APEC; 1998, 523–529.
[14] Carrara G, Gardella S, Marchenosi M, Salutari R, Sciutto G. A new multilevel PWM method: a theoretical analysis. IEEE Trans Power Electron, July 1992;7:497–505.

第6章　飞跨电容结构

6.1　引言

基于PBG这一视角，本章将提出一种多电平结构的飞跨电容变换器。本章讨论3个或更多电平采用FC方案的结构的基本概念，以及这些电路的详细说明。FC变换器具有更高的自由度来产生特定的输出电压并且相比于箝位型（NPC）拓扑结构使用更少的半导体功率器件。这些冗余状态是用来调节FC电压的。与第5章提出的级联结构不同的是，这里不需要隔离直流电源。

FC结构面临的主要挑战是保持FC电压达到所需的电平，并且使得变换器的交流分量避免失真。本章的一部分章节将致力于讨论平衡FC的电压的方法。为了便于说明，本章分析先用一个直流电压源来替代FC。采用简单的脉冲宽度调制（PWM）方法来产生一个三电平输出电压。这表明PWM方法影响FC电压的电压纹波。实际上，还有不同的方法来调制电容电压，它可以分为两种主要类型：自然平衡和有源方案。自然平衡法采用的解决方案是没有任何电压和电流传感器的脉宽调制方法，而有源法采用反馈调节和控制算法，以保持电压恒定。值得一提的是，还有许多方面影响电容器的电压平衡，例如负载类型（线性或非线性）。本章是基于每个电路产生的电平数量来组织的，和第4章介绍箝位型电路一致。

引言之后，6.2节介绍了电源模块（PB）和FC三电平拓扑开关电路，以及变量的模型和图表。6.3节介绍一种适用于三电平电路的简单脉宽调制方法。6.4节介绍FC电压调制方法。第6.5和6.6节分别展示单相（全桥）和三相的FC拓扑结构应用。三相变换器的其他电路在6.7节中呈现。在6.8节中提出四电平拓扑结构。最后，第6.9节介绍了通用结构和第6.10节小结本章。

6.2　三电平结构

正如第3章提到的电源模块，可以连接在一个系统中，来创建FC多电平结构。图6.1a采用两个PB－ac模块，它遵循假设2。图6.1b～e展示用于变换器输出侧获得每一特定电平v_o被称作点“0”的方法，分别是V_1、(V_1-V_2)、(V_2-V_3)、$-V_3$。图6.1c和d说明需要激活两个PB来获得$v_o=(V_1-V_2)$和$v_o=(V_2-V_3)$，图6.1b和e分别是仅激活一个PB时得到$v_o=V_1$和$v_o=-V_3$。

一般而言，为了获得三电平的输出波形需要依次激活电源模块，v_o的波形如

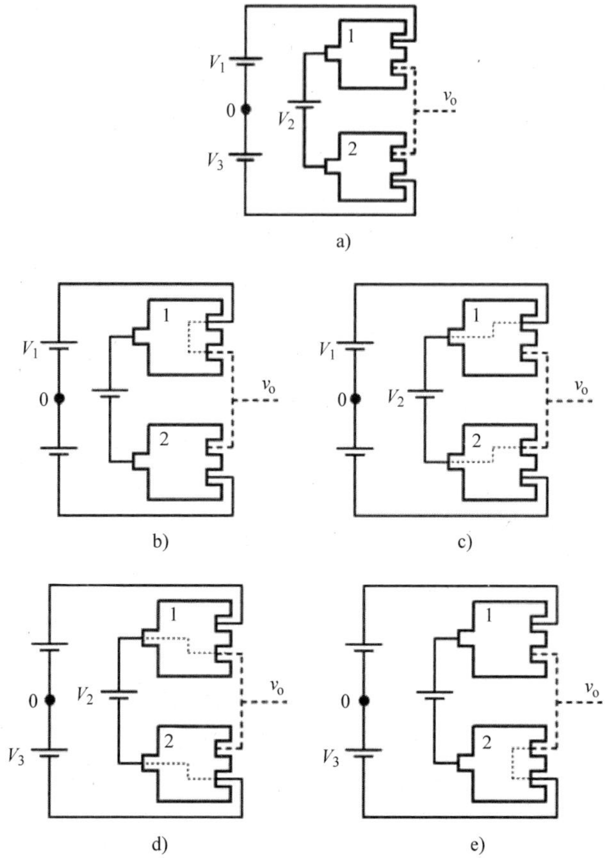

图6.1 a）有PB的三电平FC结构；b）$v_o=V_1$；c）$v_o=V_1-V_2$；d）$v_o=V_2-V_3$；e）$v_o=-V_3$

图6.2（底部）所示。因为这是一个三电平变换器，所以 $V_1-V_2=V_2-V_3$，这也意味着 $V_2=(V_1+V_3)/2$。值得强调的是FC拓扑结构可能通过两个不同的电路排列（拓扑状态）来得到 V_2，正如图6.2（顶部）所示。这是FC拓扑结构的重要性质，将在本章后面深入讨论。

因为 v_o 可以假设在任一个时刻仅为某一电压 V_1、$(V_1-V_3)/2$ 或者 $-V_3$，可以通过建立一个方程来描述输出电压 v_o 作为输入电压 V'_1、V'_2、V'_3 [$V'_1=V_1$，$V'_2=(V_1-V_3)/2$ 且 $V'_3=-V_3$）以及两个独立二进制变量（q_1 和 q_2）的函数。遵循以前在该书中采用的相同的方法，这些二进制变量决定模块内的开关的状态。就这个意思而言，因为这有3个被选择的输入（V'_1、V'_2 和 V'_3），用于选择这些输入的二进制变量的最小数目是两个。通过使用这些二进制变量来选择3个输入电压，可以得到如表6.1所示输出电压数据。

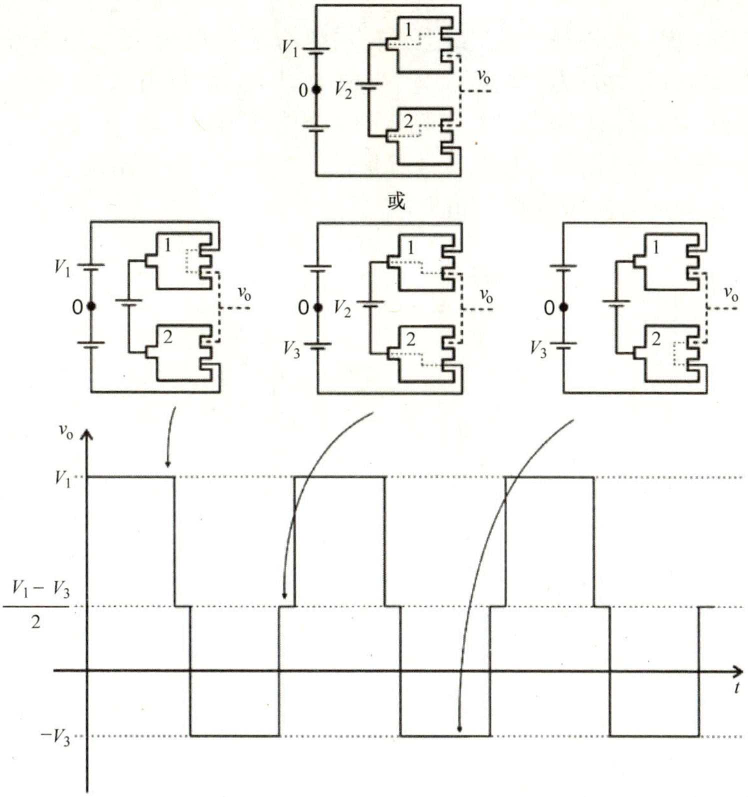

图 6.2　通用三电平输出电压的产生

表 6.1　在图 6.1a 中变换器的变量

状态	q_1	q_2	v_o	v_o
1	0	0	$-V_3$	V'_3
2	0	1	$\frac{V_1-V_3}{2}$	V'_2
3	1	0	$\frac{V_1-V_3}{2}$	V'_2
4	1	1	V_1	V'_1

用来描述表中行为的方程如下所示

$$v_o = \bar{q}_1\bar{q}_2V'_3 + \bar{q}_1q_2V'_2 + q_1\bar{q}_2V'_2 + q_1q_2V'_1 \tag{6.1}$$

当 $\bar{q}_1 = 1 - q_1$ 和 $\bar{q}_2 = 1 - q_2$ 时，在这种情况下，式（6.1）变为

$$v_o = (1-q_1)(1-q_2)V'_3 + (1-q_1)q_2V'_2 + q_1(1-q_2)V'_2 + q_1q_2V'_1 \tag{6.2}$$

一般而言，应使输出电压总谐波失真最小，当变换器输出为对称波形时总谐波失真最小，因此 $V'_1 = V_{dc}$，$V'_2 = 0$ 以及 $V'_3 = -V_{dc}$。在这种情况下可以将方程式（6.2）写为

$$v_o = (q_1 + q_2 - 1) V_{bc} \tag{6.3}$$

表 6.1 中考虑的二进制变量实际上是模块中的开关状态，这也意味着图 6.1 所示的拓扑结构可以被处理为它的较低电平形式（开关代替模块），如图 6.3 所示。

注意到 FC 结构是双向的，这意味着每一个电压值 V'_1、V'_2、V'_3 可以通过在变换器输出侧不依赖于电流来得到，也就是说，对于如下两种情况下 $i_o > 0$ 和 $i_o < 0$，可以得到任何所需的输出值，如图 6.3 所示。

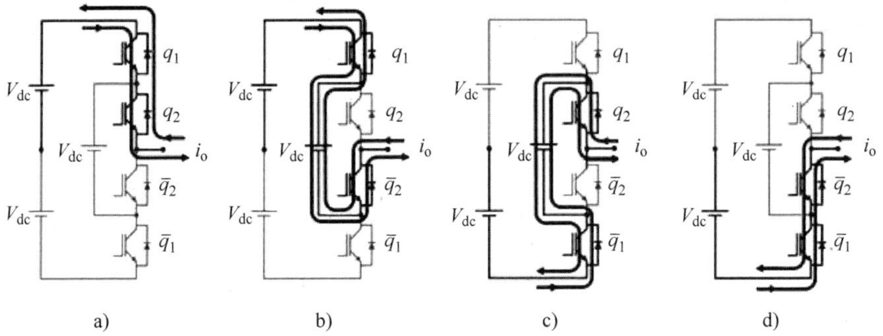

图 6.3　输出电平：a）V'_1；b）、c）V'_2；d）V'_3 不依赖于输出电流

练习 6.1

1）假设 FC 结构有 4 个独立开关（q_1，q_2，q_3 和 q_4）如下所示，填写下表并消除由未定义的状态或直流短路路径所造成的禁止状态。

2）消去表中所有未定义状态，找到 q_1、q_2、q_3 和 q_4 间逻辑关系。

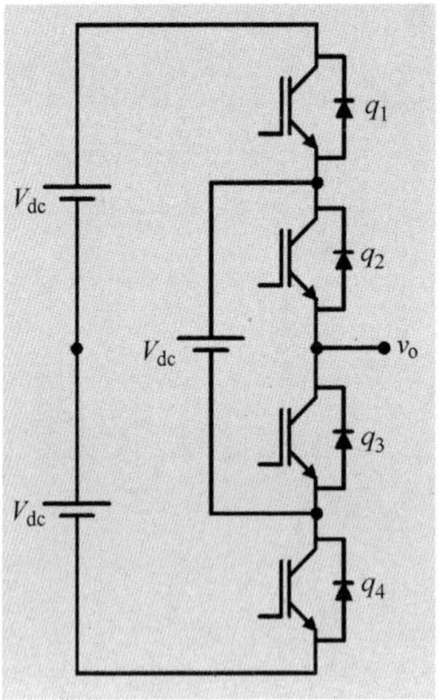

状态	q_1	q_2	q_3	q_4	v_o
1	0	0	0	0	
2	0	0	0	1	
3	0	0	1	0	
4	0	0	1	1	
5	0	1	0	0	
6	0	1	0	1	
7	0	1	1	0	
8	0	1	1	1	
9	1	0	0	0	
10	1	0	0	1	
11	1	0	1	0	
12	1	0	1	1	
13	1	1	0	0	
14	1	1	0	1	
15	1	1	1	0	
16	1	1	1	1	

6.3　PMW 方案（半桥拓扑结构）

对于带 PWM 的 FC 变换器，可以得到带电压和频率的调节理想输出电压。考虑到其他的拓扑结构，该方法能够产生一个其平均值（在开关频率）等于正弦波的方波。

对于实现电平变换的 PWM 方案，可行的一种模拟解决方案如图 6.4 所示，其中的 4 个功率开关的状态是由两个高频三角波形（v_{t1}^* 和 v_{t2}^*）和正弦波（v_{sin}^*）之间的比较来确定。标记着“驱动器”的模块必须保证在栅极电路充分工作的电源开关必需的电压和电流。

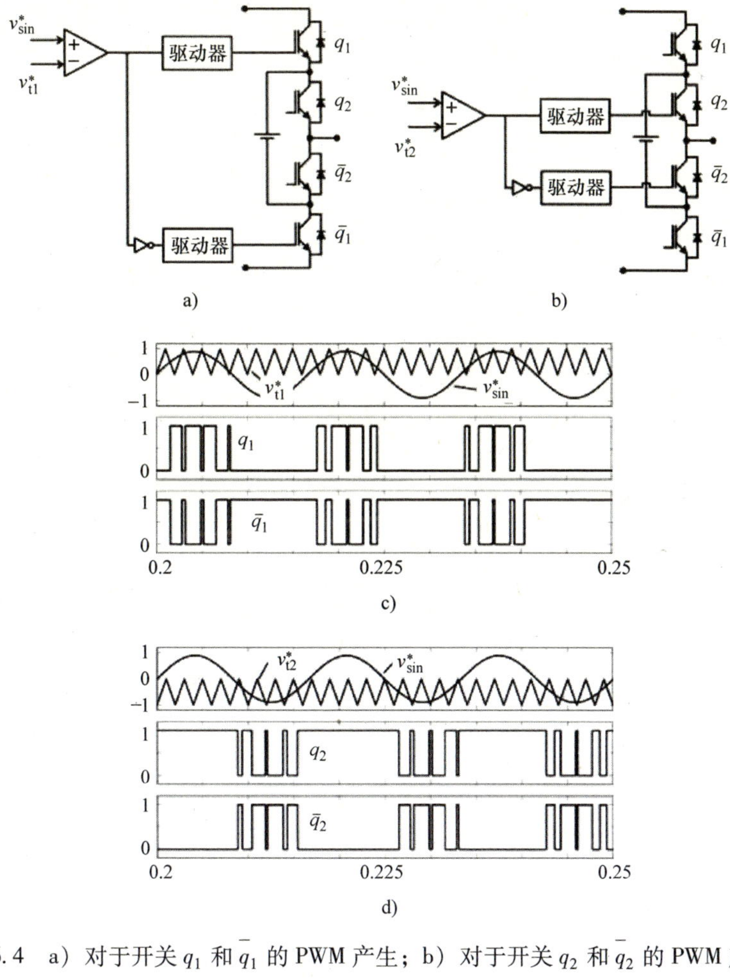

图 6.4　a）对于开关 q_1 和 $\bar{q}_1$ 的 PWM 产生；b）对于开关 q_2 和 $\bar{q}_2$ 的 PWM 产生；

c）与开关 q_1 和 $\bar{q}_1$ 有关的变量（从上到下），参考电压和门极信号；

d）与开关 q_2 和 $\bar{q}_2$ 有关的变量（从上到下），参考电压和门极信号

注意到当开关 q_1 和 $\bar{q}_1$ 工作时（在 $v_{\sin}^*$ 正半周期开启或者闭合），在整个半周期内开关 q_2 开启，而开关 $\bar{q}_2$ 闭合。这相当于表6.1中的状态2和4，它们分别得到电平 V'_2 和 V'_1。另一方面，在 $v_{\sin}^*$ 的负半周期，当开关 q_2 和 $\bar{q}_2$ 工作时（开关交替），则开关 q_1 断开，开关 $\bar{q}_1$ 闭合。这相当于在表6.1中的状态1和2，分别产生 V'_3 和 V'_2 的电平。

采用图6.4a中所示的简单的脉宽调制方法来产生所需电平（V'_1、V'_2 和 V'_3）的输出电压。然而，在表6.1中的状态3并没有使用该简单的方法。这意味着仍有一定自由度需要进行探索，将在后面章节探讨。

图6.5a显示了半桥三电平结构，其中负载连接直流母线中点和电桥的中心点。图6.5b分别描述（自上而下）PWM参考波形，开关 q_1 和 q_2 的门控信号，负载电压和负载电流。在这些仿真测试中所采用的参数：$V_{dc}=200\text{V}$，$R=5\Omega$，$L=5\text{mH}$，且开关频率等于500Hz。

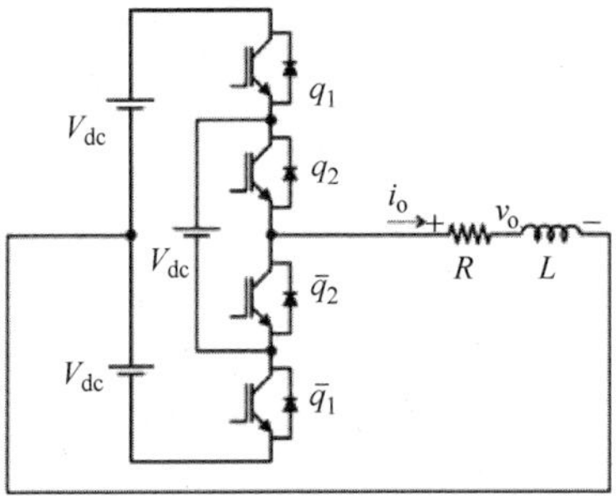

a)

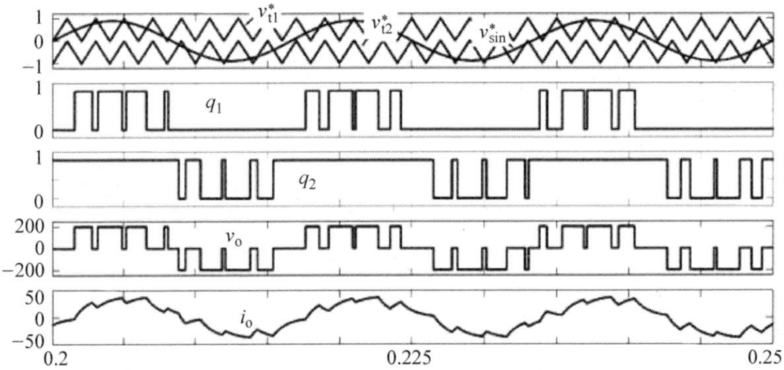

b)

图6.5 a）三电平FC半桥变换器；b）（从上到下）$v_{\sin}^*$、v_{t1}^*、v_{t2}^*、q_1 的门控信号，q_2 的门控信号

6.4　飞跨电容电压控制

为了简化 FC 变换器的分析，该 FC 由一个直流电压源代替，如图 6.5a 所示。然而，在实际电路中，图 6.5a 中的中心直流电压源被一个电容器所取代，如图 6.6a 所示。在这种情况下，必须要保证该电容器的控制电压。

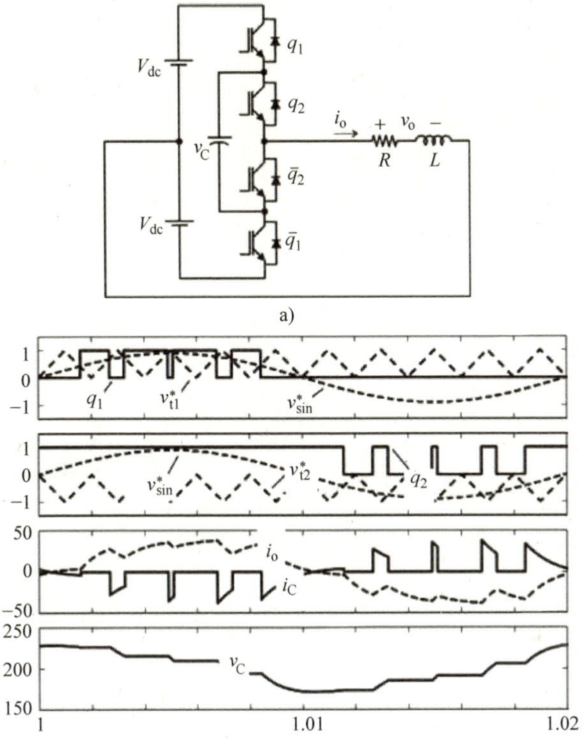

图 6.6　a）带飞跨电容的半桥变换器；b）有电平转换 PWM 的半桥变换器的控制和电源变量

例如，如果在图 6.4 中提出的电平转换 PWM 的方法应用于图 6.6a 中的半桥变换器，电容器变量（v_C 和 i_C）的结果如图 6.6b 所示。即使 v_C 的平均值等于 200V（理想值），电压 v_C 还是有偏差，这将导致变换器输出端产生低频失真。

根据图 6.6a 中所示的开关管 q_1 和 q_2 之间的节点，可以确定电容电流如下：$i_C = i_{q1} - i_{q2}$，并且假设采用电平转换调制方法，可以得到

当 $v_{sin}^* > 0$：

$$q_2 = 1$$

$$i_{q2} = i_o$$

$$i_{q1}=q_1 i_o$$
$$\therefore i_C=(q_1-1)i_o$$

当 $v_{\sin}^*$

$$q_1=0$$
$$i_{q1}=0$$
$$i_{q2}=q_2 i_o$$
$$\therefore i_C=-q_2 i_o$$

根据获得的电流 i_C，可以直接确定电容电压，即 $v_C=\frac{1}{C}\int i_C \mathrm{d}t$

练习 6.2

为了深入理解 FC 电压控制机制，对于图 6.6a 中所示的电路，根据稳态工作中的开关信号和电容波形，画出拓扑结构状态，如下图所示。考虑到如下（从 1～17）的每一个时间间隔。

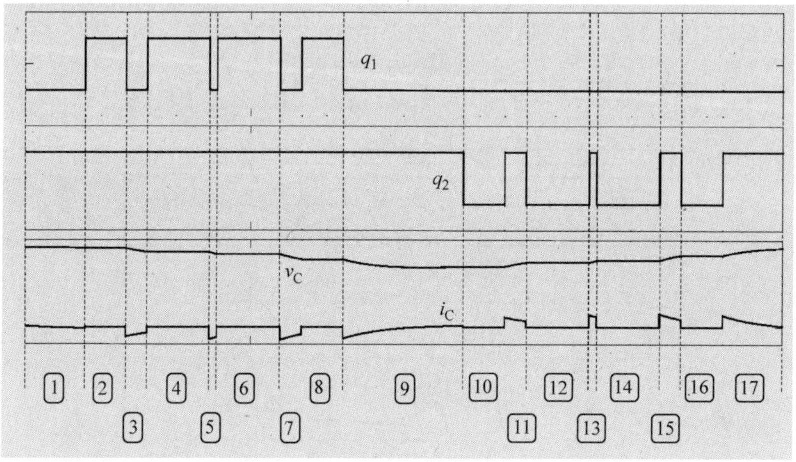

为了使用较少的变量来实现电容电压控制，另一个可以考虑的是脉宽调制方法，如图 6.7 所示。在这种情况下已经考虑到了相移，而相移在开关频率下会导致电容器充电和放电。这在降低纹波保持 v_C 正起着重要的作用。图 6.6b 中的电容电流的极性改变了正弦频率，增加了 v_C 纹波。从图 6.6b 可以看出，自从 i_C 小于等于 0 后，在整个正弦电压（$v_{\sin}^*$）的正半周期 FC 处于放电状态。当 i_C 大于等于 0 后，在整个正弦电压的负半周期 FC 处于充电状态。

另一方面，在如图 6.7 所示的脉宽调制技术中，充电/放电发生在开关频点上，这使得电容器的电压纹波更小。

能够减少 FC 上波纹的脉宽调制技术是减少输出电压的失真的基础。图 6.8a 和 b 分别显示电平转换和相移的负载电压。图 6.9 反过来显示了 FC 电压的启动瞬态。

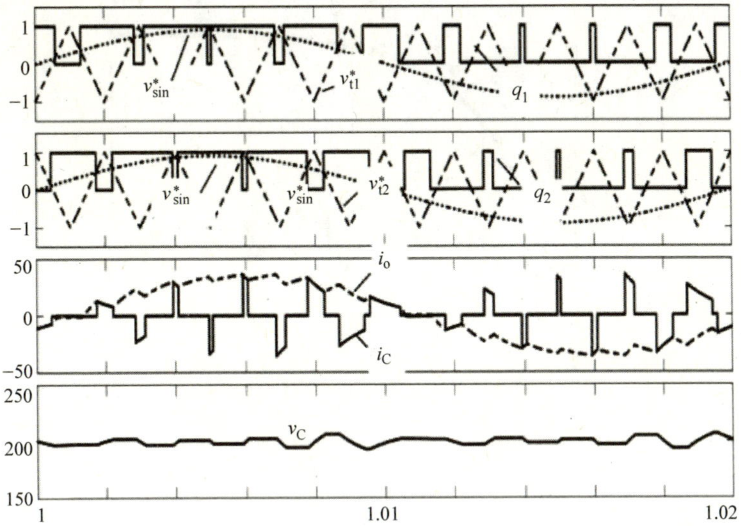

图 6.7 带电平转换 PWM 的半桥电路的控制和电源波形

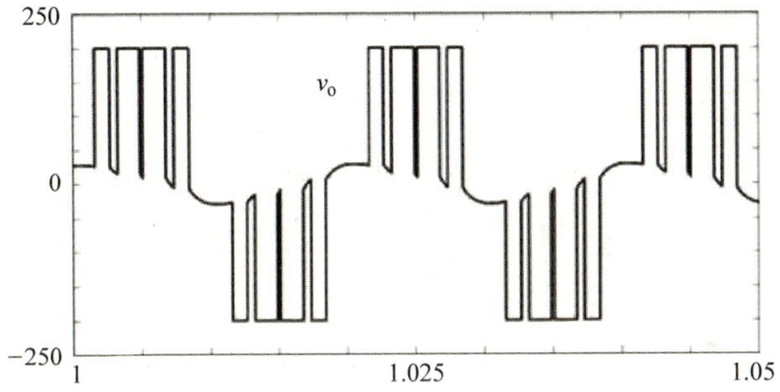

a)

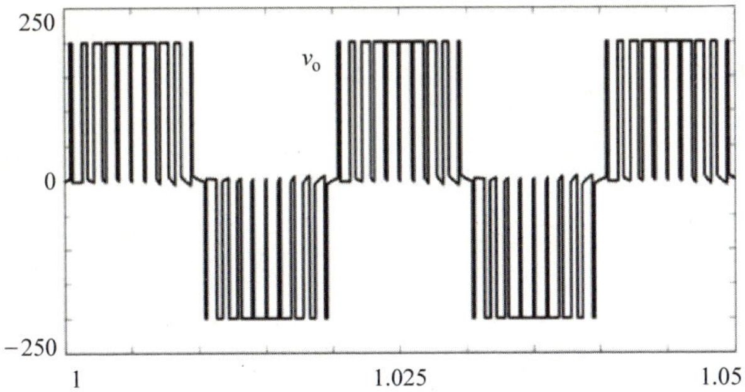

b)

图 6.8 PWM 技术对输出电压失真减少的影响

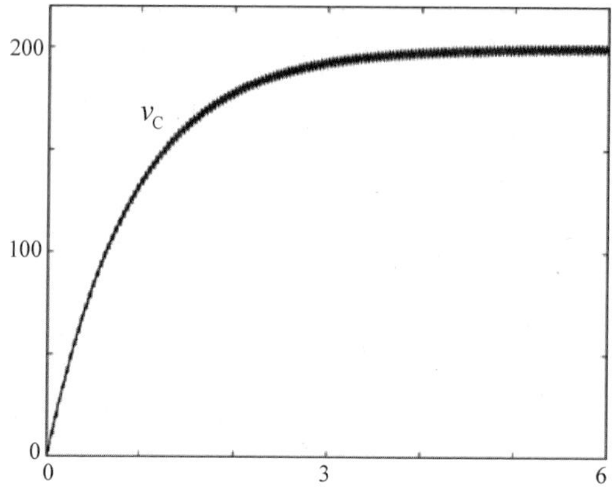

图6.9　飞跨电容电压的启动瞬态

6.5　全桥拓扑结构

通过连接图6.1各模块，如图6.10a和b所示，分别得到了单相和三相负载的全桥三电平变换器。图6.10c显示了所需要的三相四线制系统的选项。

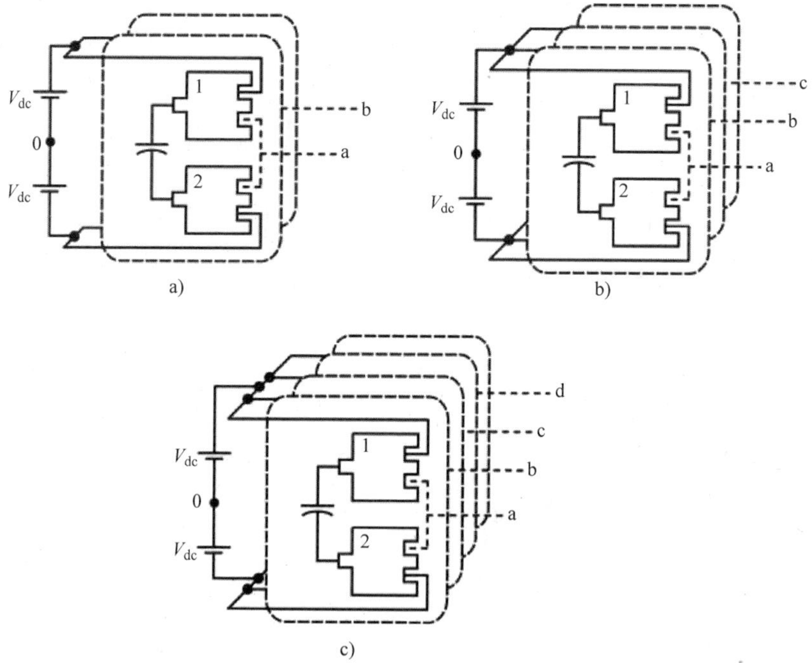

图6.10　a）单相全桥三电平FC变换器；b）三相全桥三电平FC变换器；c）三相四线程三电平FC变换器

图 6. 11a 中所示的全桥单相三电平变换器是通过使用开关来代替模块（较低层次表示）。图 6. 11b 从上到下分别表示第一桥臂（开关 q_{1a} 和 q_{2a}）的极点电压、第二桥臂（开关 q_{1b} 和 q_{2b}）的极点电压、负载电压和负载电流。

比较图 6. 5b 和图 6. 11b 的负载电压，很明显，在全桥拓扑结构的负载电压中的电平数量的增加，保证了电流的纹波减少，因此变换器所提供的电压具有更好的质量。

在这种情况下输出电压如下

$$v_o = (q_{1a} + q_{2a} - q_{1b} - q_{2b}) V_{dc} \tag{6.4}$$

正如先前所提到的，在本章中考虑的电压的值是电桥的中点和直流母线中点之间的电压差，即，过极点电压。例如，图 6. 6 和图 6. 11 中的两个变换器被认为是单相三电平结构，即使在全桥拓扑结构中负载电压也呈现五电平形式。

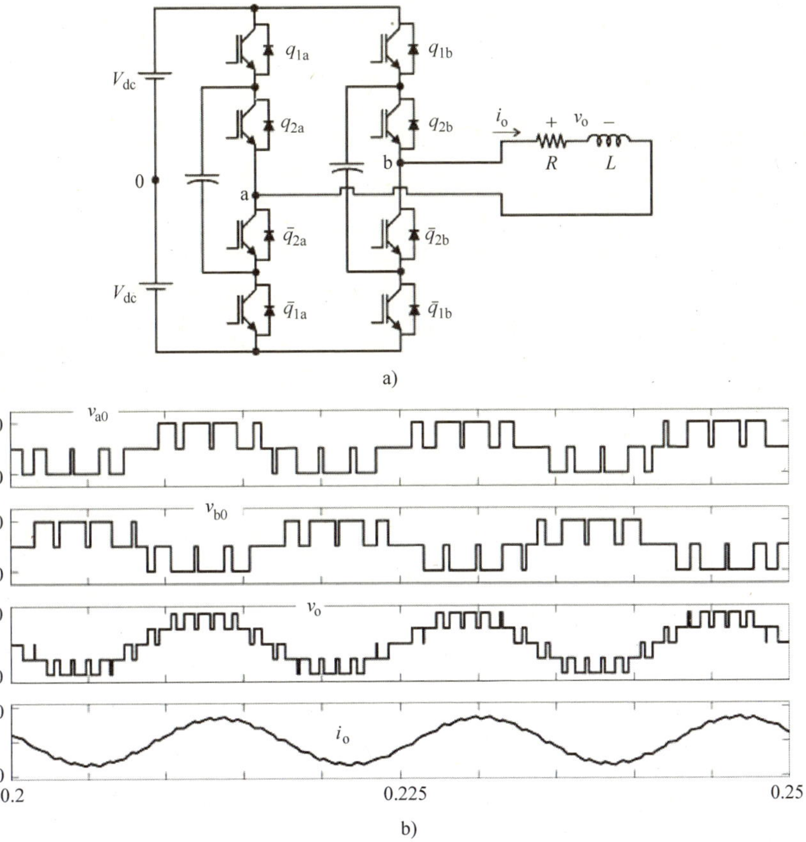

图 6. 11　a）三电平 NPC 全桥变换器；

b）从上到下：第一桥臂的极点电压、第二桥臂的极点电压、负载电压和负载电流

6.6 三相飞跨电容变换器

图 6.12a 所示为一个三相三电平飞跨电容变换器的结构。图 6.12b 展示了一些与变换器相关的变量，即（从上到下）极点电压，负载中性点与直流母线中点之间的电压，负载相电压和负载电流。

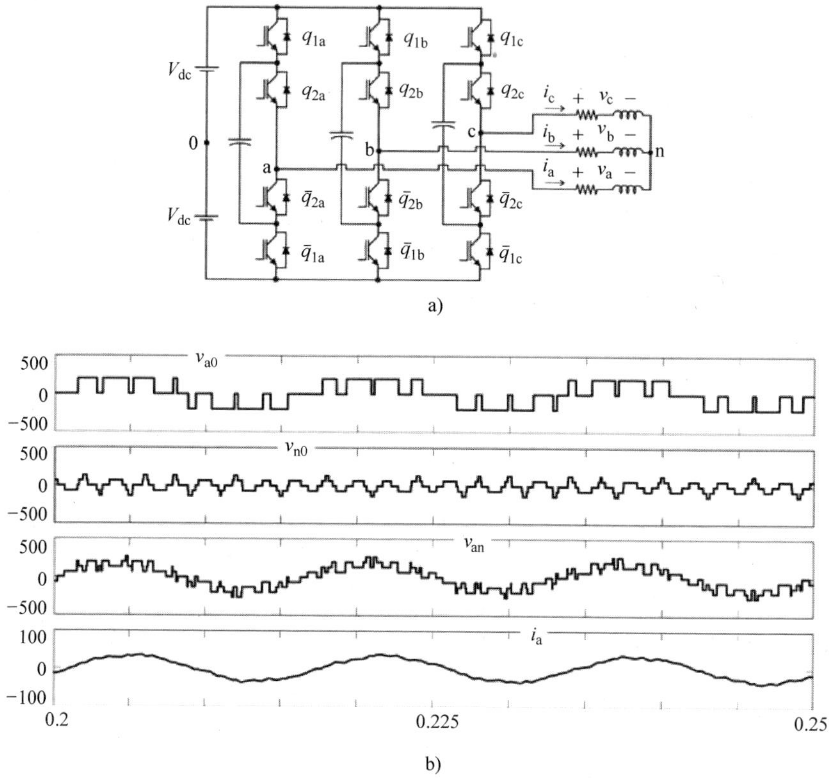

图 6.12 a）三电平 NPC 变换器；b）从上到下：极点电压、电压 v_{no}、负载电压和负载电流

三相变换器的极点电压可以表示为

$$v_{a0}=(q_{1a}+q_{2a}-1)V_{dc} \tag{6.5}$$

$$v_{b0}=(q_{1b}+q_{2b}-1)V_{dc} \tag{6.6}$$

$$v_{c0}=(q_{1c}+q_{2c}-1)V_{dc} \tag{6.7}$$

考虑平衡三相负载，v_{n0}定义为

$$v_{n0}=\frac{V_{dc}}{3}(q_{1a}+q_{2a}+q_{1b}+q_{1c}+q_{2c})-V_{dc} \tag{6.8}$$

由式（6.8），考虑到所有 64 个开关的状态，电压 v_{n0}的描述如图 6.12b 所示，v_{an}与数量级的增加有关。平衡三相负载每一阶段的相电压由下表示：

$$v_a = \left(\frac{2}{3}q_{1a} + \frac{2}{3}q_{2a} - \frac{1}{3}q_{1b} - \frac{1}{3}q_{2b} - \frac{1}{3}q_{1c} - \frac{1}{3}q_{2c}\right)V_{dc} \tag{6.9}$$

$$v_b = \left(-\frac{1}{3}q_{1a} - \frac{1}{3}q_{2a} + \frac{2}{3}q_{1b} + \frac{2}{3}q_{2b} - \frac{1}{3}q_{1c} - \frac{1}{3}q_{2c}\right)V_{dc} \tag{6.10}$$

$$v_c = \left(-\frac{1}{3}q_{1a} - \frac{1}{3}q_{2a} - \frac{1}{3}q_{1b} - \frac{1}{3}q_{2b} + \frac{2}{3}q_{1c} + \frac{2}{3}q_{2c}\right)V_{dc} \tag{6.11}$$

在这种情况下（平衡三相负载），负载电压仅由开关的状态和直流母线电压决定。

注意到控制电路，如图 6.4 所示，其他两个阶段用正弦参考电压来复制脉宽调制控制。$v_{sin1}^* = V_p\sin(\omega t)$，$v_{sin2}^* = V_p\sin(\omega t + 120°)$，$v_{sin3}^* = V_p\sin(\omega t + 240°)$，$V_p$ 是负载所需的峰值电压。

图 6.13a 为三角形联结的三相负载连接功率变换器的拓扑结构。

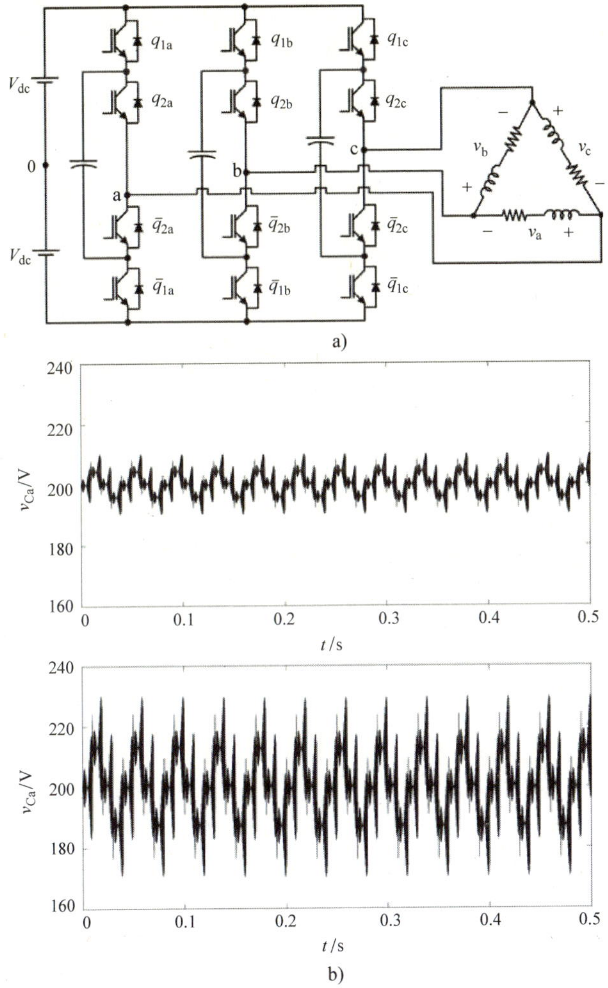

图 6.13　a）三角形联结的三相负载的三电平 FC 变换器；b）（顶部）星形和（底部）三角形联结负载 FC 电压

关联FC拓扑结构与负载的方式对变换器的设计和规格定义起着重要的作用。图6.13b显示负载连接（如三角形联结和星形联结）对相a（v_{Ca}）的电压纹波的影响，图6.13b顶部显示星形联结的结果，图6.13b底部显示三角形联结在相同条件下有同样的结果。图6.13中所示为考虑了100μF的飞跨电容两种情况。因为三角形联结意味着更高的负载电流，导致更高的FC电压波动，正如图6.13b底部所强调的。负载连接方式不同（星形联结或三角形联结）导致的另一个重大差异是所得到的负载相位电平数量，如下：

$$v_a = (q_{1a} + q_{2a} - q_{1b} - q_{2b}) V_{bc} \tag{6.12}$$

$$v_b = (q_{1b} + q_{2b} - q_{1c} - q_{2c}) V_{bc} \tag{6.13}$$

$$v_c = (q_{1c} + q_{2c} - q_{1a} - q_{2a}) V_{bc} \tag{6.14}$$

6.7 具有三电平桥臂的非常规FC变换器

本节的目标，与该书的其他章节一致，是通过改变开关的方式，提出不同的电源电路。即使这些结构可能不是传统结构，但是在提供学习帮助上是有效的。从这个意义上说，得到以下有关定义传统的两电平桥臂和那些用于FC三电平桥臂模块之间的连接关系至关重要，五电平和四电平拓扑结构分别如图6.14a和b所示。

事实上，尽管使用3个直流电压源，在变换器输出侧有较低的电平，在图6.14b变换器具有在相同的阻断电压下开关工作的优点，并且为了保证所有的电源开关在相同的阻断电压下工作，并保证一个对称的输出电压，使$V_1 = V_3 = V_{bc}$及$V_2 = 2V_{dc}$是必要的。

考虑到所有可用的开关状态的可能性，输出电压由表6.2确定。从该表中，避免不需要的状态，对v_o有4个电平。很明显，图6.14a为在$V_1 = V_3 = 0$的特定情况下具有4个电平的变换器，这将导致变换器开关之间必然有不同的阻断电压。

表6.2　考虑所有开关状态的输出电压

状态	$\{q_{1a}q_{2a}q_b\}$	v_o
1	{0 0 0}	$-V_{dc}$
2	{0 0 1}	$-3V_{dc}$
3	{0 1 0}	$-V_{dc}$
4	{0 1 1}	V_{dc}
5	{1 0 0}	—
6	{1 0 1}	—
7	{1 1 0}	$3V_{dc}$
8	{1 1 1}	V_{dc}

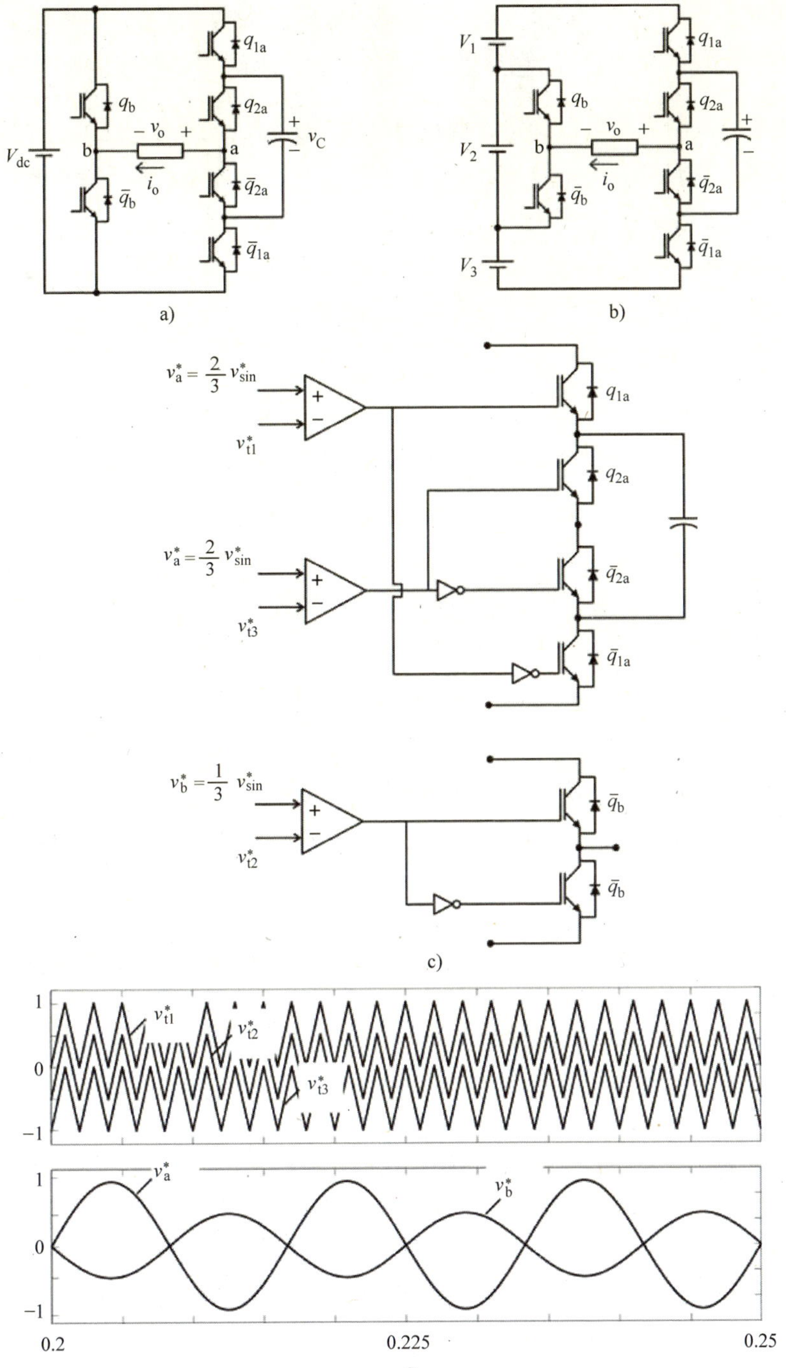

图 6.14　a）五电平 FC 拓扑结构；b）四电平 FC 拓扑结构；c）四电平电路的 PWM 方案；d）波形

从图6.14b 中可以观察到，在变换器的a 和b 之间有单相负载连接，从而输出电压为

$$v_o = (2q_{1a} + 2q_{2a} - 2q_b - 1)V_{dc} \tag{6.15}$$

变换器的调制方法可以确定，假设脉宽调制方法为两电平和三电平的组合，这意味着三角形载波信号（v_{t2}^*）被应用在二电平桥臂，并且2 个三角载波信号（v_{t1}^*和v_{t3}^*）可以应用到三电平桥臂。由于每一条桥臂均能够产生不同的电压值，即，$2V_{dc}$对应2 桥臂，$4V_{dc}$对应3 桥臂，用来定义PWM 信号的正弦波形应遵循相同的比例。事实上，对三电平桥臂的参考电压必须是两电平桥臂的两倍，它们之差必须是所需的电压（v_{sin}^*），这导致：

$$v_a^* = \left(\frac{2}{3}\right)v_{sin}^* \tag{6.16}$$

$$v_b^* = -\left(\frac{1}{3}\right)v_{sin}^* \tag{6.17}$$

图6.14c 显示了所提出的变换器的脉宽调制方法的模拟实现，请注意，电平转换技术已被应用到飞跨电容三电平桥臂。图6.14d 显示了带3 个三角波的PWM 信号（负责三电平桥臂的v_{t1}^*和v_{t3}^*以及应用于三电平桥臂的v_{t2}^*），和两个正弦波形，如式（6.16）和式（6.17）。

图6.15a 展示了图6.14b 提出的FC 四电平变换器三相结构，该结构采用了一个开放式电动机驱动系统。该结构所有的开关过程均具有相同的阻断电压。该拓扑结构的模型和PWM 策略可以直接采用图6.14c。图6.15b 提出了相位1（v_a）的机器相电压。三相两桥臂FC 的拓扑结构如图6.16 所示。

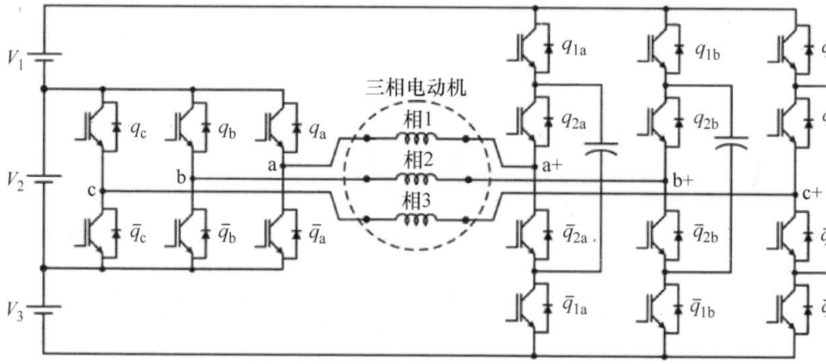

图6.15 a）有开放式绕组三相电动机的四电平FC 变换器的三相结构；b）相电压

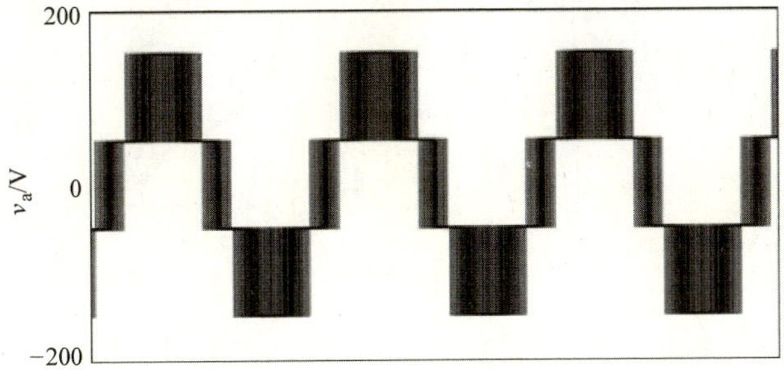

b)

图 6.15　a）开放式绕组三相电动机的四电平 FC 变换器的三相结构；b）相电压（续）

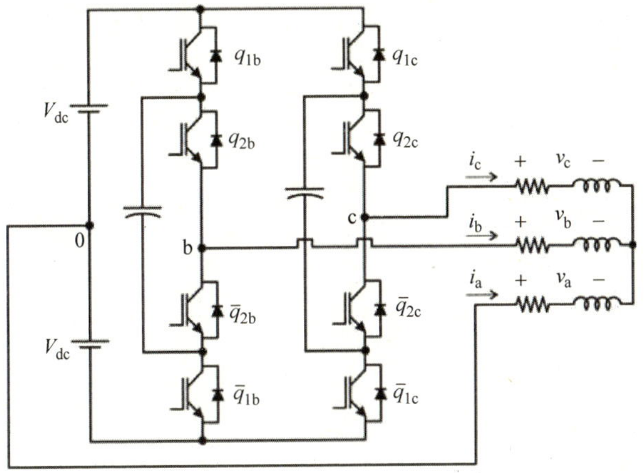

图 6.16　三相双桥臂 FC 变换器

6.8　四电平结构

以下涉及 PB 的公理和假设在第 3 章提出，如图 6.17a 所示的四电平 FC 桥臂。图 6.17b ~ i 显示了用于获得变换器输出电平的方法，如表 6.3 所示。图 6.17b 说明为了 $v_o = -V_4$ 需要激活 PB 中的 2 和 3，同时为了得到 $v_o = V_1$，需要激活 PB 中的 1 和 2。

其他电平是：$v_o = V_3 - V_4$（见图 6.17c），$v_o = -V_3 + V_2 - V_4$（见图 6.17d），$v_o = V_2 - V_4$（见图 6.17e），$v_o = -V_2 + V_1$（见图 6.17f），$v_o = V_3 - V_2 + V_1$（见图 6.17g），$v_o = -V_3 + V_1$（见图 6.17h）和 $v_o = V_1$（见图 6.17i）。总而言之，为了产生如图 6.18 所示 4 个对称电平的输出波形，需要依次激活同一个图所示的 PB，且 $V_1 = 1.5V_{dc}$，$V_2 = 2V_{dc}$，$V_3 = 1V_{dc}$，and$V_4 = 1.5V_{dc}$。表 6.4 显示了对称电平是开

关状态的函数。中间电平（$-0.5V_{dc}$和$0.5V_{dc}$）可以由 3 个不同的电路得到；该特性可以用来降低 FC 电压中的纹波。

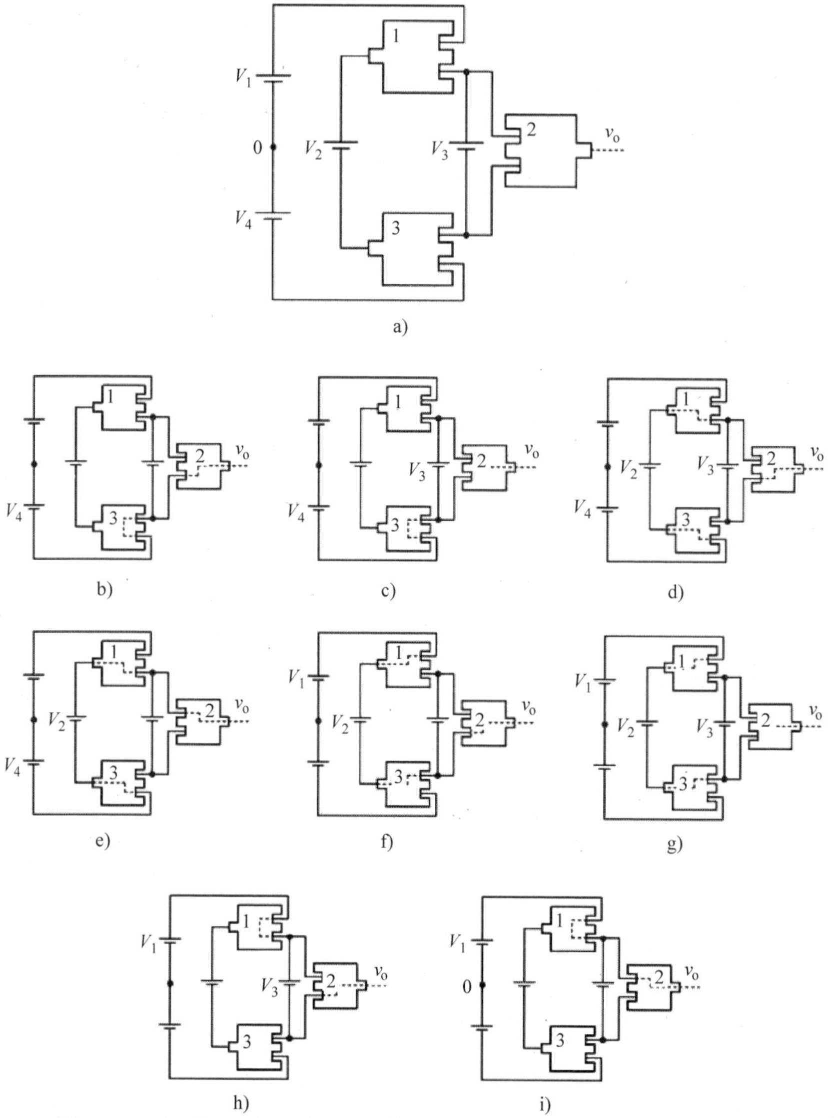

图 6.17 a）有 PB 的四电平 FC 结构；b）$v_o=-V_4$；c）$v_o=V_3-V_4$；d）$v_o=-V_3+V_2-V_4$；e）$v_o=V_2-V_4$；f）$v_o=-V_2+V_1$；g）$v_o=V_3-V_2+V_1$；h）$v_o=-V_3+V_1$；i）$v_o=V_1$

表 6.3 图 6.17a 中变换器的变量

状态	q_1	q_2	q_3	v_o
1	0	0	0	$-V_4$
2	0	0	1	V_3-V_4

（续）

状态	q_1	q_2	q_3	v_o
3	0	1	0	$-V_3+V_2-V_4$
4	0	1	1	V_2-V_4
5	1	0	0	$-V_2+V_1$
6	1	0	1	$V_3-V_2+V_1$
7	1	1	0	$-V_3+V_1$
8	1	1	1	V_1

描述输出电压 v_o 的方程是输入电压和如下所述的二进制变量（q_1、q_2 和 q_3）的函数。从理论上讲，可以保证每个输入电压仅使用两个二进制变量，因为 $2^2=4$。然而必须将每一个二进制变量关联到一个四电平结构的开关状态，这意味着需要至少 3 个二进制变量（q_1，q_2 和 q_3）。

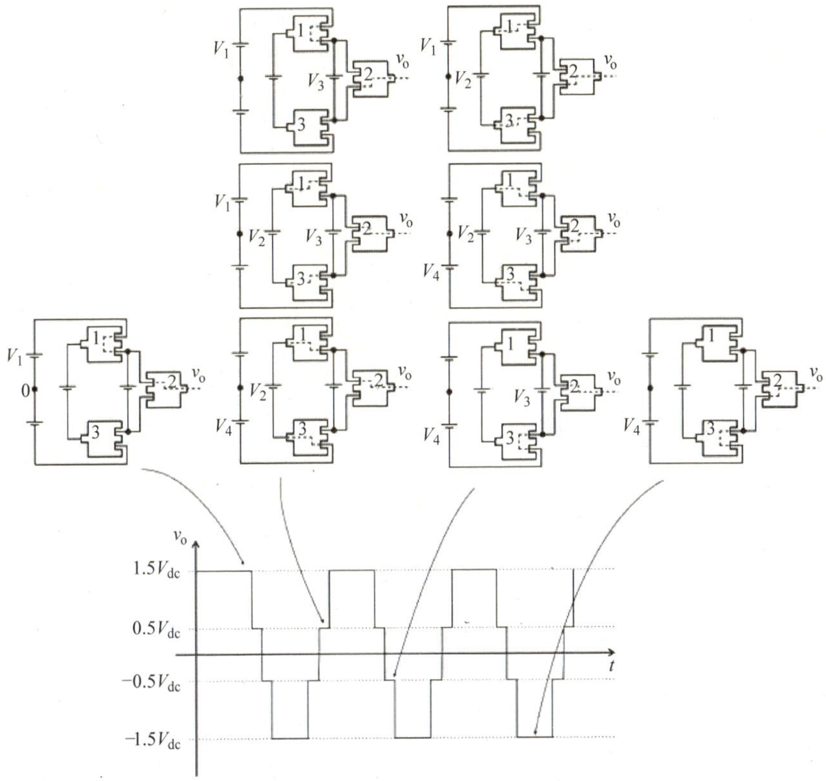

图 6.18　通用的四电平输出电压产生

这样，输出极点电压

$$
\begin{aligned}
v_o = &\bar{q}_1\bar{q}_2\bar{q}_3(-1.5V_{dc})+\bar{q}_1\bar{q}_2q_3(-0.5V_{dc})+\bar{q}_1q_2\bar{q}_3(-0.5V_{bc})\\
&+\bar{q}_1q_2q_3(0.5V_{dc})+q_1\bar{q}_2\bar{q}_3(-0.5V_{bc})+q_1\bar{q}_2q_3(0.5V_{dc})\\
&+q_1q_2\bar{q}_3(0.5V_{dc})+q_1q_2q_3(1.5V_{dc})
\end{aligned}
\tag{6.18}
$$

式中 $\bar{q}_1=1-q_1$，$\bar{q}_2=1-q_2$，$\bar{q}_3=1-q_3$。

扩展式（6.18）有可能写 v_o 如下，

$$v_o=(q_1+q_2+q_3)V_{dc}-1.5V_{dc} \tag{6.19}$$

相对于三电平FC结构，四电平是能够产生理想的正或者负的输出电压。

考虑到降低谐波失真的输出波形产生的需要，如图6.19所示为PWM信号产生的模拟解决方案。6个开关的状态是由3个高频三角波（v_{t1}^*、v_{t2}^*和v_{t3}^*）和一个正弦波（v_{sin}^*）之间的比较来确定的。比较产生表6.4中的电平。图6.20显示了一个半桥四电平结构的功率变换器和波形。

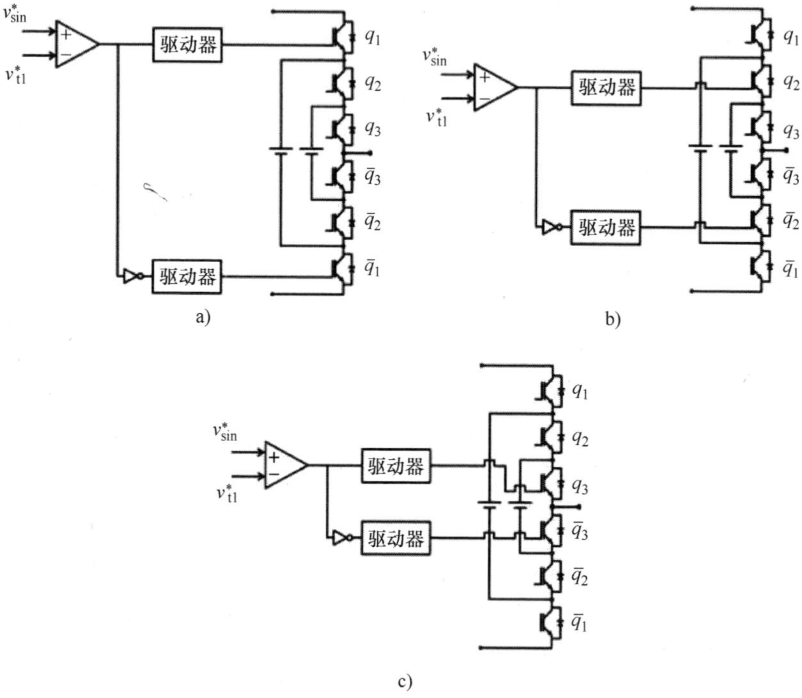

图6.19　门控信号产生的调制方法

表6.4　图6.18（a）变换器的变量

状态	q_1	q_2	q_3	v_o
1	0	0	0	$-1.5V_{dc}$
2	0	0	1	$-0.5V_{dc}$
3	0	1	0	$-0.5V_{dc}$
4	0	1	1	$0.5V_{dc}$
5	1	0	0	$-0.5V_{dc}$
6	1	0	1	$0.5V_{dc}$
7	1	1	0	$0.5V_{dc}$
8	1	1	1	$1.5V_{dc}$

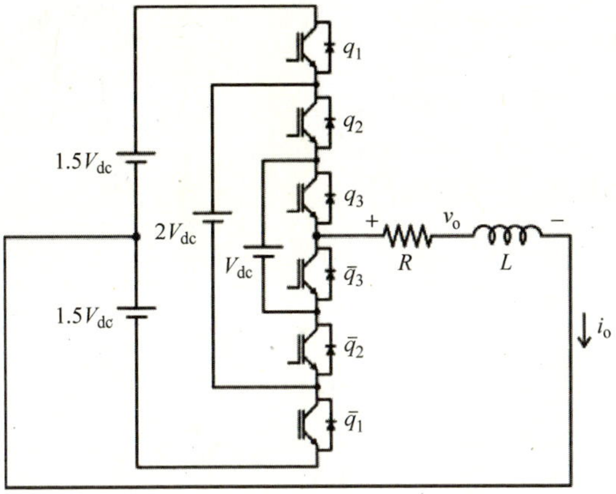

a)

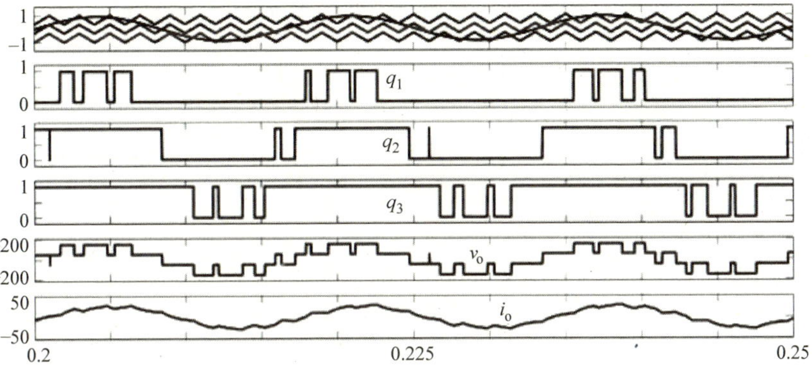

b)

图 6.20　a）四电平 FC 半桥变换器；b）（从上到下）$v_{\sin}^*$、v_{t1}^*、v_{t2}^*、v_{t3}^*，开关 q_1、q_2 和 q_3 的门控信号，负载电压和负载电流

虽然图 6.17 ~ 图 6.20 的拓扑结构呈现了采用 FC 结构而获得四电平电压的传统方式，它也有可能仅使用两个 PB 来得到一个四电平输出电压，如图 6.21a 所示每桥臂有 4 个开关。在这种情况下，输入电压源之间的关系为：$V_1 = V_3 = 2V_{dc}$ 及 $V_2 = V_{dc}$，并且采用脉宽调制以确保输出电压具有 4 个电平。极点电压表述如下：

$$v_o = (3q_1 + q_2 - 2)V_{dc} \tag{6.20}$$

图 6.21b 显示了理想的正弦电压，是由所研究的变换器产生的。将该波形分为 4 个部分。为了在每个部分产生所需电压，需要激活如图 6.21b 的底部所示的开关 q_1 和 q_2。同时图 6.22a 显示了图 6.21a 中的四电平拓扑结构的模拟电路。图 6.22b 显示了它的脉宽调制信号。注意到电压 $v_{\sin 1}^*$、$v_{\sin 2}^*$、v_{carrier1} 和 v_{carrier2} 提供了 4 电平对称输出电压所必要的开关状态。

通过连接如图 6.23a 和 b 的 PB，得到单相和三相负载的全桥四电平 FC 变换

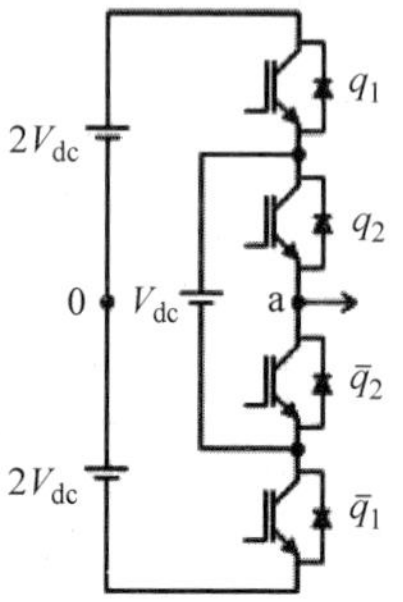

q_1	q_2	v_{a0}
0	0	$-2V_{dc}$
0	1	$-V_{dc}$
1	0	V_{dc}
1	1	$2V_{dc}$

a)

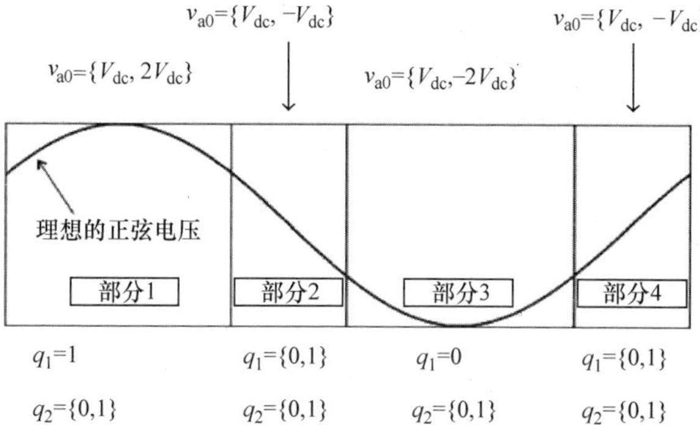

b)

图6.21 a）带4个开关的四电平FC变换器；b）分区理想波形

器。三相四线制系统的必要选项如图6.23c所示。

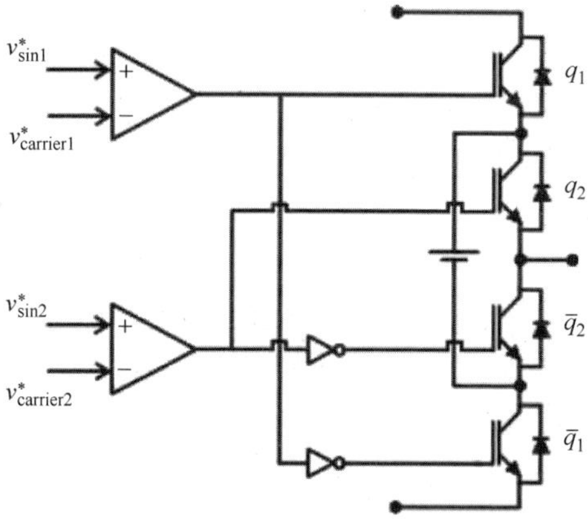

a)

图6.22 a）带4个开关的四电平FC变换器；b）分段理想波形

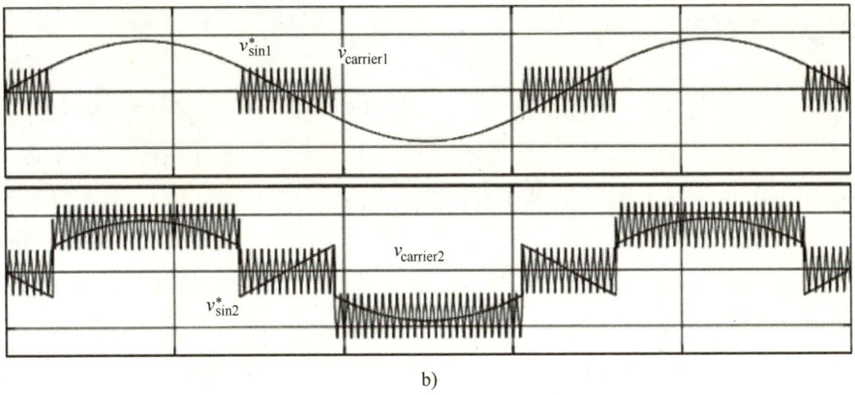

图 6.22　a）带 4 个开关的四电平 FC 变换器；b）分段理想波形（续）

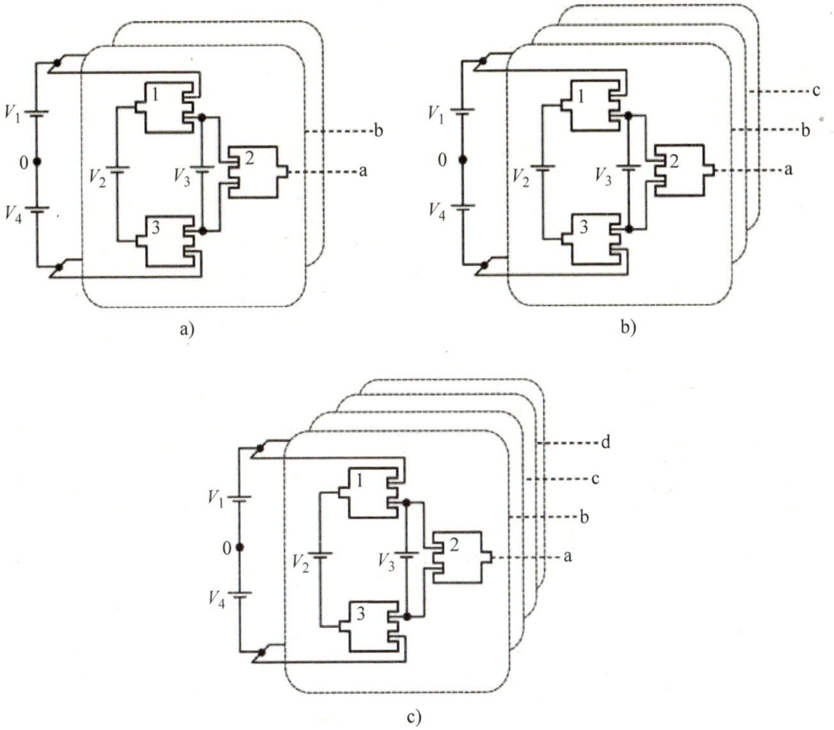

图 6.23　a）单相全桥四电平 FC 变换器；b）三相四电平 FC 变换器；
c）三相四线制四电平 FC 变换器

6.9 通用结构

按照三电平和四电平结构的方法，可以得到如图6.24e所示的N为奇数N电平变换器，N为偶数时如图6.24f所示。理论上来说，FC拓扑结构中电平数量可以按需增加，但是当电平的数量大于五时会受到现实的限制。从三到N电平的演变如图6.24a～f。值得一提的是，对于三到N电平的FC拓扑结构的创建，PBG提供了一种简单直观的连接方法。电平数量高于四的结构模型和脉宽调制方法可以采用本章前面所述的方法。

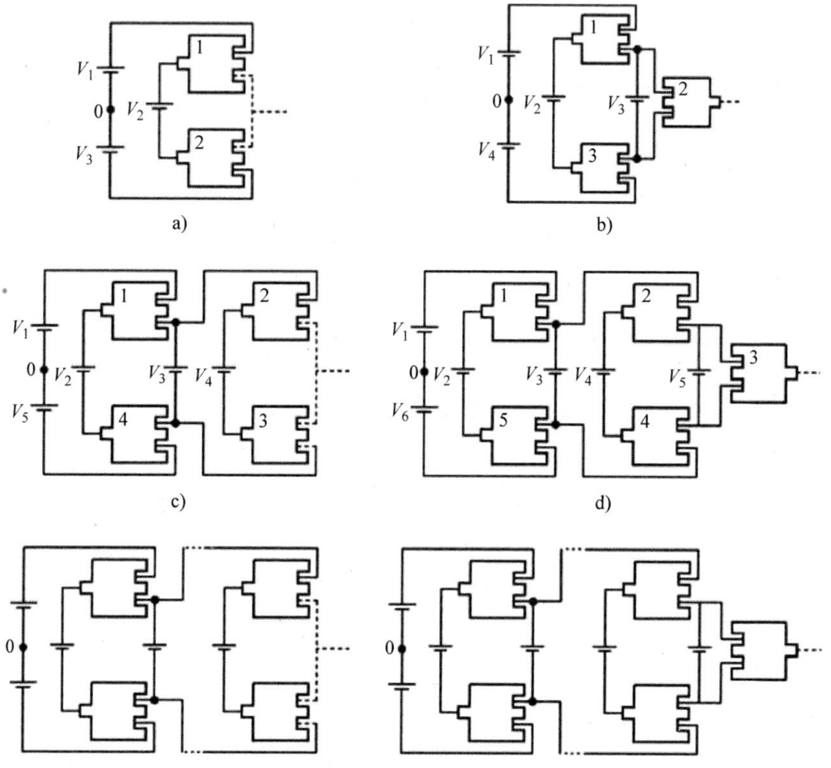

图6.24 N电平FC拓扑结构：a）三电平；b）四电平；c）五电平；d）六电平；e）N电平（N为奇数）；f）N电平（N为偶数）

6.10 小结

本章专门叙述多电平拓扑结构，其特征是通过现有的FC来产生不同的电平。为了简化起见，首先由一个直流电源取代FC，然后提出带电容器的电路，接着在

v_c 纹波最小化条件下进行分析。书中为中性点箝位和级联组合的其他拓扑结构，Fe 拓扑结构的建模顺序为：①PB 连接遵循第 3 章的规则。②一旦建立了拓扑结构，便得到变量表。③通过写入输出电压来描述变量表中内容，进而对变换器进行建模。④基于变量表设计开发脉宽调制方法。作为学习的补充，本章也引入了非常规的变换器。关于这方面的讨论，有广泛的技术文献，其中部分文献如参考文献［1］~参考文献［9］。

参考文献

[1] Meynard TA, Foch H. Multilevel conversion: high voltage chopper and voltage source inverters. Proceedings of IEEE PESC'92; 1992. p 397–403.
[2] Meynard TA, Foch H, Thomas P, Courault J, Jakob R, Nahrstaedt M. Multicell converters: basic concepts and industry applications. IEEE Trans Ind Electron 2002;49(5):955–964.
[3] Jeon J-H, Kim T-J, Kang D-W, Hyun D-S. A symmetric carrier technique of CRPWM for voltage balance method of flying capacitor multi-level inverter. IEEE Trans Ind Electron 2005;52(3):879–888.
[4] Lin B-R, Hung T-L, Huang C-H. "Single-phase AC/AC converter with capacitor-clamped scheme". IEE Proc-Electr Power Appl 2003;150(4):464–470.
[5] Lin BR, Huang CH. Single-phase switching-mode rectifier with capacitor-clamped topology. IEE Proc-Electr Power Appl 2005;152(1):9–16.
[6] Lin B-R, Huang C-H. Three-phase capacitor-clamped converter with fewer switches for use in power factor correction. IEE Proc-Electr Power Appl 2005;152(3):596–604.
[7] Kou X, Corzine KA, Familiant Y. Full binary combination schema for floating voltage source multi-level inverters. IEEE Trans Power Electron 2002;17(6):891–897.
[8] Jing Huang, Keith Corzine. Extended operation of flying capacitor multilevel inverters. Proceedings of IEEE IAS' 04; 2004. p 813–819.
[9] Radermacher H, Schmidt B, De Doncker R. Determination and comparison of losses of single phase multi-level inverters with symmetric supply. Proceedings of IEEE PESC'04; vol. 6; 2004. p 4428–4433.

第7章　其他多电平结构

7.1　引言

介绍3个最常用的具有多电平拓扑结构或非传统结构的常规电源电路后，本章将介绍一些其他独立的拓扑结构。基于第3章中提出的PBG公理和假设很容易得到这些电源电路。

虽然本章中介绍的电路没有考虑到工业应用，但这种变换器相比传统的电路有着特别的优点。此外，在本章中提出的非常规的多电平结构对已经设想出的新的拓扑结构起着重要作用。提出这样的NPC，按之前同样的步骤，如：①考虑PB和规则来确定模块的连接，以及电源开关的连接；②确定一个变量表，将输出电压与二进制变量（开关状态）关联起来；③找到一个方程来描述变量表，从而建模变换器；④确定一个简单的PWM方法来获得开关的门控信号。

在本章中各部分介绍不同类型的非传统的变换器，如：7.2节介绍了用一种合适的方法连接第一和第二PB-ac来得到嵌套结构；第7.3节展示了一种替代方法来得到在变换器的输出端放置一耦合电感来获得多电平输出电压，以及模块化多电平变换器（MMC）的拓扑结构；7.4节介绍了ANPC拓扑结构，强调了电源开关中的热应力减小；一系列其他拓扑结构都包含在7.5节，这也强调了如何能够根据PBG方法轻易获得技术文献中实际提出的多电平电路。最后，第7.6节总结。

7.2　嵌套结构

本节提出了一种基于嵌套组合概念的多电平拓扑结构。由于模块的外部连接涉及内部结构，所以该拓扑结构被称为嵌套多电平变换器。图7.1a表示第一PB-ac和第二PB-ac而获得的三电平电路。图7.1b~d分别描绘了四电平、五电平和六电平变换器。一旦通过电源模块获得拓扑结构，该电路就可以被认为是其低级别表示（开关级），如图7.2所示。图7.2a和b分别表示三电平和四电平变换器。图中所示的变换器包括了单臂桥和三相嵌套结构。图7.2c表示从五电平到七电平的演变。

相比于NPC拓扑结构，由于功率二极管的数量减少，嵌套的结构可以被认为是一个有意义的选择。但其缺点是每个开关的阻断电压不同。

虽然图7.1和图7.2提出的拓扑结构能够产生三到七之间的电平数量，本节将主要分析四电平变换器，对于如何分析多电平变换器系列，足以给读者一个全面的认识。

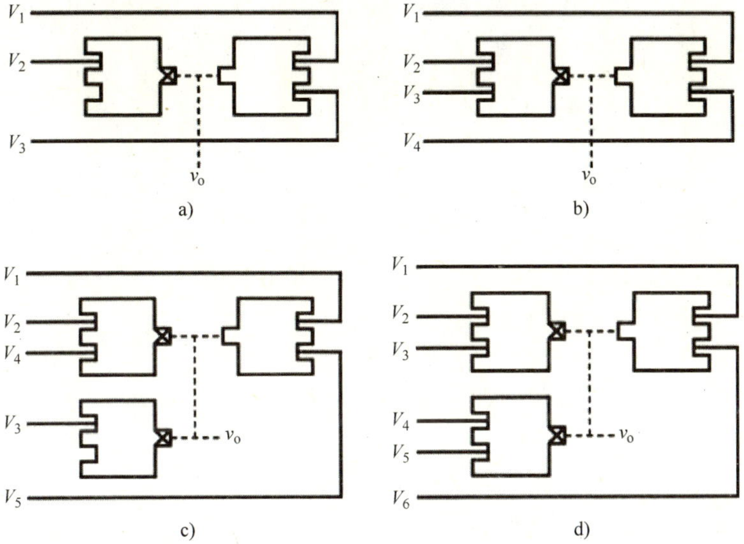

图 7.1　模块化嵌套多电平结构：a）三电平；b）四电平；c）五电平；d）六电平

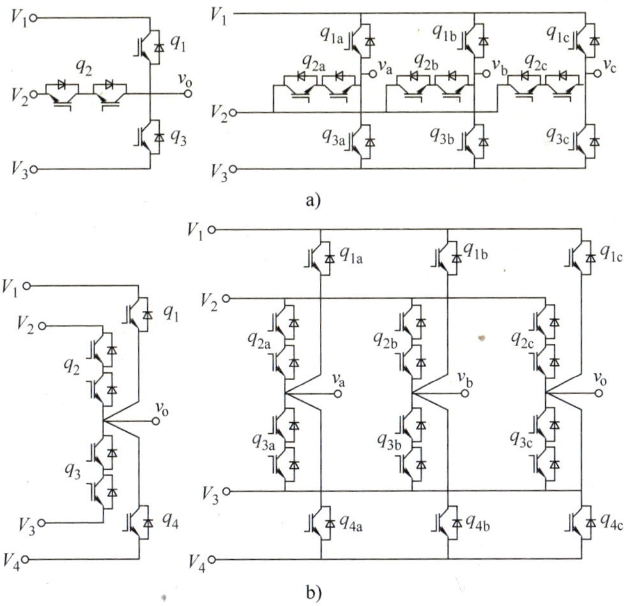

图 7.2　开关级嵌套多电平结构：a）三电平；b）四电平；c）五电平到七电平的演变

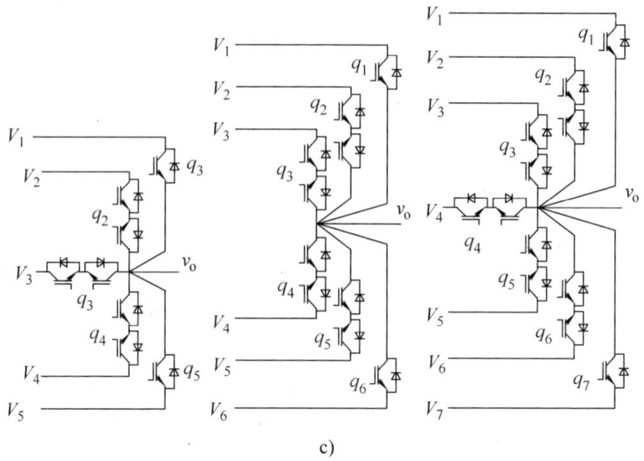

图 7.2　开关级嵌套多电平结构：a）三电平；b）四电平；c）五电平到七电平的演变（续）

如图 7.2b（左侧）所示，变换器桥臂是由两个控制的开关（q_1 和 q_4）和两个双向控制开关（q_2 和 q_3）构成。对于具有三桥臂变换器的结构，在三相系统的要求中，需要有 6 个控制开关（q_{1x}和 q_{4x}，$x = a$，b，c）和 6 个双向控制开关（q_{2x}和 q_{3x}）。具有四电平的嵌套拓扑结构的臂桥变量的表列于表 7.1。

该表可由以下方程来描述：

$$v_o = q_1\bar{q}_2\bar{q}_3\bar{q}_4 V_1 + \bar{q}_1 q_2\bar{q}_3\bar{q}_4 V_2 + \bar{q}_1\bar{q}_2 q_3\bar{q}_4 V_3 + \bar{q}_1\bar{q}_2\bar{q}_3 q_4 V_4 \tag{7.1}$$

式中，$\bar{q}_y = 1 - q_y$，$y = 1$，2，3 和 4。

表 7.1　四电平嵌套变换器的变量表

状态	q_1	q_2	q_3	q_4	v_o
1	1	0	0	0	V_1
2	0	1	0	0	V_2
3	0	0	1	0	V_3
4	0	0	0	1	V_4

为了产生由 V_{dc} 给出的具有最大输出电压的对称波形，获得的输入电压如：$V_1 = 3V_{dc}/4$，$V_2 = V_{dc}/4$，$V_3 = -V_{bc}/4$ 以及 $V_4 = -3V_{dc}/4$。在这种情况下，事实证明，式（7.1）变成

$$v_o = \frac{(3q_1\bar{q}_2\bar{q}_3\bar{q}_4 + \bar{q}_1 q_2\bar{q}_3\bar{q}_4 - \bar{q}_1\bar{q}_2 q_3\bar{q}_4 - 3\bar{q}_1\bar{q}_2\bar{q}_3 q_4)V_{dc}}{4} \tag{7.2}$$

当这些开关分别导通时，通过开关 q_1、q_2、q_3 和 q_4 的正电流和负电流如图 7.3a ~ d 所示。注意，双向控制开关（q_2 和 q_3）已用在内桥臂，而开关（q_1 和 q_4）已经用在外桥臂。

练习 7.1

如果内桥和外桥的开关位置被交换，请解释将发生什么情况？例如，如果下图采用图 7.1b 替代。利用如图 7.3 所示的等效电路来证明你的答案。

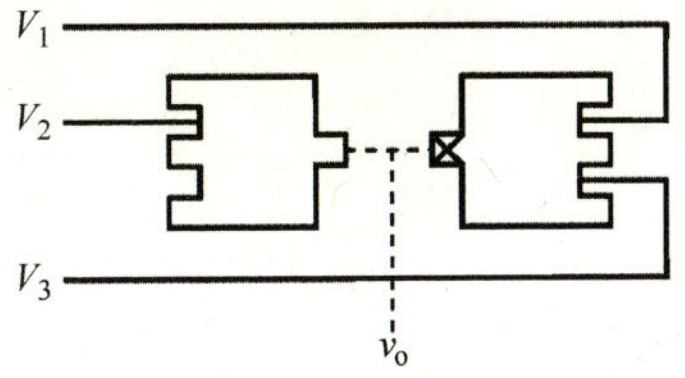

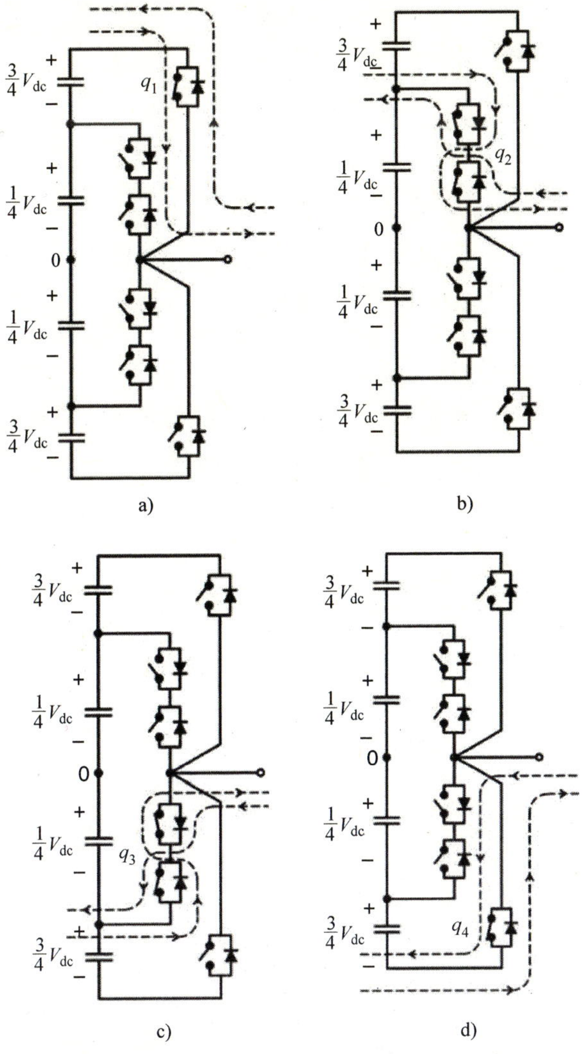

图 7.3　当 a）$q_1=1$、b）$q_2=1$、c）$q_3=1$、d）$q_4=1$ 时流过开关的电流

由变量表（表7.1），可以确定一个如图7.4所示的PWM方案。注意，仅用1个调制信号和3个载波信号运用电平转换技术就可以得到适用于嵌套拓扑结构的PWM方法。

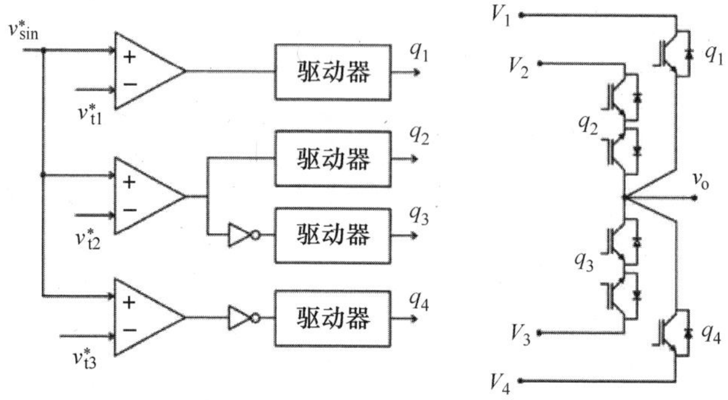

图7.4　应用于嵌套结构的PWM方法

三相应用的具有四电平嵌套结构的仿真结果如图7.5所示。波形图如图7.5a和7.5b所示。

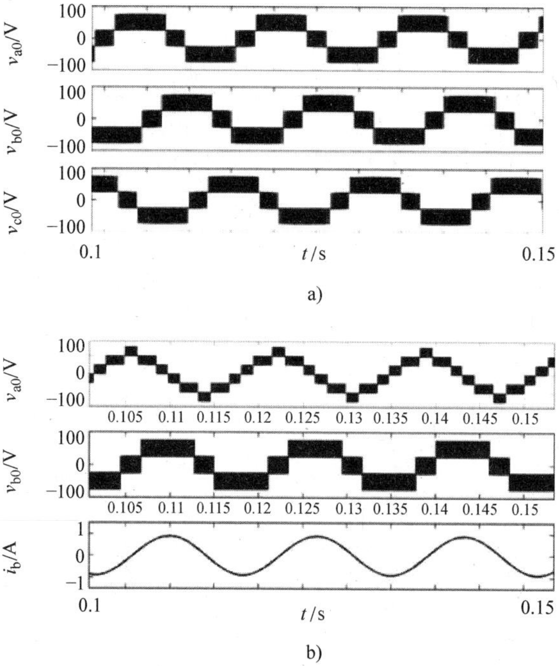

图7.5　三相四电平嵌套结构：a）极点电压；b）线到线电压（顶部）、极点电压（中部）、负载电流（底部）

练习 7.2

针对单桥臂中的开关阻断电压，比较嵌套式结构和 NPC 结构。假定两种结构都有四电平且产生相同的输出电压。忽略任何安全裕度，同时指定每个电源开关的电压。

对于电平数量较高的变换器，尽管有时有一些实际的限制，但嵌套拓扑结构仍可以产生 N 为奇数或偶数的 N 电平。图 7.6 给出了一个奇数嵌套多电平变换器的通用结构（见图 7.6a），以及偶数的通用结构（见图 7.6b）。

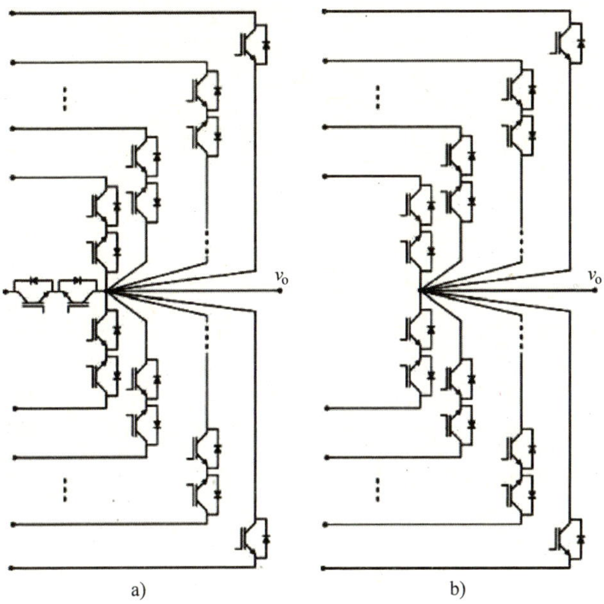

图 7.6　嵌套多电平变换器通用结构：a）奇数电平；b）偶数电平

7.3　输出端带磁性元件的拓扑结构

一个三电平电压可以通过使用嵌套拓扑结构（如在 7.2 节中所述）或通过使用任何常规的电路来得到。所有电路均可以通过在变换器的输出侧设置开关、电源或适当的电容得到三电平电压，如图 7.7a ~ c 所示。

此处再一次重复提出 NPC、H 桥和 FC 的结构图是为了与另一种生成一三电平电压的方法来进行原理比较。观察该拓扑结构，它可以使用不同的方法在变换器输出侧产生相同数目的电平。例如，图 7.7a 表示出构建 3 个不同路径连接输入电压 V_1、V_2 和 V_3 和输出电压（v_o）的 NPC 结构。在图 7.7b 中所示的输入相连的 H 桥电路用来获得所要求的三电平输出电压，即，$V_1 - V_2$、0、$V_2 - V_1$。另一方面，在图 7.7c 的 FC 拓扑结构将一系列电源相关联而在输出端获得所要求的电平。

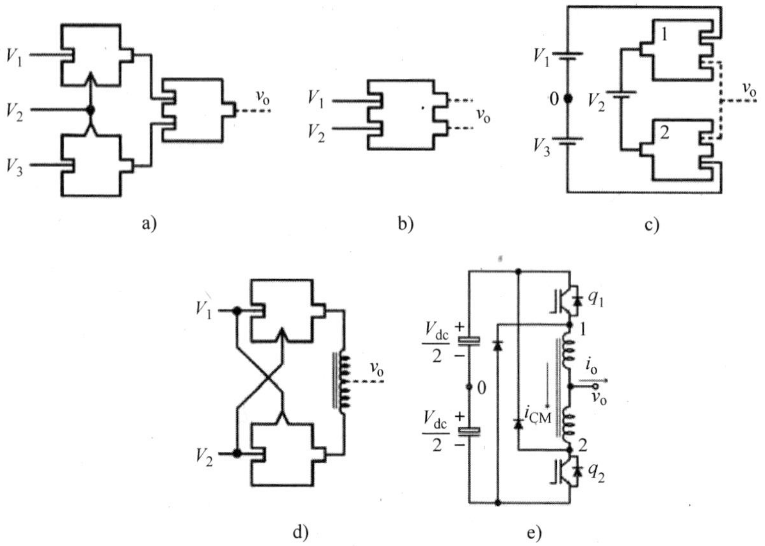

图7.7　三电平结构：a）NPC；b）级联；c）飞跨电容
d）有两个PB－dc和带中心抽头的耦合电感结构；e）图7.7d变换器的开关表示

通过采用不同的方法，图7.7d显示了另一种方式来实现一个三电平功率变换器。这样组合，在变换器输出侧采用带中心抽头的耦合电感，保证只有两PB－dc的三电平输出电压. 该变换器的更低级的结构如图7.7e所示，它强调了功率开关和耦合电感的连接。

它假定，流经耦合电感的电流是处于连续的导通模式，即电流总是高于零。当（q_1，q_2）分别由（0，0）、（0，1）、（1，0）和（1，1）给出，桥臂的等效电路如图7.8a～d所示。表7.2列出了此变换器的变量表。注意，输出电压具有3个电平，将在后面解释。

电压v_{10}和v_{20}可以表示为在开关q_1和q_2状态的一个函数，如下所示：

$$v_{10}=(2q_1-1)\frac{V_{dc}}{2} \tag{7.3}$$

$$v_{20}=(2q_2-1)\frac{-V_{dc}}{2} \tag{7.4}$$

如方程式（7.3）和式（7.4）的极点电压获得如图7.9a所示的模型。然后对于“0”的输出电压可以转而写成

$$v_o=\frac{1}{2}(v_{10}+v_{20}) \tag{7.5}$$

代入方程式（7.3）～式（7.5），可以写出v_o仅仅为开关状态和直流母线电压的函数

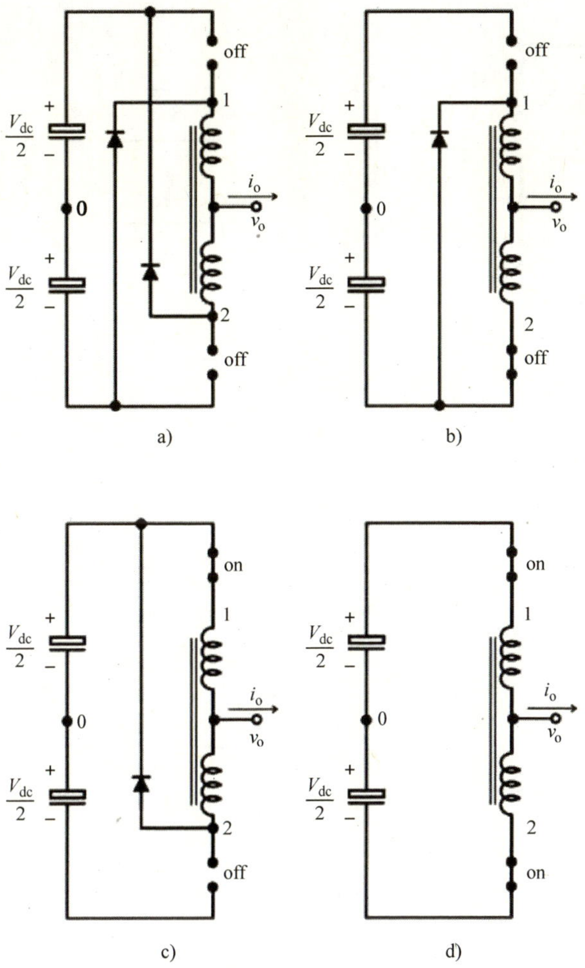

图 7.8　图 7.7d 拓扑结构的等效电路：a）$q_1 = q_2 = 0$；b）$q_1 = 0$ 和 $q_2 = 1$；c）$q_1 = 1$ 和 $q_2 = 0$；d）$q_1 = q_2 = 1$

表 7.2　极点电压是开关状态的函数

q_1	q_2	v_{10}	v_{20}	v_o
0	0	$-V_{dc}/2$	$V_{dc}/2$	0
0	1	$-V_{dc}/2$	$-V_{dc}/2$	$-V_{dc}/2$
1	0	$V_{dc}/2$	$V_{dc}/2$	$V_{dc}/2$
1	1	$V_{dc}/2$	$-V_{dc}/2$	0

$$v_o = (q_1 - q_2)\frac{V_{dc}}{2} \tag{7.6}$$

变量表如表 7.2，可以定义的 PWM 方法如图 7.9b 所示。与该电路相关的主要波形如图 7.9c 所示。

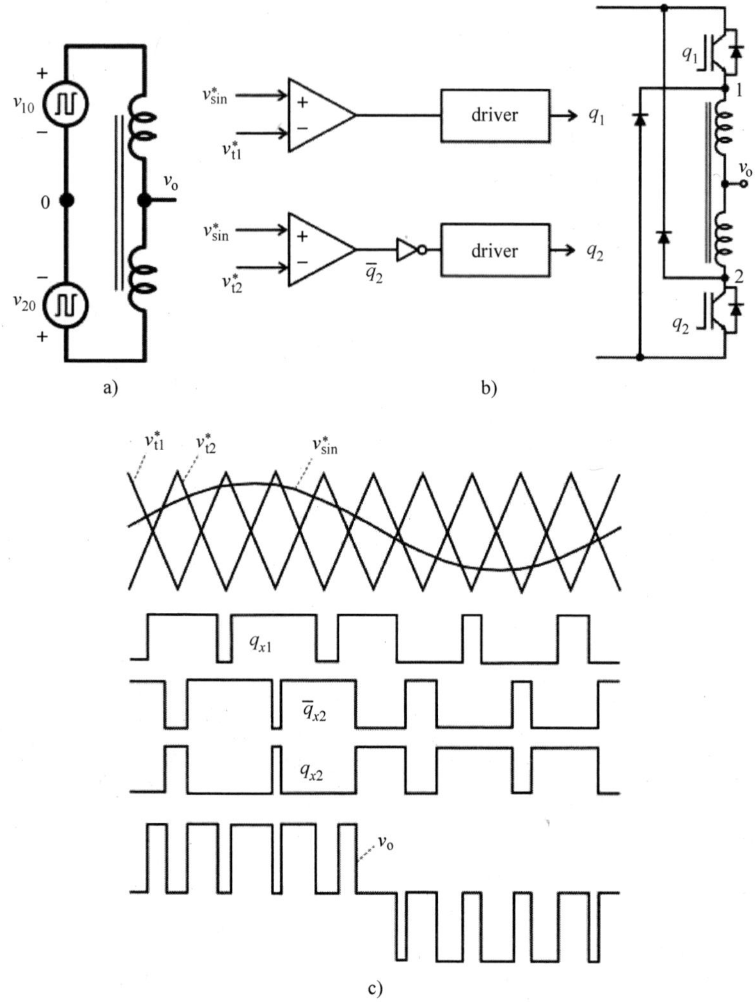

图 7.9　a）图 7.7e 变换器模型；b）PWM 电路；c）三电平电压波形

例 7.1

推导图 7.7e 所示的三电平拓扑结构的方程式（7.5）。

答案

两种不同的方法中，考虑到“0”点，输出电压可以被写成 $v_o = -v_{x1} + v_{10}$ 和 $v_o = v_{x2} + v_{20}$，式中 v_{x1} 和 v_{x2} 分别为电感上部和下部的耦合电感电压降，对称条件下（$v_{x1} = v_{x2}$）两个方程中的 v_o 相加即可得到$(v_{10} + v_{20})/2$。

结合耦合电感和 NPC 变换器的解决方案，可以得到更多的电平。PBG（见图 7.10a）和开关表示的（见 7.10b）五电平拓扑结构如图 7.10 所示。其三相版本如图 7.10c 所示。注意，该变换器电平的数量高于可用的输入电压数量，它遵循图 7.7e 所示的三电平版本相同的特点：在三电平情况下，可以从仅仅两个电压而得到 3 个电平。

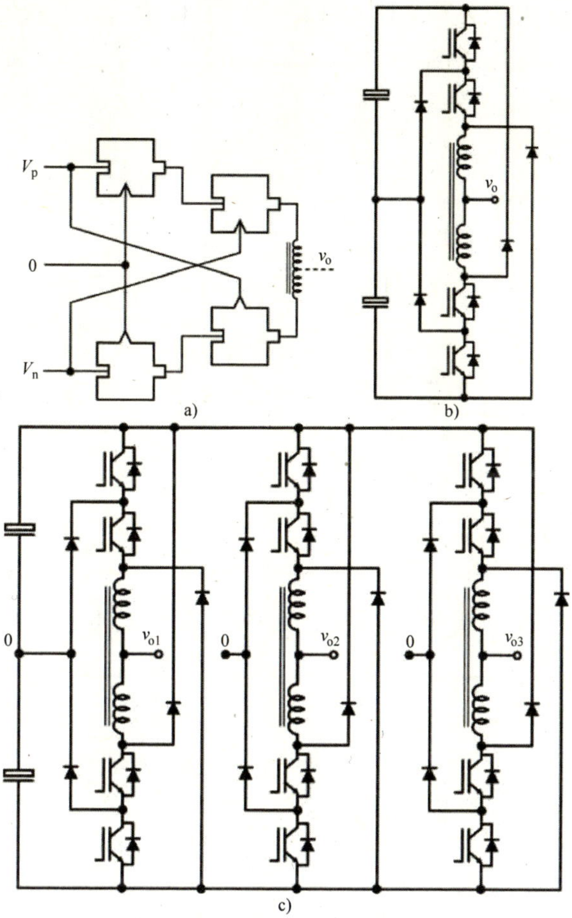

图 7.10　在变换器输出侧放置耦合电感的五电平拓扑结构：
a）PBG 表示；b）用开关表示；c）三相版本

虽然在这节和前面章节提出的许多变换器适用于高压大功率应用，通过降低在每个子模块的开关器件的应力，MMC 展现了优异的输出电压波形，非常高的效率和整体高阻断电压的能力。这些特性是高功率电动机驱动应用中所需求的。图 7.11 和图 7.12 分别显示了带功率模块和开关的结构。考虑到变换器工作相关的观点而言，这还存在一些挑战。每一个模块都具有电容电压纹波控制以及循环电流调制功能。

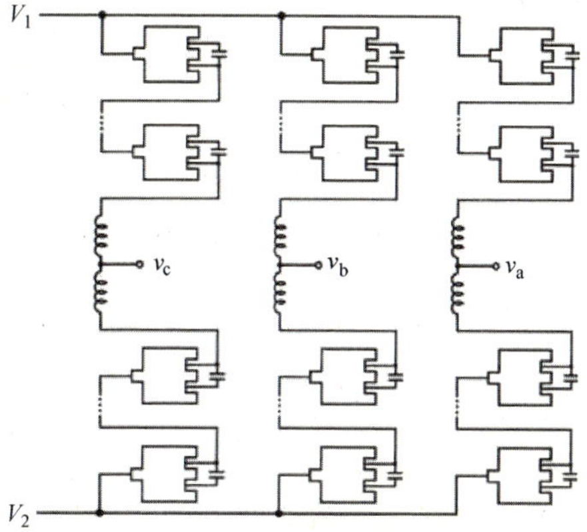

图 7.11　用功率模块表示的
模块化多电平变换器

图 7.11 和图 7.12 中所示的变换器的各相都带有两个半桥变换器的分支（名为子模块），串联连接到直流端口 V_1 和 V_2。这些分支都通过电感连接起来。交流端（v_a、v_b 和 v_c）连接到电感器的中点。总体而言，该交流电压是通过改变连接到每个桥臂的半桥变换器的数目来控制的。图 7.12 中 i_a 和循环电流（i_{cc}）可以分别表示为

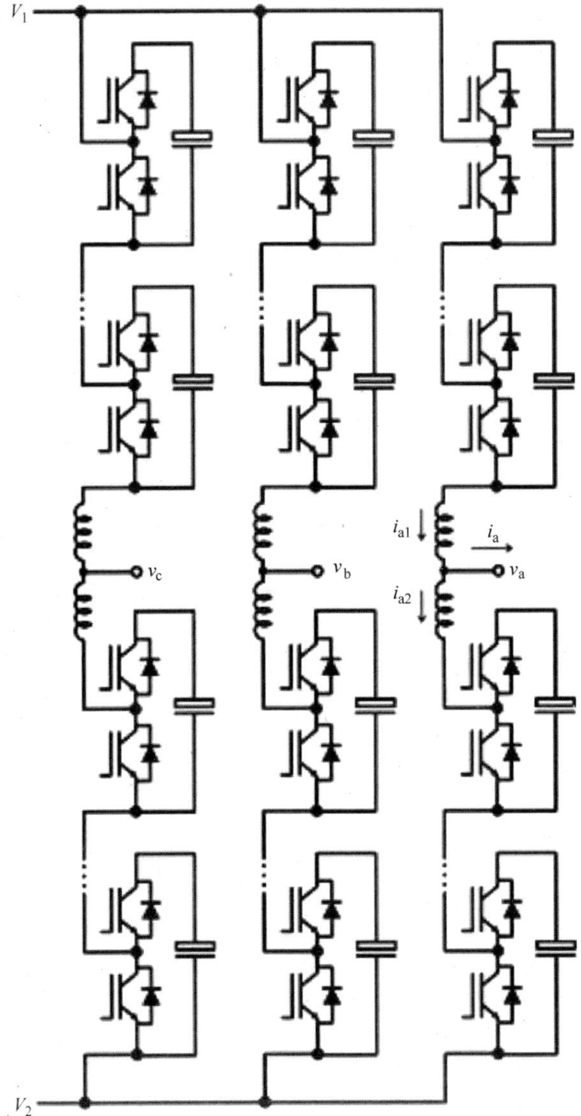

图 7.12　用开关表示的模块化多电平变换器

$$i_a = i_{a1} - i_{a2} \tag{7.7}$$

$$i_{cc} = \frac{i_{a1} + i_{a2}}{2} \tag{7.8}$$

因此，该电流 i_{a1} 和 i_{a2} 可表示为如下两个循环电流和输出交流电流的函数。

$$i_{a1} = \frac{i_{cc} + i_a}{2} \tag{7.9}$$

$$i_{a2} = \frac{i_{cc} - i_a}{2} \tag{7.10}$$

循环电流与所述相的桥臂与直流侧电源之间的能量交换有关联。实际上，应用于该变换器的控制方法应该保证每个子模块的电容电压控制以及所需的输出电压 v_a、v_b 和 v_c。

7.4　有源中点箝位变换器

图 7.13 所示为提出的变换器显示了仅使用第一 PB－ac 的另一种组合，这就是所谓的 ANPC 结构。图 7.13a 示出了三电平的拓扑结构，而图 7.13b 提出了 ANPC 电路的四电平版本。然而，更多的电平可以通过像第 4 章的 NPC 变换器一样增加更多的模块来得到。注意，对于这个多电平变换器控制开关的系列被功率二极管代替（如 NPC 结构中），在变换器的输出端获得零电压。相比于常规的 NPC 拓扑结构，其主要优点是更好地平衡了损耗的分配，这使得其能承受递增的最大输出功率。

一般而言，多电平电力电子变换器的设计可以通过限制开关频率以满足最大允许损耗。在这个意义上，假设在一个高功率密度的情况下，像 NPC 的拓扑结构，有不规则的功率损耗分布，呈现出功率变换器电路上不相等的结温度分布。一个直接结果是某些功率器件变得比其他热，开关频率的限制更高。

另一方面，由于控制功率开关的存在，该 ANPC 拓扑结构可以允许备选路径在变换器输出侧得到相同的零电压。事实证明，有可能通过改变这些路径来管理开关的损耗分布。例如，图 7.13c 所示是在由正输出电流而获得的零电压的情况下 ANPC 拓扑结构。另一方面，图 7.13d 示出通过使用替代电路达到如前相同的情况。最后，如图 7.13e 所示，对于 NPC 变换器只有一个路径在正电流的变换器的输出侧获得零电平电压。

因为散热片对半导体器件的热稳定性，寿命和功率对变换器的运行有着重要的影响，尤其是那些在最高的热应力作用下，其规格必须保证开关传热能力。事实上，在图 7.13c 和 d 提出的 ANPC 拓扑结构的这种特性对该变换器的散热设计起着重要作用。二极管和 NPC 拓扑结构的功率开关之间的不规则结温度如图 7.14a 所示。这些元件 d、q_1、q_2、d_1 和 d_2 是如图 7.13e 所示的半导体器件。当产生所需理想电压的时候，为了避免功率开关之间的这种不规则结温，图 7.14b 表示带器件温度定义的 PWM 的 ANPC 拓扑结构一条桥臂，这意味着热点可以通过图 7.13c 和 d 中粗线替代路径来避免。

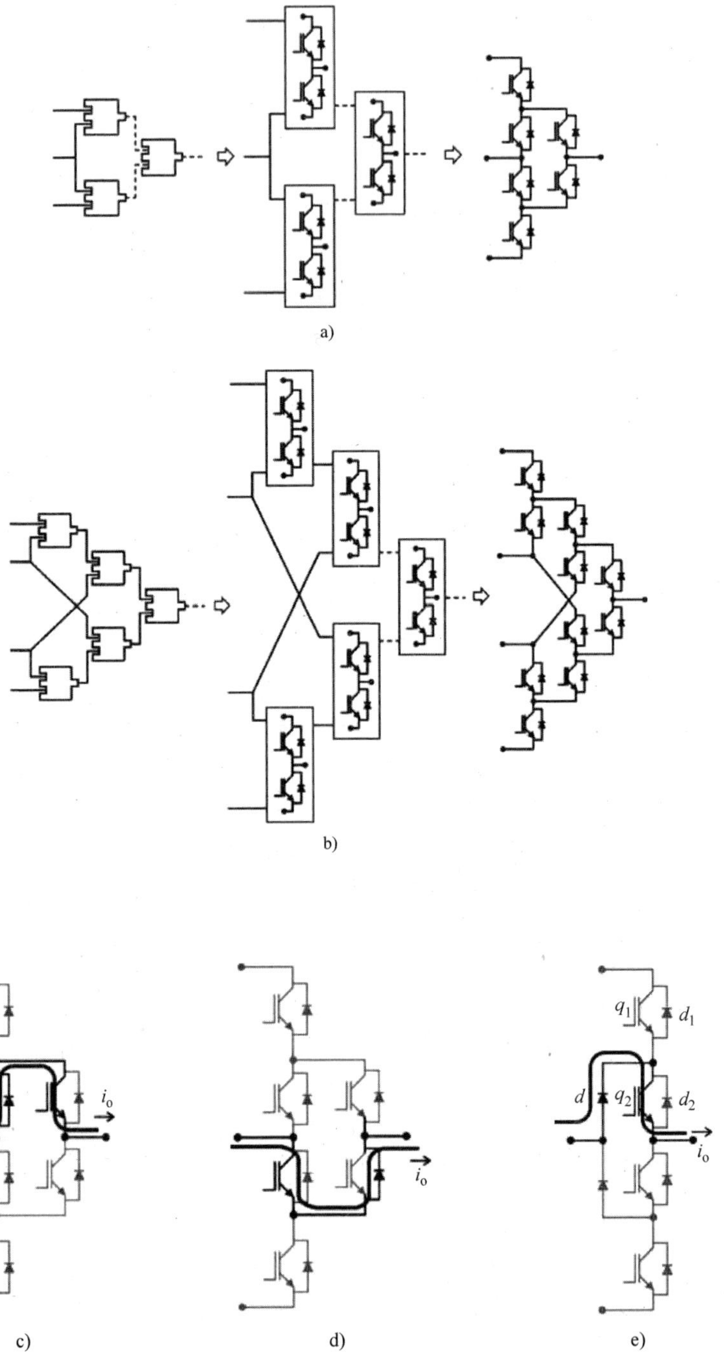

图 7.13　ANPC 结构：a）三电平电路；b）四电平电路；c）带正向电流的 0 输出电压；d）带正向电流的 0 输出电压的第二条路径；e）用于 NPC 变换器的带正向电流的 0 输出电压

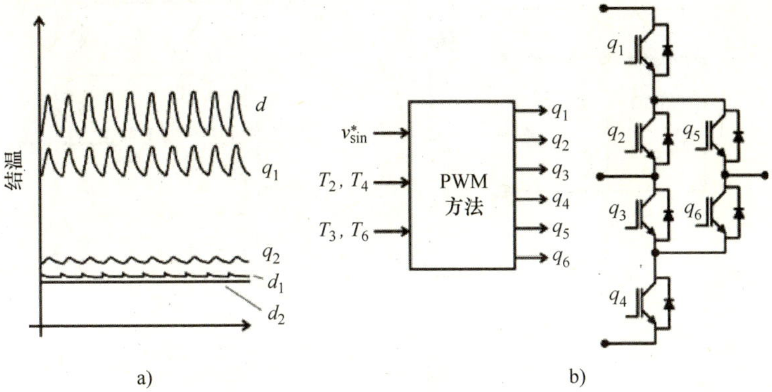

图 7.14　a）半导体器件中的结温；b）应用于 ANPC 拓扑结构的 PWM 方法

如前面提到的，这种不规则的损耗分布可以通过 ANPC 拓扑结构和调节损耗平衡系统来避免。该损耗控制策略可以通过测量或估计结温来实现。如表 7.3 可以构建 PWM 策略，这取决于测量温度或从每个半导体器件估算而得的温度。

表 7.3　ANPC 拓扑结构的变量表

q_1	q_2	q_3	q_4	q_5	q_6	v_o
1	1	0	0	0	0	V_{dc}
0	1	0	0	1	0	0
0	0	1	0	0	1	0
0	0	0	1	0	1	$-V_{dc}$

7.5　更多的多电平变换器

由于本节的目标是是要证明许多拓扑结构可通过 PBG 来代替，其仅限于描述具有模块和开关的电路。读者对所有表的变量、模型和 PWM 的分析均可以通过与前面章节类似的方式得到。

并且，本节旨在重申在第 3 章中提到的电源模块、规则和假设，并通过一个有趣的方式来了解多电平结构是怎样在技术文献中提出。由遵循规则和使用特定的模块，例如，获得图 7.15 示出的结构是可能的，这已经被作者命名为有源开关 NPC（ASNPC）。图 7.15a 显示该变换器用 PBG 代替，其采用 4 个 PB－ac。使用如图 7.15b 所示的功率开关来代替等效的较低级别表示。变换器提出这种改进是有赖于对所有功率器件平均开关频率的降低而得的。

图 7.16b 展示出带开关的相同拓扑结构。考虑到如图 7.16d 所示的开关表示，显而易见的是，在 v_o 与 V_2 之间的 4 个开关可以仅使用如图 7.16e 所示的两个反串

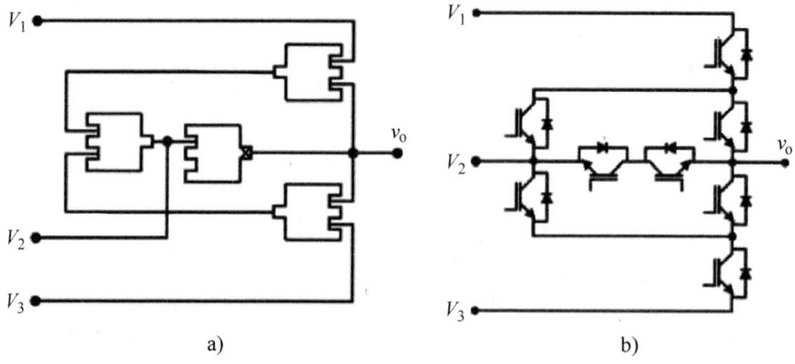

图7.15　三电平结构的ASNPC：a）模块；b）开关

联开关来简化。事实上，图7.16a和c有相同的拓扑结构，如图7.16b和e所示。

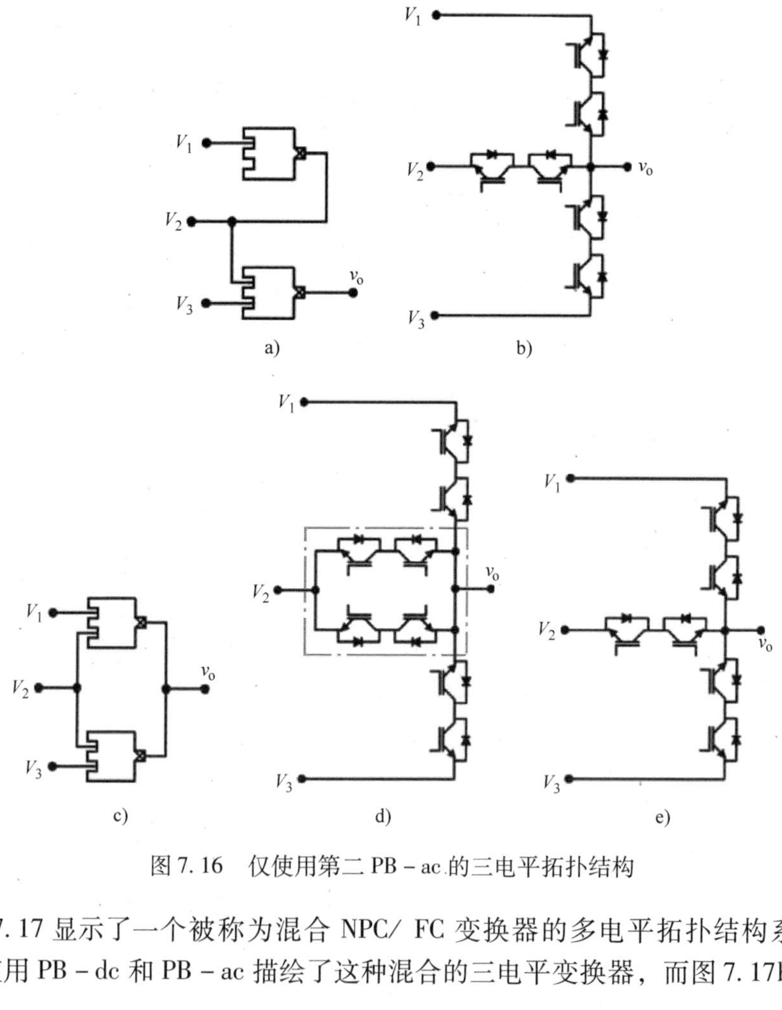

图7.16　仅使用第二PB－ac的三电平拓扑结构

图7.17显示了一个被称为混合NPC/ FC变换器的多电平拓扑结构系列。图7.17a使用PB－dc和PB－ac描绘了这种混合的三电平变换器，而图7.17b仅使用

PB - ac 来表示它。用开关来代替的这些变换器分别如图 7. 17c 和 d 所示。更高电平数量可通过堆叠多个元件获得，如图 7. 17e ~ h 所示。

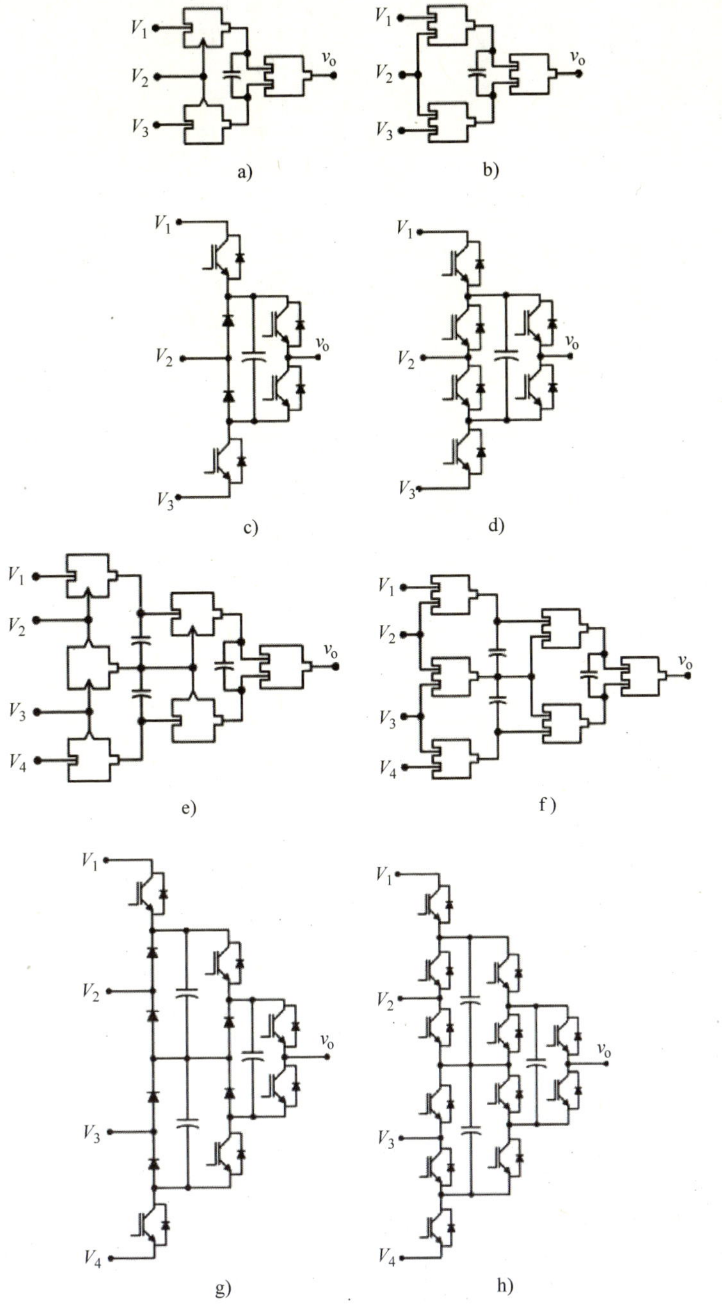

图 7. 17　混合 NPC/FC 变换器

合并第一类 PB - ac FC 的另一种方法如图 7. 18 所示。图 7. 19 示出了一个利用第二类PB-ac代替第一类PB-ac的相似结构。最后，图7.20a示出两类PB-ac可以垂直堆叠，以构建一个差分变换器，得到一个四电平变换器的不同的方式，如图7.20b和c所示。

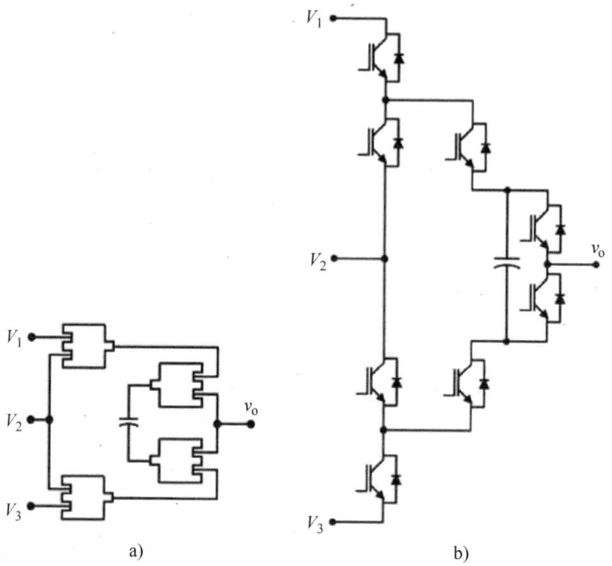

图7.18 使用飞跨电容和第一类PB-ac的混合NPC/FC变换器

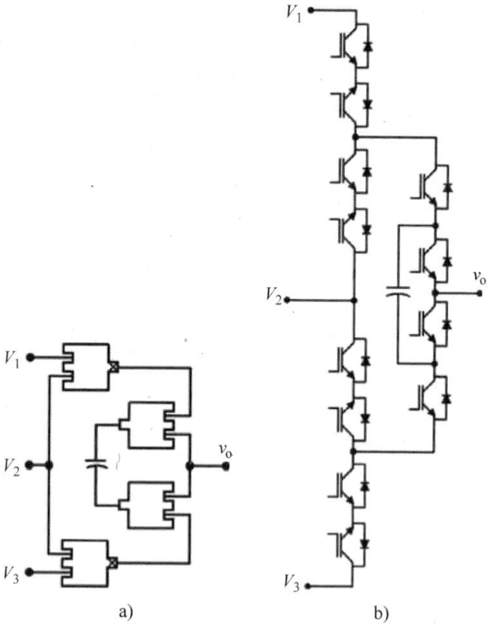

图7.19 使用FC和第一/第二类PB-ac的混合NPC/FC变换器

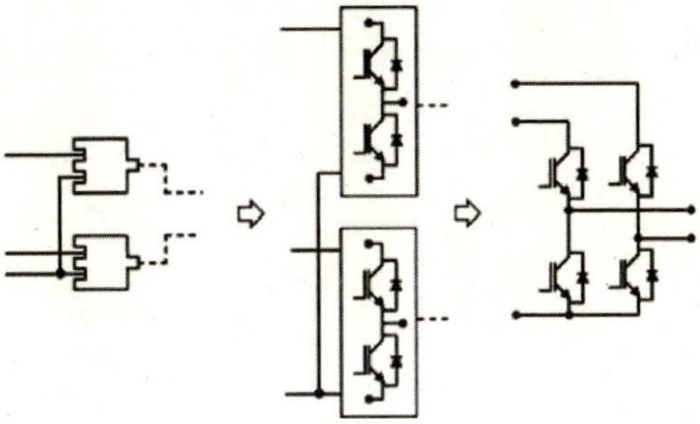

a)

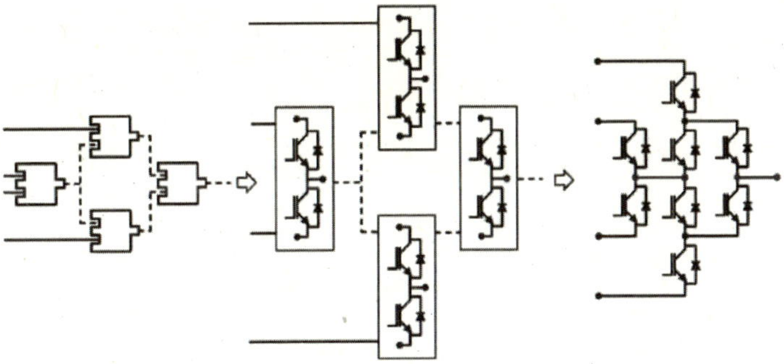

b)

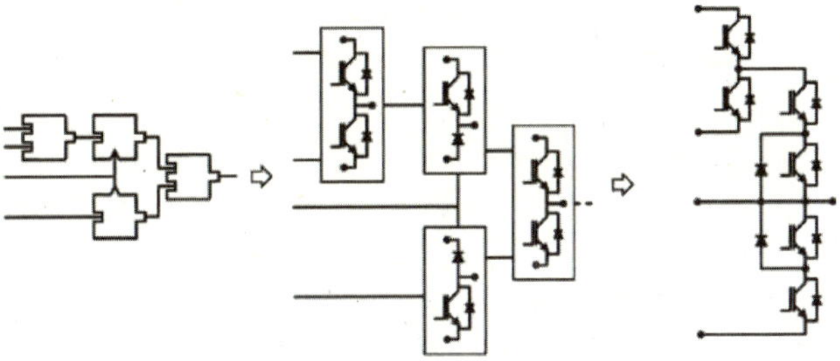

c)

图 7.20　a）不同变换器；b）带第一类 PB - ac 四电平变换器；c）非对称四电平拓扑结构

7.6　小结

本章涉及非传统的多电平变换器。所用的方法是用 PBG 代替，表明产生多电平拓扑结构的数量可能性很高，这种方法也有助于理解技术文献中描述的拓扑结构。虽然不是对所有的可能性进行了深入研究，但主要针对 3 种进行了分析，考虑到 PB 以及确定模块连接的规则、变量表和变换器的模型。这些文献提到了大量的可能的多电平拓扑结构。在本章中引用的部分文献如参考文献［1］～参考文献［26］。

参考文献

[1] Bhagwat PM, Stefanovic VR. Generalized structure of a multilevel PWM inverter. IEEE Trans Ind Appl 1983;IA-19(6):1057–1069.

[2] Holmes D, Lipo T. *Pulse Width Modulation for Power Converters: Principles and Practice*. Wiley-IEEE Press; 2003.

[3] dos Santos Jr. EC, Muniz JHG, da Silva ERC. 2L3L inverter. Proceedings of COBEP; 2011. p 924–929.

[4] dos Santos Junior EC, Muniz JHG, da Silva ERC, Jacobina CB. Nested multilevel configurations. IEEE Energy Conversion Congress and Exposition (ECCE); 2012. p 324–329.

[5] Matsui K, Murai Y, Watanabe M, Kaneko M, Ueda F. A pulsewidth modulated inverter with parallel-connected transistors by using current sharing reactors. IAS Annual Meeting Conference 1985; 1985. p 1015–1019.

[6] Fratta A, Griffero G, Nieddu S, Pellegrino G Villata F. Inductive three-level V.-supplied conversion cell by new hybrid coupling reactor family. Proceedings of IAS'02; 2002. p 2378–2385.

[7] Salmon J, Ewanchuk J, Knight AM. PWM inverters using split-wound coupled inductors. IEEE Trans Ind Appl 2009;45(6):2001–2009.

[8] Teixeira CA, McGrath BP, Holmes DG, Topologically reduced multilevel converters using complementary unidirectional phase-legs. IEEE International Symposium on Industrial Electronics (ISIE); 2012. p 2007–2012.

[9] Brückner T, Bernet S, Güldner H. The active NPC converter and its loss-balancing control. IEEE Trans Ind Electron 2005;52(3):855–868.

[10] Bruckner T, Bernet S, Steimer PK. Feedforward loss control of three-level active NPC converters. IEEE Trans on Ind Appl 2007;43(6):1588–1596.

[11] Andrejak JM, Lescure M. High voltage converters promising technological developments. Proc. Rec. EPE Conf.; 1987. p 1.159–1.162.

[12] Choi NS, Cho JG, Cho GH. A general circuit topology of multilevel inverter. Proc. Rec. IEEE PESC; 1991. p 96–103.

[13] Carpita M, S Tenconi. A novel multilevel structure for voltage source inverter. Proc. Rec. EPE Conf.; 1991. p 1.90–1.94.

[14] Floricau D, Gateau G, Leredde A. New active stacked NPC multilevel converter: operation and features. IEEE Trans Ind Electron 2010;57(7):2272–2278.

[15] Gateau G, Meynard TA, Foch H. Stacked multicell converter (SMC): properties and design. IEEE 32nd Annual Power Electronics Specialists Conference, PESC 2001; 2001 Jun 17–22; Vancouver, Canada; 2001.

[16] Suh B-S, Hyun D-S. A new n-level high voltage inversion system. IEEE Trans Ind Electron 1997;44(1):107–115.

[17] Peng F. A generalized multilevel inverter topology with self voltage balancing. IEEE Trans Ind Appl 2001;37(2).

[18] Barbosa P, Steimer P, Steinke J, Winkelnkemper M, Celanovic N. Active-neutral-point-clamped multilevel converters. Proc. IEEE Power Electron. Spec. Conf.; 2005. p 2296–2301.

[19] da Silva ERC, Muniz JHG, dos Santos EC, Silva RNA, Barreto LH. Capacitor balance in a five-level based halfbridge converter by use of a mixed active-cell. IEEE Energy Conversion Congress and Exposition (ECCE); 2013. p 414–419.

[20] Meilil J, Ponnaluri S, Serpa L, Steimer PK, Kolar JW. Optimized pulse patterns for the 5-level ANPC converter for high speed high power applications. IEEE IECON 06; 2006. p 2597–2592.

[21] Meynard T, Lienhardt AM, Gateau G, Haederli Ch, Barbosa P. Flying capacitor multiCell converters with reduced stored energy. Proceedings of IEEE ISIE; 2006. p 914–918.

[22] Ramos RR, Ruiz-Caballero D, Ortmann MS, Mussa SA. New symmetrical hybrid multilevel dc-ac converters. Proceedings of Power Electronics Specialists Conference (PESC2008); 2008. p 1916–1922.

[23] Ratnayake KR, Ishikawa H, Wang D, Yoshida M, Watanabe T. Novel hybrid five level inverter. IPEC; 2000. p 2025–2028.

[24] Chen A, Hu L, and He X. A novel type of combined multilevel converter topologies. The 30th Annual Conference of the IEEE Industrial Electronics Society; 2004. p 2290–2294.

[25] Haque MT. Series sub-multilevel voltage source inverters (MLVSIs) as a high quality MLVSI. Proceedings of SPEEDAM; 2004. p F1B-1–F1B-4.

[26] Babaei E. A cascade multilevel converter topology with reduced number of switches. IEEE Trans Power Electron 2008;23(6):2657–2664.

第 8 章　最佳的脉冲宽度调制方法

8.1　引言

针对本书所研究的系统，很多作者近几年来提出了许多脉宽调制（PWM）的方法，那就是 dc - ac 和 ac - dc - ac 功率转换。总的来说，可以将脉宽调制方法归为两大类：正弦脉宽调制（SPWM）和空间矢量脉宽调制（SVPWM）。SPWM 由 Schonnung 于 1964 年提出[1]，为了产生输出电压波形，一个正弦控制信号（调制信号）与一个三角波信号（载波信号）相比较。而 SVPWM 运用复杂的电压矢量来定义脉冲宽度。虽然率先提出 PWM 控制中运用复杂电压矢量的建议人之一是 Jardan[2]，但 SVPWM 技术由 Busse 和 Holtz[3] 及后来的 Pfaff[4] 等人在同一年首先发表。

本书前面几章所介绍的大多数 PWM 方法可以归类为 SPWM，到目前为止，每一个架构的研究，都集中研究开发 PWM 策略与方法，同时在波形总谐波失真的产生和变换器的效率等方面带来不同层次的优化。针对这一课题开展大量研究的直接结果，从第一个研究开始就可以看出许多的改进，例如，调制信号的改变带来很多 SPWM 技术的改进，导致了非正弦载波的 PWM 技术[5-8]。在 Buja 和 Indri[9] 的报告后，人们渐渐认为在一个三相变换器中，对每个参考极点电压添加一个适当的三次谐波零序分量会使得输出电压的基波分量增加 15.5%。正如 Depenbrock[10] 所总结的，零序分量不只是能带来 15.5% 的增益，还能将每个极点电压箝位在正弦波的 60°，从而减少开关开启和关闭的次数。

考虑到极点电压数量高于负载所需电压数量，本章将介绍一些有关优化 PWM 方法的技术，同时要探索出一个自由度，如图 8.1 所示，提供单相负载的 H 桥变换器就存在一个自由度。在变换器一侧有两个可用的极点电压（v_{10}和 v_{20}），而我们只需要控制 v_o。紧接引言，本章共 7 节，8.2 节和 8.3 分别介绍针对双桥臂和三桥臂变换器的一种优

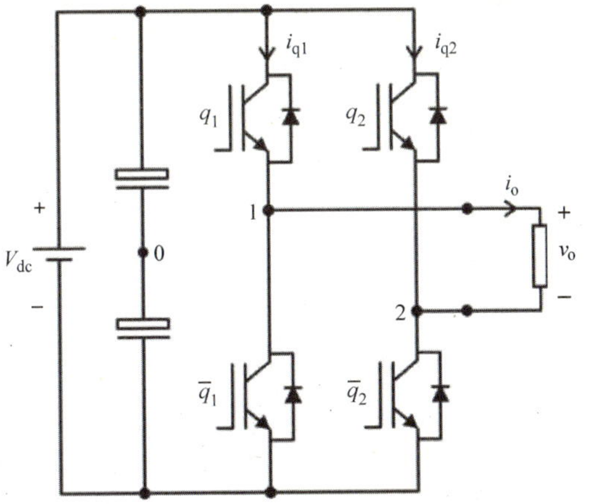

图 8.1　驱动单相负载双桥臂变换器

化的 PWM 方法，在这两节中，提出了一个同时用模拟和数字方法实现的 PWM 方法，以及最后参数 μ 对解决所产生波形质量和变换器损失的影响。8.4 节介绍三相变换器的空间矢量调制，8.5 节介绍 CPWM 用于一个三桥臂变换器驱动一个两相对称电动机和一个驱动三相四线负载的四桥臂变换器。CPWM 同样被用于非常规变换器中（8.6 节），如带中心抽头的耦合电感、Z 源变换器和开放式绕组电动机。

8.2 双桥臂变换器

8.2.1 模型

如图 8.1 所示的双桥臂变换器，由 4 个电源开关和 q_1、$\bar{q}_1$、q_2 和 $\bar{q}_2$ 构成。注意产生门控信号的必要电路并没有在该图中呈现。上面的开关和下面的是互补的，这表明 $q_1 = 1 - \bar{q}_1$，$q_2 = 1 - \bar{q}_2$，如前面章节所考虑的，所有开关的导电状态可用二进制变量表示，$q_x = 1$ 表示开关闭合，$q_x = 0$ 表示开关断开（其中 $x = 1$ 和 2）。

极点电压 v_{10} 和 v_{20} 可以定义为开关状态的函数，如下所示：

$$v_{10} = (2q_1 - 1)\frac{v_{dc}}{2} \tag{8.1}$$

$$v_{20} = (2q_2 - 1)\frac{v_{dc}}{2} \tag{8.2}$$

表 8.1 开关电压和电流与开关状态的函数关系

开关状态		开关的电压				流过开关的电流			
q_1	q_2	v_{q1}	$v_{\bar{q}1}$	v_{q2}	$v_{\bar{q}2}$	i_{q1}	$i_{\bar{q}1}$	i_{q2}	$i_{\bar{q}2}$
0	0	V_{dc}	0	V_{dc}	0	0	i_o	0	i_o
0	1	V_{dc}	0	0	V_{dc}	0	i_o	i_o	0
1	0	0	V_{dc}	V_{dc}	0	i_o	0	0	i_o
1	1	0	V_{dc}	0	V_{dc}	i_o	0	i_o	0

输出电压由下式给出：

$$v_o = v_{10} - v_{20} \tag{8.3}$$

$$v_o = (q_1 - q_2)V_{dc} \tag{8.4}$$

注意这里有两个控制变量（开关状态 q_1 和 q_2）去定义一个输出电压（v_o），而负载电压由变换器产生，负载电流（i_o）取决于连接在变换器上的负载（$i_o = v_o/Z$，这里 Z 是线性负载阻抗）。开关两端电压和流过其的电流如表 8.1 所示。

从表 8.1 可以得出下列等式来定义开关的电压和电流：

$$v_{qx} = (1 - q_x)V_{dc} \tag{8.5}$$

$$v_{\bar{q}x} = q_x V_{dc} \tag{8.6}$$

$$i_{qx} = q_x i_o \tag{8.7}$$

$$i_{\bar{q}x} = (1 - q_x)i_o \tag{8.8}$$

式中，$x=1$，2。

8.2.2 PWM 的实现

从式（8.3）中也许可以将所需的输出电压定义成参考极点电压的函数，如下：

$$v_o^* = v_{10}^* - v_{20}^* \tag{8.9}$$

参考电压[$v_o^* = V_o^* \cos(\omega_o t)$]必须由两个参考极点电压（$v_{10}^*$和 v_{20}^*）综合得到，这样就只需研究一个自由度，然后可以定义一个辅助变量（v_h^*）来表示允许改善的程度，这样的话也许可以用下式表示：

$$v_{10}^* = v_o^* + v_h^* \tag{8.10}$$

$$v_{20}^* = v_h^* \tag{8.11}$$

原则上，v_h^* 的任意值都满足式（8.9），但我们需要知道附加电压来保证参考极点电压处于以下范围：

$$\frac{-V_{dc}}{2} \leqslant v_{10}^* \leqslant \frac{V_{dc}}{2} \tag{8.12}$$

$$\frac{-V_{dc}}{2} \leqslant v_{20}^* \leqslant \frac{V_{dc}}{2} \tag{8.13}$$

当满足式（8.12）和式（8.13）时，表明变换器工作在线性区。本节接下来就要确定 v_h^* 的解析式，从而定义实现 PWM 的 v_{10}^*和 v_{20}^*。

将式（8.10）和式（8.11）代入式（8.12）和式（8.13），可以得到

不等式 1：$v_h^* \geqslant \frac{-V_{dc}}{2} - v_o^*$；

不等式 2：$v_h^* \geqslant \frac{-V_{dc}}{2}$；

不等式 3：$v_h^* \leqslant \frac{V_{dc}}{2} - v_o^*$；

不等式 4：$v*_h \leqslant \frac{V_{dc}}{2}$；

只要 v_o^* 是正弦波，它可以是正值或负值；这里有两种情况，情况 1：当$v_o^* > 0$ 和情况 2：$v_o^* < 0$。图 8.2 显示的阴影区域（可行域）是在第一种情况下与不等式 1 和不等式 2 有关，而图 8.3 是情况 2 下相同的不等式。即使 v_o^* 是正弦波，但考虑到时间周期较短，在接下来的分析中（图 8.2 ~ 图 8.5）我们将它当作常量。

注意在情况 1（见图 8.2）下，不等式 1 是占主导的（因为当不等式 1 满足时，不等式 2 必定满足），而在第 2 种情况下相反。

我们可以将图 8.2 和图 8.3 的情况简洁地描述成下式：

$$v_h^* \geqslant \frac{-V_{dc}}{2} - \mathrm{MAX}\{v_o^*, 0\} \tag{8.14}$$

式（8.14）是不等式 1 和不等式 2 的一般式，它等价于图 8.2 和图 8.3 中描述的图形分析。

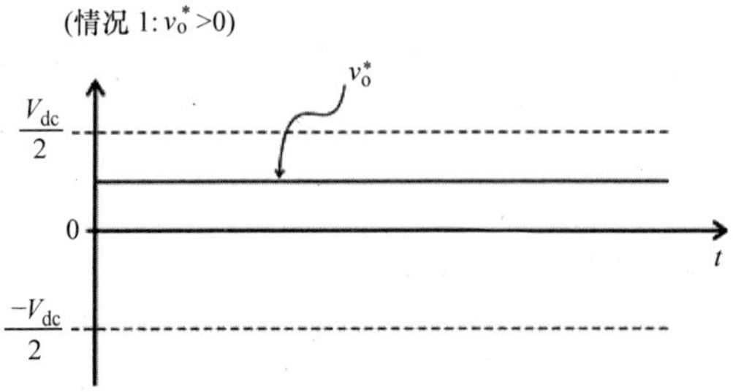

a)

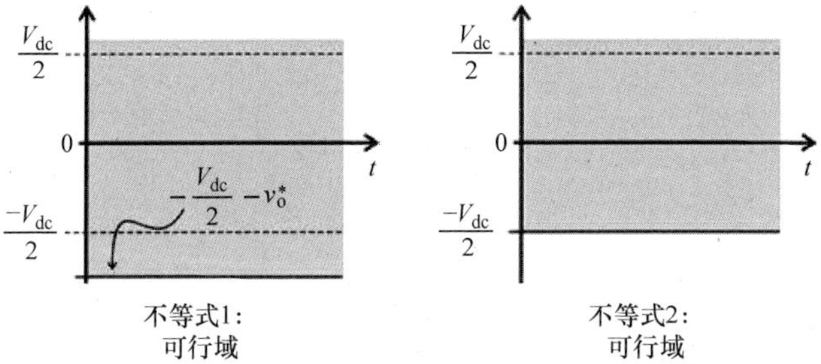

b)

图 8.2　a）当 $v_o^* > 0$ 时 v_h^* 的范围（情况 1）；b）不等式 1（左）和不等式 2（右）的可行域

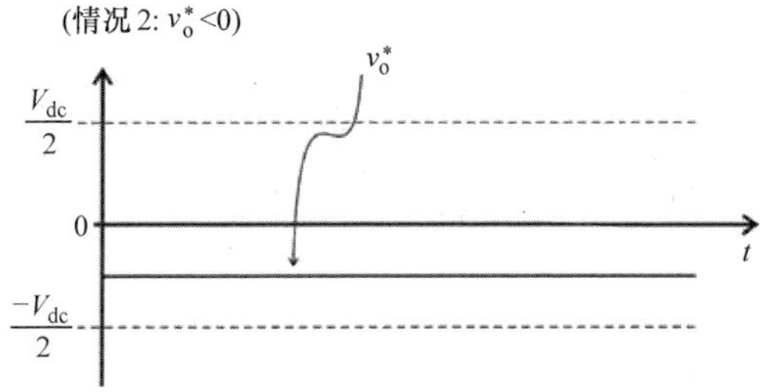

a)

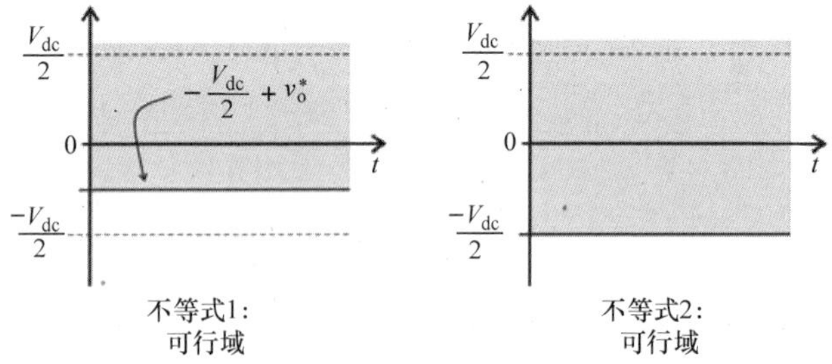

b)

图 8.3　a）当 $v_o^* < 0$ 时 v_h^* 的范围（情况 2）；b）不等式 1（左）和不等式 2（右）的可行域

可以用类似的方法处理不等式 3 和不等式 4。图 8.4 所示的阴影区域（可行域）是在第一种情况下与不等式 3 和不等式 4 有关，而图 8.5 是情况 2 下相同的不等式。注意第一种情况下不等式 4 占优势，而在第二种情况下必须满足不等式 3。这样就可以将其简单地表示为：

$$v_h^* \leqslant \frac{V_{dc}}{2} - \mathrm{MIN}\{v_o^*, 0\} \tag{8.15}$$

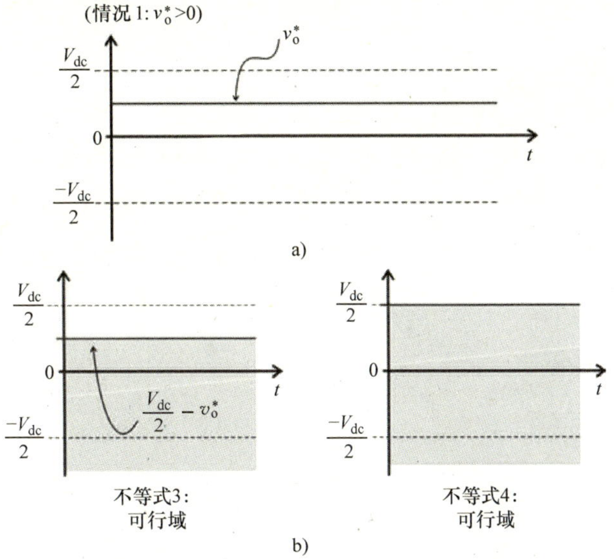

图 8.4　a）当 v_o^* <0 时 v_h^* 的范围；b）不等式 3（左）和不等式 4（右）的可行域

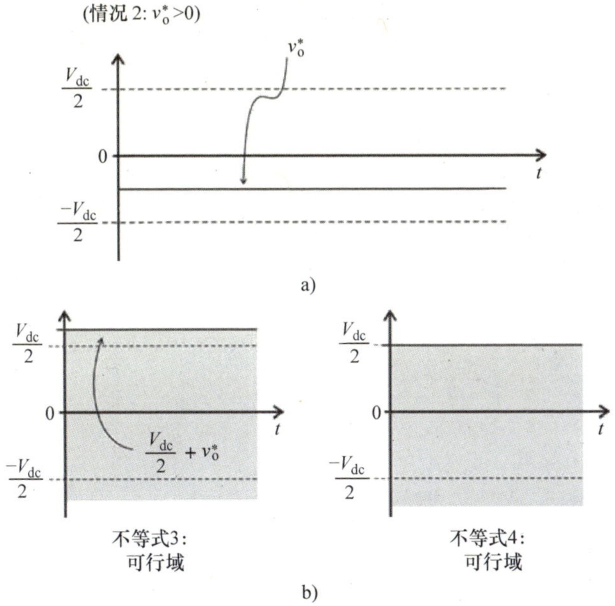

图 8.5　a）当 v_o^* <0 时的范围；b）不等式 3（左）和不等式 4（右）的可行域

和式（8.14）一样，式（8.15）可以用来表示图8.4和图8.5中所描述的图形分析，因此可以将式（8.14）和式（8.15）一起写为

$$\frac{-V_{dc}}{2}-\mathrm{MAX}\{v_o^*,0\}\leqslant v_h^*\leqslant\frac{V_{dc}}{2}-\mathrm{MIN}\{v_o^*,0\}\tag{8.16}$$

或

$$\frac{-V_{dc}}{2}-V_{max}\leqslant v_h^*\leqslant\frac{V_{dc}}{2}-V_{min}\tag{8.17}$$

其中，$V_{max}=\mathrm{MAX}\{v_o^*,0\}$ $V_{min}=\mathrm{MIN}\{v_o^*,O\}$。

对于工作在线性区［见式（8.12）和式（8.13）］，v_h^* 必须在式（8.17）所表示的和图8.6a所示的范围内考虑，注意从图中可以得到 v_h^* 的最小值和最大值分别为 V_1 和 V_2。这些电压定义如：$V_1=(-V_{dc}/2)-V_{max}$，$V_2=(V_{dc}/2)-V_{min}$，我们可以引进因子 μ（分布系数），以便使电压 v_h^* 以 μ 为函数成比例地变化，如图8.6b所看到的那样，$0\leqslant\mu\leqslant1$。于是图8.6b中的线性方程可以写为

$$v_h^*(\mu)=V_1+(V_2-V_1)\mu\tag{8.18}$$

将式（8.18）整理得

$$v_h^*=V_{dc}\left(\mu-\frac{1}{2}\right)+(\mu-1)V_{max}-\mu V_{min}\tag{8.19}$$

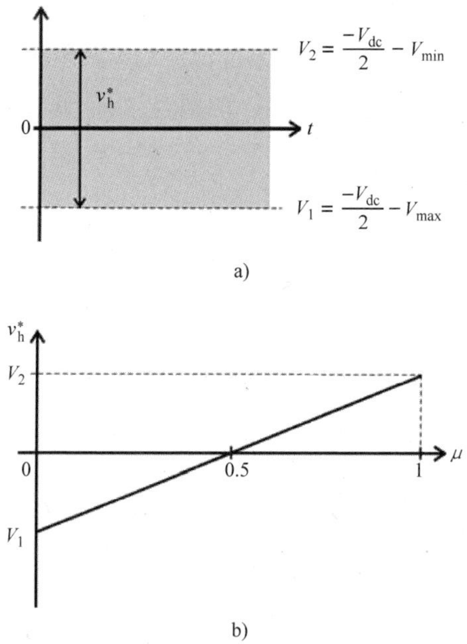

图8.6 a）v_h^* 的范围；b）v_h^* 与分布因子 μ 的函数关系

式（8.19）定义的 v_h^*，式（8.10）和式（8.11）给出的参考极点电压（v_{10}^* 和 v_{20}^*）既可以用来与高频率三角波做比较（在模拟方案中），也可以用来产生计时计数器（在数字方案中）。

例 8.1

当$\mu=0.5$（分布因子）且假定$v_o^*=V_o^*\cos(\omega_o t)$，确定$v_{10}^*$和$v_{20}^*$的波形。

答案：为了确定v_{10}^*和v_{20}^*的波形，如式（8.10）和式（8.11），必须如式（8.19）求出v_h^*。将$\mu=0.5$代入式（8.19）得：$v_h^*=-1/2(V_{min}^*+V_{max}^*)$。如之前定义，$V_{max}$和$MAX\{v_o^*,0\}$和$V_{min}=MIN\{v_o^*,0\}$，亦即

1）当$v_o^*>0$，$V_{max}=v_o^*$，$V_{min}=0$

2）当$v_o^*\leqslant 0$，$V_{max}=0$，$V_{min}=v_o^*$

因此，在$v_o^*>0$及$v_o^*\leqslant 0$的两种情况下，v_h^* 等于$-1/2$（v_o^*）。因此$v_{10}^*=\frac{1}{2}v_o^*$，$v_{20}^*=-\frac{1}{2}v_o^*$。$v_{10}^*$和$v_{20}^*$的波形是具有相同幅度且相位相差 180°的两个正弦波。

8.2.3　模拟和数字实现

图 8.1 中所描绘的双桥臂变换器的 PWM 方案的模拟实现如图 8.7 所示。注意由方程式(8.10)和式(8.11)得到参考极点电压与幅度等于V_t的载波信号v_t^*相比。调制电压v_{j0}^*（v_{j0}^*中$j=1$，2）和V_t的振幅的关系定义了振幅调制比率（$m_d=V_{j0}^*/V_t$）。另一方面，开关频率（f_s为载波信号频率）和正弦波频率（f_o）的关系定义了频率调制比率（$m_f=f_s/f_o$）。

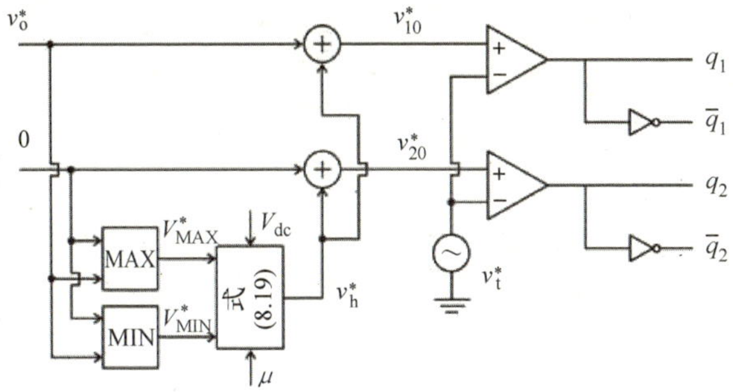

图 8.7　模拟 PWM 实现

例 8.2

若$\mu=0.5$，假设幅度调制系数（m_a）等于无限大，确定负载电压v_o。

答案

由幅度调制系数定义的$m_a=V_{j0}^*/V_o$，幅度调制系数（m_a）等于无限大意味着正弦波的幅度总是高于载波信号的幅度。于是，如果$v_{j0}^*>0$则$q_j=1$，而如果$v_{j0}^*<0$则$q_j=0$（$j=1$，2）。负载电压将为与v_o^*同频，与V_{dc}等幅的方波。

通过定义开关（q_1 和 q_2）开启的时间，等效数字解决方案可作为 PWM 模拟实现的替代方案。对于脉冲宽度的确定，用于定义开关的开或关状态（如图 8.7 中仿真 OpAmp 工作），假定修定的参考电压 v_{10}^* 和 v_{20}^* 在开关周期 T_s 期间是常数。如图 8.8 所示，这一假设（如：v_{10}^* 和 v_{20}^* 在 T_s 是常数）在开关频率变得远远高于调制信号的频率时（例：$f_s >> f_o$）变得更准确。

然后，假设三角波的频率足够高，以保证满足图 8.8b 的条件，在周期 T_s 中 v_{10} 和 v_{20} 平均值应该分别等于 v_{10}^* 和 v_{20}^* 的中间值。图 8.9 显示了第一桥臂的波形，强调 v_{10}^* 和 v_{10} 的中间值必须是相等的。因此，它可能写为

$$\frac{1}{T_s}\int_t^{t+T_s} v_{10}^*(t)\,dt = \frac{1}{T_s}\int_t^{t+T_s} v_{10}(t)\,dt \tag{8.20}$$

$$\frac{1}{T_s}\int_t^{t+T_s} v_{20}^*(t)\,dt = \frac{1}{T_s}\int_t^{t+T_s} v_{20}(t)\,dt \tag{8.21}$$

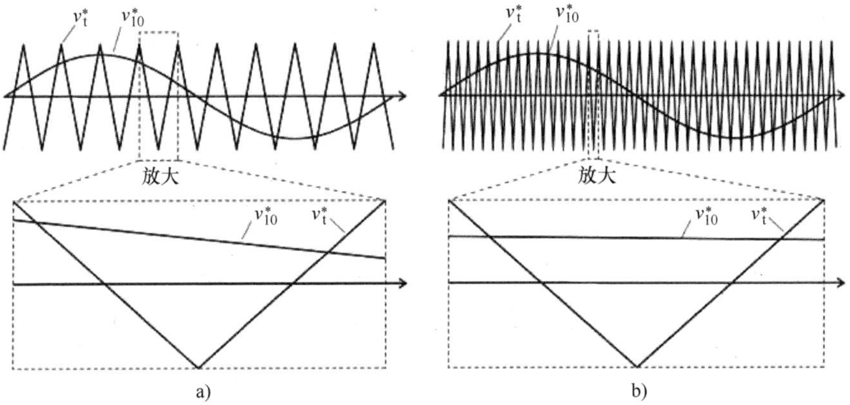

图 8.8　高频三角波和正弦波的比较：a）低频调制比率；b）高频调制比率

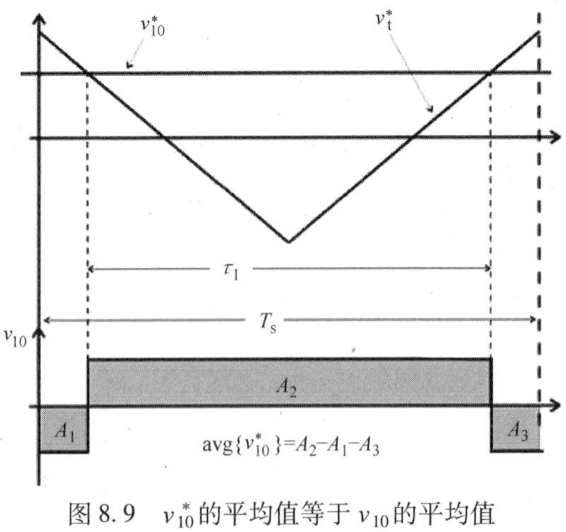

图 8.9　v_{10}^* 的平均值等于 v_{10} 的平均值

由于 v_{10}^* 和 v_{20}^* 在 T_s 中被认为是恒定的：

$$v_{10}^* = \left[\frac{V_{dc}}{2}\tau_1 - \frac{V_{dc}}{2}(T_s - \tau_1)\right]\frac{1}{T_s} \tag{8.22}$$

$$v_{20}^* = \left[\frac{V_{dc}}{2}\tau_2 - \frac{V_{dc}}{2}(T_s - \tau_2)\right]\frac{1}{T_s} \tag{8.23}$$

式中，τ_1 和 τ_2 是指开关 q_1 和 q_2 开启的时间。

式(8.22)和式(8.23)可以计算开关 q_1 和 q_2 开启的时间间隔。即

$$\tau_1 = \left(\frac{v_{10}^*}{V_{dc}} + \frac{1}{2}\right)T_s \tag{8.24}$$

$$\tau_2 = \left(\frac{v_{20}^*}{V_{dc}} + \frac{1}{2}\right)T_s \tag{8.25}$$

在定义脉冲宽度（τ_1 和 τ_2）后，有必要用数字信号处理（DSP）或现场可编程门阵列器件来实现定时器。

练习 8.1

假定一如图 8.1 所示的单相 dc - ac 变换器，其 $V_{dc} = 100V$。考虑两种方法来产生 PWM 信号：①最大容许电压为 15V 的 OpAmp 的模拟实现方案（由于 OpAmp 工作限制约束），亦即 v_{10}^*、v_{20}^* 和 v_t^* 的最大电压必须等于 15V；②运用 C ++ 为 DSP 编码的数字实现方案，其中 $v_{10}^* = 50\sin(\omega t)$ 和 $v_{20}^* = 50\sin(\omega t + 180°)$。请问：如前所述的模拟实现方案及数字实现方案可能产生幅度为 100V 的理想 AC 输出电压吗?

8.2.4 μ 对 PWM 实现方案的影响

在已描述的 PWM 方案中，参数 μ 和 v_h^* 起到非常重要的作用。如前面提到的，分布因子（μ）可以被用来优化变换器操作。例如，为了突出该优化，如图 8.10 ~ 图 8.12 所示一组主变换器的变量 μ 分别等于 0.5、0.0 和 1.0。注意，那些结果是标准归一化的，对于电源和控制波形，其最大值总是一。当 $\mu = 0.5$ 时得到对称波形（v_{10}^* 和 v_{20}^*）的情形如图 8.10 所示，就总谐波失真而言，表示它是最佳选择。

请注意，这个结果的电流纹波低于如图 8.11 和图 8.12 所示的值。另一方面，$\mu = 0$ 和 $\mu = 1$ 产生非对称波形（见图 8.11 和图 8.12）的主要优点与降低开关损耗有关。在一个很长的时间段内（调制信号的 180°），对于 v_{10} 或 v_{20} 没有开关。

特别强调的是，虽然 μ 在处理 THD 改善或减少损失产生失真波形上起着重要作用，但这些参数（μ 与 v_h^*）仍不会改变有效活动状态的长度，如图 8.13 所示。

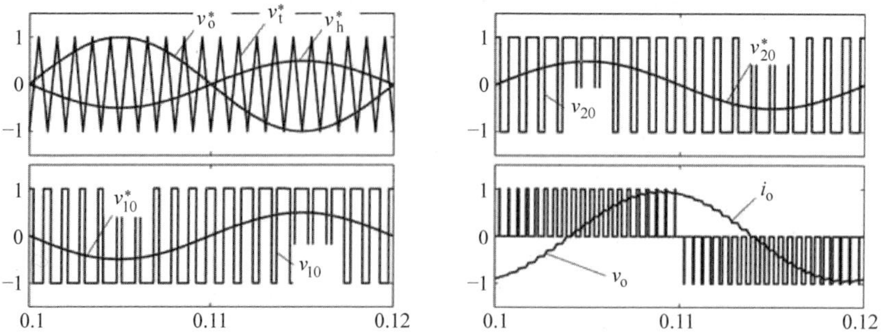

图 8.10 $\mu=0.5$ 时所得波形

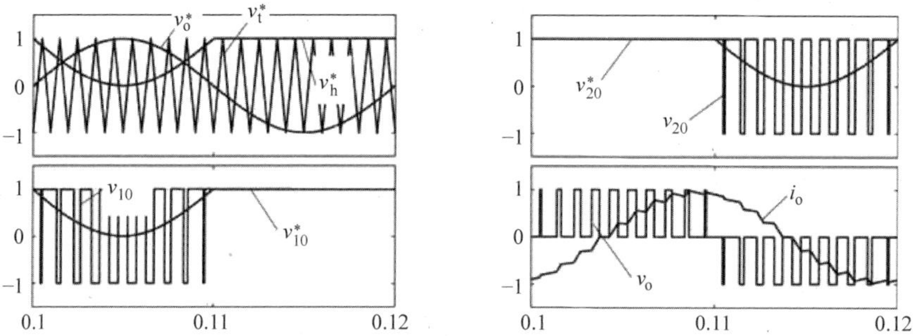

图 8.11 $\mu=0.0$ 时所得波形

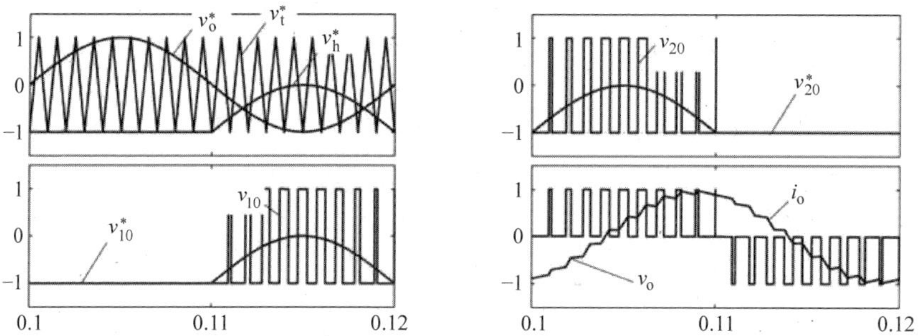

图 8.12 μ 时所得波形

例 8.3 为什么负载电流在所有的 μ 下都有相同的值？如果 μ 取另一个值而不是 0.5、0.0 或 1.0，例如 $\mu=0.3$，负载电流是否会改变？

解答

即使不同的瞬时负载电压由于不同的 v_h^* 值，如图 8.10 ~ 图 8.12 所示，由于共同的参数 v_h^* 被消掉［见方程（8.9）］，v_o 的平均值应该是相同的。这是为什么负载电流的幅值是一个常数。可以从图 8.13 得到另一种解释，显示不变的有源矢量长度，无论是使用 v_h^* 与否，即，如果使用相同的有源矢量，则预期得到相同的振幅的电流。

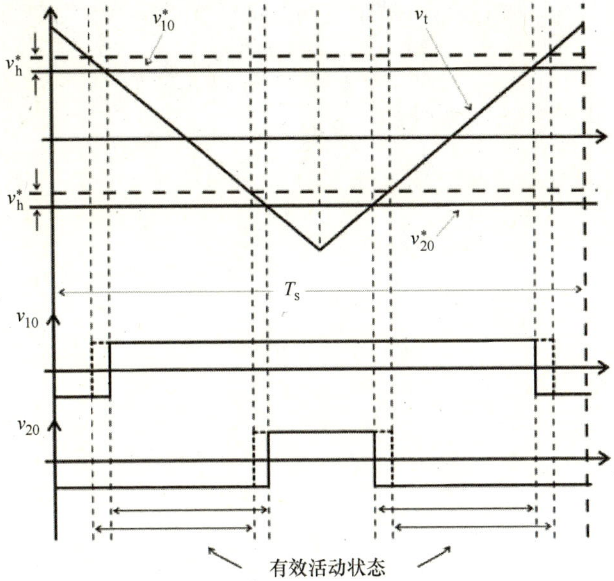

图 8.13　有效活动状态产生中对 v_h^* 的影响

8.3　三桥臂变换器和三相负载

8.3.1　模型

三桥臂变换器如图 8.14 所示，由 6 个电源开关 q_1、$\bar{q}_1$、q_2、$\bar{q}_2$、q_3 和 $\bar{q}_3$ 构成。出于简化目的，所需产生门控信号的电路不呈现在该图中；相反，只是展示了电路的电源部分。图中上开关（q_1、q_2 和 q_3）和下开关（$\bar{q}_1$、$\bar{q}_2$ 和 $\bar{q}_3$）是互补的，这意味着 $q_x = 1 - \bar{q}_x$（$x = 1$，2，3）。所有开关处于导通状态，也可以用 $q_x = 1$ 表示开关闭合和 $q_x = 0$ 表明一个开关断开，以二进制变量来表示。

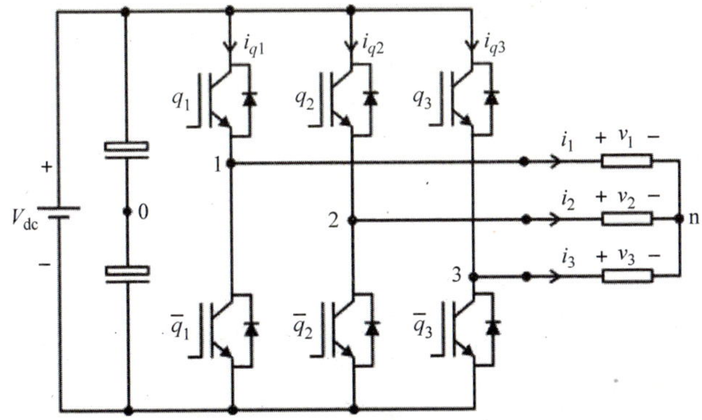

图 8.14　支持三相负载的三桥臂变换器

极点电压 v_{10}、v_{20}和 v_{30}可以被定义为开关状态的函数，如下：

$$v_{10} = (2q_1 - 1)\frac{V_{dc}}{2} \tag{8.26}$$

$$v_{20} = (2q_2 - 1)\frac{V_{dc}}{2} \tag{8.27}$$

$$v_{30} = (2q_3 - 1)\frac{V_{dc}}{2} \tag{8.28}$$

输出电压（v_1、v_2 和 v_3）由下给出：

$$v_1 = v_{10} - v_{n0} \tag{8.29}$$

$$v_2 = v_{20} - v_{n0} \tag{8.30}$$

$$v_3 = v_{30} - v_{n0} \tag{8.31}$$

考虑一平衡三相系统（如 $v_1 + v_2 + v_3 = 0$）并且如式(8.29)～式(8.31)，可以定义 v_{n0}如式（8.32）：

$$v_{n0} = \frac{1}{3}(v_{10} + v_{20} + v_{30}) \tag{8.32}$$

将（8.32）代入式(8.29)～式(8.31)，我们得到

$$v_1 = \frac{2}{3}v_{10} - \frac{1}{3}v_{20} - \frac{1}{3}v_{30} \tag{8.33}$$

$$v_2 = \frac{-1}{3}v_{10} + \frac{2}{3}v_{20} - \frac{1}{3}v_{30} \tag{8.34}$$

$$v_3 = -\frac{1}{3}v_{10} - \frac{1}{3}v_{20} + \frac{2}{3}v_{30} \tag{8.35}$$

请注意，可以求解出三相系统中固有裕度。当其中两个电压是受控的，第三个是间接受控，例如：$v_3 = -(v_1 + v_2)$。

将式(8.26)～式(8.28)代进式(8.33)～式(8.35)，可以写出输出电压仅仅为开关的状态的函数：

$$v_1 = \left[\frac{2}{3}q_1 - \frac{1}{3}q_2 - \frac{1}{3}q_3\right]V_{dc} \tag{8.36}$$

$$v_2 = \left[-\frac{1}{3}q_1 + \frac{2}{3}q_2 - \frac{1}{3}q_3\right]V_{dc} \tag{8.37}$$

$$v_3 = -v_1 - v_2 \tag{8.38}$$

驱动三相负载的三桥臂变换器也呈现出一定程度的自由度。请注意，通过3个控制变量 q_1、q_2 和 q_3 来控制两个输出电压。

而变换器所产生的负载电压，负载电流取决于连接到变换器的负载。在一线性负载的情况下，它可以写为 $i_x = v_x/Z_x$，此处 Z_x 是相 x 的负载阻抗，x 等于1、2 和3。通过开关的电压和电流如表8.2所示。

表 8.2　开关的电压和电流作为开关状态的函数

开关状态	开关电压		开关电流	
q_x	v_{qx}	$v_{\bar{q}x}$	i_{qx}	$i_{\bar{q}x}$
0	V_{dc}	0	0	i_1
1	V_{dc}	0	i_1	0

根据表 8.2，如下方程可以分别用来定义开关的电压和电流。

$$v_{qx} = (1 - q_x)V_{dc} \tag{8.39}$$

$$v_{\bar{q}x} = q_x V_{dc} \tag{8.40}$$

$$i_{qx} = q_x i_x \tag{8.41}$$

$$i_{\bar{q}x} = (1 - q_x)i_x \tag{8.42}$$

其中，$x=1$，2，3。

8.3.2　PWM 实现方案

如方程式(8.29)~式(8.31)，可以定义理想输出电压为参考极点电压和电压 v_{n0}^* 的函数，如下：

$$v_1^* = v_{10}^* - v_{n0}^* \tag{8.43}$$

$$v_2^* = v_{20}^* - v_{n0}^* \tag{8.44}$$

$$v_3^* = v_{30}^* - v_{n0}^* \tag{8.45}$$

电压 v_{n0}^* 可以作为辅助变量（v_h^*），该变量将为变换器带来一定程度的优化，如以前提出的单相变换器。如果理想平衡三相电压由 $v_1^* = V_o^*\cos(\omega_o t)$，$v_2^* = V_o^*\cos(\omega_o t + 120°)$ 和 $v_3^* = V_o^*\cos(\omega_o t - 120°)$ 给出，参考极点电压可以如下定义：

$$v_{10}^* = v_1^* + v_h^* \tag{8.46}$$

$$v_{20}^* = v_2^* + v_h^* \tag{8.47}$$

$$v_{30}^* = v_3^* + v_h^* \tag{8.48}$$

式中

$$v_h^* = V_{de}\left(\mu - \frac{1}{2}\right) + (\mu - 1)V_{max} - \mu V_{min} \tag{8.49}$$

式中，$V_{max} = \text{MAX}\{v_1^*, v_2^*, v_3^*\}$ 和 $V_{min} = \text{MIN}\{v_1^*, v_2^*, v_3^*\}$；$\mu$ 是分配因子，在整个开关周期内确定空转时间间隔内如何分布。

方程式（8.19）和式（8.49）是相同的方程，只是改变了 V_{max} 和 V_{min}。实际上，v_h^* 是一个广义的表达式，可以应用在不同的处理交流电压的功率变换器中，正如本章后面所讨论的。

8.3.3 模拟和数字的实现

图8.15展示了图8.14所示的三桥臂变换器的PWM解决方案的模拟实现。参考极点电压如方程式(8.46)~式(8.48)，并与载波信号 v_t^* 相比。

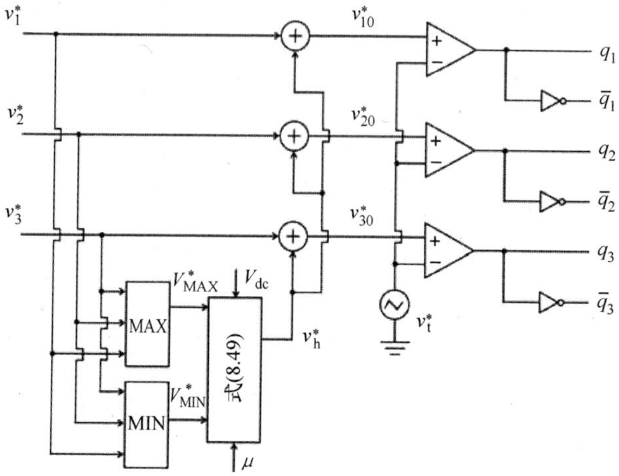

图8.15　三桥臂变换器的模拟PWM实现方案

对单相变换器采用相同的方法，当开关 q_1、q_2 和 q_3 闭合时，可以计算时间间隔，即

$$\tau_1 = \left(\frac{v_{10}^*}{V_{dc}} + \frac{1}{2}\right)T_s \tag{8.50}$$

$$\tau_2 = \left(\frac{v_{20}^*}{V_{dc}} + \frac{1}{2}\right)T_s \tag{8.51}$$

$$\tau_3 = \left(\frac{v_{20}^*}{V_{dc}} + \frac{1}{2}\right)T_s \tag{8.52}$$

定义脉冲宽度（τ_1、τ_2 和 τ_3）后，对每个相关桥臂必须编程3个定时器。

8.3.4 三桥臂变换器中 μ 对PWM实现方案的影响

由于被认为是双桥臂变换器，电压 v_h^* 可以用于优化特定参数，如加权总谐波失真（WTHD）和损耗。

图8.16a~b分别显示当 μ 等于0.5和0时的主要波形。而图8.17显示负载相电压的WTHD是 μ 的函数，图8.18显示了如图8.16所示的相同波形，μ 从0~1每周期变化6次。注意：$\mu = 0.5$ 产生的对称波形对WTHD有更好的效果。另一方面，由于箝位极点电压的原因，$\mu = 0$ 产生损耗减少的效果。当 $\mu = 0.5$ 和 $\mu = 1$

时，同时带来的好处的一种方法是在正弦周期内参数 μ 从 0 ~ 1 改变多次，这将保证平均值为 0.5，同时保持极点电压箝位。

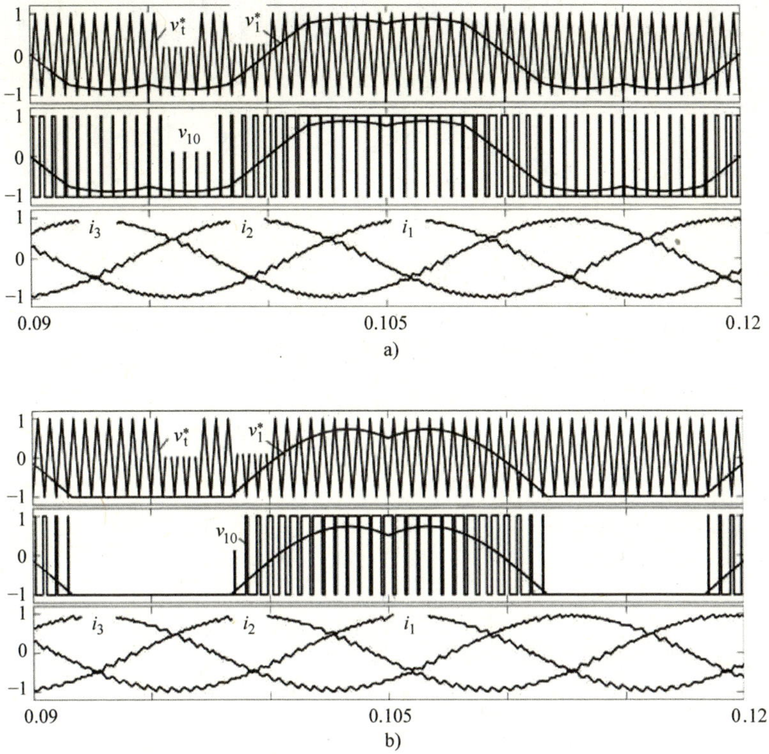

图 8.16　所得波形：a）$\mu = 0.5$；b）$\mu = 1.0$

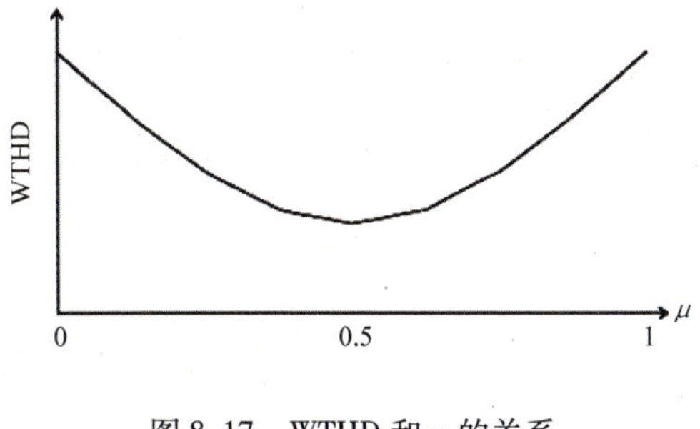

图 8.17　WTHD 和 μ 的关系

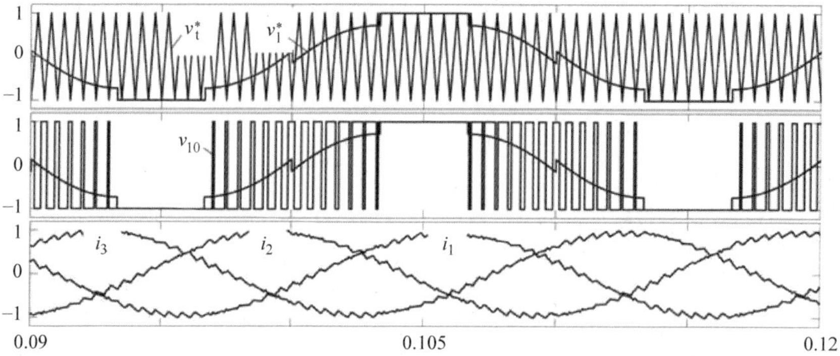

图 8.18　当μ从 0 ~ 1 改变时的波形

8.3.5　逆变器变量中三相电动机互连的影响

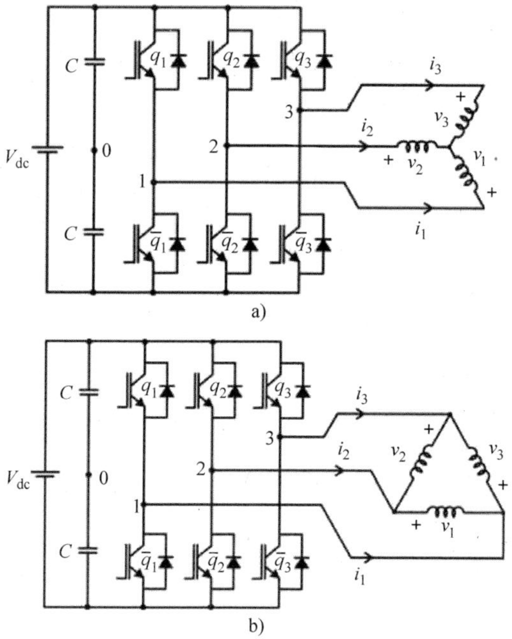

图 8.19　带三相电动机的 AC 电动机驱动系统：
a）星形联结；b）三角形联结

通常，三相电动机的设计为星形联结还是三角形联结，取决于公用电网中可用的电压电平。在电动机驱动系统中，三相电动机的联结方式仍然被定义为在直流母线电容器上可用的电压电平的函数。如果对于给定的应用的直流母线电压没有限制，如图所示，机器联结（星形 - 见图 8.19a 或三角形 - 见图 8.19b）的两种可能性之间倾向于星形联结。由于市面上可用的 IGBT 的范围是合理的，因此以下所得分析是假设电动机驱动系统采用相同的功率开关和直流母线电容器。例如，有一类 IGBT 在 600V 下工作，另一种是工作在 1200V 工作的 IGBT。相同的 IGBT 可以用于包括星形和三角形联结的 $220V_{rms}$ 三相系统（相电压），星形结构组合需要与 539V 电源开关（峰值），而三角形结构组合为 311V（峰值）。

本节旨在展示一个电机驱动系统中三相电机的 Y 联结和△联结的优缺点，突出这些连接对变换器变量的影响。在这种分析中，将会考虑这些逆变器的一些参数，即，直流母线电压要求；直流母线电容器的方均根电流；电动机电压的

WTHD，变换器的损耗，容错能力。

电压源逆变器（VSI）的直流母线电压可以被定义为电动机所要求的额定电压的函数，式（8.53）和式（8.54）分别对应星形和三角形联结；

$$V_{dc} = \sqrt{3}V_{ph} \tag{8.53}$$

$$V_{dc} = V_{ph} \tag{8.54}$$

式中，V_{ph}是电动机相电压幅度。

图 8.19a 中电动机驱动系统直流母线电压要求是图 8.19b 所示的$\sqrt{3}$倍，而考虑的电机相电压是相同的。

另一方面，用星形和三角形联结系统的直流母线电容器电流分别由式（8.55）和式（8.56）给出：

$$i_C = q_1 i_1 + q_2 i_2 + q_3 i_3 \tag{8.55}$$

$$i_C = q_1(i_3 - i_1) + q_2(i_1 - i_2) + q_3(i_2 - i_3) \tag{8.56}$$

图 8.20 显示了直流母线电容器电流的频谱。如式（8.55）和式（8.56）预期所示，三角形联结的谐波分量幅值较高，这意味着，直流母线电容器的损耗也将更高，因此预计三角形联结的使用寿命更短。

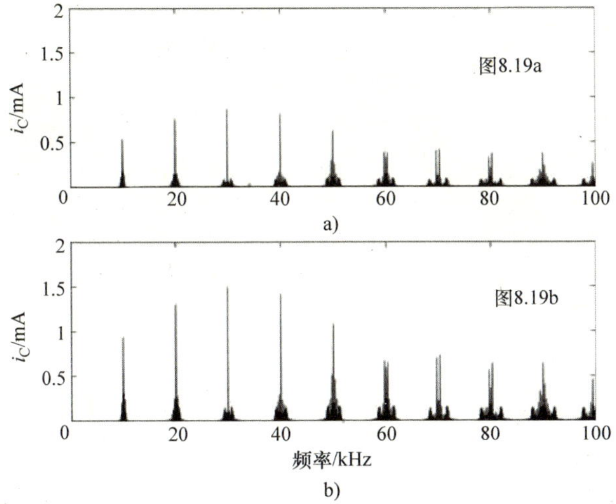

图 8.20　电容器电容频谱：a）星形联结；b）三角形联结

在变换器输出侧产生的波形质量可以用 WTHD 来计算，其计算如下式；

$$\mathrm{WTHD} = \frac{100}{a_1}\sqrt{\sum_{i=2}^{p}\left(\frac{a_i}{i}\right)^2} \tag{8.57}$$

式中，a_1 是基波电压分量的振幅；a_i 是第 i 次谐波的振幅；p 是考虑的最高谐波。

图 8.21a（顶部）显示了一个有趣的结果，此图展示了图 8.19 中所示的两个系统的相电压（v_1）的 WTHD 是调制系数（m_a）的函数。值得注意的是，即使三相电机的相电压，星形联结有 5 个电平而不是三角形联结中的 3 个电平；独立的三相电动机联结（星形或三角形）的相电压的 WTHD 完全相同，虽然电动机的相电

压的波形是不同的，如图 8. 21b（底部）所示。这样的电平，相比于三电平电压在峰值和谷值有更高的 dv/dt，从而降低了 WTHD。因此，即使有更高的电平，就 WTH 这个点来看，两个电压仍是相等的。如图 8. 21b 所示一个电压源逆变器对于宽范围的 ma 通过降低 THD 来驱使三相感应电动机。当电机的电压范围从 100% 变到 50%，开关 q_4 必须导通闭合保证直流母线电压等于 $v_{C1}+v_{C2}$ 和调制指数从 1 变到 0. 5（$1\leqslant ma\leqslant 0.5$）。另一方面，当电机的电压范围从 50% 变到 0%，开关 q_4 必须断开，保证直流母线电压等于 v_{c2} 和调制指数范围返回到 $1\leqslant ma\leqslant 0.5$。值得一提的是，即使考虑到降低输出电压范围的操作，图 8. 21b 中的功率变换器具有较高的调制指数，这意味着降低 THD。图 8. 21c，反过来，显示应用到电动机的额定电压从 10% 到 100% 电动机电流的 THD 形态。

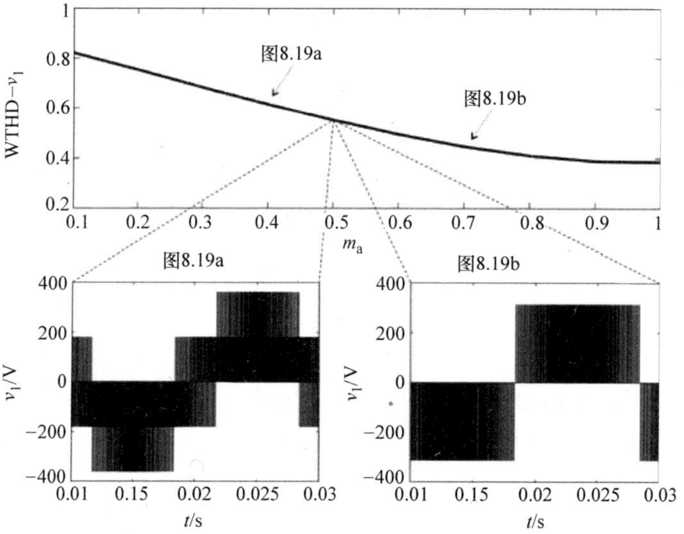

a)

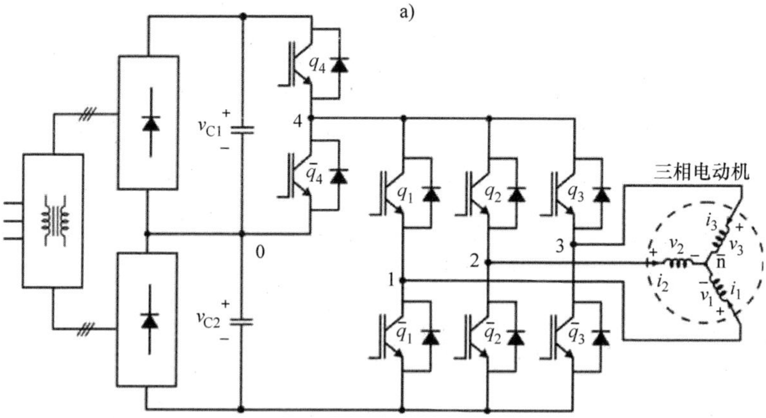

b)

图 8. 21 a）（上）相电压（v_1）的 WTHD 是调制因子的函数，（下）$m_a=0.5$ 时的相电压；b）带两路可用直流电压的解决方案；c）电动机电流的 THD 是调制因子的函数

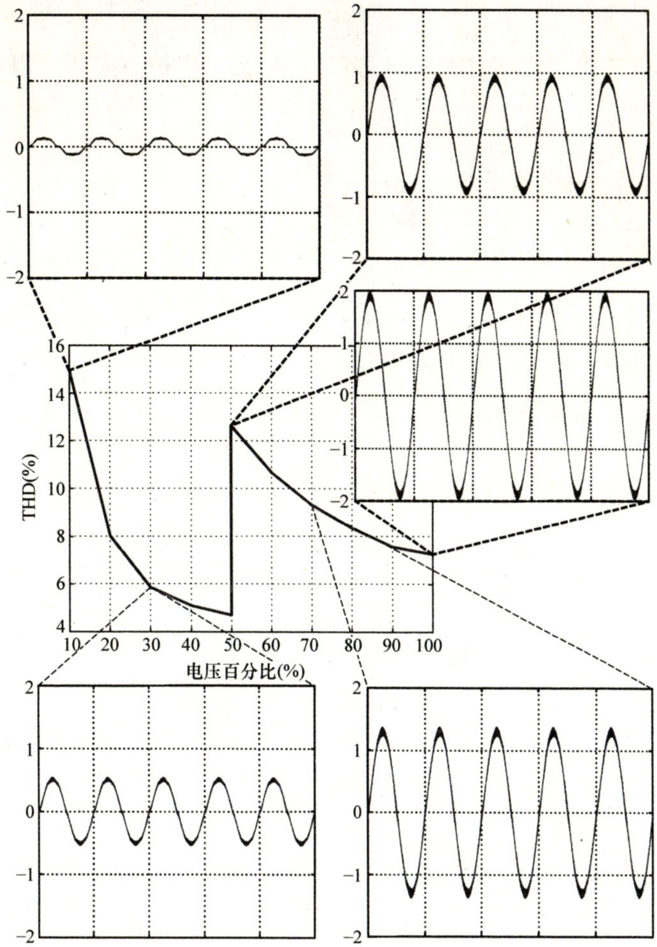

c)

图 8.21　a)（上）相电压（v_1）的 WTHD 是调制因子的函数，（下）$m_a=0.5$ 时的相电压；b）带两路可用直流电压的解决方案；c）电动机电流的 THD 是调制因子的函数（续）

被电动机联结方式影响的另一个重要特性是变换器的损耗。图 8.22 显示了电压源逆变器的导通、开关和总损耗（导通 + 开关）的比较。图中变换器的开关频率为 10kHz。当电动机是三角形时，因为较高的电流，变换器的功率损耗较高。图 8.20 和图 8.22 显示为什么星形联结对于电动机驱动系统中三相电动机连接是主要选择。

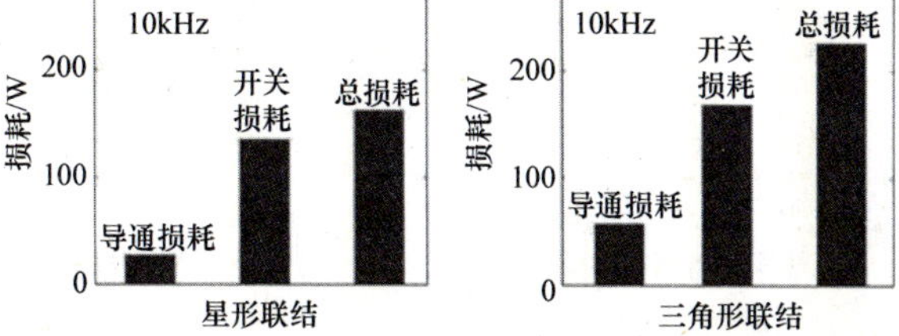

图 8.22　当开关频率为 10kHz 时交流电动机驱动的变换器损耗

练习 8.2

当电动机是三角形联结时，通过 PWM 得到的参考极点电压可以定义如下：

$$v_{10}^{*}=-v_{1}^{*}+v_{\mathrm{h}}^{*}$$

$$v_{20}^{*}=v_{\mathrm{h}}^{*}$$

$$v_{30}^{*}=v_{2}^{*}+v_{\mathrm{h}}^{*}$$

当 $v_1^*=V_o^*\cos(\omega_o t)$，$v_2^*=V_o^*\cos(\omega_o t+120°)$，并且 v_h^* 在方程式（8.49）中由 $V_{MAX}=\{-v_1^*, 0, v_2^*\}$ 和 $V_{MIN}=\{-v_1^*, 0, v_2^*\}$ 得到。解释为什么这些方程保证了应用到电动机的平衡三相电压？如果方程式（8.46）~式（8.48）被应用在三角形联结的有三相电动机的三桥臂变换器，将会发生什么？

8.4 空间矢量调制（SVPWM）

本章前面描述的非正弦 CPWM 技术可以用模拟或数字方式实现。另一方面，空间矢量调制是一种固有的数字方式来产生门控信号 q_1、q_2 和 q_3。这 3 个独立的门控信号导致三相逆变器的 8 种可能的开关组合。

从电机和参考坐标理论分析，可以定义变换来表示带正交的变量的简单系统中的原始的三相变量。这样的变换改变了没有物理含义的变量。因此，三相系统可以考虑在 dp 复平面上形成固定的矢量。变量的变换可以被定义为

$$\overline{\ }^{\mathbf{s}}_{\mathrm{odq}}=\overline{\boldsymbol{P}}\,\overline{\ }^{\mathbf{s}}_{123} \tag{8.58}$$

式中，$\overline{\ }^{\mathbf{s}}_{123}$是原来三相系统的电压；$\overline{\ }^{\mathbf{s}}_{\mathrm{odq}}$是电压在 dq 复平面用“$O$”表示的加零序分量；上标“s”代表静止参考坐标，作为三相交流电机中的定子变量；$\overline{\boldsymbol{P}}$是变量的变换，如

$$\overline{\ }^{\mathbf{s}}_{\mathrm{odq}}=\begin{bmatrix} v_{\mathrm{o}}^{\mathrm{s}} \\ v_{\mathrm{d}}^{\mathrm{s}} \\ v_{\mathrm{q}}^{\mathrm{s}} \end{bmatrix},\quad \overline{\ }^{\mathbf{s}}_{123}=\begin{bmatrix} v_{1}^{\mathrm{s}} \\ v_{2}^{\mathrm{s}} \\ v_{3}^{\mathrm{s}} \end{bmatrix},\quad \overline{\boldsymbol{P}}=\sqrt{\frac{2}{3}}\begin{bmatrix} \frac{1}{\sqrt{2}} & \frac{1}{\sqrt{2}} & \frac{1}{\sqrt{2}} \\ 1 & -\frac{1}{2} & -\frac{1}{2} \\ 0 & \frac{\sqrt{3}}{2} & -\frac{\sqrt{3}}{2} \end{bmatrix}$$

静止参考坐标中 dq 电压可通过 v_1^s、v_2^s 和 v_3^s 使用矩阵 $\boldsymbol{P}$ 得到，如下：

$$v_{\mathrm{d}}^{\mathrm{s}}=\sqrt{\frac{2}{3}}\left(v_{1}^{\mathrm{s}}-\frac{1}{2}v_{2}^{\mathrm{s}}-\frac{1}{2}v_{3}^{\mathrm{s}}\right) \tag{8.59}$$

$$v_{\mathrm{q}}^{\mathrm{s}}=\frac{1}{\sqrt{2}}(v_{2}^{\mathrm{s}}-v_{3}^{\mathrm{s}}) \tag{8.60}$$

由于假定一个平衡的情况（$v_1^s+v_2^s+v_3^s=0$）下，v_o^s 为 0。方程式(8.59)和式(8.60)可以写成开关状态的函数［见方程式(8.36)~式(8.38)］，如下：

$$v_{\mathrm{d}}^{\mathrm{s}}=\sqrt{\frac{2}{3}}\left(q_1-\frac{1}{2}q_2-\frac{1}{2}q_3\right)V_{\mathrm{dc}} \tag{8.61}$$

$$v_{\mathrm{q}}^{\mathrm{s}}=\frac{1}{\sqrt{2}}\left(q_2-q_3\right)V_{\mathrm{dc}} \tag{8.62}$$

每个开关状态相关联的 dq 平面矢量 $\boldsymbol{V}_x^{\mathrm{s}}=V_{\mathrm{d}}^{\mathrm{s}}+\mathrm{j}V_{\mathrm{q}}^{\mathrm{s}}$（$x=1, 2, \cdots, 8$）如表 8.3 所示。每个矢量对应的变换器拓扑电路，如图 8.23 所示。

表 8.3　作为开关状态函数的 PWM 矢量

矢量	q_1	q_2	q_3	$\boldsymbol{V}_x^{\mathrm{s}}$
0	0	0	0	0
1	1	0	0	$\sqrt{2/3}V_{\mathrm{dc}}$
2	1	1	0	$V_{\mathrm{dc}}/\sqrt{6}+\mathrm{j}V_{\mathrm{dc}}/\sqrt{2}$
3	0	1	0	$-V_{\mathrm{dc}}/\sqrt{6}+\mathrm{j}V_{\mathrm{dc}}/\sqrt{2}$
4	0	1	1	$-\sqrt{2/3}V_{\mathrm{dc}}$
5	0	0	1	$-V_{\mathrm{dc}}/\sqrt{6}-\mathrm{j}V_{\mathrm{dc}}/\sqrt{2}$
6	1	0	1	$V_{\mathrm{dc}}/\sqrt{6}-\mathrm{j}V_{\mathrm{dc}}/\sqrt{2}$
7	1	1	1	0

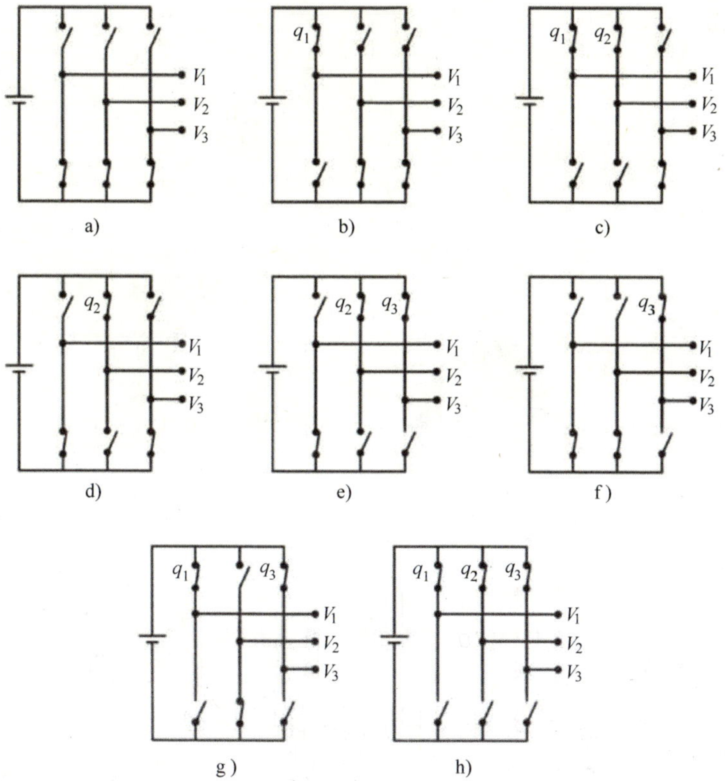

图 8.23　作为开关状态函数的拓扑电路：a）矢量 0；b）矢量 1；c）矢量 2；d）矢量 3；e）矢量 4；f）矢量 5；g）矢量 6；h）矢量 7

表8.3中有两个无效（0和7）和6个有效（1、2、3、4、5和6）矢量-活动矢量，它将被用来产生所需的负载电压。所有的矢量 $\boldsymbol{V}_x^s$（$x=0$，0，2…，7）都如图8.24a所示，是表8.3的图形化表示。两个相邻的非零有效矢量之间的区域定义了一个扇区如图8.24b所示，产生了6个矢量。

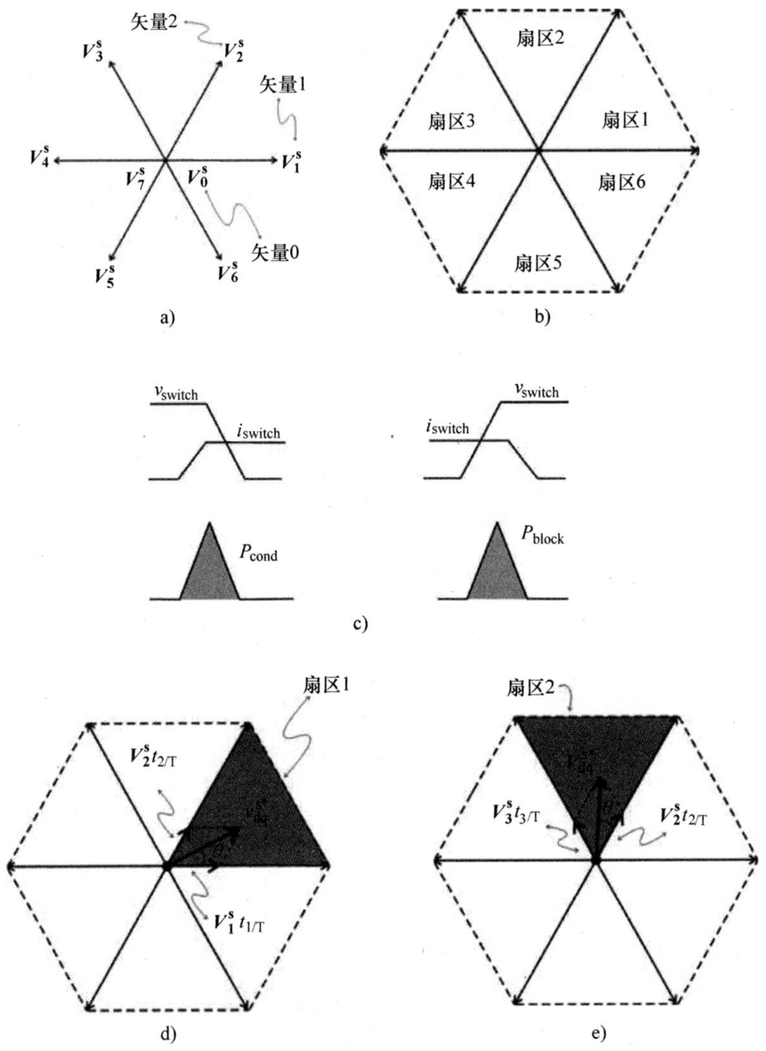

图8.24　对于PWM空间矢量的图形化分析：a）矢量；b）扇区；c）与开关状态改变参考电压有关的损耗；d）扇区1；e）扇区2

从一个矢量到其相邻的矢量只有单一的开关状态的变化，是可能的。例如，从矢量1到矢量2，q_2 由0变为1，而 q_1 和 q_3 保持不变。以同样的方式，从矢量2到矢量3，q_1 从1变为0，而 q_2 和 q_3 保持不变。这意味着，通过使用相邻的矢量产生所需的电压的一个特定的值来减少开关状态变化的数目是可能的。应用相邻矢量的方法对减少变换器的损耗起着重要的作用，因为每次改变开关状态出现损耗是不可避免的，如图 8.24c 所示。

为了减少开关损耗，如果所需的电压是内部扇区 1，应选择矢量 1 和 2。以同样的方式，如果所需的电压是内部扇区 2，应选择矢量 2 和 3（见图 8.24e），等等。

三桥臂变换器中所有相邻矢量是：（$\boldsymbol{V}_1^{\mathrm{s}}$ 和 $\boldsymbol{V}_2^{\mathrm{s}}$）、（$\boldsymbol{V}_2^{\mathrm{s}}$ 和 $\boldsymbol{V}_3^{\mathrm{s}}$）、（$\boldsymbol{V}_3^{\mathrm{s}}$ 和 $\boldsymbol{V}_4^{\mathrm{s}}$）、（$\boldsymbol{V}_4^{\mathrm{s}}$ 和 $\boldsymbol{V}_5^{\mathrm{s}}$），（$\boldsymbol{V}_5^{\mathrm{s}}$ 和 $\boldsymbol{V}_6^{\mathrm{s}}$）以及（$\boldsymbol{V}_6^{\mathrm{s}}$ 和 $\boldsymbol{V}_1^{\mathrm{s}}$）。注意，以一个通用的方式（$\boldsymbol{V}_{\mathbf{k}}^{\mathrm{s}}$ 和 $\boldsymbol{V}_{\mathbf{l}}^{\mathrm{s}}$）来定义这样的一系列相邻的矢量是可能的，$\boldsymbol{V}_{\mathbf{k}}^{\mathrm{s}}$ 和 $\boldsymbol{V}_{\mathbf{l}}^{\mathrm{s}}$ 有它们的 dq 分量，即，$\boldsymbol{V}_{\mathbf{k}}^{s} = V_{\mathrm{d}k}^{\mathrm{s}} + \mathrm{j}V_{\mathrm{q}k}^{\mathrm{s}}$ 和 $V_l^{\mathrm{s}} = V_{\mathrm{d}l}^{\mathrm{s}} + \mathrm{j}V_{\mathrm{q}l}^{\mathrm{s}}$。通过使用式（8.58）中给出的 P 变换，可以从一组三相参考电压（ ${}_{\mathbf{123}}^{\mathbf{s*}}$）中获得参考电压 ${}_{\boldsymbol{dq}}^{\mathbf{s*}}$。如前所述，应选择 q_1、q_2 和 q_3 开关顺序，来使变换器产生一个给定的参考电压 ${}_{\boldsymbol{dq}}^{\mathbf{s*}}$，开关周期（$T_{\mathrm{s}}$）是恒定的。就平均值而言，可能写成如下表达式：

$$\frac{1}{T_{\mathrm{s}}}\int_0^{T_{\mathrm{s}}} {}_{\mathrm{dq}}^{\mathrm{s}\,*}\,\mathrm{d}t = \frac{1}{T_{\mathrm{s}}}\int_0^{t_{\mathrm{k}}} \boldsymbol{V}_k^{\mathrm{s}}\mathrm{d}t + \frac{1}{T_{\mathrm{s}}}\int_0^{t_l} \boldsymbol{V}_l^{\mathrm{s}}\mathrm{d}t \tag{8.63}$$

$$ {}_{\mathrm{dq}}^{\mathrm{s}\,*} = \frac{t_{\mathrm{k}}}{T_{\mathrm{s}}}\boldsymbol{V}_k^{\mathrm{s}} + \frac{t_{\mathrm{l}}}{T_{\mathrm{s}}}\boldsymbol{V}_l^{\mathrm{s}} \tag{8.64}$$

式中，t_k 和 t_l 分别是矢量 $\boldsymbol{V}_k^{\mathrm{s}}$ 和 $\boldsymbol{V}_l^{\mathrm{s}}$ 的应用时间间隔。依据 dq 分量改写式（8.64），我们得到

$$v_{\mathrm{d}}^{\mathrm{s}\,*} = \frac{t_k}{T_{\mathrm{s}}}V_{k\mathrm{d}}^{\mathrm{s}} + \frac{t_{\mathrm{l}}}{T_{\mathrm{s}}}V_{l\mathrm{d}}^{\mathrm{s}} \tag{8.65}$$

$$v_{\mathrm{q}}^{\mathrm{s}\,*} = \frac{t_k}{T_{\mathrm{s}}}V_{k\mathrm{q}}^{\mathrm{s}} + \frac{t_l}{T_{\mathrm{s}}}V_{l\mathrm{q}}^{\mathrm{s}} \tag{8.66}$$

方程式（8.65）和式（8.66）表明，参考电压可以从两相邻矢量应用的时间间隔中得到。从式（8.65）和式（8.66）可以写：

$$t_k = \frac{v_{\mathrm{d}}^{\mathrm{s}\,*}V_{l\mathrm{q}}^{\mathrm{s}} - v_{\mathrm{q}}^{s\,*}V_{l\mathrm{d}}^{\mathrm{s}}}{V_{k\mathrm{d}}^{\mathrm{s}}V_{l\mathrm{q}}^{\mathrm{s}} - V_{l\mathrm{d}}^{\mathrm{s}}V_{\mathrm{q}k}^{\mathrm{s}}} \tag{8.67}$$

$$t_l = \frac{v_{\mathrm{q}}^{\mathrm{s}\,*}V_{k\mathrm{d}}^{\mathrm{s}} - v_{\mathrm{d}}^{\mathrm{s}\,*}V_{k\mathrm{q}}^{\mathrm{s}}}{V_{k\mathrm{d}}^{\mathrm{s}}V_{l\mathrm{q}}^{\mathrm{s}} - V_{l\mathrm{d}}^{\mathrm{s}}\mathrm{V}_{\mathrm{q}k}^{s}} \tag{8.68}$$

保持恒定的变换器开关频率，保证矢量应用的时间总和等于 T_{s} 是必要的。然后，无效矢量（表 8.3 中的矢量 7 和 0）可以被用来保持开关频率恒定，即，$t_k + t_l + t_{\mathrm{o}} = T_{\mathrm{s}}$ 和 $t_{\mathrm{o}} = t_{\mathrm{s}} - t_k - t_l$。请注意，$t_{\mathrm{o}}$ 有一个自由度，这意味着这一时间在采样间隔的开始和结束中可以被分割，如图 8.25 所示。注意这种方法带来的降低 THD 方面的好处，是由于脉冲可以集中在采样周期。

SVPWM 的总结如图 8.26 所示，这里显示了采用 MATLAB 代码对空间矢量调制应用的一种算法。

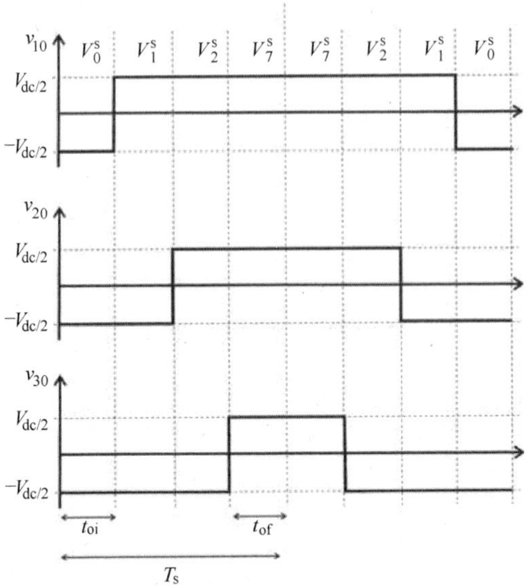

图 8.25　在开关周期的开始和结束，定义无效矢量的分割的脉冲

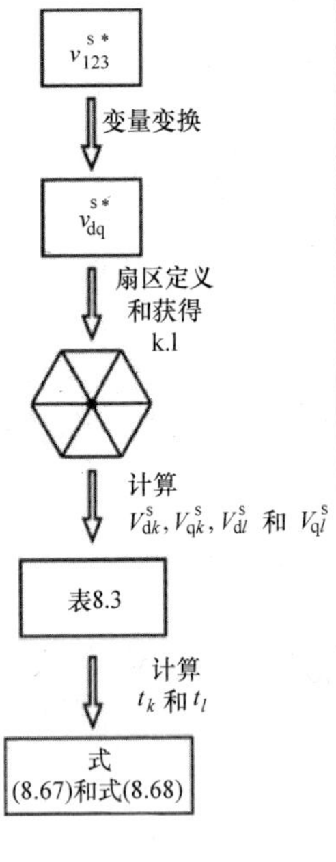


```
vs1_ref=V*cos(ws*t);
vs2_ref=V*cos(ws*t - 2*pi/3);
vs3_ref=V*cos(ws*t + 2*pi/3);
%
Ps=sqrt(2/3)*[1/sqrt(2) cos(0) -sin(0);1/sqrt(2)
cos(0-2*pi/3) -sin(0-2*pi/3);1/sqrt(2) cos(0-
4*pi/3) -sin(0-4*pi/3)];
%
vsdq_ref=inv(Ps)*[vs1_ref;vs2_ref;vs3_ref];
%
if(vs1_ref>=vs2_ref && vs2_ref>=vs3_ref)
sector=1;
vsdk=sqrt(2/3)*Vdc*cos(0);
vsqk=sqrt(2/3)*Vdc*sin(0);
vsdl=sqrt(2/3)*Vdc*cos(pi/3);
vsql=sqrt(2/3)*Vdc*sin(pi/3);
%
tk=((vsql*vsd_ref-
vsdl*vsq_ref)*hpwm)/(vsdk*vsql-vsdl*vsqk);
tl=((vsdk*vsq_ref-
vsqk*vsd_ref)*hpwm)/(vsdk*vsql-vsdl*vsqk);
to=hpwm - tk - tl;
toi=mu*to;
tof=(1-mu)*to;
end
%definition of the states of switches
if (sector == 1)%Setor 1:V0,V1,V2,V7
if (cont>=0&&cont<=toi)
      q1 = 0; q2 = 0; q3 = 0;
end
if (cont>toi&&cont<=(toi+tk))
      q1 = 1; q2 = 0; q3 = 0;
end
if(cont>(toi+tk)&&cont<=(toi+tk+tl))
  q1 = 1; q2 = 1; q3 = 0;
end
if (cont>(toi+tk+tl)&&cont<=(tl+toi+tk+tof))
 q1 = 1; q2 = 1; q3 = 1;
end
end
```

图 8.26　SVPWM 实施方案的算法

8.5　带 CPWM 的其他结构

虽然 SPWM 方法代表了一种在工业应用中最受欢迎的选择，但 CPWM 可以产生 PWM 信号，和在 SPWM 中具有相同的好处。此外，在式（8.19）中导出的表达式用通用的方式来表示辅助电压 v_h^*。该表达式可以应用于不同的变换器，至少有一个自由度，即变换器侧的电压数量高于负载所要求的电压数量。在下面的章节中，介绍了对称的双相电动机驱动系统和应用在三相四线制的系统作为 CPWM 变换器的综合性实例。

8.5.1　三桥臂变换器——两相电动机

在家用电器、工业工具或小功率应用中可以找到两相电动机。这种电动机通常用于混合变速器。然而，当一个变速电动机有速度操作要求时可以使用 dc - ac 变换器。对称两相电动机对于变速传动马力是一个有意思的替代，由于它的无脉动转矩特性与单相电动机产生一致。

由于对称两相电动机是三端电气装置，三桥臂变换器可以用来驱动它。图 8.27 显示了三桥臂变换器驱动一两相对称电动机。这种类型的电动机需要两个正交电压（v_α^* 和 v_β^*），参考极点电压如下：

$$v_{10}^* = v_\alpha^* + v_h^* \tag{8.69}$$

$$v_{20}^* = v_\beta^* + v_h^* \tag{8.70}$$

$$v_{30}^* = v_h^* \tag{8.71}$$

当 $V_{max} = \text{MAX}[v_\alpha^*, v_\beta^*, 0]$ 和 $V_{min} = \text{MIN}\{v_\alpha^*, v_\beta^*, 0\}$ 时，式中 v_h^* 可以直接从方程式（8.49）得到。

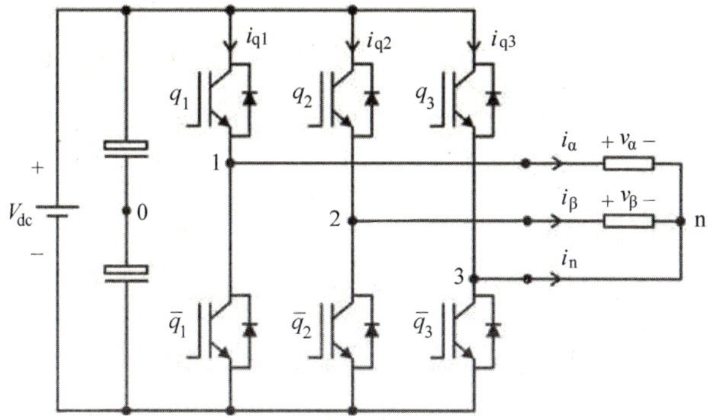

图 8.27　驱动一对称双相电动机的三桥臂变换器

练习 8.3

比较三相负载（见图 8.14）和二相负载（见图 8.27）的三桥臂变换器，假设两电动机具有相同的相电压，有功功率和功率因子，确定电源开关的规格要求的变化。忽略任何安全边界，同时指定功率开关。

8.5.2 四桥臂变换器

请注意，就所采用的开关的数量而言，三相和两相电动机驱动系统要求相同的拓扑结构。所不同的是（例如，电动机的类型）连接到变换器相关的负载，也被认为是用于控制的 PWM 和反馈策略（如果需要）。

同样，相同的 CPWM 方法可以用于不同应用中的四桥臂的 dc - ac 变换器。图 8.28 显示了一驱动三相四线制系统的四桥臂变换器。在这种类型的应用中，有两种不同的方案：平衡的三相电压，如图 8.29（左边）所示，和不平衡的三相电压，如图 8.29（右边）所示。后者应用于如动态电压恢复器和串联有源电源滤波器。

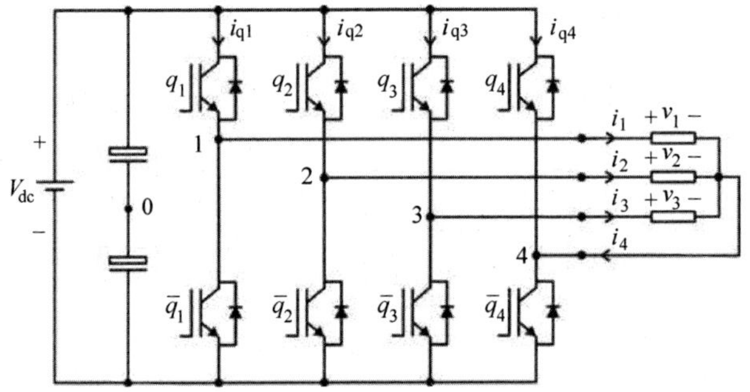

图 8.28　驱动三相四线负载的四桥臂变换器

另一方面，驱动四相电动机的相同的四桥臂变换器如图 8.30 所示。包含电压 v_h^* 的 PWM 策略对于四桥臂变换器，甚至考虑到以前强调的不同的应用仍然是有效的。四相电动机驱动系统的使用带来了一些优势，如消除共模、降低功率开关的额定值，并为驱动系统提供容错特性。

练习 8.4

①如图 8.28 所示，写出假设平衡和不平衡的这两种情况下四桥臂变换器的 PWM 方程（参考极点电压）。②写出平衡电压下驱动四相电动机的四臂变换器的 PWM 方程。③对①和②的问题画出框图。

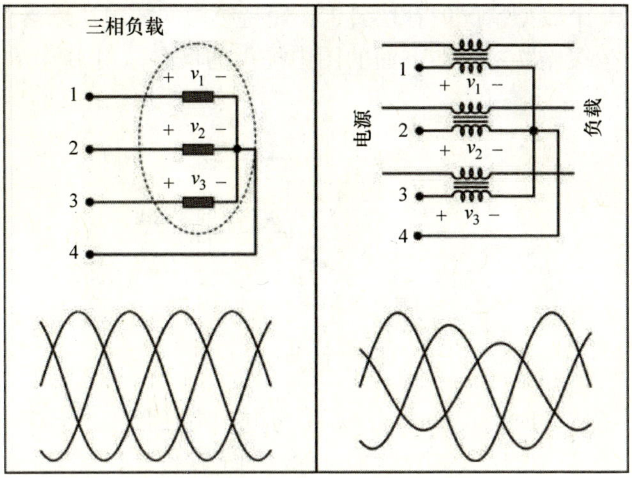

图 8.29　三相四线系统波形：（左）平衡与（右）非平衡

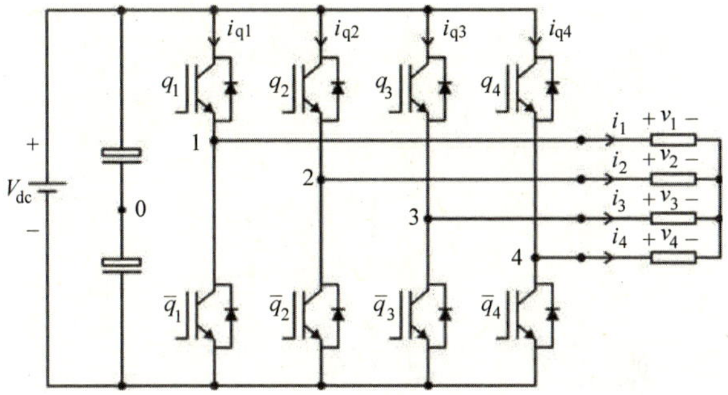

图 8.30　驱动四相电动机的四桥臂变换器

应用（动态电压恢复器）

动态电压恢复器（DVR）可以用来减少电网运行故障导致骤升或骤降的影响。DVR 维持和恢复供电电压的好处在于对稳定电压临界负载的应用是特别重要的。该电气装置的工作原理如下：在电网正常运行时，静态开关 Q_3 接通，而在骤升或骤降时开关 Q_1 和 Q_2 接通，对门极电压或加或减，从 DVR 补偿电压。

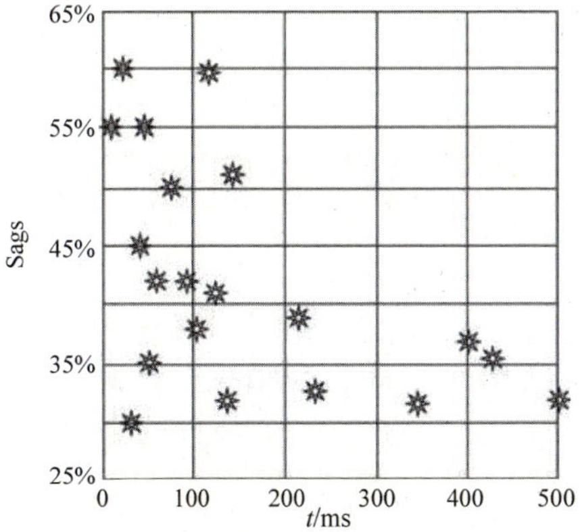

下图显示了一个典型情况的补偿要求，短持续时间的电压跌落趋势更深，同时在较长时间内发生缓慢跌落。在下面的图中提供的信息，对 DVR 的充电器设计起着重要的作用。

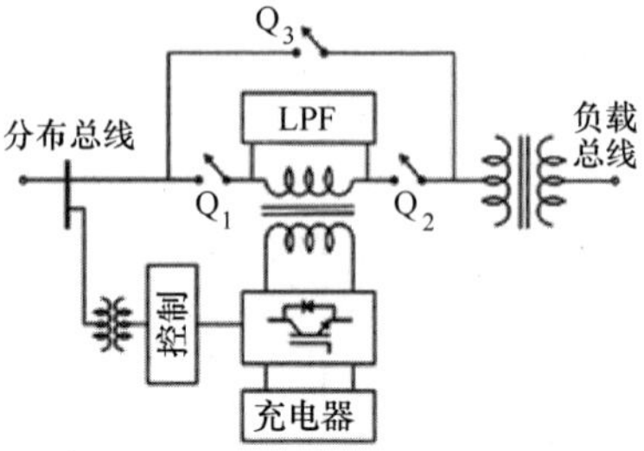

下图介绍了在持续时间 100ms 内 DVR 与电网电压跌落的动态操作。请注意，该图显示了一个平衡的电压跌落，但不对称性的下跌也是很常见的，这就需要采用三相四线制 dc - ac 变换器的 DVR 实现。

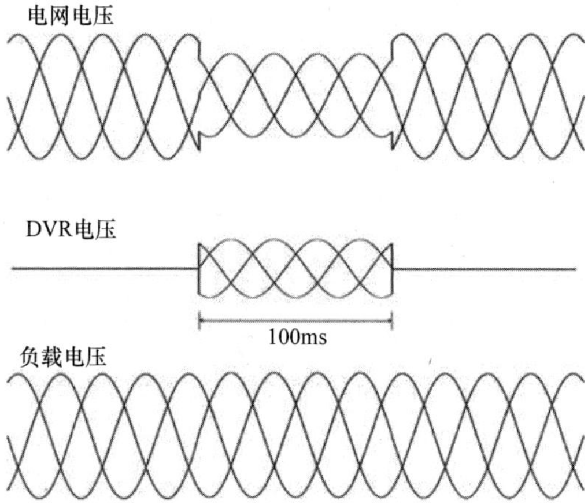

8.6 带 CPWM 的非常规拓扑结构

8.6.1 带中间抽头耦合电感的逆变器

传统的三桥臂变换器但有更高的电平数量的具有相同数量可控功率器件的变换器（6 个 IGBT）如图 8.31 所示。该变换器与另一种 PWM 方法在 7.3 节中已经提出，每相由两个载波信号和一个调制信号组成。本节提出的图 8.31 所示的变换器 CPWM 是一个替换的方案。与技术文献中提出的解决方案相比，此变换器的主要优点是有着更高的电平极点电压和对变换器的操作要求没有禁止时间。

这种带中间抽头耦合电感的 PWM 逆变器是由开关电源器件（$q_{x1}-q_{x2}$，$x=a$，b，c），6 个二极管（$d_{x1}-d_{x2}$）和带中间抽头耦合电感构成。该变换器的特点和工

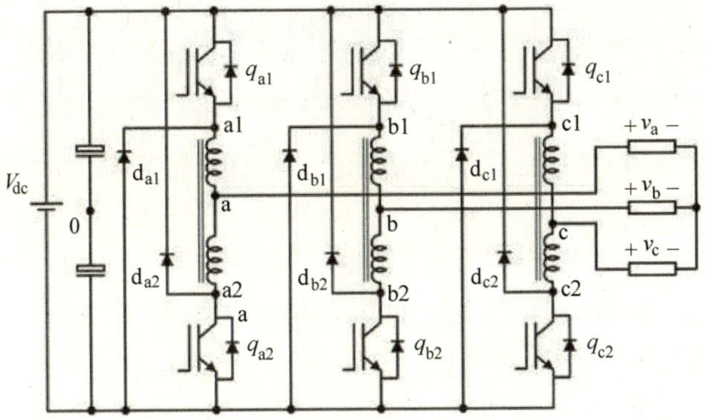

图 8.31　带中间抽头耦合电感的三相 PWM 逆变器

作模式在 7.3 节中已经介绍。

电压 v_{x10} 和 v_{x20}（从点 x_1 到 x_2 的直流母线电容中点电压）可以分别表示为开关 q_{x1} 和 q_{x2} 状态函数，如下：

$$v_{x10}=(2q_{x1}-1)\frac{V_{dc}}{2} \tag{8.72}$$

$$v_{x20}=(2q_{x2}-1)\frac{-V_{dc}}{2} \tag{8.73}$$

这意味着每一桥臂都可以如图 8.32a 建模。然后参考极点电压 v_{x0} 如下给出：

$$v_{x0}=\frac{1}{2}(v_{x10}-v_{x20}) \tag{8.74}$$

因此，从式(8.72)~式(8.74)写出 v_{x0} 只是开关状态和直流母线电压的函数是可能的，如下：

$$v_{x0}=(q_{x1}-q_{x2})\frac{V_{dc}}{2} \tag{8.75}$$

或

$$v_{x0}=v_{x1}-v_{x2} \tag{8.76}$$

其中，$v_{x1}=q_{x1}V_{dc}/2$，$v_{x2}=q_{x2}V_{dc}/2$。

基于式（8.76）建模三相变换器是可能的，如图 8.32b 所示。

如果三相负载所需电压为 v_a^*、v_b^* 和 v_c^*，然后参考极点电压可以写成

$$v_{a0}^*=v_a^*+v_h^* \tag{8.77}$$

$$v_{b0}^*=v_b^*+v_h^* \tag{8.78}$$

$$v_{c0}^*=v_c^*+v_h^* \tag{8.79}$$

可以直接从方程式（8.49）得到 v_h^*。一旦参考极点电压 v_{a0}^*、v_{b0}^* 和 v_{c0}^* 于式(8.77)~式(8.79)被定义，点 x_1 到 x_2 的对 0 电压（$x=a,b,c$）由下式给出：

$$v_{x1}^{*} = \frac{v_{x0}^{*}}{2} \tag{8.80}$$

$$v_{x2}^{*} = -\frac{v_{x0}^{*}}{2} \tag{8.81}$$

方程式（8.80）和式（8.81）生成的PWM信号如图8.32c所示。

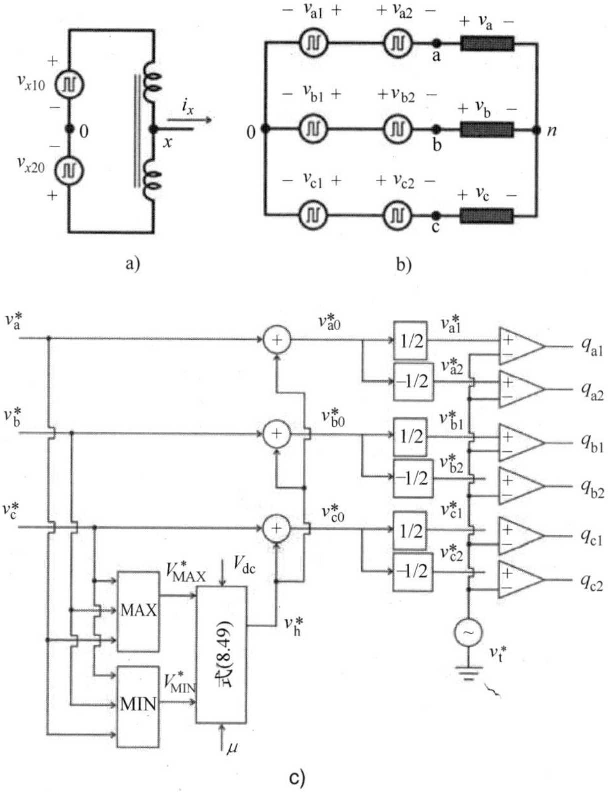

图8.32　a）桥臂模型；b）带中间抽头耦合电感的三相PWM逆变器的模型；c）模拟PWM实施方案

8.6.2　*Z*源变换器

在这本书中提出的PWM dc - ac功率变换器的主要特征是电压源变换器。然而，在一般条件下，dc - ac功率变换器可分为两个主要类型：电压源变换器和电流源变换器，每一个都有其特殊的性质。阻抗源变换器是功率变换器的替代，它提供了具有相同数量和相同组合结构的半导体器件的降压和升压操作能力的独特功能。这种变换器采用阻抗电路连接主功率变换器，如图8.33所示，它也称为*Z*源逆变器。

不同于传统的 dc - ac 变换器，其中有一个禁止时间的需要，以避免直流母线电源的短路，在 Z 源变换器中这种短路（也命名为直通零状态）是必需的以保证变换器的升压操作。事实上，Z 源变换器是一个由 PWM 方案定义的工作模式（降压或升压）的降压 - 升压 dc - ac 变换器。

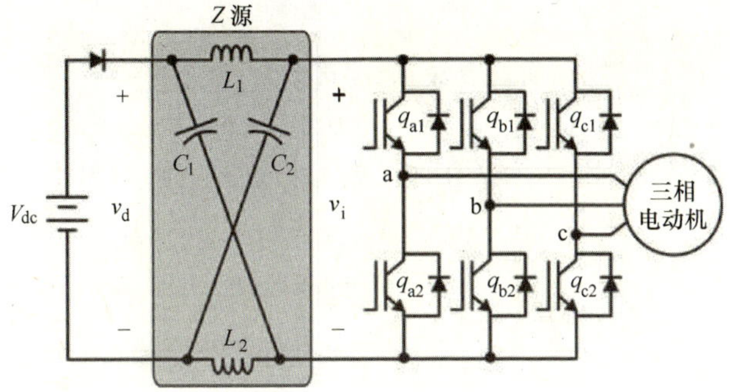

图 8.33　Z 源变换器

如果对于一、二或三桥臂电路间在同一桥臂的两开关之间有一短路时间，则该电路工作模式是输入电压（V_{dc}）升压。另一方面，如果没有短路时间（如传统的变换器），该电路将视为降压变换器。当逆变器分别正在创建一短路和没有短路的时候，考虑直流电源（V_{dc}）后的等效电路如图 8.34a 和 b 所示。注意：因为假定负载是感性的，此时没有短路，逆变器采用一电流源 i_i 表示。

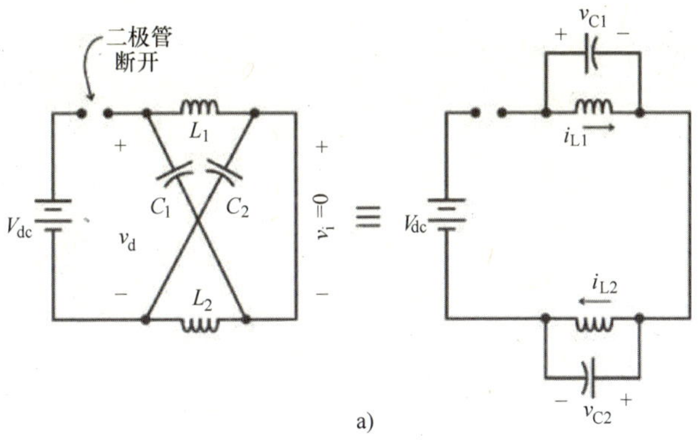

a)

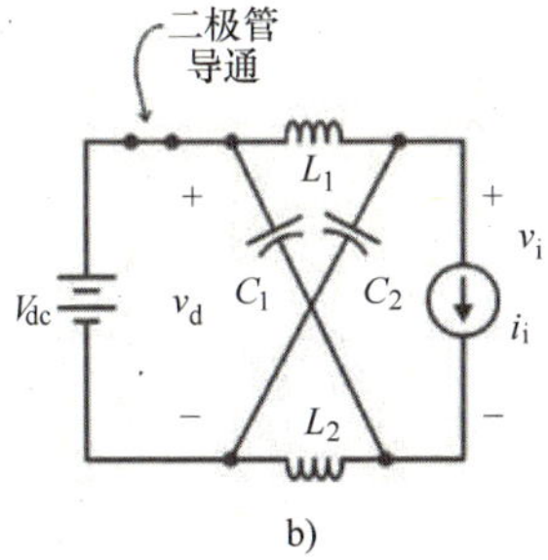

b)

图 8.34　a）短路的等效电路；b）传统工作模式的等效电路

考虑一 $L_1=L_2=L$ 和 $C_1=C_2=C$ 理想对称电路，则有

$$V_{C1}=V_{C2}=V_C \tag{8.82}$$

$$v_{L1}=v_{L2}=v_L \tag{8.83}$$

如图8.34a所示，即，在短路时间内，可以看到

$$v_L=V_C \tag{8.84}$$

$$v_d=2V_C \tag{8.85}$$

$$v_i=0 \tag{8.86}$$

另一方面，如图8.34b所示，在传统的操作过程（τ_N）中，一般得到

$$v_L=V_{dc}-V_C \tag{8.87}$$

$$v_d=V_{dc} \tag{8.88}$$

$$v_i=2V_C-V_{dc} \tag{8.89}$$

如方程式(8.84)~式(8.86)和式(8.87)~式(8.89)，并且因为在一个开关周期（T_s）的电感电压的平均值应该是零，则有

$$V_L=\frac{1}{T_s}\int_t^{t+T_s}v_L\mathrm{d}t=\frac{\tau_o V_C+\tau_N(V_{dc}-V_C)}{T_s}=0 \tag{8.90}$$

其中，$T_s=\tau_N+\tau_o$

由方程式（8.90）计算可得

$$\frac{V_C}{V_{dc}}=\frac{\tau_N}{\tau_N-\tau_o} \tag{8.91}$$

输入变换器侧的平均电压如下式

$$V_i=\frac{\tau_N}{\tau_N-\tau_o}V_{dc} \tag{8.92}$$

最后，可以得到峰值直流侧电压如下：

$$v_i=V_C-v_L \tag{8.93}$$

$$v_i=2V_C-V_{dc} \tag{8.94}$$

$$v_i=\frac{1}{1-2\tau_{o/T_s}}V_{dc}=B\cdot V_{dc} \tag{8.95}$$

式中 B 是 Z 源变换器的升压因子。方程式（8.95）意味着对于任何不等于0的变换器的输入端的电压值将高于电源侧电压（V_{dc}），即升压操作。电容电压也可以是击穿时间（τ_o）的函数：

$$V_{C1}=V_{C2}=\frac{1-\tau_{o/T_s}}{1-2\tau_{o/T_s}}V_{dc} \tag{8.96}$$

为了对允许升压操作的 Z 源变换器产生PWM信号，必须提供短路时间（电路直通）。贯穿本章的CPWM技术也可以应用于这类变换器。在这种情况下，为了便于演示脉宽调制信号（PWM）的产生，输入变换器侧的电压（v_i）被分为两部分，从而构建一个虚拟零点（“0”），如图8.35所示a。

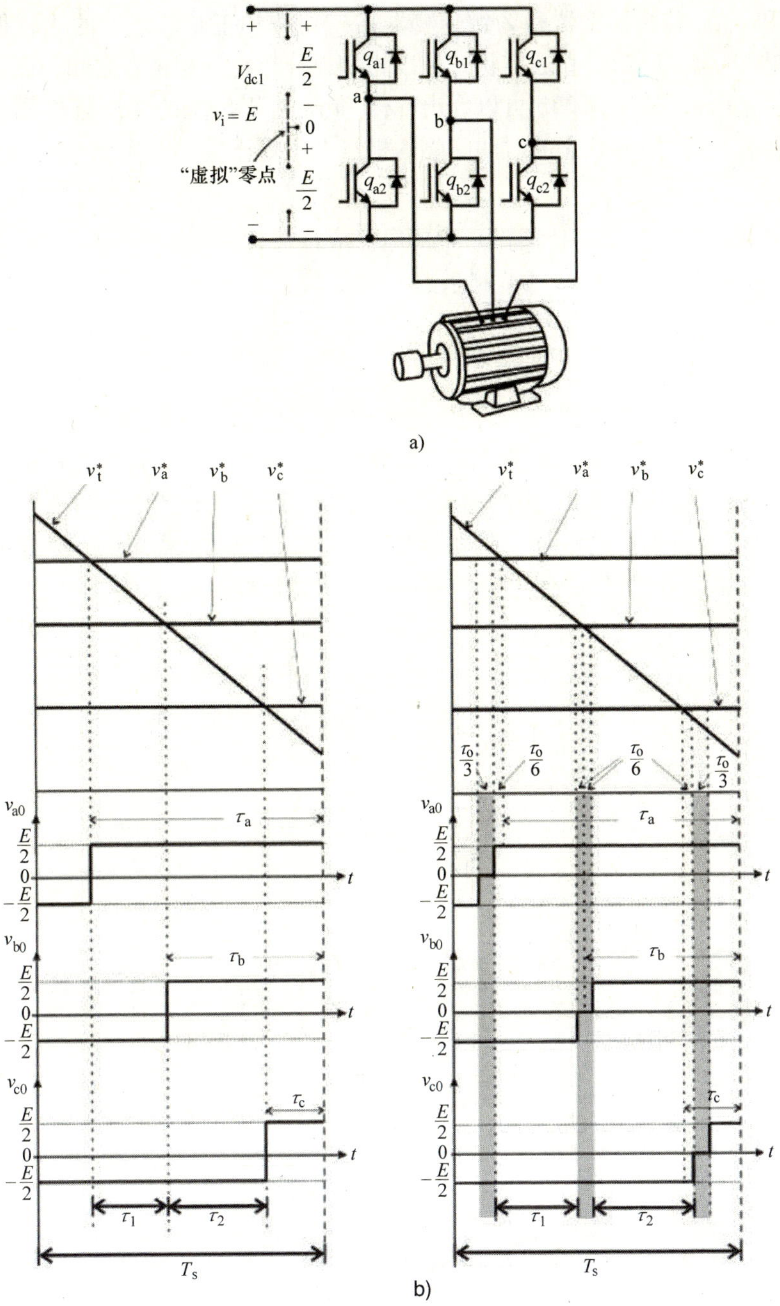

图 8.35　a）强调虚拟零点“0”的逆变器；b）传统（左侧）和 Z 源（右侧）逆变器中通过正弦—三角波调制的极点电压产生

然后，从桥臂的中心点到“0”点的电压被定义为极点电压。极点电压是：

v_{a0}、v_{b0}和v_{c0}。传统逆变器和Z源逆变器在三角波和正弦波之间的比较得到的极点电压如图8.35b所示。直通零状态可以均匀地分布在三相桥臂之间，而等效的有源向量是不变的。从图8.35b可以看出，τ_1和τ_2对于传统的变换器和Z源变换器有相同的值。在直通零状态的时间间隔的极点电压等于零，因为$v_i=0$。

练习8.5

假设图8.33（Z源拓扑结构）中的电流应该设计为输入电压从100～150V升压操作，在这种情况下的最大调制系数（m_a）应该是多少？

8.6.3 开放式绕组电动机驱动系统

在本书的前几章所提到的，除了三角形和星形联结外，电动机驱动系统还有另一种方式连接三相电动机，就是所谓的开放式绕组联结。这样的连接由两个传统的两个两电平变换器（图8.36中的逆变器1和2）通过一个三相电动机的开放式绕组的一系列组合排列。请注意，在这种情况下，连接电动机需要的6个终端。

变换器的极点电压取决于电源开关的导通状态，即

$$v_{a_l0_l}=(2q_{al}-1)\frac{V_{dcl}}{2} \tag{8.97}$$

$$v_{b_l0_l}=(2q_{bl}-1)\frac{V_{dcl}}{2} \tag{8.98}$$

$$v_{c_l0_l}=(2q_{cl}-1)\frac{V_{dcl}}{2} \tag{8.99}$$

其中$l=1,2$

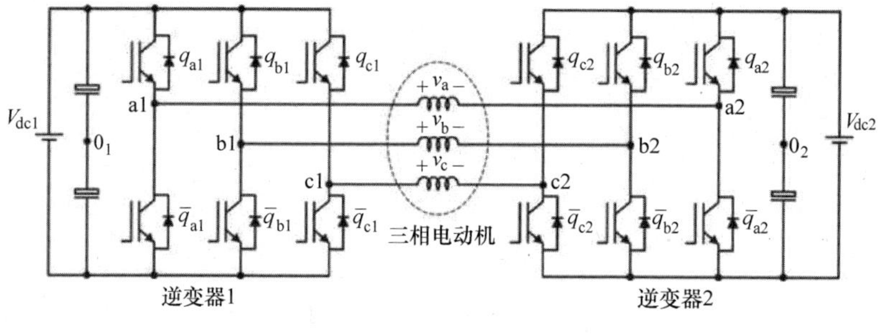

图8.36 由两逆变器串联连接驱动的开放式绕组电动机

电动机的相电压可以写成一个极点电压的函数和直流母线电容中点之间差分的函数：

$$v_a=v_{a_10_1}-v_{a_20_2}+v_{0_10_2} \tag{8.100}$$

$$v_b=v_{b_10_1}-v_{b_20_2}+v_{0_10_2} \tag{8.101}$$

$$v_{c} = v_{c_1 0_1} - v_{c_2 0_2} + v_{0_1 0_2} \tag{8.102}$$

式中，平衡的情况下则为

$$v_{0_1 0_2} = -\frac{1}{3}\left(\sum_{j=a}^{c} v_{j_1 0_0} - \sum_{j=a}^{c} v_{j_2 0_2}\right) \tag{8.103}$$

三相电动机的功率变换器必须产生适当的参考电压。由于三相电动机所要求的电压的固有裕度，变换器实际上需要独立地产生两个线到线电压（如 $v_{ab} = v_a - v_b$ 和 $v_{ca} = v_c - v_a$）。考虑到 PWM，图 8.36 提出的系统具有 4 个自由度，因为变换器有 6 条桥臂，它仅需要产生两个电压。考虑到变换器所施加的电压 v_{ab}^* 和 v_{ca}^*，4 个辅助变量被引入方程式(8.104)～式(8.109)。

$$v_{ab}^* = v_{a_1 0_1}^* - v_{b_1 0_1}^* - v_{a_2 0_2}^* + v_{b_2 0_2}^* \tag{8.104}$$

$$v_{ca}^* = -v_{a_1 0_1}^* + v_{c_1 0_1}^* + v_{a_2 0_2}^* - v_{c_2 0_2}^* \tag{8.105}$$

$$v_{h0}^* = v_{a_1 0_1}^* - v_{a_2 0_2}^* \tag{8.106}$$

$$v_{h1}^* = v_{a_2 0_2}^* \tag{8.107}$$

$$v_{h2}^* = v_{b_2 0_2}^* \tag{8.108}$$

$$v_{h3}^* = v_{c_2 0_2}^* \tag{8.109}$$

从这些方程可以看出，要求电压和辅助电压已被写入作为参考极点电压的函数。然而，对于 PWM 生成的目的，定义参考极点电压为所需电压和辅助电压的函数是必要的，如下：

$$v_{a_1 0_1}^* = v_{h0}^* + v_{h1}^* \tag{8.110}$$

$$v_{b_1 0_1}^* = -v_{ab}^* + v_{h0}^* + h_{h2}^* \tag{8.111}$$

$$v_{c_1 0_1}^* = v_{ca}^* + v_{h0}^* + h_{h3}^* \tag{8.112}$$

$$v_{a_2 0_2}^* = v_{h1}^* \tag{8.113}$$

$$v_{b_2 0_2}^* = v_{h2}^* \tag{8.114}$$

$$v_{c_2 0_2}^* = v_{h3}^* \tag{8.115}$$

如下定义有效参考极点电压是可能的，由于

$$v_{a_{12} 0}^* = v_{a_1 0_1}^* - v_{a_2 0_2}^* \tag{8.116}$$

$$v_{b_{12} 0}^* = v_{b_1 0_1}^* - v_{b_2 0_2}^* \tag{8.117}$$

$$v_{c_{12} 0}^* = v_{c_1 0_1}^* - v_{c_2 0_2}^* \tag{8.118}$$

另一种表示有效参考极点电压的便捷方式如下：

$$v_{a_{12} 0}^* = v_{h0}^* \tag{8.119}$$

$$v_{b_{12} 0}^* = -v_{ab}^* + v_{h0}^* \tag{8.120}$$

$$v_{c_{12} 0}^* = v_{ca}^* + v_{h0}^* \tag{8.121}$$

方程式（8.122）～式（8.124）产生了一个简单的写出 PWM 方程的方法：

$$v_{a_1 0_1}^* = v_{a_{12} 0}^* + v_{h1}^* \tag{8.122}$$

$$v_{b_1 0_1}^* = v_{b_{12} 0}^* + v_{h2}^* \tag{8.123}$$

$$v_{c_1 0_1}^* = v_{c_{12} 0}^* + v_{h3}^* \tag{8.124}$$

$$v_{a_2 0_2}^* = v_{h1}^* \tag{8.125}$$

$$v_{b_2 0_2}^* = v_{h2}^* \tag{8.126}$$

$$v_{c_2 0_2}^* = v_{h3}^* \tag{8.127}$$

最后定义参考极点电压，但它仍然决定辅助电压 v_{h0}^*、v_{h1}^*、v_{h2}^*和 v_{h3}^*，如下所示。

辅助电压（v_{h0}^*）包括要求的线到线电压和有效的极点电压，可以按照以下限制定义

$$V_{0MIN} \leqslant v_{h0}^* \leqslant V_{0MAX} \tag{8.128}$$

式中，

$$V_{0MIN} = \mathrm{MIN}\left\{-\frac{V_{dc1}+V_{dc2}}{2}, -\frac{V_{dc1}+V_{dc2}}{2} - v_{ab}^*, -\frac{V_{dc1}+V_{dc2}}{2} + v_{ca}^*\right\}$$

$$V_{0MAX} = \mathrm{MAX}\left\{\frac{V_{dc1}+V_{dc2}}{2}, \frac{V_{dc1}+V_{dc2}}{2} - v_{ab}^*, \frac{V_{dc1}+V_{dc2}}{2} + v_{ca}^*\right\}$$

电压 v_{h0}^*可以定义为 μ_0 的函数，如方程式（8.129），它是方程式（8.49）的一个变换：

$$v_{h0}^* = (1-\mu_0)V_{0MIN} + \mu_0 V_{0MAX} \tag{8.129}$$

采用辅助电压和要求的线到线电压，可以定义有效参考极点电压。最后为了定义参考极点电压式（8.122）～式（8.127），必须找到式（8.130）中的 v_{h1}^*、v_{h2}^*和 v_{h3}^*。

辅助电压（v_{h1}^*、v_{h2}^*和 v_{h3}^*）可以被视为3个单相辅助电压，限制条件如下：

$$V_{kMIN} \leqslant v_{hk}^* \leqslant V_{kMAX} \tag{8.130}$$

式中，$k=1$，2，3，分别由下式给出了最小值和最大值：

$$v_{kMIN}^* = \mathrm{MIN}\left\{-\frac{V_{dc1}}{2} - v_{l_{12}0}^*, -\frac{V_{dc2}}{2}\right\}$$

$$v_{kMAX}^* = \mathrm{MAX}\left\{\frac{V_{dc1}}{2} - v_{l_{12}0}^*, \frac{V_{dc2}}{2}\right\}$$

$k=1 \rightarrow l=a$，$k=2 \rightarrow 1=b$，$k=3 \rightarrow l=c$

余下的辅助电压（v_{hk}^*）可以由式（8.131）计算：

$$v_{hk}^* = (1-\mu_k)V_{kMIN} + \mu_k V_{kMAX} \tag{8.131}$$

方程式（8.131）是按照方程式（8.19）相同的方法而得。

8.7 小结

本章提出了一种系统的方法来实现一个优化的适用于 dc - ac 变换器 PWM 方

案。它已被证明，如果变换器提出的极点电压数量高于要求的输出电压的数量，可以增加参数 v_h^* 来改善 THD 或变换器的效率。8.2 节介绍了 H 桥变换器的优化及其模型。8.3 节、8.5 节和 8.6 节介绍了与其他变换器[24-32]相同的 PWM 技术，即：①驱动两相负载的三桥臂变换器；②驱动三相四线负载的四桥臂变换器；③带中间抽头耦合电感的变换器；④Z 源变换器；⑤开放式绕组电动机驱动系统。8.4 节介绍了应用于传统的三相 dc - ac 变换器空间矢量调制的方法。

参考文献

[1] Schönung A, Stemmler H. Static frequency changers with subharmonic control in conjunction with reversible variable speed a.c. drives. Brown Boweri Rev 1964;51:555–577.

[2] Jardan KR, Dewan SB, Slemon G. General analysis of three-phase inverters. IEEE Trans Ind Appl 1969;5(6):672–679.

[3] Jardan KR. Modes of operation of three-phase inverters. IEEE Trans Ind Appl 1969;5(6):680–685.

[4] Busse A, Holtz J. Multiloop control of a unity power factor fast-switching AC to DC Converter. Conference Record of IEEE Power Electronics Specialists Conference (PESC'82); 1982. p 171–179.

[5] Pffaf G, Weschta A, Wick A. Design and experimental results of a brushless AC servo drive. Conference Record of IEEE/IAS Annual Meeting; 1982. p 692–697.

[6] Zubek J, Abbondanti A, Nordby CJ. Pulsewidth modulated inverter motor drives with improved modulation. IEEE Trans Ind Appl 1975;IA-11(6):1224–1228.

[7] Bowes SR, Mount MJ. Microprocessor control of PWM inverters. IEE Proc B 1981:293–305.

[8] Holtz J. Pulsewidth modulation for electronic power conversion. Proc IEEE 1994;82:1194–1214.

[9] Buja G, Indri G. Improvement of pulse width modulation techniques. Arch Elektrotech 1977;57:281–289.

[10] Depenbrock M. Pulse width control of a 3-phase inverter with non-sinusoidal phase voltages. Proceedings of the IEEE International Semiconductor Power Converter Conference, ISPCC'07; 1977. p 399–403.

[11] Houldsworth JA, Grant DA. The use of harmonic distortion to increase the output voltage of a three-phase PWM inverter. IEEE Trans Ind Appl 1984;IA-20(5):1224–1228.

[12] Agelidis VG, Ziogas PD, Joos G. Dead-band PWM switching patterns. IEEE Trans Power Electron 1996;11:523–531.

[13] Boost MA, Ziogas PD. State-of-the-art carrier PWM techniques: a critical evaluation. IEEE Trans Ind Appl 1988;24:271–280.

[14] Ziogas PD, Moran L, Joos G, Vincenti D. A refined PWM scheme for voltage and current source converter. Proceedings IEEE PESC'90; 1990. p 977–983.

[15] Seixas P. Commande numérique d'une machine synchrone autopilotée [D.Sc. Thesis]. L'Intitut Nationale Polytechnique de Toulouse, INPT; 1988.

[16] Hava AM, Kerkman R, Lipo TA. A high-performance generalized discontinuous PWM algorithm. IEEE Trans Ind Appl 1998;34:1059–1071.

[17] Holmes DG. The significance of zero space vector placement for carrier-based PWM schemes. IEEE Trans Ind Appl 1996;32:1122–1129.

[18] Taniguchi K, Ogino Y, Irie H. PWM technique for power MOSFET inverter. IEEE Trans Power Elect 1988;3(3):328–334.

[19] Jacobina CB, Lima AMN, da Silva ERC, Alves RNC, Seixas PF. Digital scalar pulse-width modulation: a simple approach to introduce non-sinusoidal modulating waveforms. IEEE Trans Power Electron 2001;16:351–359.

[20] Blasko V. A hybrid PWM strategy combining modified space vector and triangle comparison methods. Proc Conf. Rec. PESC; 1996. p 1872–1878.

[21] Trzynadlowski A, Legowski S. Minimum-loss vector PWM strategy for three-phase inverter. IEEE Trans Power Electron 1994;9:26–34.

[22] van der Broeck HW, Skudelny HC, Stanke GV. Analysis and realization of a pulsewidth modulator based on voltage space vector. IEEE Trans Ind Appl 1988;24(1):142–150.

[23] Holmes DG. The general relationship between regular-sampled pulse-width-modulation and space vector modulation for hard switched converters. Conf. Rec. IEEE-IAS Annual Meeting; 1992. p 1002–1009.
[24] Matsui K, Murai Y, Watanabe M, Kaneko M, Ueda F. A pulsewidth modulated inverter with parallel-connected transistors by using current sharing reactors. IEEE Trans Ind Appl 1993;8(2):186–191.
[25] Salmon J, Ewanchuk J, Knight AM. PWM inverters using split-wound coupled inductors. IEEE Trans Ind Appl 2009;45(6):2001–2009.
[26] Teixeira, CA, McGrath BP, Holmes DG. Topologically reduced multilevel converters using complementary unidirectional phase-legs. Proc. of IEEE Int'l Symp on Industrial Electron; 2012. p 2007–2012.
[27] F. Z. Peng, Z-source inverter, IEEE Trans Ind Appl, vol. 39, pp. 504–510, 2003.
[28] dos Santos EC, Bradaschia F, Cavalcanti MC, da Silva ERC. Z-source converter applied for single-phase to three-phase conversion system. Proceedings of Applied Power Electron Conference and Exposition, APEC; 2011. p 216–223.
[29] Muniz JHG, da Silva ERC, dos Santos, EC. A hybrid PWM strategy for Z-source neutral-point-clamped inverter. Proceedings of Applied Power Electron Conference and Exposition, APEC; 2011. p 450–456.
[30] dos Santos EC, Pimentel Filho EPX, Oliveira AC, da Silva ERC. Hybrid pulse width modulation for Z-source inverters. Proceedings of Energy Conversion Congress and Exposition (ECCE); 2010. p 2888–2892.
[31] Shiny G, Baiju MR. Space vector PWM scheme without sector identification for an open-end winding induction motor based 3-level inverter. Proceedings of IEEE Industrial Electronic Conference, IECON; 2009. p 1310–1315.
[32] Park RM. Two-reaction theory of synchronous machines. AIEE Trans 1929;48:716–730.

第 9 章　电力电子变换器的控制策略

9.1　引言

在第 2 ~ 7 章描述了许多拓扑结构后，突出了电路本身以及在第 8 章介绍的 PWM 优化策略，本章研究受控中的变换器需要保持特定变量的控制动作，例如，在电动机驱动系统中，速度必须通过功率变换器的电子控制，或设计主动校正功率因子的电路。特意将本章安排在背靠背变换器之前，是由于对一些变量的调节需要，如作为电网电流和直流侧电容电压。值得一提的是，前面给出的所有的功率变换器都是没有任何反馈控制的。

在功率变换器应用中所采用的控制器受控源基本上可以分为两大类：线性控制器和非线性控制器。迟滞和滑模是非线性控制器，而比例（P）、比例积分（PI）和比例 - 积分 - 微分（PID）调节器是线性控制器。本章介绍这两种类型控制器的原理和特征。相比为每个控制器提供深入的分析而言，本章的目的是为读者学习下一章做准备，本章所述的变换器要求具有反馈控制。

动态模拟测试是验证控制战略的一个重要方面，变量的行为可以被验证以预测动态系统。用 MATLAB 代码开发的控制策略在本章提出，是一种验证所研究的控制器的操作有效的方法。而且，由于它的简单性，采用欧拉积分方法来模拟状态空间的行为变量。

引言之后，9.2 节介绍了采用功率变换器作为执行器的系统控制器的一些原理。9.3 节介绍滞环控制非线性控制技术，强调了这种技术的一些优点和缺点；同时也介绍了两个应用：直流电动机驱动系统和交流变量调节。虽然本书介绍处理交流电压 PWM 变换器，在理解滞环控制、开关频率随负载变化等重要特征中，直流电动机驱动系统也起着重要作用。直流变量相关的经典线性控制器（P、PI 和 PID）在 9.4 节介绍，而 9.5 节给出了与交流变量相关的线性类型控制器。一个更复杂的控制技术在 9.6 节提出，以处理具有不同动态响应的两个变量控制系统的级联策略。级联控制策略用来调节下一章中背靠背变换器调节功率因子和直流侧电压。最后，9.7 节总结本章。

9.2　基本控制原理

图 9.1a 所示的系统表示一个带 *RL* 负载的受控电压源。我们假设这个系统控制

的目的是保证负载电流的稳定，即测量的输出电流（i_o）必须遵循特定的参考值（i_o^*）。由于输出电压（v_o）已被用来实现这一目标，我们可以得到一个简单的控制框图，如图9.1b所示。在该图中，$C(s)$和$H(s)$是控制器，R和L是s域负载。传递函数$H(s)$为$\frac{1}{Ls+R}$。

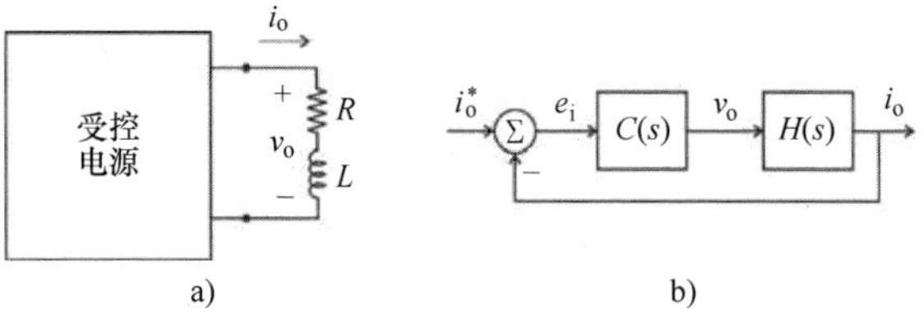

图9.1 a）驱动负载RL的受控电压源；b）控制框图

为了以数字方式来仿真系统，可以采用离散化的方法（例如采用MATLAB代码）。离散一个特定过程或系统的最简单的方法之一就是使用欧拉离散化方法。这和使用左移原则的近似积分是等价的。因此，第一积分和被积函数在时间t和积分区间dt上的积分是近似的，即数字实现方案的步长（h）。

在图9.1a所示的系统中，对于一个给定的v_o和考虑特定负载R和L，得到如下方程：

$$v_o = Ri_o + L\frac{di_o}{dt} \tag{9.1}$$

$$\frac{di_o}{dt} = \frac{v_o - Ri_o}{L} \tag{9.2}$$

考虑到左移原则，方程式（9.2）的离散形式可以写成

$$i_o(t+h) = i_o(t) + \frac{v_o - Ri_o}{L}h \tag{9.3}$$

图9.2是图9.1a中提出的系统的MATLAB代码，这些代码能够动态地模拟变量的行为，还能画出变量的时域图。开环操作的输出电流是阶跃电压响应的预期指数行为，如图9.3所示。请注意，负载电流（i_o）是负载本身和输出电压（v_o）的函数，负载本身通常是不可控的，输出电压v_o是用于控制负载电流的一个变量。

为了实现图9.1b所示的控制框图，并结合数字实现图9.2中的MATLAB代码，有必要添加和控制器$C(s)$相关的代码。为了说明起见，可从一个简单的比例控制器考虑，这意味着该控制器的输出把电压v_o定义为

$$v_o = Ke_i \tag{9.4}$$

式中，K是控制器的增益；e_i是电流误差。

假设参考电流如图9.4a所示为一理想的阶跃瞬态，则如图9.4b所示可以看到控制系统使测得的电流随参考电流变化。这些波形是在$K=200$时得到的。

```
%Simulation of a RL load connected to a Controlled-
Voltage-Source
R=5;   %Resistance of the RL load
L=0.05; %Inductance of the RL load
io=0;      %state variable (load current)
vo=100;    %input variable (load voltage)
h=1e-4;    %step size
j=0;       %variable used to storage the outcomes
t=0;       %initial value of the digital time
tmax=1;    %maximum simulation time

while t<=tmax, %begining of the simulation loop
      t = t + h; %time incrementation
      io = io + (vo-R*io)*h/L;  %state space variable 1
      % storage of the variables
      j = j + 1;
      time(j)=t;
      current(j)=io;
      voltage(j)=vo;
end
   figure(1),plot(time,voltage)
   figure(2),plot(time,current)
```

图 9.2　图 9.1a 所示系统开环控制的 MATLAB 代码

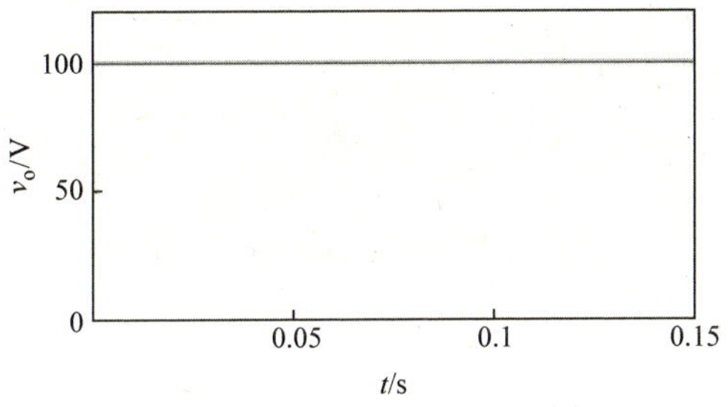

a)

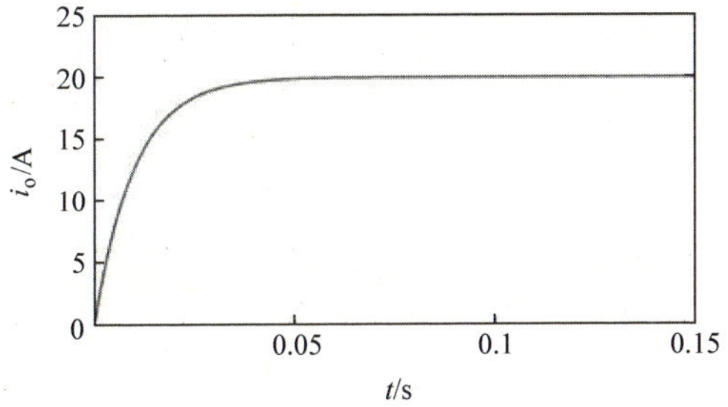

b)

图 9.3　a）输出电压；b）输出电流

由于负载为感性负载，所以为了产生阶跃的电流，承受阶跃瞬态电流的电压值预计在阶跃瞬态期间将是巨大的（理论上，要产生如此变化的电流，需要一个无限大的电压）。图 9.5a 显示了控制器的输出电压，而图 9.5b 突出显示了阶跃瞬态的瞬间（图 9.5a 在 $t=0.49$s 和 $t=0.51$s 之间的区域）。注意，为了保证在图 9.4 中电流从 5 ~ −5A 的阶跃，电压值高达 −2000V。

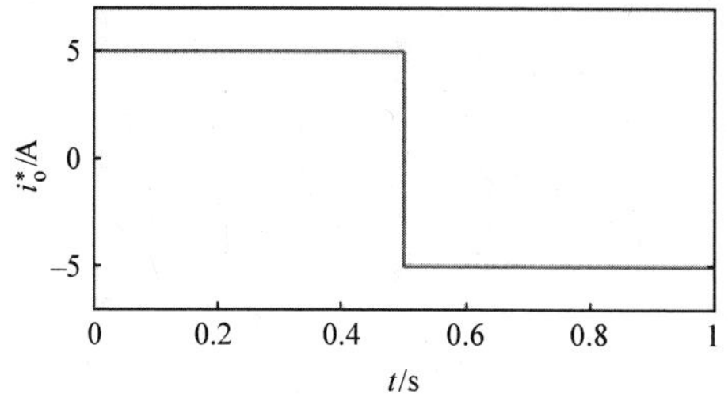

a)

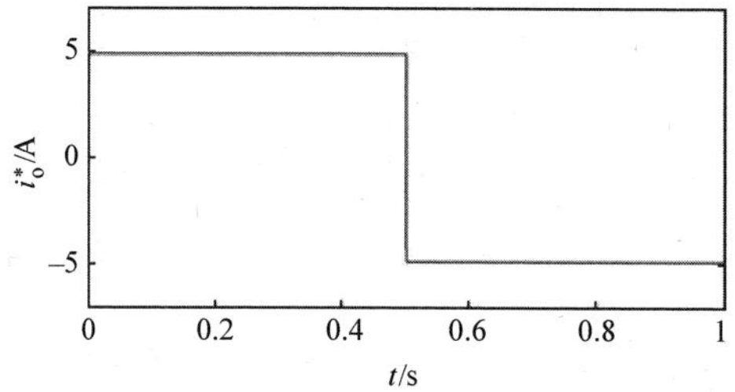

b)

图 9.4　a）参考负载电流；b）实测负载电流

练习 9.1

写出 MATLAB 代码来实现图 9.1b 所示的对一个 *RL* 负载的控制策略（鼓励读者使用图 9.2 提供的代码）。绘制图 9.4 和图 9.5 中的波形图。此外，通过电感电压方程解释图 9.5 所示的输出电压的特性。

在实际系统中，因为受控电压源的定义对驱动负载的电压和功率有极大限制，图 9.5 中的情形是不可能出现的。在阶跃变化时，即使控制器要求如此大的电压来保证微小的电流误差（理想为零），但由于电压源有实际的限制，不允许这样的情况出现。

事实上，图 9.1b 所提出的控制方案中没有显示控制电压源（执行器）需要在真实的情景中实现这种控制方案。从图 9.1b 中可以注意到，控制器的输出直接定义为负载电压。图 9.6 中考虑了更真实的系统，其中受控电压源通过模块 $G(s)$ 加入到系统中。

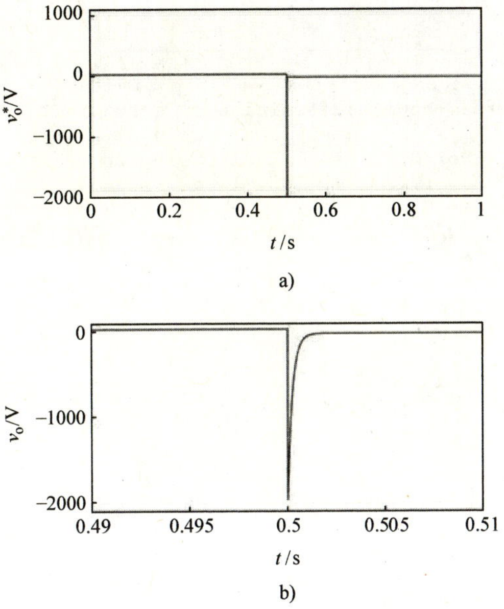

图 9.5 a) 电流阶跃瞬态所需的负载电压；b) 图 9.5a 电压的放大图

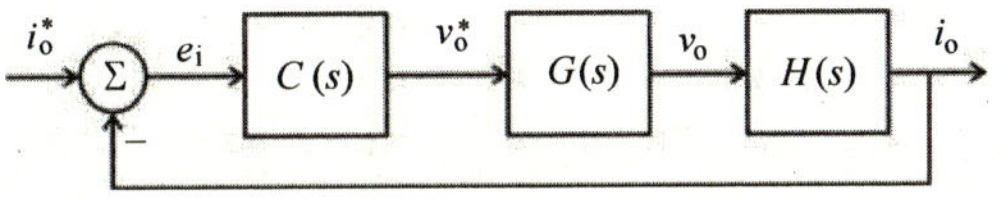

图 9.6 受控电压源的控制框图

$G(s)$模块可以用前面描述的 PWM 变换器之一来实现，但是 H 桥拓扑已被选定，它将贯穿本章。本章后续章节将考虑直流电动机驱动系统和可控整流电路的应用，用 H 桥变换器实现 $G(s)$。就控制而论，H 桥变换器必须在负载侧产生电压（v_o），它要准确表示控制器所需的电压v_o。对于理想的受控电压源，可以证明 $G(s)=1$。然而就平均值而言，H 桥拓扑 $G(s)$可以由一阶传递函数更真实地表示，在时间常数等于开关周期的条件下，$G(s)=\dfrac{1}{T_s s+1}$，其中 $T_s=1/f_s$，f_s 是 H 桥拓扑的开关频率。

H 桥变换器的 MATLAB 代码可以如图 9.7 写出。第 8 章中推导出来的式（9.24）和式（9.25）被认为是脉冲宽度（τ_1 和 τ_2）的数字实现。从该代码中可以注意到，这是一个用来模拟如数字信号处理器（DSP）系统中断的数字环。为了实现图 9.6 所示的控制系统，变换器的代码行（见图 9.7）应该加入图 9.2 的程序中。

```
if t>tpwm, % begin of the pwm loop simulation
   tpwm=tpwm+hpwm; %definition of discrete time
   cont=0;          %auxiliar variable
   v10r = vor/2;     %pole voltage - leg 1
   v20r = -vor/2;    %pole voltage - leg 2
   tal1 = (v10r/Vdc + 1/2)*hpwm; %Eq. (24) - Chapter 8
   tal2 = (v20r/Vdc + 1/2)*hpwm; %Eq. (25) - Chapter 8
end% end of the pwm loop
   cont=cont+h; % updating auxiliary variable
   %Definition of the state of the switches
   if(cont<tal1)
     q1=1;
   else
     q1=0;
   end
   if(cont<tal2)
     q2=1;
   else
     q2=0;
   end
v10=(2*q1-1)*(Vdc/2); %Expression for the pole volt. 1
v20=(2*q2-1)*(Vdc/2); %Expression for the pole volt. 2
vo = v10 - v20; %Load voltage
```

图9.7　数字PWM的MATLAB代码实现

练习9.2

①构建一应用到H桥变换器的参考电压的阶跃瞬态，即当$t<0.1\text{s}$时，$v_o^*=-80\text{V}$；当$t\geqslant0.1\text{s}$时，$v_o^*=80\text{V}$。比较基准和输出电压的平均值，证明这种变换器可以近似由给定的传递函数$G(s)=\dfrac{1}{T_s s+1}$来表示。②结合图9.2和图9.7中的代码来实现图9.6中的闭环系统，即受控电压源作为驱动器；假定$V_{dc}=100\text{V}$。

将H桥拓扑作为图9.6所示的受控电压源[$G(s)$]的闭环传递函数的结果如图9.8所示。当控制器需要电压高于通过变换器可得到的最高电压时，受控电压源（H桥拓扑）由于物理限制不能遵守这一要求。在这种情况下，H桥拓扑可得到的最高和最低电压分别是100V和-100V。使用非理想的受控电压源的结果是控制操作将会延迟，因为不是应用所需的电压以保证暂态电流，即$v_o\cong-2000\text{V}$，变换器将采用-100V最小电压。如图9.9所示，瞬时将受到影响，但控制作用仍然有效，如图9.8所示它显示了在瞬态周围的放大波形。

其他线性稳压器的比例控制器将在本章后面介绍更多的细节。而在深入分析线性控制器之前，在接下来的章节中将首先考虑滞后控制策略，因为它比较简单。

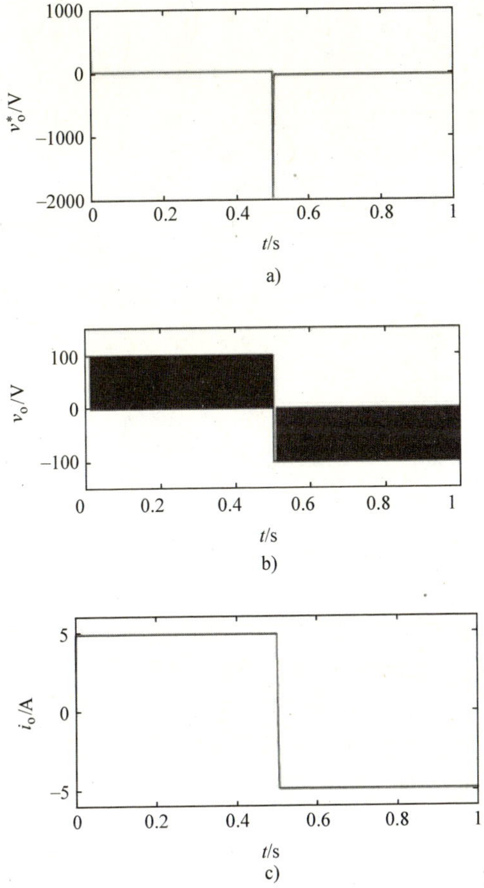

图 9.8　a）控制器的输出电压；b）变换器的输出电压；c）负载电流

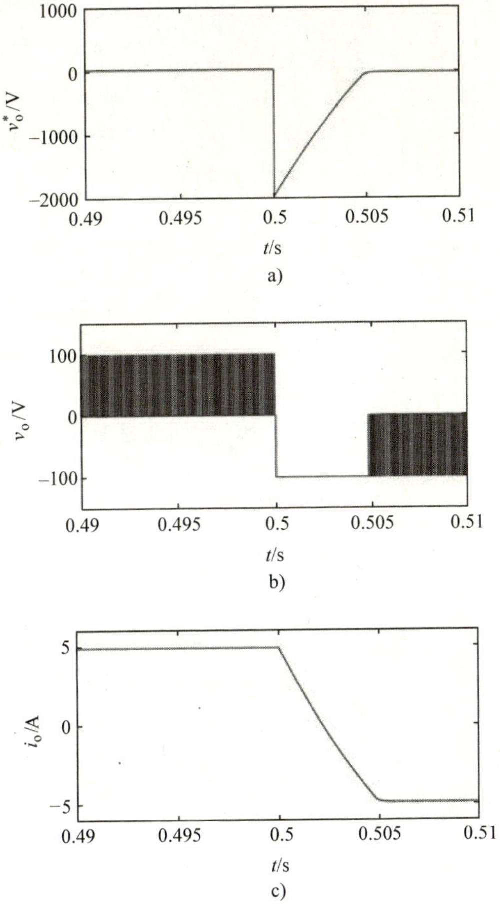

图 9.9　图 9.8 的瞬时波形的放大（$t=0.5$s）

9.3　滞环控制

如图 9.1a 所示，滞环控制是最简单的保证系统中电流控制的方法之一。不同于线性控制器，如在 9.2 节中的比例控制，应设计其增益来获取特定的特性，磁滞控制将直接定义 H 桥拓扑的开关状态，使电流满足最大误差为 Δi 的固定参考值。请注意：如果采用另一个增益 K，可以改变图 9.8 和图 9.9 中获得的结果（或最终误差）的动态特性。如何设计线性控制器的增益将在 9.4 节详细给出。

滞环比较类型的电流控制器的实现如图 9.10 所示，重点强调的是：①电路的电源和控制部分（见图 9.10a），②控制（i_o）变量的波形（见图 9.10b 上），③开关

状态 q_1 和 q_2（见图 9. 10b 中间和底部）。在这种情况下，开关，状态定义如下：

如果 $i_o > i_o^* + \Delta i$，必须降低负载电流，因此 q_2 导通和 q_1 关断。

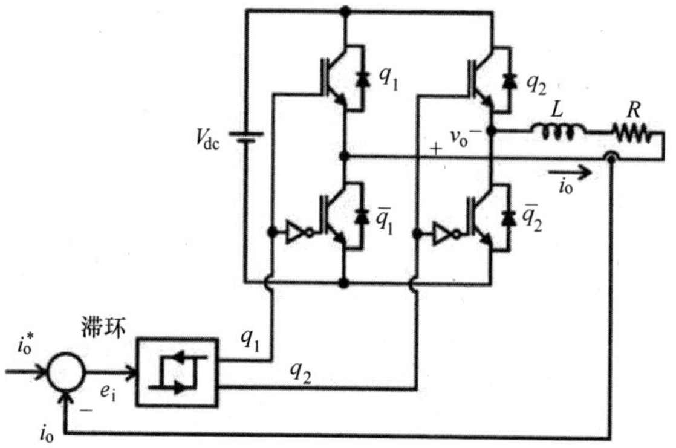

a)

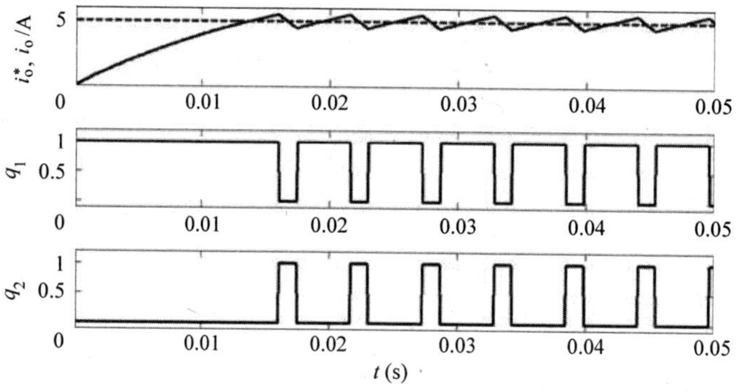

b)

图 9. 10　a）滞环控制器定义的开关状态；b）参考和测量电流（上方），以及开关 q_1 和 q_2 的状态（中间和底部）

如果 $i_o < i_o^* - \Delta i$，说明必须增加负载电流，因此 q_1 导通和 q_2 关断。

其中 Δi 为滞环宽度低于和高于i_o^*。在稳态工作条件下，负载纹波电流是恒定的。之前提出的相同瞬态电流滞环控制结果如图 9. 11 所示。

启动条件滞后控制突出显示在图 9. 12 中，图中 t_r 为 i_o 从 0 到i_o^* 变化的间隔时间；t_α为在 q_1 闭合时稳定工作的时间；t_β为在 q_2 闭合时稳定工作的时间；T_s 为开关周期。

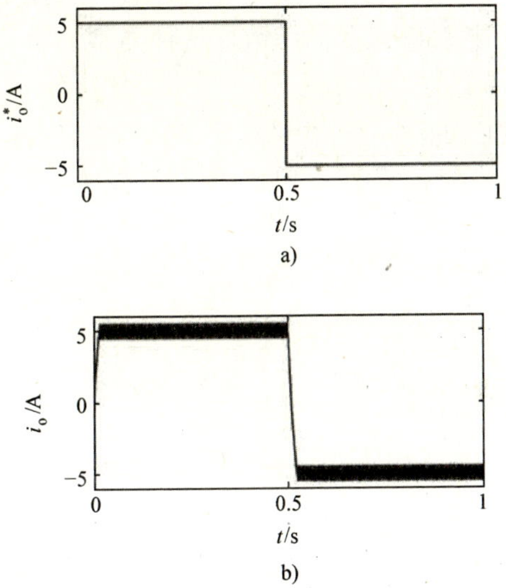

图 9.11　滞环控制

a）参考负载电流　b）实测负载电流

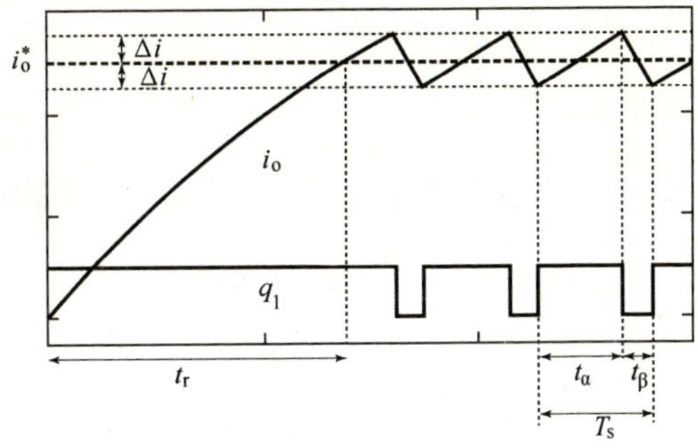

图 9.12　迟滞控制的启动瞬态

t_r 期间负载电流的表现描述为方程式（9.5）

$$i_o(t) = \frac{V_{dc}}{R}(1 - e^{\frac{-R}{L}t}) \tag{9.5}$$

当 $t = t_r$，负载电流是 $i_o = i_o^*$，然后

$$i_o^* = \frac{V_{dc}}{R}(1 - e^{\frac{-R}{L}t_r}) \tag{9.6}$$

$$t_r = -\frac{L}{R}\ln\left(1 - \frac{Ri_o^*}{V_{dc}}\right) \tag{9.7}$$

上升时间（t_r）以及开关周期（$T_s = t_\alpha + t_\beta$，稳态运行中）是负载参数（R 和 L）的函数。T_s 也是（Δi）滞环宽度的函数。

练习 9.3

①在 MATLAB 中编写一个代码实现如图 9.10 所示的磁滞控制。②证明两个不同的负载 R 和 L 时所给出的方程式（9.7）。③使用相同的仿真代码表明滞环控制的开关频率是与 R 和 L 参数相关的，并完成下面的表格。

R	5Ω	10Ω	50Ω
L	5mH	5mH	5mH
f_s			

转换周期与负载的相关性限制了这种类型控制器的应用。例如，在直流电动机驱动的应用程序中，除了静态分量在图 9.1a 中给出的负载 R 和 L，负载（直流电动机）也有一个动态分量，反电动势，它是电动机速度的函数。这种类型的负载直接影响滞环控制器的性能。在 9.3.1 节将阐述这个话题。

滞环控制的另一个特点是负载电流的恒定纹波，这是由 $2\Delta i$ 定义，即稳定的运行状态下瞬时误差不为零。在理想的情况下，达到零误差，Δi 应该是零，这意味着一个无限高开关频率下的假设场景。

尽管有这个缺点，仍可以看到一些滞环控制的优点，如简单的实现和线性控制方案不需要定义控制器的增益。

9.3.1 直流电动机驱动滞环控制的应用

为了理解滞环控制方法中开关频率对动态负载的影响，本节提出了直流电动机的模型。

直流电动机是由两个主要磁回路构成：位于定子端的励磁电路和位于转子端的电枢电路。该电动机的草图如图 9.13 所示，而图 9.13b 显示了电动机的电气模型，可以得到方程式（9.8）和式（9.9）：

$$v_f = R_f i_f + L_f \frac{di_f}{dt} \tag{9.8}$$

$$v_a = R_a i_a + L_a \frac{di_a}{dt} + e_a \tag{9.9}$$

式中，e_a（$= k_c \lambda_f \omega_m$）是反电动势；k_c是耦合常量；λ_f是磁场通量；ω_m是机械角速度。

电磁转矩的产生是由于电枢通量的变化趋势与磁场通量保持一致，然后得到转矩大小如下：

$$T_e = k'_c \lambda_a \lambda_f \tag{9.10}$$

或

$$T_e = k_c \lambda_f i_a \tag{9.11}$$

旋转条件下应用牛顿第二定律，即净外转矩等于转动惯量乘以角加速度，则

$$T_e - T_l = B_m \omega_m + J_m \frac{d\omega_m}{dt} \tag{9.12}$$

式中，T_l为负载转矩；B_m 为阻尼系数；J_m 为惯性矩。

从方程式（9.8）、式（9.9）和式（9.12）中可以写出这种类型电动机的状态空间表示，如以下方程：

$$\frac{d}{dt}\begin{bmatrix} i_a \\ \omega_m \end{bmatrix} = \begin{bmatrix} -R_a/L_a & -k_c\lambda_f/L_a \\ k_c\lambda_f/J_m & -B_m/J_m \end{bmatrix}\begin{bmatrix} i_a \\ \omega_m \end{bmatrix} + \begin{bmatrix} 1/L_a & 0 \\ 0 & -1/J_m \end{bmatrix}\begin{bmatrix} v_a \\ T_l \end{bmatrix} \tag{9.13}$$

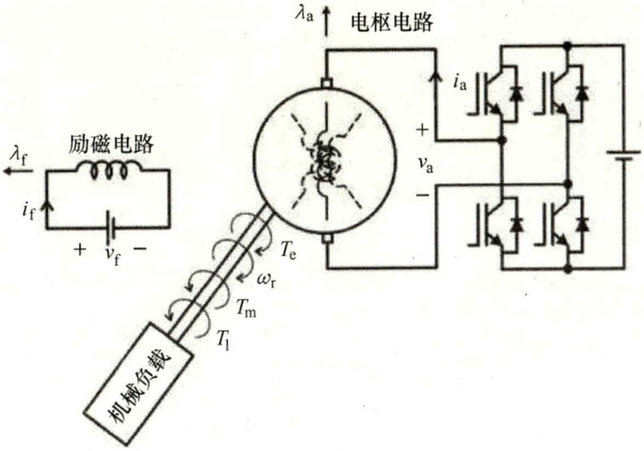

a)

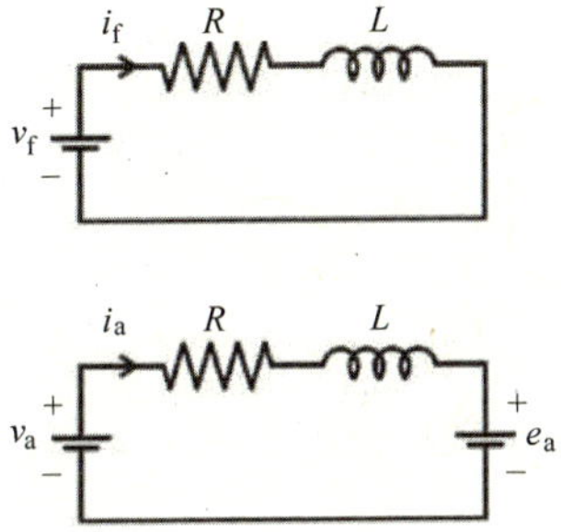

b)

图 9.13　a）直流电动机的示意图；b）磁场的等效电路（顶部）和电枢电路（底部）

$$\omega_m = \begin{bmatrix} 0 & 1 \end{bmatrix} \begin{bmatrix} i_a \\ \omega_m \end{bmatrix} + \begin{bmatrix} 0 \end{bmatrix} \begin{bmatrix} v_a \\ T_l \end{bmatrix} \tag{9.14}$$

式中，i_a和ω_m均为状态空间变量。

图 9.14 是式（9.13）和式（9.14）中电动机方程的 MATLAB 代码，该方程通过欧拉积分方法得到。

图 9.15 依次示出了突出状态空间变量的仿真结果，即电枢电流和转子的角速度。另外该模型能够进行简化，简化后的模型能够相当好地描述系统的动态特性。

考虑到这一章中介绍的滞环控制，我们能够看到恒定滞后宽度（$2\Delta i$）条件下，开关频率对电动机转速的影响。

对于低速情况，当反电动势的幅度变小（$e_a = k_c \lambda_f \omega_m$）时，变换器的开关频率变高。另一方面，对于高速情况，当反电动势的幅值变高时，开关频率变低。为了解释这个问题，我们进行一个模拟实验，利用一个已经连接机械负载的直流电动

```
%constants
ra=0.06;
Laa=0.0018;
kf=0.1;
Bm=0.01;
Jm=0.001;
lambdaf=1;
%state variables
wm=0;
ia=0;
%input variables
va=1;  %Armature voltage
Tl=.1; %Load torque
h=1e-4;%step size
j=0;
t=0;
tmax=2;
while t<=tmax,
t = t + h; % simulation time
ia=ia+(va/Laa-ra*ia/Laa-kf*lambdaf*wm/Laa)*h;%state
space 1
wm = wm + (kf*lambdaf*ia/Jm-Tl/Jm-Bm*wm/Jm)*h;%state
space 2
% storage the variables
j = j + 1;
time(j)=t;
armature_current(j)=ia;
rotor_speed(j)=wm;
end
figure(1),subplot(2,1,1),plot(time,armature_current)
subplot(2,1,2),plot(time,rotor_speed)
```

图 9.14 MATLAB 代码实现的直流电动机

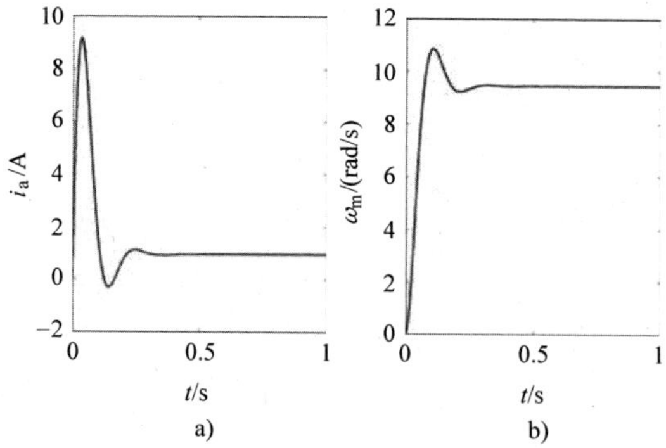

图 9.15 直流电动机的动态显示：a）电枢电流；b）转子速度

机，该电动机能够呈现可变特性，也就是，转矩需求的增长和速度的二次方成正比。产生可变负载转矩特性的负载示例有离心风扇、泵和鼓风机。

此外，为了演示滞环控制电动机的速度如何能够影响 H 桥变换器的开关频率，在高速运行时将参考电枢电流设置为 10A，而在低速操作时将其设置为 2.5A。对于测量和参考电流的结果如图 9.16 所示。正如预期的那样，在低速操作时，开关频率更高，因为 $T''_s < T'_s$，所以 $f''_s > f'_s$。

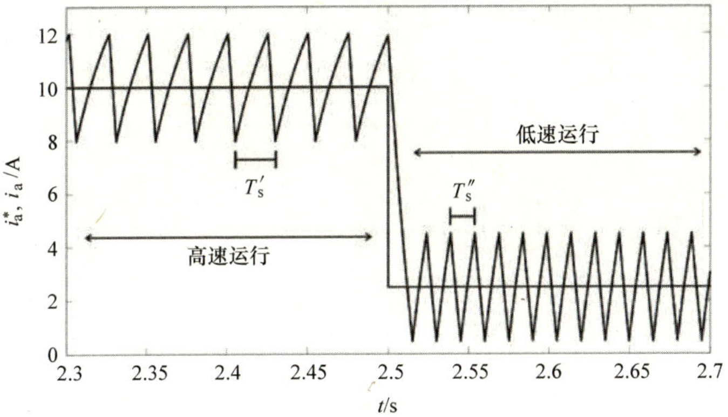

图 9.16 高速和低速条件下参考电动机电流和测量电动机电流的波形

值得一提的是，上文已经得出的结论显示，能够通过滞环控制方法使开关频率变化的主要原因是它可以代表电力电子变换器设计方面的问题。电源开关的技术指标通常认为有电流、阻断电压和开关频率。如果该技术指标超出生产商提供的频率范围，这样的电源开关可能不能正常工作。

9.3.2 调制交流变频的滞环控制

先前的讨论旨在解决处理适用于控制直流变量迟滞的方法，即负载和直流电动机的直流电流。滞环控制也同样适用于正弦或非正弦波交流电变量的控制。需要正弦和非正弦波形控制系统的例子分别为交流电动机控制系统（感应和同步电动机）和有源电源滤波器。

图 9.17 示出了磁滞型电流控制器的应用，其中图 9.17a 为磁滞型电流控制器的电路图，图 9.17b 和图 9.17c 分别是参考电流波形（i_o^*）和测量电流波形（i_o）。为了方便起见，图 9.17a 在这里重复强调一遍。在图 9.17a 中的标记和前文直流控制中看到开关状态的定义是完全一样的。图 9.17b 中，在 $t = 0.5$s 时设定电流振幅特殊瞬态以显示这种控制策略的有效性。

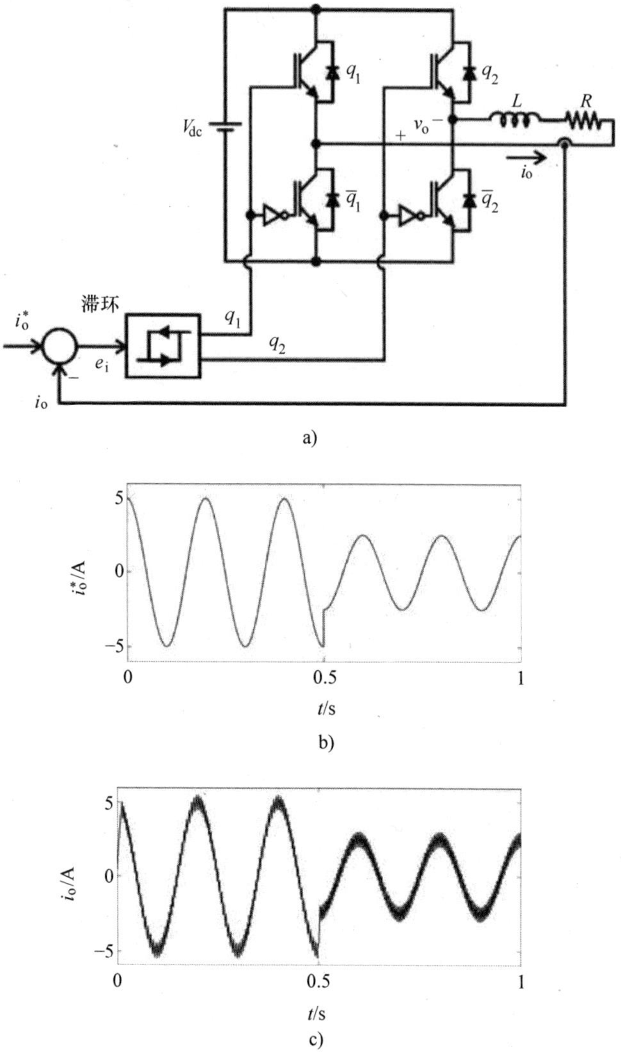

图 9.17 a）滞环控制器定义的开关状态；b）参考电流；c）实测电流

练习 9.4

基于前文构建的方法来控制直流负载电流（参见 9.3 节所述的开关状态的定义），输出电压只由两个电平控制。确定并仿真一滞环方法以保证电流控制同时产生具有 3 个电平的输出电压。

9.4　线性控制——直流变量

9.4.1　比例控制器：*RL* 负载

在 9.2 节（基本控制原理）提出了一个比例控制器的简单控制方法，这是线性控制的最简单的例子。正如图 9.4 呈现，对于一个理想的受控电压源，同样在图 9.8 中所示，对于非理想受控电压源，比例控制器似乎更能够保证误差等于零。然而，这种类型的控制器应用于一阶传递函数的系统时不能达到零误差，比如 *RL* 负载。事实上，在图 9.4 和图 9.8 的波形的详细分析中，可以意识到甚至对于一个理想受控电压源，这些误差都不为零。我们鼓励读者通过使用他/她自己的模拟代码的结果绘制并观察测量和参考电流之间的误差。

假设对于理想受控电压源，如图 9.1b 所示，开环传递函数[$F(s)$]和闭环传递函数[$M(s)$]分别由下式给出

$$F(s) = \frac{k_p}{R + sL} \tag{9.15}$$

$$M(s) = \frac{k_p}{(R + k_p) + sL} \tag{9.16}$$

式（9.16）说明在稳态运行 $M(s)$时不恒等于 1。当 $t\to\infty$（稳态），$s = j\omega\to 0$，这意味着 $M(s)$等于$\frac{k_p}{R + k_p}$。显而易见的是，零误差是在 $M(s) = 1$ 时获得，只有当 $k_p\to\infty$ 时有唯一可能。此外，对于使用由 $G(s) = \frac{1}{T_s s + 1}$表示一个非理想受控电压源（H 桥拓扑）的情况下，只有当 $k_p\to\infty$，系统才能获得零误差。

不同于没有必要指定增益的滞环控制，对于线性方法而言，控制器的增益必须得到保证从而能够确保特定的动态特性。图形分析也称作根轨迹运算，可以用于确定系统的稳定性，以及使闭环传递函数与比例增益参数的函数的极点和零点的行为可视化，如图 9.18 所示。这些图在确定比例控制器（k_p）的设计是有帮助的。图 9.18 给出一个简单的例子（比如，比例控制器加一阶传递函数），增益应选择尽可能大以尽量减少误差。更高的比例增益（k_p）能够保证较小的稳态误差和更快的响应，见图 9.18 中 k_p 分别等于 1、5 和 20 的时候。

9.4.2　比例控制器：直流电动机驱动系统

为了分析在直流电动机驱动系统中充当速度调节器的比例控制器，可以找出电动机的传递函数，因为它用于 *RL* 负载。另外，详细的控制框图将提供关于电动机变量和控制行为之间是怎样相互影响的重要信息。

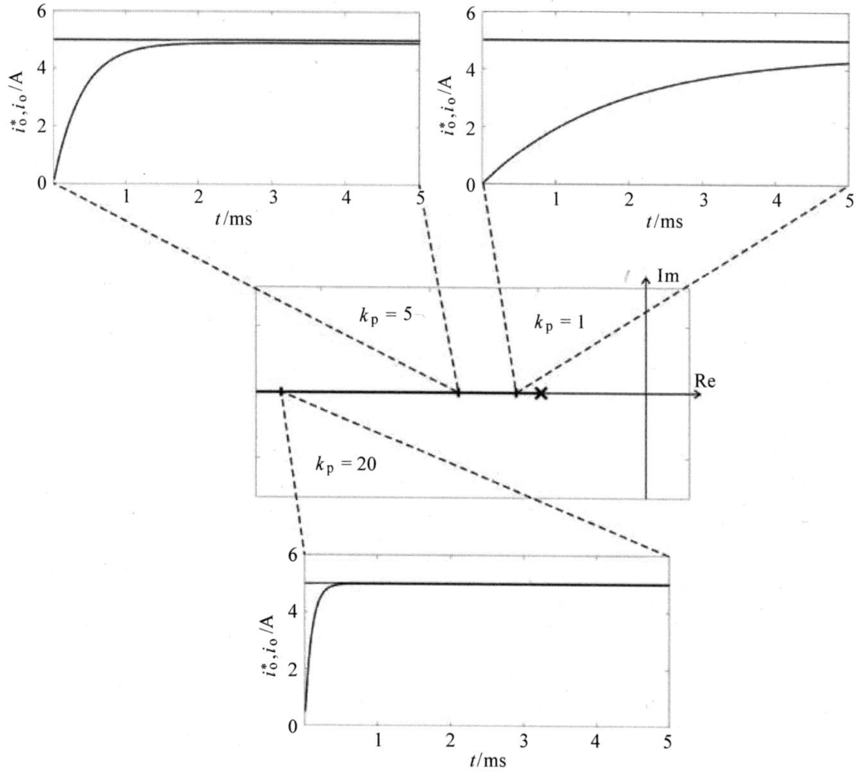

图 9.18　图 9.1b 所示系统的根轨迹

基于式（9.13）和式（9.14）中的状态空间表示，传递函数可以通过下式得到，

$$\frac{(s)}{U(s)} = \boldsymbol{C}(s\boldsymbol{I} - \boldsymbol{A})^{-1}\boldsymbol{B} + \boldsymbol{D} \tag{9.17}$$

其中(s) 和 $U(s)$分别是ω_m和输入变量（v_a和 T_l）的拉普拉斯变换。状态空间表达式的矩阵表示如：$\boldsymbol{A} = \begin{bmatrix} -R_a/L_a & -k_c\lambda_f/L_a \\ k_c\lambda_f/J_m & -B_m/J_m \end{bmatrix}$，$\boldsymbol{B} = \begin{bmatrix} 1/L_a & 0 \\ 0 & -1/J_m \end{bmatrix}$，$\boldsymbol{C} = [0 \quad 1]$和$\boldsymbol{D} = 0$。矩阵$\boldsymbol{I}$是一个 2×2 的单位矩阵。解式（9.17）得

$$(s) = G_a(s)V_a(s) + G_m(s)T_l(s) \tag{9.18}$$

其中 $G_a(s) = \dfrac{k_a}{s^2 + (s_a + s_m)s + k} = \dfrac{k_a}{(s + s_1)(s + s_2)}k_a = \dfrac{k_c\lambda_f}{J_m L_a}$。系统极点可以写成：

$$s_1 = [-(s_a + s_m) + \sqrt{(s_a + s_m)^2 - 4k}]/2$$

$$s_2 = [-(s_a + s_m) - \sqrt{(s_a + s_m)^2 - 4k}]/2$$

其中 $s_a = r_a/L_a$，$s_m = B_m/J_m$，$k = (r_a B_m + k_c^2\lambda_f^2)/(J_m/L_a)$。

通过式（9.13）和式（9.14），考虑直流电动机模型的开发，有可能确定它的框图，如图 9.19 所示，k_c是耦合常数。该框图帮助我们理解变量之间的相互影响。该系统只有一个输出（Ω）和两个输入（V_a 和 T_l）的简化框图表示如图 9.20a 所示。从速度控制方面来看，$G_m(s)T_l(s)$可以看作是必须通过反馈控制系统补偿的干扰。

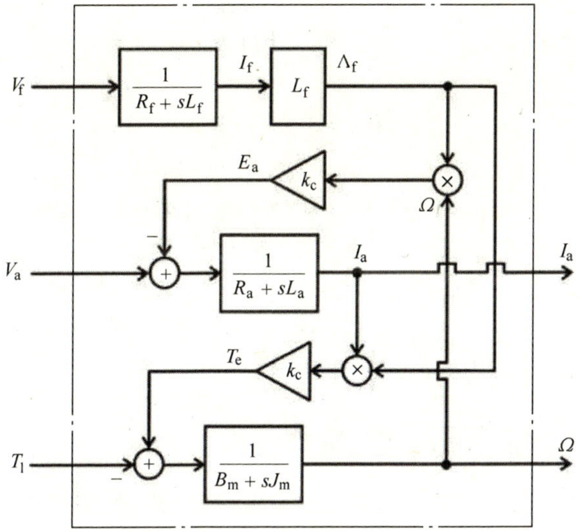

图 9.19　直流电动机的详细框图

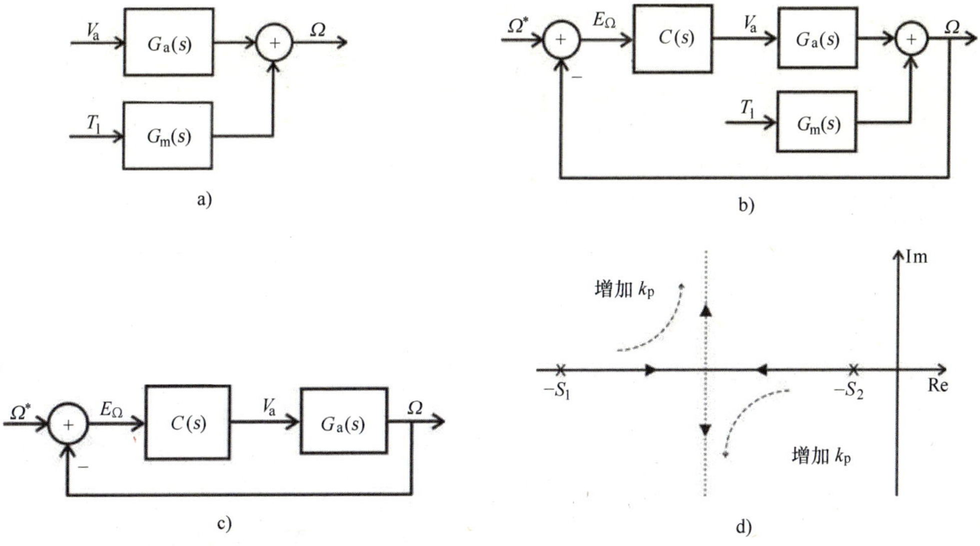

图 9.20　a）表示直流电动机驱动系统的简易框图；b）速度闭环控制；c）没有干扰项的速度闭环控制；d）带有比例控制器的直流电动机驱动系统的根轨迹

图 9.20b 显示了速度闭环控制框图，然而 9.20c 显示了没有干扰项的相同闭环控制。该简化意味着已经假定控制器将会这样设计，干扰项将通过控制器自身进行补偿，出于简化的目的，这些干扰可以被忽略。

对于比例控制器[$C(s) = k_p$]，假定一理想受控电压源，则如图 9.20c 所示，该系统的开环传递函数[$F(s)$]和闭环传递函数[$M(s)$]，分别如下

$$F(s) = \frac{k_p k_a}{(T_1 s + 1)(T_2 s + 1)} \tag{9.19}$$

$$M(s) = \frac{k_p k_a}{(T_1 s + 1)(T_2 s + 1) + k_p k_a} \tag{9.20}$$

式中，$T_1 = 1/s_1$，$T_2 = 1/s_2$。

式（9.20）中，考虑到静态分析（$t \to \infty \Rightarrow s = j\omega \to 0$），得出 $M(s) = k_p k_a/(1 + k_p k_a)$，和期望值 $M(s) = 1$（即零误差）是不同的。该误差是存在的，除非 $k_p \to \infty$ 时，会出现趋于一个不合实际情况的无限大电压使误差保持为零。

正如图 9.20d 所示的根轨迹分析，增加 k_p（减少静态误差）的结果是极点虚部会比实部高很多，其响应会引起振荡。

9.4.3 比例-积分控制器：*RL* 负载

对于一阶传输函数的系统（如 *RL*），保证没有误差的最简单的线性控制器就是比例-积分控制器，对于这种类型的控制器，$F(s)$如：

$$F(s) = \left(k_p + \frac{k_i}{s}\right)\left(\frac{1}{R + sL}\right) \tag{9.21}$$

式（9.21）可以方便地改写如下：

$$F(s) = \frac{k_i}{s}\left(\frac{k_p}{k_i}s + 1\right)\left(\frac{1/R}{\frac{L}{R}s + 1}\right) \tag{9.22}$$

如式（9.22），显然，由于 k_i/s 项，开环传递函数在复平面的原点有一个极点，意味着在静态工作条件下没有误差。也表明可以消除带系统极点（*RL* 负载）控制器的零点，使得

$$\frac{k_i}{k_p} = \frac{R}{L} \tag{9.23}$$

零极点相消提供一种可能的设计准则，用于确定比例—积分控制器的增益。然后，考虑方程式（9.22）和零极点相消，$F(s)$ 和 $M(s)$分别由$\frac{k_i}{sR}$和$\frac{k_i}{sR + k_i}$给出。该系统的根轨迹如图 9.21 所示，其中特别强调 k_i 等于 0.5、1.5 和 2.5 三步响应。一旦从图 9.21 中选定了 k_i 的某一特定值，就定义了式（9.23）中的增益 k_p。

如果零极点相消没有被用来确定控制器的增益，根轨迹会明显不同，会产生一个不期望的复杂情况，当然，控制器增益也不是直接确定。没有零极点相消，

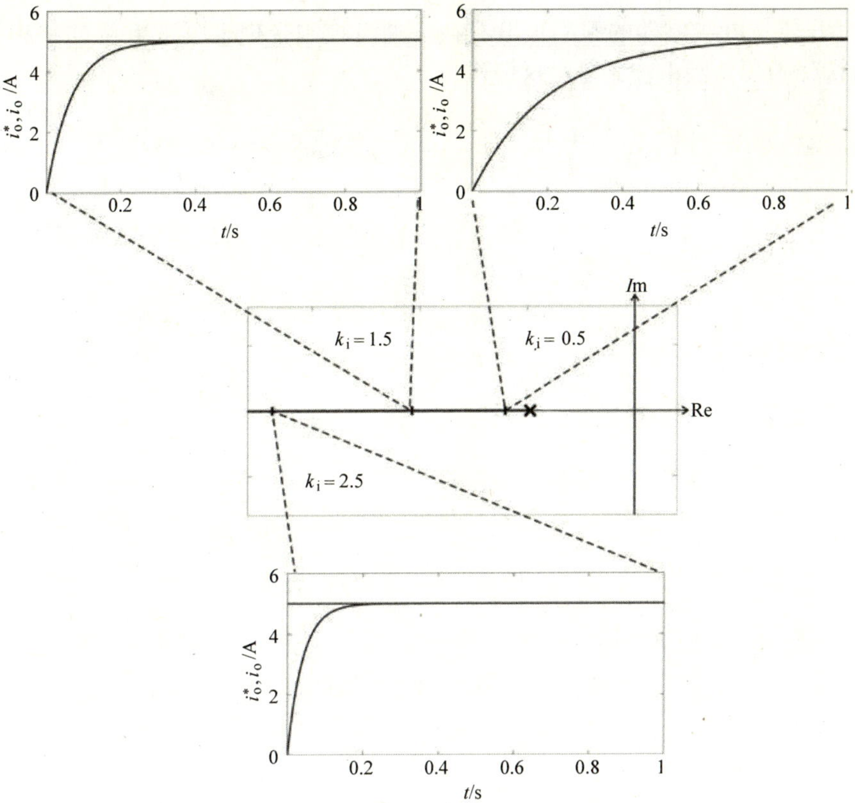

图 9.21　PI 控制器和负载 RL 的根轨迹

$M(s)$将是一个更复杂的系统，如下：

$$M(s) = \frac{sk_p + k_i}{s^2L + s(R + k_p) + k_i} \tag{9.24}$$

为了采用动态仿真的方法来测试比例—积分控制器（和之前用 MATLAB 完成的一样），需要将控制器本身离散化。采用欧拉法的离散化方法也可以用来进行控制器的仿真。PI 控制器的框图模型如图 9.22 所示，可以确定状态空间表达式，如下：

$$\dot{x} = k_i e \tag{9.25}$$

$$y = x + k_p e \tag{9.26}$$

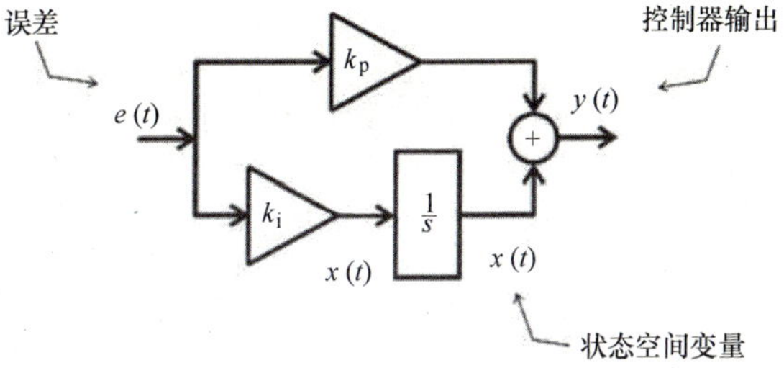

图 9.22　PI 控制器框图

练习 9.5

写出实现 PI 控制器的 MATLAB 代码。通过控制带理想电压源和 H 桥拓扑作为执行器的 *RL* 负载电流来测试这段代码。

对于考虑非理想受控电压源的情况，式（9.22）所得的 $F(s)$ 如：$\frac{k_i}{s}\left(\frac{k_p}{k_i}s+1\right)\left(\frac{1}{T_s s+1}\right)\left(\frac{1/R}{\frac{L}{R}s+1}\right)$。在这种情况，控制器的零点可以用来抵消两极点中的一个，即 $s=-1/T_s$ 和 $s=-R/L$。通常，由于功率变换器的高开关频率，主极点是 $s=-R/L$，想要有更快的响应时，必须抵消这个极点。

9.4.4 比例－积分控制器：直流电动机

至于 *RL* 负载类型，在 H 桥变换器驱动的直流电动机中采用比例—积分控制器来保证直流电动机的零误差。控制模块框图如图 9.20c 所示，该分析中考虑的电动机传输函数如 $G_a(s)=\frac{k_a}{(T_1s+1)(T_2s+1)}$。在这种情况下，不像 *RL* 负载，该系统有两个极点，可以抵消其中一个极点来获得特定的特性，如闭环操作中确保较快的动态响应。在 $k_p/k_i=T_2$ 零极点抵消后，开环传输函数 $F(s)$ 如下：

$$F(s)=\frac{k_ik_a}{s(T_1s+1)} \tag{9.27}$$

消去主极点（$s=-1/T_2$），得 $M(s)$ 如下：

$$M(s)=\frac{k_ik_a}{s(T_1s+1)+k_ik_a} \tag{9.28}$$

图 9.23a 和图 9.23b 展示了两种情况下的速度响应。图 9.23a 对应的是最缓慢（主）极点被取消时的情况，图 9.23b 对应的是最快速的极点被抵消时的情况。这些结果是在式（9.14）中的直流电动机的参数选取相同的 k_i㊀ 值的情况下得到的。也就是说对于图 9.23a 来说，$k_i=2$ 和 $k_p=T_1k_i$；同样对于图 9.23b 而言，$k_i=2$ 和 $k_p=T_2k_i$。

尽管图 9.23a 和图 9.23b 中的波形是都是基于相同的积分增益 $k_i=2$ 而得到的，但是通过使用特别的设计规则去分析得到控制器的增益也是可能的。比如，在图 9.23c 中描述的是带有 PI 控制器的直流电动机在消除主极点的情况下的根轨迹。尽管事实上该控制器保证了没有误差，但是它的限制是在闭环传输函数的动态变化中它是被 $-1/2T_1$ 所限制的，而不管 k_i 的值是否是上升的。对于设计 PI 控制器的增益能和闭环传输函数中的极点相同的一个可能的解决方法，就是

㊀ 式（9.14）中无 k_i，原书有误。

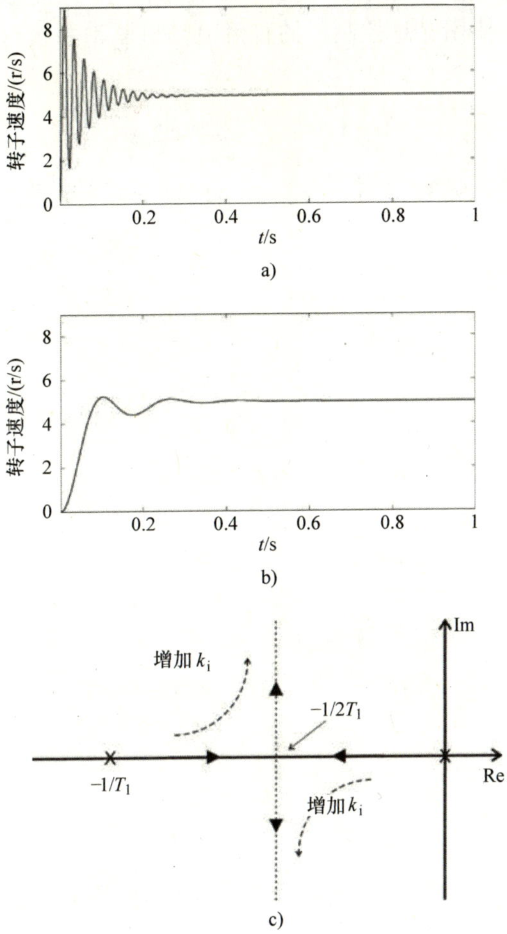

图 9.23　速度动态响应：a）最慢；b）最快的极点消除；c）用 PI 控制器的直流电动机根轨迹

$$k_i = \frac{1}{4k_a T_1} \tag{9.29}$$

$$k_p = T_2 k_i \tag{9.30}$$

9.4.5　比例－积分－微分控制器：直流电动机

正如上一节所展示的，带有 PI 控制器的直流电动机的驱动系统的其中一个极点在复平面上原点（如 $s=0$），这能保证在稳定状态操作中没有误差。然而在图 9.23c 中明显表明当该控制器的主极点的实部等于 $-1/(2T_1)$ 时，控制器具有最快的响应速度。

如果需要更快的响应速度，其他的控制器就可以派上用场了。注意到在使用

PI 控制器的系统中主极点总是位于 $-1/T_1$ 极点的右边。比起使用 PI 控制器的直流电动机的驱动系统，使用 PID 控制器的直流电动机驱动系统有着更快的响应速度，其传输函数如下：

$$C(s)=k_p+\frac{k_i}{s}+k_d s \tag{9.31}$$

事实上，正如式（9.31）所示，控制器的微分项是不能实现的，因此 PID 控制器的传输函数为

$$C(s)=k_p+\frac{k_i}{s}+\frac{k_d s}{sT_d+1} \tag{9.32}$$

或

$$C(s)=\frac{(T_d k_p+k_d)s^2+(T_d k_i+k_p)s+k_i}{s(T_d s+1)} \tag{9.33}$$

其中 T_d 表明了导数部分的品质因数。理想情况下，T_d 必须等于零，但是它的真实值取决于执行器和系统构成的整体的物理限制。

式（9.33）表明 $C(s)$ 具有两个极点（$s=0$ 和 $s=-1/T_d$）和两个零点。零点能用于抵消直流电动机（如同 PI 控制器抵消一个极点）的两个极点。而且，参数 k_p 和 k_d 能用来指定复平面上的任何地方的闭环极点。

为了消去两个完全相同的实极点，控制器的设计如下：

$$k_i=\frac{1}{T_i}=\frac{1/k_a}{4T_d} \tag{9.34}$$

$$k_p=\frac{T_1+T_2-T_d}{T_i} \tag{9.35}$$

$$k_d=\frac{T_1T_2-(T_1+T_2-T_d)T_d}{T_i} \tag{9.36}$$

9.5 线性控制——交流变量

值得注意的是，在本节中提到的线性稳压器被用来控制直流变量，无论是 *RL* 负载或直流电动机，亦或是直流电流或速度。这些控制器中只有两个能用来保证零稳态误差（比如 PI 和 PID），然而比例控制器不能。的确，对于直流变量，PI 控制器和 PID 控制器的积分部分趋向于无穷大；由于工作频率为零，$s=0$，因此 $k_i/s\to\infty$。这种特性产生了一个令人满意的零误差特性。

然而，对于交流变量，意味着 $s\neq 0$，在控制器中没有趋近于无限大的项，这导致了不等于零的误差。对于交流变量情况，采用另外类型的 PI 控制器是必要的，如下所示：

$$C(s)=\frac{k_a s^2+k_b s+k_c}{(s^2+\omega^2)} \tag{9.37}$$

式中，k_a，k_b 和 k_c 是控制器的增益。在这种情况下，控制器的额定频率 ω 是无限大的。

该控制器的状态空间表示用式(9.38)~式(9.40)表示

$$\dot{x}_1 = x_2 + k_b e \tag{9.38}$$

$$\dot{x}_2 = -\omega^2 x_1 + k_d e \tag{9.39}$$

$$y = x_1 + k_a e \tag{9.40}$$

式中，x_1 和 x_2 是状态变量；$k_d = k_c - \omega^2 k_a$。

讨论了可以处理直流和交流变量的控制器后，还要再讨论其他被不止一个变量控制系统的控制过程，这是很重要的。比如，受控整流器电路系统可以保证有正弦电流的功率因子校正，并保持输出电压恒定。下面章节描述了控制两个变量（被称为级联控制）的控制策略。

9.6 级联控制策略

本章前面所介绍的控制策略可以用图 9.1b 来进行概括。图 9.1b 通过直流 - 交流变换器实现了受控电压源。对于前面所考虑的两种类型的负载（*RL* 和直流电动机），电流和转速两个变量当中只存在一个变量可以被调节。然而，在一些应用中，为了达到特定的要求，需要对两个变量同时进行控制。针对功率因子整流器和直流电动机驱动系统两种应用，本节将介绍一种叫作级联控制的控制方法。

9.6.1 整流电路：电压 - 电流控制

一单向受控整流器电路如图 9.24a 所示，该电路有两个控制目标。它们分别是：保证输出稳定直流电压（v_o）以及输入变换器一侧功率因子接近 1 的正弦电网电流（i_g）。两个控制目标通过 H 桥功率变换器同时实现。

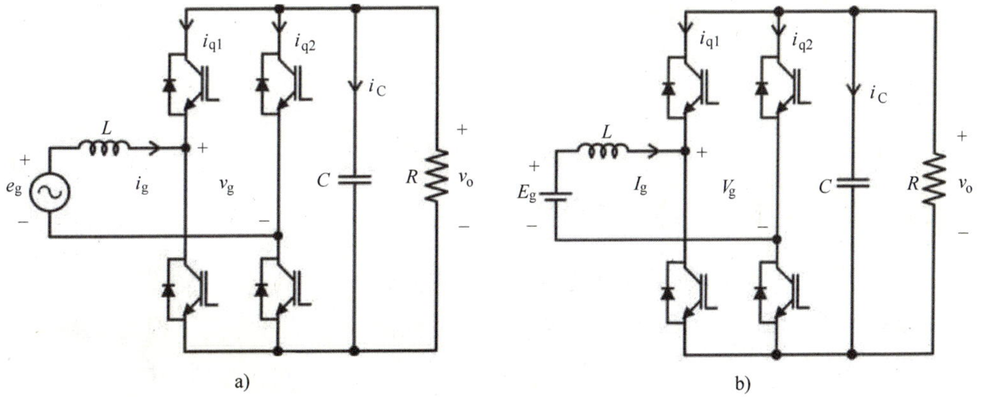

图 9.24 a）整流器电路；b）直流 - 直流变换器

在对图9.24a所示整流电路的控制操作细节进行说明之前，先对图9.24b中具有相似控制策略的电路的控制操作进行说明更加方便和简单。图9.24b所示电路处理直流－直流转换（而不是图9.24a中的交流－直流转换），该电路的主要目标是控制输出电压。此外，没有必要对功率因子进行控制。由于主电源是直流，图9.24中两种电路的控制策略都可以根据相同的原理进行制定，也就是采用级联控制方案。

式（9.41）和式（9.42）表明电容电流以及电容电压都能够通过 I_g 进行调节而达到稳定。

$$i_C = -i_{q1} - i_{q2} - \frac{v_o}{R} \tag{9.41}$$

$$i_C = I_g(q_1 - q_2) - \frac{v_o}{R} \tag{9.42}$$

图9.25a展示了图9.24b中变换器对应的控制框图。图9.25b展示了图9.24a中受控功率因子整流器的控制结构。图9.24a和图9.24b所示两个变换器的控制方法的不同点在于功率因子校正的同步方法。

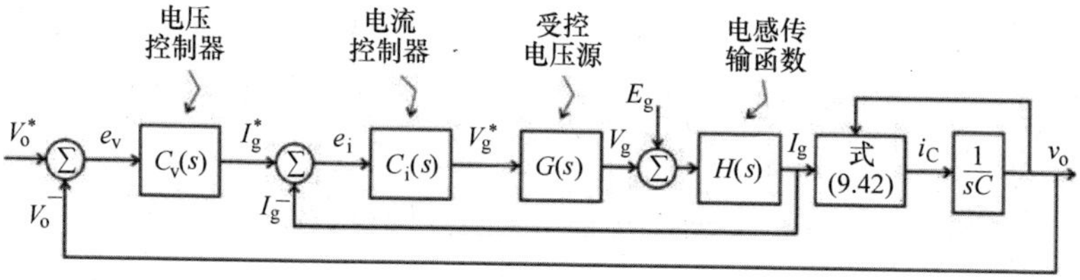

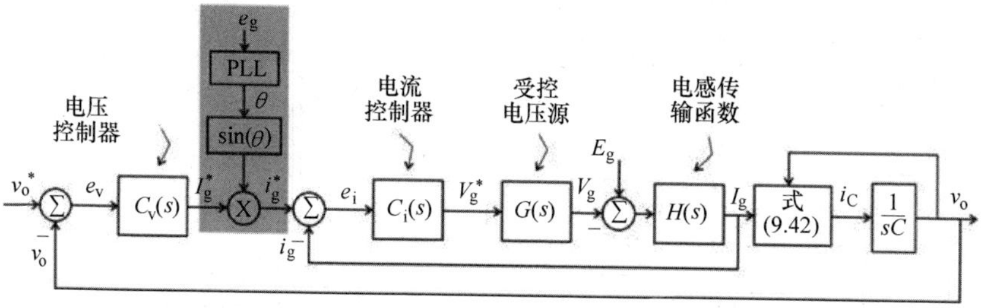

图9.25 控制模块框图：a）图9.24b变换器；b）图9.24a变换器

9.6.2 电动机驱动：转速－电流控制

直流电动机的转速控制可以通过将电枢电压（V_a）定义为转速控制器的输出来直接实现，如图9.20c所示。事实上，这种控制策略是可能的，因为如图9.19所示 Ω 是 V_a 的函数。但是，在这两个变量（图9.19）之间存在两个控制模块，它们分别表示电动机的电气和机械动力学。图9.26提出了另一个解决方案，此方案中在用于控制的变量（V_a）和受控制的变量（I_a）之间只存在一个模块。

针对转速（Ω）使用一个外部控制器和针对电枢电流（I_a）使用一个内部控制器的控制方案被称为级联控制，事实上它与 9.6.1 节中应用于整流器电路的控制方式具有相同的原理。级联控制在内部回路比外部回路快得多的情况下是可行的，因为内部回路与外部回路的电气与机械动力学是完全不同的。$C_\omega(s)$ 和 $C_i(s)$ 两种控制器都是 PI 型控制器，因为对于直流变量（I_a 和 Ω）保证零误差是足够的。尽管使用了两个控制器，而不是像图 9.20 一样仅仅使用一个控制器，级联控制的主要优点是使得限制电枢电流成为可能，这为系统带来额外的保护。

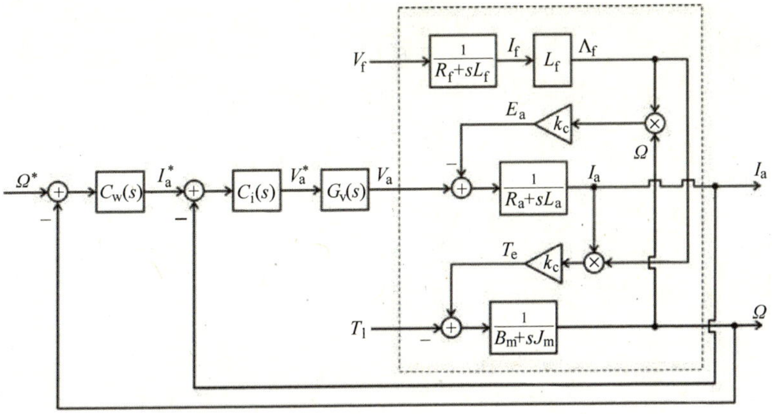

图 9.26　直流电动机的级联控制

假定对电气变量而言机械变量都是常数，则内部回路可以被简化成图 9.27 所示的结构。在这种情况下，开环传输函数如下：

$$F_i(s) = \frac{k_i}{s}\left(s\frac{k_p}{k_1}+1\right)\left(\frac{1}{T_s s+1}\right)\left(\frac{1/R_a}{\frac{L_a}{R_a}s+1}\right) \tag{9.43}$$

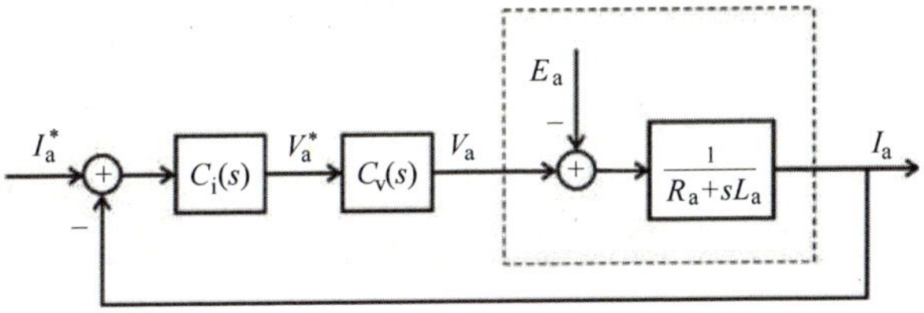

图 9.27　图 9.26 框图的内部控制方案

消去带电动机极点的控制器的零点，得到

$$F_i(s) = \frac{k_i}{s}\left(\frac{1/R_a}{T_s s+1}\right) \tag{9.44}$$

因此，电流控制的闭环传输函数如下：

$$M_i(s)=\frac{k_i/R_a}{T_s s^2+s+k_i/R_a} \tag{9.45}$$

正如之前所示，增益 k_i 可以通过根轨迹法得到，或者使用相同的极点，亦即 $k_i=R_a/(4T_s)$；即

$$M_i(s)=\frac{1}{(2T_s s+1)^2} \tag{9.46}$$

由于 T_s 是一个极小的值，$M_i(s)$变为

$$M_i(s)=\frac{1}{4T_s s+1} \tag{9.47}$$

图9.26所示的控制框图中的外部回路如图9.28所示。考虑 T_l作为扰动项，它将由控制器进行补偿，则转速控制器的开环传输函数如下：

$$F_w(s)=\frac{\dfrac{k_{iw}k_c\lambda_f}{B_m}\left(\dfrac{k_{pw}}{k_{iw}}s+1\right)}{s\left(\dfrac{J_m}{B_m}s+1\right)(4T_s s+1)} \tag{9.48}$$

消去零极点我们得到

$$F_w(s)=\frac{k_{iw}k_c\lambda_f}{B_m}\frac{1}{s(4T_s s+1)} \tag{9.49}$$

则闭环传输函数如下：

$$M_w(s)=\frac{\dfrac{k_{iw}k_c\lambda_f}{B_m}}{4T_s s^2+s+\dfrac{k_{iw}k_c\lambda_f}{B_m}} \tag{9.50}$$

让极点相同，我们得到

$$M_w(s)=\frac{1}{(8T_s s+1)^2} \tag{9.51}$$

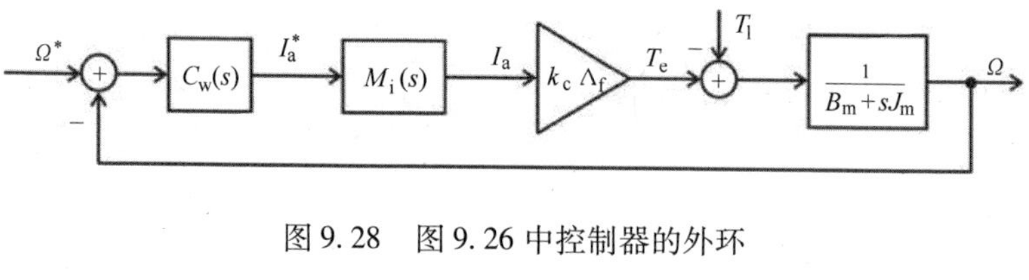

图9.28　图9.26中控制器的外环

这种方法使得如下形式的控制器增益设计成为可能：

$$\frac{k_{pw}}{k_{iw}}=\frac{J_m}{B_m},\quad k_{iw}=\frac{B_m}{16T_s k_c k_f}$$

9.7 小结

本章介绍了控制器的基本原理，该类控制器应用于将功率变换器作为驱动器的系统。实际上这是为下一章做准备，下一章的控制器将需要反馈控制来保证背靠背式变流器的正确操作。本章分为两个部分：非线性控制技术以及线性控制技术。9.3 节介绍了非线性控制技术，也就是滞环控制，明确了非线性控制技术的一些优点与缺点。该节还考虑了两种应用：直流电动机驱动系统和交流变量的稳定。9.4 节介绍了用于直流变量的经典的线性控制器（P、PI 和 PID）。9.5 节介绍了一种用于交流变量的线性控制器。9.6 节介绍了一种使用级联控制的更加复杂的控制技术，由此引出了将要在接下来几个章节详细介绍的背靠背式变换器。关于控制技术的更多细节可以查阅本章参考文献[1]~参考文献[18]。

参考文献

[1] L. Shang, D. Sun, J. Hu, Sliding-mode-based direct power control of grid-connected voltage-sourced inverters under unbalanced network conditions, Power Electron, IET, vol. 4, no. 5, pp. 570–579, May 2011.

[2] R.-J. Wai, C.-Y. Lin, Dual active low-frequency ripple control for clean-energy power-conditioning mechanism, IEEE Trans Ind Electron, vol. 58, no. 11, pp. 5172–5185, Nov. 2011.

[3] B. Labbe, B. Allard, X. Lin-Shi, D. Chesneau, An integrated sliding-mode buck converter with switching frequency control for battery-powered applications, IEEE Trans Power Electron, vol. 28, no. 9, pp. 4318–4326, Sept. 2013.

[4] J. Hu, L. Shang, Y. He, Z.Q. Zhu, Direct active and reactive power regulation of grid-connected DC/AC converters using sliding mode control approach, IEEE Trans Power Electron, vol. 26, no. 1, pp. 210–222, Jan. 2011.

[5] R. Haroun, A. Cid-Pastor, A.E. Aroudi, L. Martinez-Salamero, Synthesis of canonical elements for power processing in DC distribution systems using cascaded converters and sliding-mode control, IEEE Trans Power Electron, vol. 29, no. 3, pp. 1366–1381, March 2014.

[6] M. Khazraei, H. Sepahvand, M. Ferdowsi, K.A. Corzine, Hysteresis-based control of a single-phase multilevel flying capacitor active rectifier, IEEE Trans Power Electron, vol. 28, no. 1, pp. 154–164, Jan. 2013.

[7] D.G. Holmes, R. Davoodnezhad, B.P. McGrath, An improved three-phase variable-band hysteresis current regulator, IEEE Trans Power Electron, vol. 28, no. 1, pp. 441–450, Jan. 2013.

[8] T.-W. Chun, Q.-V. Tran, H.-H. Lee, H.-G. Kim, Sensorless control of BLDC motor drive for an automotive fuel pump using a hysteresis comparator, IEEE Trans Power Electron, vol. 29, no. 3, pp. 1382–1391, March 2014.

[9] S. Gautam, R. Gupta, Unified time-domain formulation of switching frequency for hysteresis current controlled AC/DC and DC/AC grid connected converters, Power Electron, IET, vol. 6, no. 4, pp. 683–692, April 2013.

[10] Dash AR, Babu BC, Mohanty KB, Dubey R. Analysis of PI and PR controllers for distributed power generation system under unbalanced grid faults. 2011 International Conference on Power and Energy Systems (ICPS); 2011 22–24 Dec. p. 1–6.

[11] Geethalakshmi B, Saraswathi A, Dananjayan P. Comparing and evaluating the performance of SSSC with Fuzzy Logic controller and PI controller for transient stability enhancement. IICPE 2006. India International Conference on Power Electronics; 2006 Dec 19–21. p. 140–143.

[12] Mikkili S, Panda AK, Patnaik SS, Suresh Y. Comparison of two compensation control strategies for SHAF in 3ph 4wire system by using PI controller. 2010 India International Conference on Power

Electronics (IICPE); 2011 Jan 28–30. p. 1–7.
[13] Tsengenes G, Adamidis G. Comparative evaluation of Fuzzy-PI and PI control methods for a three phase grid connected inverter. Proceedings of the 2011-14th European Conference on Power Electronics and Applications (EPE 2011); Aug. 30 2011-Sept. 1 2011. p. 1–10.
[14] P. Kasinathan, R. Vairamani, S. Sundramoorthy, Dynamic performance investigation of d–q model with PID controller-based unified power-flow controller, Power Electron, IET, vol. 6, no. 5, pp. 843–850, May 2013.
[15] Z. Shen, N. Yan, H. Min, A multimode digitally controlled boost converter with PID autotuning and constant frequency/constant off-time hybrid PWM control, IEEE Trans Power Electronics, vol. 26, no. 9, pp. 2588–2598, Sept. 2011.
[16] M.Y.-K. Chui, W.-H. Ki, C.-Y. Tsui, A programmable integrated digital controller for switching converters with dual-band switching and complex pole-zero compensation, IEEE J Solid-State Circuits, vol. 40, no. 3, pp. 772–780, March 2005.
[17] M.M. Peretz, S. Ben-Yaakov, Time-domain design of digital compensators for PWM DC-DC converters, "IEEE Trans Power Electron," vol. 27, no. 1, pp. 284–293, Jan. 2012.
[18] Rasoanarivo I, Arab-Tehrani K, Sargos FM. Fractional Order PID and Modulated Hysteresis for high performance current control in multilevel inverters. 2011 IEEE Industry Applications Society Annual Meeting (IAS); 2011 Oct 9–13. p. 1–7.

第 10 章　单相 - 单相背靠背变换器

10.1　引言

本章来了解单相两级能源转换系统。这种转换系统也被称作背靠背变换器，通过一个直流侧电容器来处理整流与逆变过程。其控制目标是在变换器的输入端达到高功率因子和高正弦电流，而在其输出端输出稳定电压。几种应用需要此类型的转换系统，例如线电压调节器、通用的有源滤波器、备用电源和不间断电源等。

为了便于理解文献中提到的拓扑结构构建方法，电源模块作为一种有效途径在本节再次提及。此外，在前几章讲过一些有关知识（例如已优化的 PWM 和控制策略），可以在总谐波失真（THD）和效率上用来改善变换器的操作，也可以调节背靠背变换器的变量（例如电路功率因子和直流电压）。

本章 10.2 节中介绍了单相交流 - 直流 - 交流转换的全桥拓扑结构。除了模型、脉冲宽度调制（PWM）和控制策略，功率分析和直流侧电容振荡的情形也会在该节讲述。本章的三个小节将运用非常规拓扑结构模型，即减少功率半导体器件数量的拓扑（10.3 节），增加功率半导体器件数量的拓扑（10.4 节和 10.5 节）。通过共享一条支路或通过使用直流链路中点连接达到半导体元件数量减少目的。另一方面，通过并联和串联连接背靠背变换器达到组件的数量增加的拓扑结构。这将允许每个变换器的 THD 得到改善和降低功耗。10.6 节是本章的总结，同时最后给出了参考文献。

10.2　全桥变换器

10.2.1　模型

通过连接两个背靠背的 PB，可以构建一个如图 10.1a 所示的单相 - 单相交流 - 直流 - 交流变换器。其开关表示如图 10.1b。

变换系统由一个单相公用电网、输入电感（电抗 X_g）、带两个电容的直流侧电容器组（每一个电容等于 C）、整流器、逆变器和一个单相负载构成。图 10.1 中的直流侧电容器组可以用一个电容来实现。然而，为了建模，用两个电容器绘制这个电路可以方便地获得“0”点。在公用电网和输入变换器之间的电感元件（L_g）需要避免电压源型元件之间短路（电网和输入变换器侧）。另外，直流链路组需要实现变换器输入和输出的解耦。此外，因为直流链路电压应大于电网电压，还希望图 10.1 中变换器的输入端为升压变换器，以保证电网电流的控制。整流电路包含开关 q_{g1} 和 q_{g2}，以及分别由 $\bar{q}_{g1}$ 和 $\bar{q}_{g2}$ 给定的互补开关。相应的，逆变器包含开关 q_{l1} 和 q_{l2} 及其互补开关 $\bar{q}_{l1}$ 和 $\bar{q}_{l1}$。如前几章所述，节点 g_1、g_2、l_1 和 l_2 的开关的导通状态是由一个二进制变量表示，其中 $q=1$ 表示开关闭合，而 $q=0$ 是开关断开。如图 10.1b 所示，可以推导出变换器输入和输出侧的方程式（10.1）和式（10.2）如下：

$$v_g = v_{g10} - v_{g20} \tag{10.1}$$

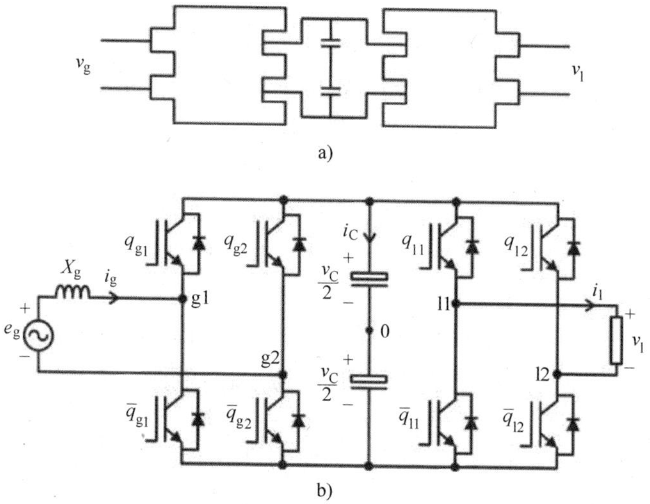

图 10.1 驱动一个单相负载的双桥变换器：a）模块图；b）开关表示

$$v_l = v_{l10} - v_{l20} \tag{10.2}$$

式中极点电压可以写成开关状态的函数，如下：

$$v_{g10} = (2q_{g1} - 1)\frac{v_C}{2} \tag{10.3}$$

$$v_{g20} = (2q_{g2} - 1)\frac{v_C}{2} \tag{10.4}$$

$$v_{l10} = (2q_{l1} - 1)\frac{v_C}{2} \tag{10.5}$$

$$v_{l20} = (2q_{l2} - 1)\frac{v_C}{2} \tag{10.6}$$

式（10.7）为电网变换器侧的变量提供的动态模型：

$$v_g = e_g - r_g i_g - l_g \frac{di_g}{dt} \tag{10.7}$$

式中，r_g 和 l_g 代表电阻和输入电感器的电感，电容器的电压可从下式得到：

$$v_C = \frac{1}{C}\int[(q_{g1} - q_{g2})i_g + (q_{l2} - q_{l1})i_l]dt \tag{10.8}$$

式中积分区间为开关频率。

值得一提的是，本章与本书前面章节使用了同样的方法：①通过编写变换器所产生的电压作为开关状态的函数来对系统进行建模，②用脉宽调制技术定义开关状态，③获得闭环运行所需的脉宽调制电压。

10.2.2 PWM 策略

在第 8 章中提出的优化的脉宽调制策略可以应用在图 10.1 的全桥结构中，来改进变换器两端（输入和输出）的总谐波失真和效率。

如果所需的输入和输出电压分别由 v_g^* 和 v_l^* 给出，参考极点电压如下：

$$v_{g10}^* = v_g^* + v_{gh}^* \tag{10.9}$$

$$v_{g20}^* = v_{gh}^* \tag{10.10}$$

$$v_{l10}^* = v_l^* + v_{lh}^* \tag{10.11}$$

$$v_{l20}^* = v_{lh}^* \tag{10.12}$$

辅助电压 v_{gh}^* 和 v_{lh}^* 分别如下给出

$$v_{gh}^* = v_C\left(\mu_g - \frac{1}{2}\right) + (\mu_g - 1)V_{gmax}^* - \mu_g V_{gmin}^* \tag{10.13}$$

$$v_{lh}^* = v_C\left(\mu_l - \frac{1}{2}\right) + (\mu_l - 1)V_{lmax}^* - \mu_l V_{lmin}^* \tag{10.14}$$

式中，$V_{gmax}^* = \mathrm{MAX}\{v_g^*, 0\}$，$V_{gmin}^* = \mathrm{MIN}\{v_g^*, 0\}$ 和 $V_{lmax}^* = \mathrm{MAX}\{v_l^*, 0\}$，$V_{lmin}^* = \mathrm{MIN}\{v_l^*, 0\}$；$\mu_g$ 和 μ_l 是分配系数，并且决定如何在整个开关周期分布续流时间。注意，v_{gh}^* 和 v_{lh}^* 是相互独立的。式（10.13）和式（10.14）在 8.2.2 节中已经推导。

参考极点电压一旦在式（10.9）~式(10.12）中被定义，可以通过式（10.15）~式(10.18）算出脉冲宽度 τ_{g1}、τ_{g2}、τ_{l1} 和 τ_{l2}，如下：

$$\tau_{g1} = \left(\frac{v_{g10}^*}{v_C} + \frac{1}{2}\right)T_s \tag{10.15}$$

$$\tau_{g2} = \left(\frac{v_{g20}^*}{v_C} + \frac{1}{2}\right)T_s \tag{10.16}$$

$$\tau_{l1} = \left(\frac{v_{l10}^*}{v_C} + \frac{1}{2}\right)T_s \tag{10.17}$$

$$\tau_{l2} = \left(\frac{v_{l20}^*}{v_C} + \frac{1}{2}\right)T_s \tag{10.18}$$

式中，T_s 是开关周期。

10.2.3 控制方法

图 10.2 给出了图 10.1 所示的控制系统框图。采用该控制方法控制输入功率因子和直流电容电压。通过开环操作设置桥臂 l_1（如开关 $q_{11}-\overline{q}_{11}$）和 l_2（如开关 $q_{12}-\overline{q}_{12}$）的 PWM 信号获得输出电压。注意，由于电容电压的动态特性完全不同于处理电网电流的内环，采用了级联控制方法。

采用控制器 R_C 来调整直流侧电压 v_C 达到其参考值 v_C^*，其方案采用了标准的 PI 控制器来实现。该控制器提供了参考电网电流 I_g^* 的振幅。为了保持带正弦电网电流的功率因子接近于 1，瞬时参考电流 i_g^* 必须与输入电压 e_g 同步。这样的同步方案可以通过 PLL 算法获得。模块 G_e-i_g 负责产生参考正弦电网电流与同相位的电网电压 $i_g^*=I_g^*\sin(\omega_g t+\Phi_g)$，$\Phi_g$ 代表电网电压的相位角，ω_g 是电网频率。电流控制器环路必须处理正弦波形，也就是说传统的 PI 控制器在稳定运行中不能保证零误差——可以使用改进的 PI 控制器代替（见 9.5 节）。如图 10.2 所示和前面所提到的，通过开环操作获得输出电压控制。

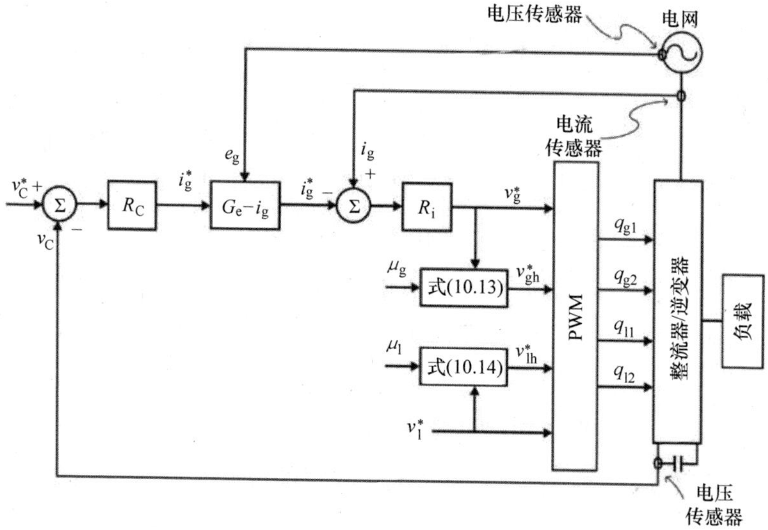

图 10.2 单相 - 单相变换器的控制策略

图 10.2 中所示的 PWM 模块可以从方程式（10.15）~式(10.18）实现或通过比较这些参考极点电压与高频载波信号而实现。

练习 10.1

画出带滞环电流控制而不是图 10.2 所示使用线性控制器 PI 控制的系统框图。采用滞环控制方案所采用的电流和电压传感器数量有何变化?

10.2.4　功率分析

为了找到电容电压是系统变量的函数（包括负载需求的电源），让我们假设以下一般情况：

电网电压 $e_g(t)=E_g\cos(\omega_g t)$

输入变换器侧低频电压 $v_g(t)=V_g\cos(\omega_g t-\theta_g)$

电网电流 $i_g(t)=I_g\cos(\omega_g t+\Phi_g)$

输出变换器侧低频电压 $v_1(t)=V_1\cos(\omega_1 t+\varepsilon)$

负载电流 $i_1(t)=I_1\cos(\omega_1 t+\varepsilon+\Phi_1)$

所有变量的矢量图如图 10.3 所示。忽略变换器产生的高频电压的影响来简化分析。另外，为了简化，输入和输出变量的相量被认为是在同一图中，也就意味着它们具有相同的频率。

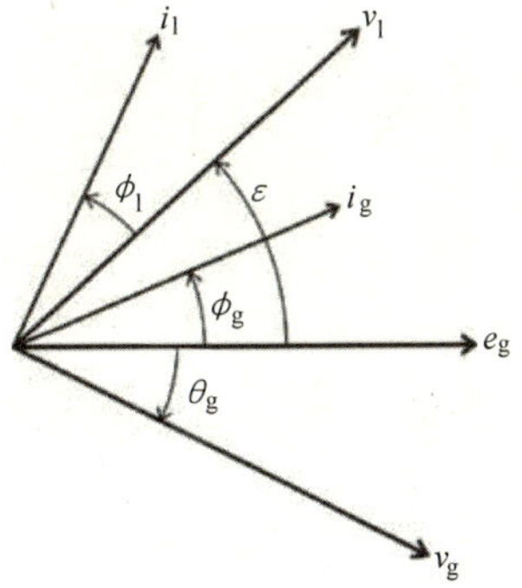

图 10.3　图 10.1 的低频变换器变量矢量图

分别给出输入和输出功率 $p_g(t)=v_g(t)i_g(t)$ 和 $p_1(t)=v_1(t)i_1(t)$。忽视变换器的功率损耗，可求出直流侧电容功率：

$$p_C(t)=p_g(t)-p_1(t) \tag{10.19}$$

或

$$p_C(t)=\left[\frac{v_gI_g}{2}\cos(\theta_g+\Phi_g)-\frac{V_1I_1}{2}\cos(\Phi_1)\right]+\left[\frac{v_gI_g}{2}\cos(2\omega_g t-\theta_g+\Phi_g)-\frac{V_1I_1}{2}\cos(2\omega_1 t+2\varepsilon+\Phi_1)\right] \tag{10.20}$$

只要忽略变换器损耗，通过变换级的无损耗单相电网产生负载所需的有效功率，即

$$V_gI_g\cos(\theta_g+\Phi_g)=V_1I_1\cos(\Phi_1) \tag{10.21}$$

将式（10.21）代入式（10.20），可得出电容器功率

$$p_C(t)=\frac{V_gI_g}{2}\cos(2\omega_g t-\theta_g+\Phi_g)-\frac{V_1I_1}{2}\cos(2\omega_1 t+2\varepsilon+\Phi_1) \tag{10.22}$$

或

$$p_C(t)=N_1\frac{\cos(\Phi_1)}{\cos(\theta_g+\Phi_g)}\cos(2\omega_g t-\theta_g+\Phi_g)-N_1\cos(2\omega_1 t+2\varepsilon+\Phi_1) \tag{10.23}$$

式中，$N_1=V_1I_1/2$。

式（10.23）表明，单相系统（输入和输出变换器）的固有脉冲功率出现在直流侧电容器组。

所需的工作条件之一是输入功率因子接近 1，可获得 $\Phi_g=0$（见图 10.3）。方程式（10.23）中尽管对一些参数没有控制，如 N_1 和 Φ_1，如果输入和输出变换器

有相同的频率，能够采用相位角 ε 来减少直流电容器的脉冲功率。

练习 10.2

如下图所示输入变换器建模为一受控电压源，确定一个 X_g 值使输入功率因子为1，且满足下列条件：$e_g(t)=170\cos(2\pi 60t+12°)$，$v_g(t)=204\cos(2\pi 60t)$ 以及电网电流的振幅等于10A，假设电感是理想的。

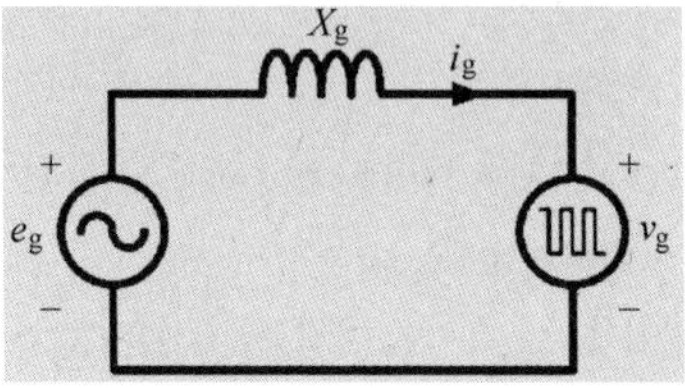

10.2.5 直流侧电容电压

电容电压可以从电容器功率得到，也就是

$$p_C(t)=v_C i_C=Cv_C\frac{dv_C}{dt} \tag{10.24}$$

这使得

$$v_C\frac{dv_C}{dt}=\frac{N_1}{C}\left[\frac{\cos(\Phi_1)}{\cos(\theta_g+\Phi_g)}\cos(2\omega_g t-\theta_g+\Phi_g)-\cos(2\omega_1 t+2\varepsilon+\Phi_1)\right] \tag{10.25}$$

方程式（10.25）的两边积分，可写出

$$v_C^2=N_1\left[\begin{array}{c}\dfrac{\cos(\Phi_1)}{\cos(\theta_g+\Phi_g)}X_{Cg}\sin(2\omega_g t-\theta_g+\Phi_g)-\\ X_{C1}\sin(2\omega_1 t+2\varepsilon+\Phi_1)\end{array}\right]+\bar{v}_c \tag{10.26}$$

式中，$X_{Cg}=\dfrac{1}{\omega_g C}$，$X_{C1}=\dfrac{1}{\omega_1 C}$和 $\bar{v}_C$ 是 v_C 的直流值。

因此，电容器电压可以写成：

$$v_C=\sqrt{\bar{v}_C+\tilde{v}_C} \tag{10.27}$$

其中 $\tilde{v}_C=N_1X_{C1}\left[\dfrac{\cos(\Phi_1)}{\cos(\theta_g+\Phi_g)}\dfrac{f_1}{f_g}\sin(2\omega_g t-\theta_g+\Phi_g)-\sin(2\omega_1 t+2\varepsilon+\Phi_1)\right]$

一旦已知直流侧电压为直流值叠加一小交流分量，如图10.4所示，可以对式（10.27）中 v_C 进行泰勒级数展开。由于泰勒级数是一个无限项之和的函数，每一项由某一点上函数微分的值来计算的，直流侧电压可以表示为：

$$v_C=v_C+\frac{\tilde{v}_C}{2v_C}-\frac{\tilde{v}_C^2}{8v_C}+\sum_{n=3}^{\infty}\left[\frac{(-1)^{n+1}}{n!}\frac{\tilde{v}_C^n}{2^n\,\tilde{v}_C^{2n-1}}\prod_{j=2}^{n}(2j-3)\right] \tag{10.28}$$

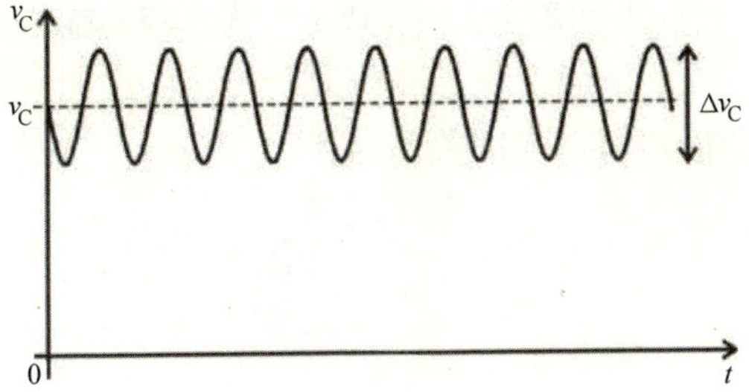

图 10.4　典型的单相背靠背变换器直流侧电压

式（10.28）的幂级数表明，电容电压由一个直流分量和带无限数量分量的交流分量组成。然而，对电容器的实际值的大小和直流侧参考电压，电容器电压可由方程式（10.28）前两项（即 $v_C + (\tilde{v}_C/2v_C)$）很好的表现。其近似结果如以下表达式：

$$v_C \simeq v_C + \frac{N_1X_{C1}}{2v_C}\left[\frac{\cos(\Phi_1)}{\cos(\theta_g+\Phi_g)}\frac{f_1}{f_g}\sin(2\omega_g t-\theta_g+\Phi_g) - \sin(2\omega_1 t+2\varepsilon+\Phi_1)\right] \tag{10.29}$$

为了分析电压波动，适当定义最大（峰－峰）电容电压 $\Delta v_C = v_{Cmax} - v_{Cmin}$，式中 v_{Cmax} 和 v_{Cmin} 表示式（10.29）v_C 的最大值和最小值。最大值（v_{Cmax}）在 $\sin(2\omega_g t-\theta_g+\Phi_g)=1$ 和 $\sin(2\omega_1 t+2\varepsilon+\Phi_1)=-1$ 同时产生，最小值（v_{Cmin}）在 $\sin(2\omega_g t-\theta_g+\Phi_g)=-1$ 和 $\sin(2\omega_1 t+2\varepsilon+\Phi_1)=1$ 同时产生。因此

$$v_{Cmax} \simeq v_C + \frac{N_1X_{C1}}{2v_C}\left[\frac{\cos(\Phi_1)}{\cos(\theta_g+\Phi_g)}\frac{f_1}{f_g}+1\right] \tag{10.30}$$

$$v_{Cmin} \simeq v_C - \frac{N_1X_{C1}}{2v_C}\left[\frac{\cos(\Phi_1)}{\cos(\theta_g+\Phi_g)}\frac{f_1}{f_g}+1\right] \tag{10.31}$$

直流侧电压波动由下式给出

$$\Delta v_C \simeq \frac{N_1X_{C1}}{v_C}\left[\frac{\cos(\Phi_1)}{\cos(\theta_g+\Phi_g)}\frac{f_1}{f_g}+1\right] \tag{10.32}$$

从式（10.32）可以看出增加电容器大小可以降低峰－峰电压。相同的电网和负荷频率（$\omega_g=\omega_1=\omega$）以及单位输入功率因子（$\cos\Phi_g=1$），式（10.29）可写成：

$$v_C(t) \simeq v_C + \frac{N_1X_C}{2v_C}k_\varepsilon\cos(2\omega+\beta) \tag{10.33}$$

其中 $k_\varepsilon = \sqrt{k_\Phi^2 - 2k_\Phi\cos(\theta_g+2\varepsilon+\Phi_1)+1}$，$k_\Phi = \cos(\Phi_1)/\cos(\theta_g)$，$X_C = 1/\omega C$ 和 $\beta = \arctan\left[\frac{\cos\Phi_1 - \cos(2\varepsilon+\Phi_1)}{\cos\Phi_1\tan\theta_g + \sin(2\varepsilon+\Phi_1)}\right]$

k_ε 项在减少电容器电压（Δv_C）上的脉冲电压起着重要的作用。如果电网和负载两者有相同的频率［如不间断电源（UPS）］就可能使输入和输出电压同步以减少 k_ε，因此减少 Δv_C。

最大值、最小值和波动值 v_C 的关系为：

$$v_{Cmax} \simeq v_C + \frac{N_1 X_C}{2v_C} k_\varepsilon \tag{10.34}$$

$$v_{Cmin} \simeq v_C - \frac{N_1 X_C}{2v_C} k_\varepsilon \tag{10.35}$$

$$\Delta v_C \simeq \frac{N_1 X_C}{v_C} k_\varepsilon \tag{10.36}$$

当 $\varepsilon = -(\theta_g + \Phi_1 + \pi)/2$ 和 $\varepsilon = -(\theta_g + \Phi_1)/2$ 时，k_ε 项分别达到最大值和最小值。图 10.5 显示了 k_ε 为负载功率因子 ϕ_1的函数，需满足下列条件：$N_1 = 1\text{pu}$ 和 $v_1 = E_g = \sqrt{2}\text{pu}$。$\varepsilon = 0$ 也保证 k 减少得相当大。在图 10.5 中，$\Phi_1 < 0$ 意味着功率因子滞后，而 $\Phi_1 > 0$ 意味着功率因素领先。

练习 10.3

UPS 是一种电气设备，其功能是输入公用电网不可用时能为负载提供电源。当电网停电时，这种装置通常采用能量存储单元（如电池）为负载提供电源。假设一采用带电池组的 UPS 供电单相 - 单相背靠背变换器（见图 10.1）连接到直流侧电压，负载频率等于电网频率，为了得到电容电压振荡的最小值，确定负载电压（ε）的相位角。考虑到 $\theta_g = 12°$，且分别给出输入和输出功率因子为 1 和 0.85。

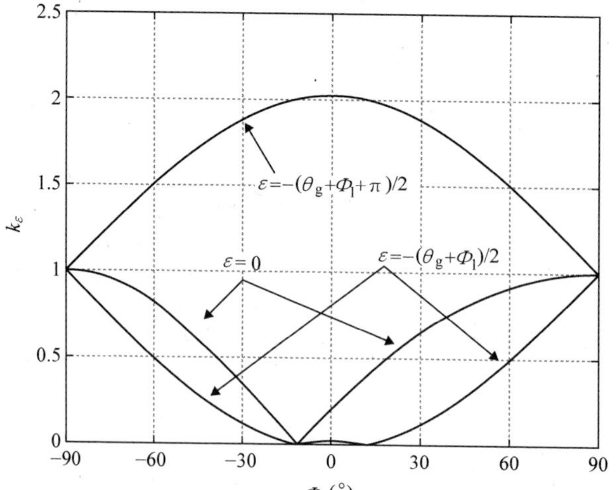

图 10.5　k_ε 为负载功率因子 ϕ_1 的函数

10.2.6 电容器组设计

为了采用振幅为 v_g 的输入电压和振幅为 v_1的输出电压，在任意时刻直流侧电压 v_C 都应该大于 v_g和 v_I。图 10.6a 展示了一直流侧电压没有任何波动的理想情况，该图也展示了电网参考电压。另一方面，图 10.6b 描述了由于直流侧电压的波动，所需的电网电压不能正常产生的情况。所以，式（10.35）给出的 v_C 最小值必须满足以下公式：

$$v_{Cmin} \geqslant \max\{v_g, v_1\} \tag{10.37}$$

挑选式（10.37）选择出 v_C 的最小值，阻抗 X_{Cl}就能如式（10.38）所示

$$X_{Cl} = \frac{v_C - \max\{v_g, v_1\}}{\dfrac{N_1}{2v_C}\left[\dfrac{\cos\Phi_1}{\cos(\theta_g + \Phi_g)}\dfrac{f_1}{f_g} + 1\right]} \tag{10.38}$$

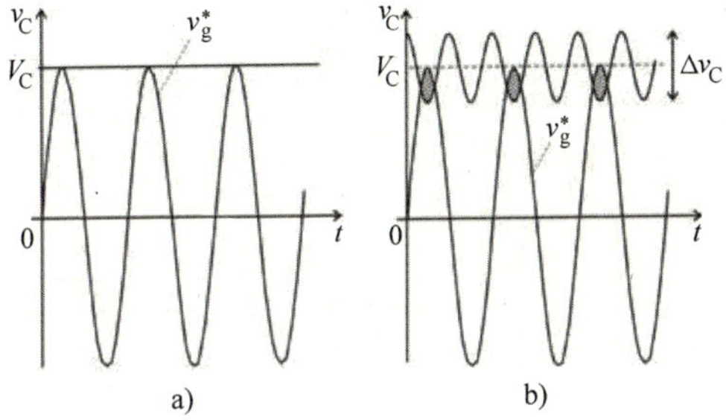

图 10.6 单相背靠背变换器的直流侧电压：a）无振荡的理想方案；b）带脉动电压 v_C的实际情况

一旦确定负载和电网电压，就能根据可接受的电压波动确定电容的平均值。因此，阻抗 X_{Cl}和电容器 C 的值就能从式（10.38）中计算出来。

练习 10.4

对于驱动表观功率为 2000VA 的负载的单相背靠背变换器，假设 $\theta_g = 12°$，输入输出的功率因子分别为 1 和 0.85 的情况下，确定直流侧的电容值。也知道输入输出的电压相同，并且均为 120V（均方根值）—60Hz。假设最大的直流侧电压振荡为 10V。

应用（不间断供电——UPS）

如本章前面所提到的，单相背靠背变换器可以用做 UPS。下图（顶部）是一在线 UPS 的简化原理图，该图强调了 UPS 的操作模式，同时下图底部展示了图 10.1 中在线 UPS 的架构实现情况。该系统的特点是在正常运行和后备操作期间，

它能给关键负载提供可调电源和稳定电源。注意逆变器是在初级电源（电网或者蓄电池）和负载之间，该系统也被称为首选逆变器或双变换 UPS。一旦逆变器失灵，旁路开关就会开启。

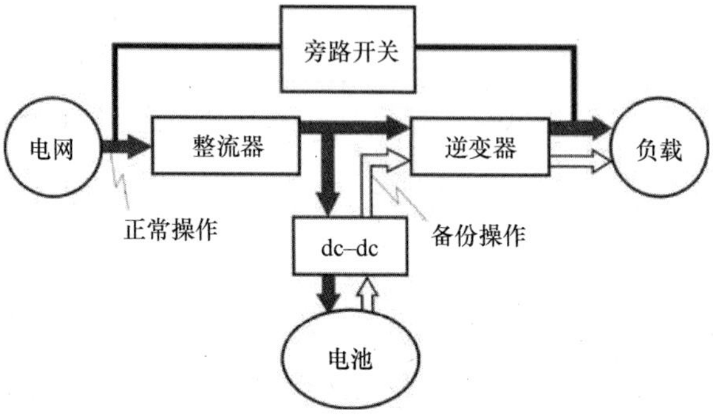

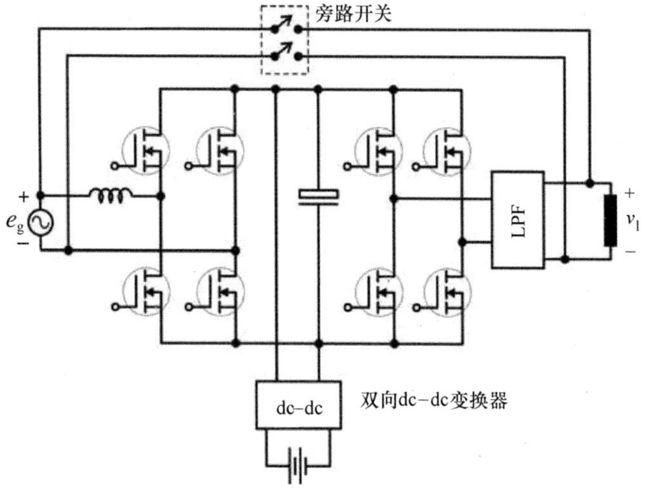

另一种类型的 UPS 是在线交互式的，其基本原理图如下所示。在正常工作期间，电网通过静态开关与负载直接相连。这些开关通过多引线与变压器二次侧连接用于补偿电网电压的变化。而且在此期间电路应该在没有附加硬件的情况下为蓄电池充电，这种情况包含了电网为负载供电以及变压器一次侧上有电压的情况。如果 H 桥整流器的底部开关被导通（即变换器一次侧短路）那么同时电流 i_{Bat} 就会快速增加。如果底端开关被断开那么电流 i_{Bat} 将会通过顶部开关的反向并联二极管流到蓄电池并为它充电。蓄电过程是高频操作过程，允许电流在没有任何附加器件的情况下从电网流向蓄电池。在备份操作期间，负载电压由蓄电池、H 桥模块、变压器和电容提供，防止静态开关都中断的情况发生。

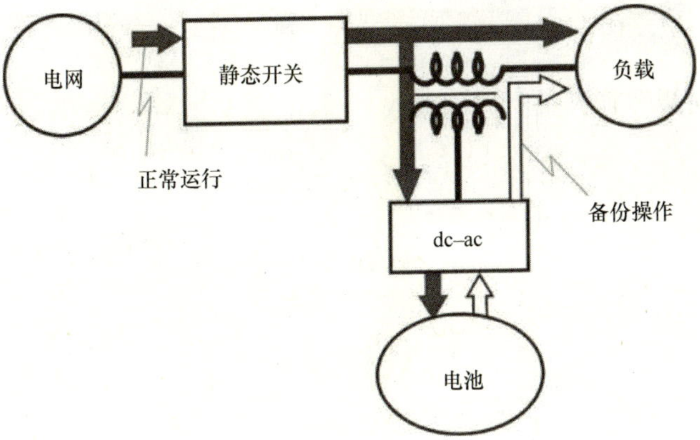

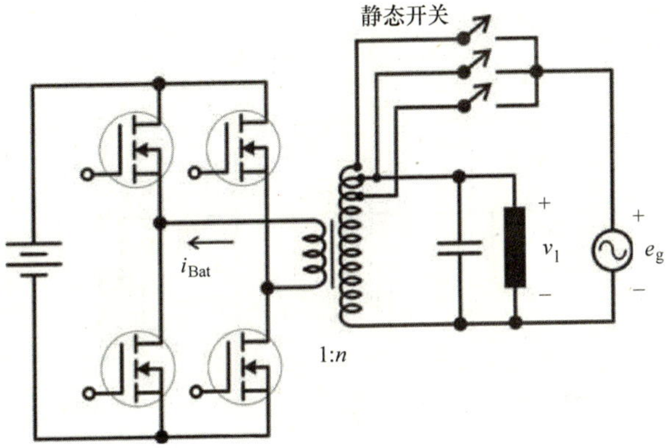

10.3 器件数量减少的拓扑结构

10.3.1 模型

另一个单相背靠背功率变换器由第一个和第三个 PB - ac 组合而成，如图 10.7a 所示。图 10.7b 展示了开关表示的相同结构。注意由开关 q_s - $\bar{q}_s$ 组成的桥臂由整流器的输入输出端共享。

与图 10.1 中的拓扑结构相比较，用于共享桥臂整流器的功率开关数量会减少 25%。然而，很明显由开关 q_s 和 $\bar{q}_s$ 组成的引脚能解决与输入输出电流（i_g— i_l）的相关的电流问题。而且，在本章的后面，共享桥臂在整流器的电压控制能力方面扮演着重要的角色。值得一提的是，如果减少半导体器件数量不会失去器件更高的额定值，并且在与全桥整流器相同的条件下，电解电容器存储的能源更多，是一种很有效降低成本做法。对于整流器输入输出两端，下面的公式可以由图 10.7b 推导而得：

$$v_{g} = v_{g0} - v_{s0} \tag{10.39}$$

$$v_{l} = v_{l0} - v_{s0} \tag{10.40}$$

极点电压可以写作开关状态的函数：

$$v_{g0} = (2q_{g} - 1)\frac{v_{C}}{2} \tag{10.41}$$

$$v_{s0} = (2q_{s} - 1)\frac{v_{C}}{2} \tag{10.42}$$

$$v_{l0} = (2q_{l} - 1)\frac{v_{C}}{2} \tag{10.43}$$

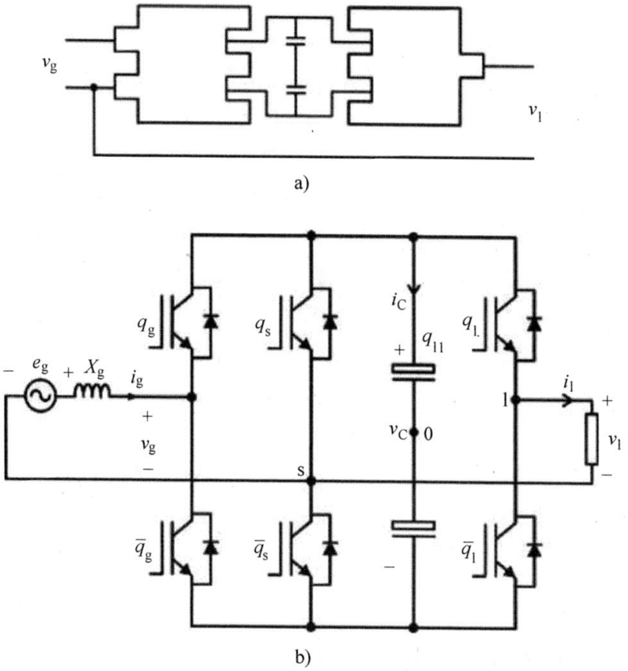

图 10.7　共享桥臂单相 - 单相背对背变换器：a）模块；b）开关表示

式（10.7）对于输入整流器端的建模仍然有效。然而，电容电压如下：

$$v_{C} = \frac{1}{C}\int[i_{g}q_{g} + (i_{l} - i_{g})q_{s} - i_{l}q_{l}]\mathrm{d}t \tag{10.44}$$

式中积分区间为开关周期。

10.3.2　PWM 策略

如果所需的输入和输出电压分别由v_{g}^{*}和v_{l}^{*}给出，参考极点电压的一个选项如下：

$$v_{g0}^{*} = v_{g}^{*} + v_{h}^{*} \tag{10.45}$$

$$v_{s0}^{*} = v_{h}^{*} \tag{10.46}$$

$$v_{l0}^{*} = v_{l}^{*} + v_{h}^{*} \tag{10.47}$$

不同于以前的采用两个辅助电压 v_{gh}^{*} 和 v_{lh}^{*} 独立优化变换器的全桥变换器，由于变换器的输入和输出之间通过开关 q_s—$\bar{q}_s$ 构成的桥臂耦合，式（10.45）~式（10.47）提出的 PWM 策略只使用一个变量 v_h^{*}。v_h^{*} 如

$$v_{h}^{*} = v_{C}\left(\mu - \frac{1}{2}\right) + (\mu - 1)V_{max}^{*} - \mu V_{min}^{*} \tag{10.48}$$

式中，$V_{max} = \text{MAX}\{v_g^{*}, 0, v_l^{*}\}$ 和 $V_{min} = \text{MIN}\{v_g^{*}, 0, v_l^{*}\}$。

一旦确定了参考极点电压，脉冲宽度 τ_g、τ_s 和 τ_l 如下：

$$\tau_g = \left(\frac{v_{g0}^{*}}{v_C} + \frac{1}{2}\right)T_s \tag{10.49}$$

$$\tau_s = \left(\frac{v_{s0}^{*}}{v_C} + \frac{1}{2}\right)T_s \tag{10.50}$$

$$\tau_l = \left(\frac{v_{l0}^{*}}{v_C} + \frac{1}{2}\right)T_s \tag{10.51}$$

练习 10.5

通过调整图 10.2 所示的级联控制策略，绘制图 10.7 所示的变换器的控制框图。

10.3.3　直流侧电压要求

如上所述，在图 10.7 所示的共享桥臂会影响保证在相同的输入和输出电压中的全桥电路所需要的直流侧电压。为了简化分析，我们假设直流侧电容足够大，有 $\Delta v_C \simeq 0$。在图 10.1 所示的变换器的直流侧电压必须满足 $v_C \geqslant \max\{v_g, v_l\}$ 的要求，v_g 和 v_l 分别是变换器输入和输出两侧所需的电压。事实上，v_C 从该定义直流侧电压的极点电压的任何不同组合的最大差值得到。对于图 10.7 共享桥臂的拓扑结构，得到

$$v_C \geqslant \max\{v_{g0}^{*} - v_{s0}^{*}, v_{l0}^{*} - v_{s0}^{*}, v_{g0}^{*} - v_{l0}^{*}\} \tag{10.52}$$

或

$$v_C \geqslant \max\{v_g^{*}, v_l^{*}, v_g^{*} - v_l^{*}\} \tag{10.53}$$

如果负载和电网的频率是不同的，$v_g^{*} - v_l^{*}$ 项将比 v_g^{*} 或 v_l^{*} 大，因此将定义 v_C。然而，如果变换器的两侧需要相同的频率，输出电压可以使 $v_g^{*} - v_l^{*}$ 产生最小的影响，这将允许共享桥臂变换器与全桥变换器具有相同的直流侧电压。

10.3.4　半桥变换器

相比于图 10.7 所示的拓扑结构，在两个变换器侧的一半桥背靠背结构（如图

10.8 所示），保证了器件另一数量级的减少。然而，在这种情况下，由于直流侧中点连接到负载和电网，有一个低频电流流过电容器，这将增加在这些器件上的电压波动，影响它们的损耗。

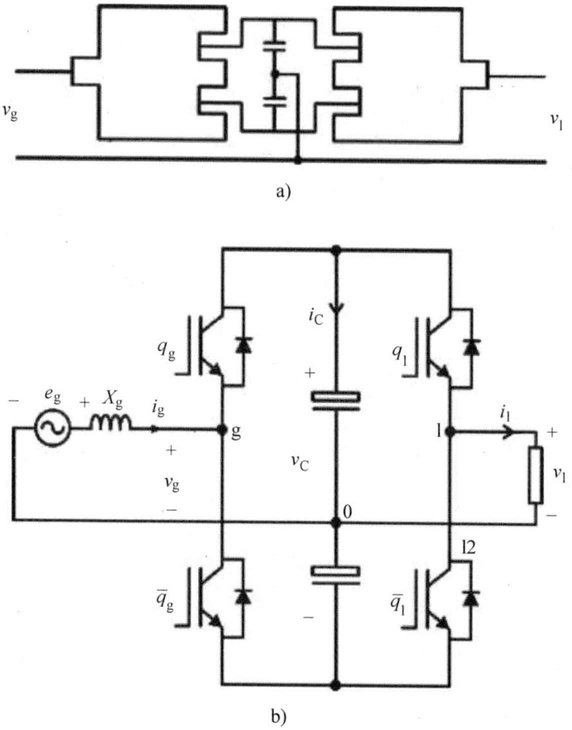

图 10.8　半桥单相 - 单相的背靠背变换器：a）模块；b）开关表示

变换器侧输入和输出电压直接由极点电压 v_{g0} 和 v_{l0} 来确定，其由式（10.41）和式（10.43）分别定义。此外，因为没有自由度，PWM 方程是简单直接的，即只有两个桥臂支路来确定两个电压。在这种情况下，是不可能用辅助电压来优化电路的一些参数。

10.4　增加开关数量的拓扑结构（变换器并联）

器件数减少的拓扑结构的研究持续了一段相当长的时间。在某种程度上，这可以解释与变换器的其他器件相比时，电源开关的成本高。然而，随着半导体器件的价格下降，这种趋势发生了变化，并且最近器件数增多的结构的出现似乎是一个有意义的选择，特别是在可靠性、效率和失真的改善方面。

特别是，如果在市场上提供的电源开关的额定值不能处理当前要求的一个特定的应用等级，变换器并联连接是合理的。实际上，当所需要的电流高于开关的额定电流时，并联开关是最简单的解决方案，如图 10.9 所示的单相背靠背变换器。

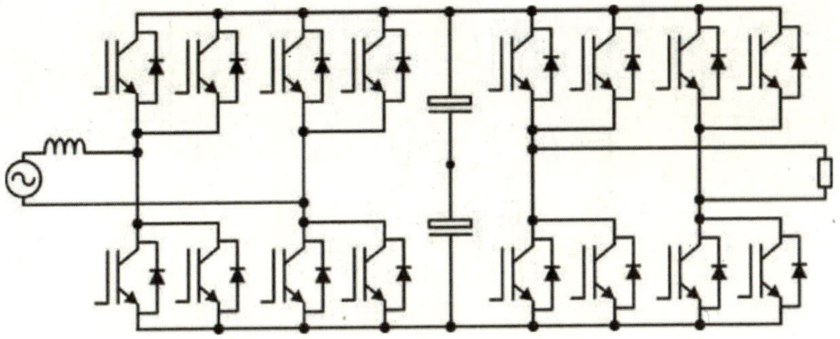

图 10.9　开关并联的单相 - 单相背靠背变换器

虽然与图 10.1 相比，电源开关的数量是其两倍，图 10.9 中的变换器产生波形的品质与常规解决方案相同。如下所述，背靠背变换器并联代替开关并联有以下优点：增加变换器的电流容量和提高变换器在输入和输出端的波形的质量。

10.4.1　模型

并联连接的变换器允许降低电流等级且每个变换器都分配处理功率。另一个优点是采用交错技术减少外部电流纹波。带两个背靠背变换器并联的单相 - 单相的能量变换单元如图 10.10 所示。这种转换单元由 4 个 PB - ac（见图 10.10a）组成，或者换句话说，变换器 1 ~ 4（见图 10.10b），单相负载，电网侧四电感滤波器（L_{1a}、L_{1b}、L_{3a}和 L_{3b}），另加负载侧 4 个电感滤波器（L_{2a}、L_{2b}、L_{4a}和 L_{4b}），两个直流侧电容器组。

考虑变换器 1 和 3（电网侧变换器），可以写出以下等式：

$$e_g = z_{1a}i_{1a} - z_{1b}i_{1b} + v_1 \tag{10.54}$$

$$e_g = z_{3a}i_{3a} - z_{3b}i_{3b} + v_3 \tag{10.55}$$

$$i_g = i_{1a} + i_{3a} \tag{10.56}$$

其中 $z_{1a} = r_{1a} + l_{1a}p$，$z_{1b} = r_{1b} + l_{1b}p$，$z_{3a} = r_{3a} + l_{3a}p$ 和 $z_{3b} = r_{3b} + l_{3b}p$ 分别是电感 L_{1a}、L_{1b}、L_{3a}和 L_{3b}的阻抗，$p = \mathrm{d}/\mathrm{d}t$。电压 v_1 和 v_3 分别由 $v_{1a0_1} - v_{1b0_1}$和 $v_{3a0_2} - v_{3b0_2}$ 给出。

对于负载侧变换器，有

$$v_1 = -z_{2a}i_{2a} + z_{2b}i_{2b} + v_2 \tag{10.57}$$

$$v_1 = -z_{4a}i_{4a} + z_{4b}i_{4b} + v_4 \tag{10.58}$$

$$i_l = i_{2a} + i_{4a} \tag{10.59}$$

其中 $z_{2a} = r_{2a} + l_{2a}p$，$z_{2b} = r_{2b} + l_{2b}p$，$z_{4a} = r_{4a} + l_{4a}p$ 和 $z_{4b} = r_{4b} + l_{4b}p$ 分别是电感 L_{2a}、L_{2b}、L_{4a}和 L_{4b}的阻抗，电压 v_2 和 v_4 分别由 $v_{2a0_1} - v_{1b0_1}$和 $v_{4a0_2} - v_{4b0_2}$给出。

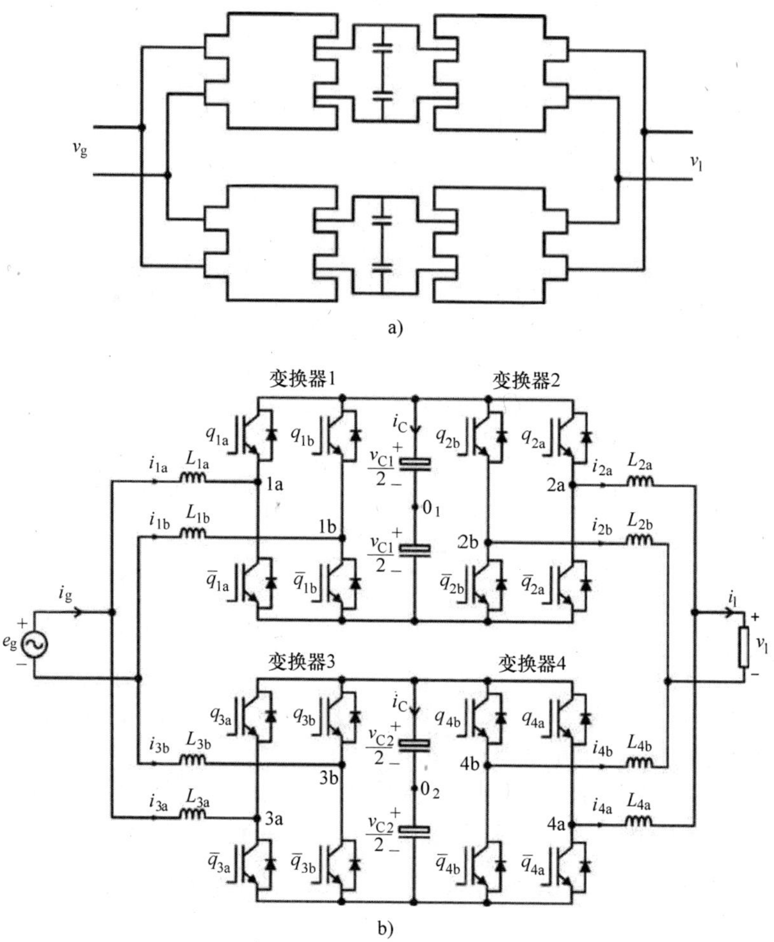

图10.10　并联单相-单相背靠背变换器：a）模块图；b）开关表示

由于没有变压器来隔离，在两个背靠背变换器之间存在一个环电流，如图10.11突出显示。如图10.10的电路可以写出如下方程：

$$z_{1a}i_{1a}-z_{3a}i_{3a}+z_{2a}i_{2a}-z_{4a}i_{4a}+v_{1a0_1}-v_{3a0_2}-v_{2a0_1}+v_{4a0_2}=0 \tag{10.60}$$

$$z_{1a}i_{1a}-z_{3a}i_{3a}+z_{2b}i_{2b}-z_{4b}i_{4b}+v_{1a0_1}-v_{3a0_2}-v_{2b0_1}+v_{4b0_2}=0 \tag{10.61}$$

$$z_{1b}i_{1b}-z_{3b}i_{3b}+z_{2a}i_{2a}-z_{4a}i_{4a}+v_{1b0_1}-v_{3b0_2}-v_{2a0_1}+v_{4a0_2}=0 \tag{10.62}$$

$$z_{1b}i_{1b}-z_{3b}i_{3b}+z_{2b}i_{2b}-z_{4b}i_{4b}+v_{1b0_1}-v_{3b0_2}-v_{2b0_1}+v_{4b0_2}=0 \tag{10.63}$$

由图10.10所示的网格结构1a-2a-4a-3a，1a-2b-4b-3a，1b-2a-3b-4a和1b-2b-3b-4b分别得到方程式（10.60）~式（10.63）。

环电压的表达式可以通过添加方程式（10.60）~式(10.63）而得到：

$$v_o=z_{1a}i_{1a}+z_{1b}i_{1b}-z_{3a}i_{3a}-z_{3b}i_{3b}-z_{2a}i_{2a}+z_{2b}i_{2b}-z_{4a}i_{4a}-z_{4b}i_{4b} \tag{10.64}$$

式中

$$v_o = -v_{1a0_1} - v_{1b0_1} + v_{3a0_2} + v_{3b0_2} + v_{2a0_1} + v_{2b0_1} - v_{4a0_2} - v_{4b0_2} \tag{10.65}$$

图 10.11 中的环电流如下：

$$i_{1o} = i_{1a} + i_{1b} \tag{10.66}$$

$$i_{3o} = i_{3a} + i_{3b} \tag{10.67}$$

$$i_{2o} = i_{2a} + i_{2b} \tag{10.68}$$

$$i_{4o} = i_{4a} + i_{4b} \tag{10.69}$$

如图 10.11 所示，环电流实际上是在变换器中循环的单电流。该电流可以写成

$$i_o = i_{1o} = -i_{3o} = i_{2o} = -i_{4o} \tag{10.70}$$

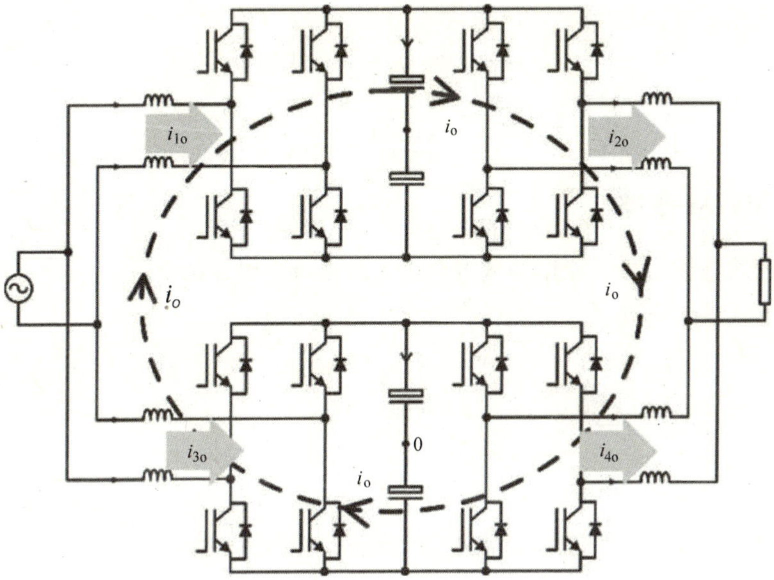

图 10.11　两个并联背靠背变换器的环电流

然后把式（10.66）~式(10.69）代入式（10.54）~式(10.59)，可以为并联变换器建模如下：

$$e_g = (z_{1a} + z_{1b})i_{1a} - z_{1b}i_o + v_1 \tag{10.71}$$

$$e_g = (z_{3a} + z_{3b})i_{3a} + z_{3b}i_o + v_3 \tag{10.72}$$

$$e_l = -(z_{2a} + z_{2b})i_{2a} + z_{2b}i_o + v_2 \tag{10.73}$$

$$e_l = -(z_{4a} + z_{4b})i_{4a} + z_{4b}i_o + v_4 \tag{10.74}$$

$$v_o = (z_{1a} - z_{1b})\ i_{1a} - (z_{3a} - z_{3b})\ i_{3a} - (z_{2a} - z_{2b})\ i_{2a} + (z_{4a} - z_{4b})\ i_{4a} + (z_{1b} + z_{3b} + z_{2b} + z_{4b})\ i_o \tag{10.75}$$

环电流有两个分量，即高频分量和低频分量。由于每个变换器的截止时间不同，以及在这两个阶段使用的电源开关的不对称，高频分量各有不同。高频分量不

能基于式（10.75）建模。然而，式（10.75）中考虑了环电流的低频分量。例如，L_{xa}和L_{xb}之间任何的不平衡（$x=1，2，3，4$）都可以从这个模型中确定。当前i_o可以通过一额外的控制器进行补偿（跟踪零基准），如10.4.3节所述。另外，从方程式（10.71）~式(10.75）得到的动力学模型表明，v_1的电压来控制i_{1a}，而电压v_3是用来控制i_{3a}。在这两个电流（i_{1a}和i_{3a}）的控制下，电网电流也被控制［见式(10.56)］。电压v_o用来控制i_o。

考虑到平衡情况下，$z_{1a}=z_{1b}=z_{3a}=z_{3b}=z_1$ 和 $z_{2a}=z_{2b}=z_{4a}=z_{4b}=z_2$，动态模型简化如下：

$$e_g=2z_1 i_{1a}-z_1 i_o+v_1 \tag{10.76}$$

$$e_g=2z_1 i_{3a}+z_1 i_o+v_3 \tag{10.77}$$

$$e_l=-2z_2 i_{2a}+z_2 i_o+v_2 \tag{10.78}$$

$$e_l=-2z_2 i_{4a}-z_2 i_o+v_4 \tag{10.79}$$

$$v_o=2(z_1+z_2)i_o \tag{10.80}$$

10.4.2 PWM策略

如之前所述模型，可能把参考电压作为参考极点电压的函数：

$$v_1^*=v_{1a0_1}^*-v_{1b0_1}^* \tag{10.81}$$

$$v_2^*=v_{2a0_1}^*-v_{2b0_1}^* \tag{10.82}$$

$$v_3^*=v_{3a0_2}^*-v_{3b0_2}^* \tag{10.83}$$

$$v_4^*=v_{4a0_2}^*-v_{4b0_2}^* \tag{10.84}$$

$$v_o^*=-v_{1a0_1}^*-v_{1b0_1}^*+v_{3a0_2}^*+v_{3b0_2}^*+v_{2a0_1}^*+v_{2b0_1}^*-v_{4a0_2}^*-v_{4b0_2}^* \tag{10.85}$$

用8个极点电压和5个变量来控制与电网电流有关两个变量（v_1^*和v_3^*），处理循环电流（v_o^*）的一个变量，以及最后处理负载电压控制两个变量（v_2^*和v_4^*）。因此，存在3个自由度，即3个辅助变量。这些辅助变量可以定义如下：

$$v_x^*=\frac{v_{1a0_1}^*+v_{1b0_1}^*}{2} \tag{10.86}$$

$$v_y^*=\frac{v_{2a0_1}^*+v_{2b0_1}^*}{2} \tag{10.87}$$

$$v_z^*=\frac{v_{4a0_2}^*+v_{4b0_2}^*}{2} \tag{10.88}$$

由式（10.86）~式（10.88）可定义参考极点电压如下：

$$v_{1a0_1}^*=\frac{v_1^*}{2}+v_x^* \tag{10.89}$$

$$v_{1b0_1}^*=-\frac{v_1^*}{2}+v_x^* \tag{10.90}$$

$$v_{3a0_2}^* = \frac{v_3^*}{2} + \frac{v_o^*}{2} - v_y^* + v_z^* + v_x^* \tag{10.91}$$

$$v_{3b0_2}^* = -\frac{v_3^*}{2} + \frac{v_o^*}{2} - v_y^* + v_z^* + v_x^* \tag{10.92}$$

$$v_{2a0_1}^* = \frac{v_2^*}{2} + v_y^* \tag{10.93}$$

$$v_{2b0_1}^* = -\frac{v_2^*}{2} + v_y^* \tag{10.94}$$

$$v_{4a0_2}^* = \frac{v_4^*}{2} + v_z^* \tag{10.95}$$

$$v_{4b0_2}^* = -\frac{v_4^*}{2} + v_z^* \tag{10.96}$$

参考极点电压被定义为理想电压（由控制器定义）v_1^*，v_2^*，v_3^* 和v_4^* 以及辅助电压v_x^*、v_y^* 和v_z^* 的函数。值得注意的是，如果式（10.100）~式(10.105）都满足，辅助电压可以单独如下定义：

$$v_x^* = \mu_x v_{xMAX}^* + (1-\mu_x) v_{xMIN}^* \tag{10.97}$$

$$v_y^* = \mu_y v_{yMAX}^* + (1-\mu_y) v_{yMIN}^* \tag{10.98}$$

$$v_z^* = \mu_z v_{zMAX}^* + (1-\mu_z) v_{zMIN}^* \tag{10.99}$$

其中

$$v_{xMAX}^* = \frac{v_{C1}^*}{2} - \max|V_x^*| \tag{10.100}$$

$$v_{xMIN}^* = -\frac{v_{C1}^*}{2} - \min|V_x^*| \tag{10.101}$$

$$v_{yMAX}^* = \frac{v_{C1}^*}{2} - \max|V_y^*| \tag{10.102}$$

$$v_{yMIN}^* = -\frac{v_{C1}^*}{2} - \min|V_y^*| \tag{10.103}$$

$$v_{zMAX}^* = \frac{v_{C2}^*}{2} - \max|V_z^*| \tag{10.104}$$

$$v_{zMIN}^* = -\frac{v_{C2}^*}{2} - \min|V_z^*| \tag{10.105}$$

$V_x^* = \left\{\frac{v_1^*}{2}, \frac{-v_1^*}{2}, \frac{v_3^*}{2} + \frac{v_o^*}{2} - v_y^* + v_z^*, -\frac{v_3^*}{2} + \frac{v_o^*}{2} - v_y^* + v_z^*\right\}$，$V_y^* = \left\{\frac{v_2^*}{2}, -\frac{v_2^*}{2}\right\}$和 $V_z^* = \left\{\frac{v_4^*}{2}, -\frac{v_4^*}{2}\right\}$和 $0 \leqslant \mu_x \leqslant 1$，$0 \leqslant \mu_y \leqslant 1$ 和 $0 \leqslant \mu_z \leqslant 1$。

可以通过比较带载波波形的参考极点电压或者通过编程定时器数字方式来得到电源开关的门控信号。由于有两个并联连接的变换器，可以采用交错技术来减少电流纹波。交错技术用的载波信号（v_{t1}^*和v_{t2}^*）如图10.12所示。在这种情况下，v_{t1}^*用于变换器1和2，而v_{t2}^*用于变换器3和4。图10.13显示了并联拓扑结构的输出，突出了交错技术的影响。注意，i_{2a}纹波是相移180° i_{4a}的纹波（考虑开关频率），由于$i_1=i_{2a}+i_{4a}$输出电流会有一个平滑的纹波。

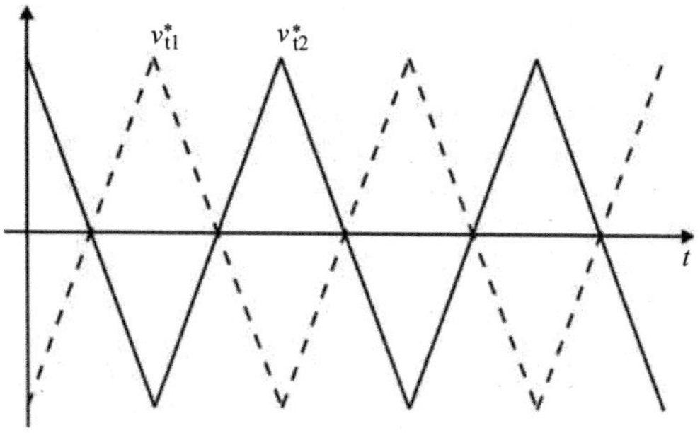

图10.12　用于并联的变换器的交错技术的载波信号

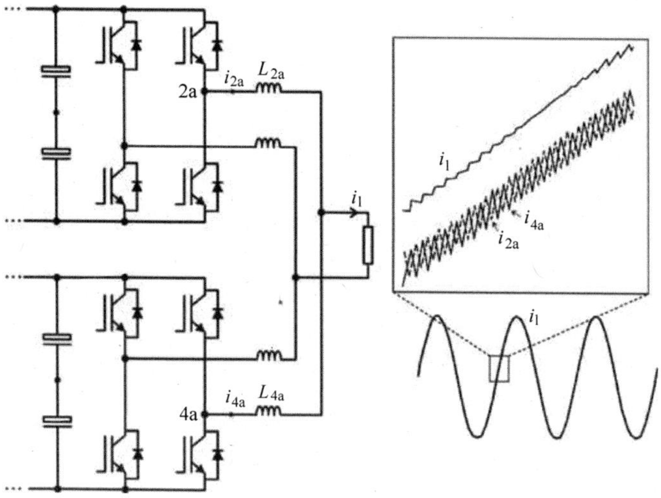

图10.13　具有交错技术的并联背靠背变换器的输出

10.4.3　控制策略

图10.14给出了并联背靠背变换器的控制框图。控制器R_{C1}和R_{C3}稳定调节直流电压。这些控制器的输出分别定义变换器1、3的电流振幅。模块G_1是一个基于锁相环的模块，产生的正弦电流（i_{1a}^*和i_{2a}^*）与电网电压同频同相。控制器R_{i1}和R_{i3}调节电流i_{1a}和i_{3a}，这些控制器的输出定义前面描述的应用于脉宽调制技术的电压（v_1^*和v_3^*）。用控制器R_o调节环电流。k_v可以用来补偿电感之间的不平衡；在

平衡条件下 $k_v = 0.5$。

练习 10.6

假设图 10.10 中给出了设计好的控制器的并联拓扑结构，即功率因子等于 1，环电流等于 0，和直流侧电容器电压受控，指定应用于此结构中的电源开关的电流和电压的条件：①cos（Φ_1）＝0.85 时负载的有功功率 $P_1 = 1700\text{W}$，负载电压为 120V_{rms}－60Hz；②直流侧电压波动等于零，③由于电感 L_{xa} 和 L_{xb}（$x = 1, 2, 3, 4$），每个电感的电压降等于 5V_{rms}。

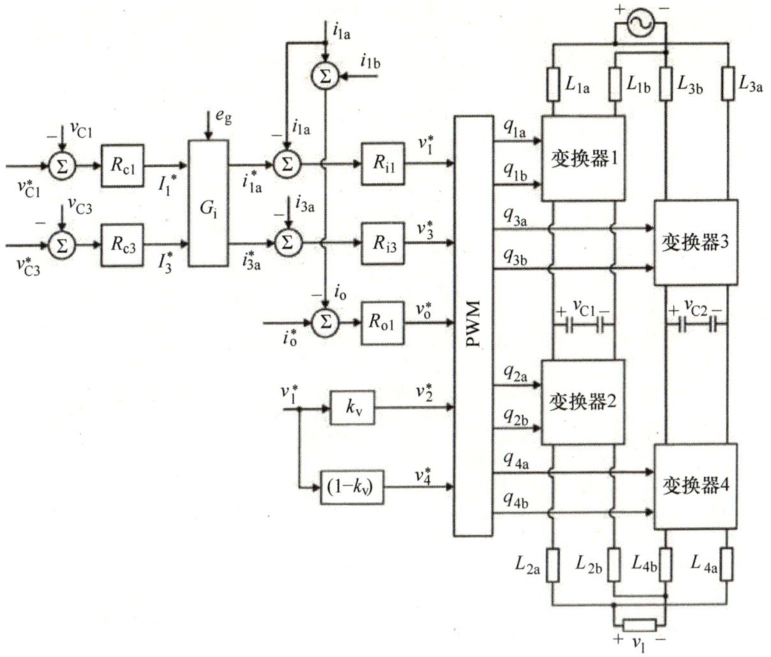

图 10.14 并联单相背靠背变换器的控制框图

10.5 增加开关数量的拓扑结构（变换器串联）

单相－单相变换器的并联带来了有意义的特性，如每个电源开关和交错的 PWM 电流的减少，会减少电流纹波。遵循类似的方法，单相－单相背靠背变换器的串联也有可能，如图 10.15 所示。图 10.15a 显示了电源模块的表示，而图 10.15b 为电路的开关表示。在这种情况下，满足半个直流侧电压具有与常规单个背靠背变换器具有相同的电压能力是必要的。同样的负载和电网将给背靠背变流器一个 H 桥级联架构，即为多电平变换器（见 5 章）。因为没有隔离，图 10.15 中变换器的输入/输出之间与第 5 章中的级联拓扑结构唯一不同的是在两个背靠背单元之间的循环电流。如后所述，该循环电流可以从模型中确定。值得一提的是，在第 5 章中提出的大多数拓扑结构都有独立直流源。

从图 10. 15b 的变换器中可以得到如下公式。

$$e_g = z_1 i_g + v_{1ab} + z_2 i'_g + v_{2ab} \tag{10.106}$$

$$v_l = v_{1cd} + v_{2cd} \tag{10.107}$$

其中 $z_1 = r_1 = pl_1$，$z_2 = r_2 + pl_2$，$p = \mathrm{d}/\mathrm{d}t$；$v_{1ab} = v_{1a0_1} - v_{1b0_1}$，$v_{2ab} = v_{2a0_2} - v_{2b0_2}$，$v_{1cd} = v_{1c0_1} - v_{1d0_1}$ 和 $v_{2cd} = v_{2c0_2} - v_{2d0_2}$。

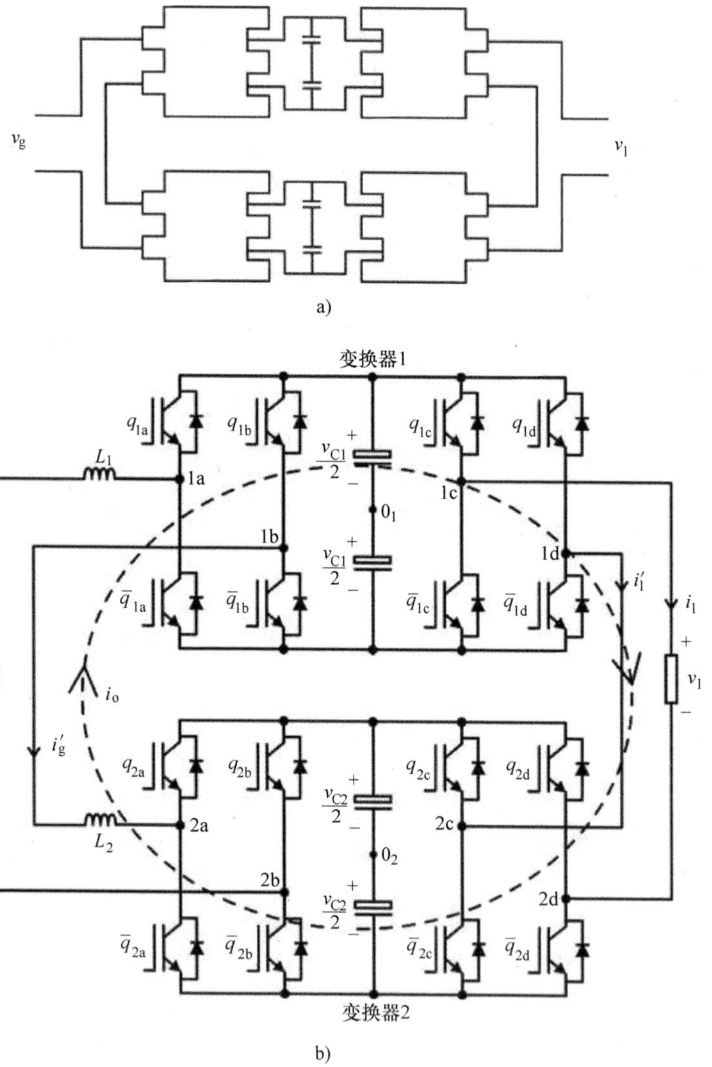

图 10. 15　单相 - 单相的背靠背变换器的串联

由于这是一个无变压器的结构，有环路网格，可以仿照方程式（10. 108）和式（10.109）：

$$e_g = z_1 i_g + v_{1ac} + v_1 - v_{2bd} \tag{10.108}$$

$$0 = v_{1bd} - v_{2ac} - z_2 i'_g \tag{10.109}$$

附加式（10.108）和式（10.109），可以定义环路电压如下：

$$v_o = e_g - z_1 i_g + z_2 i'_g = v_{1ac} + v_{1bd} - v_{2ac} - v_{2bd} + v_1 \tag{10.110}$$

最理想的是 $i_g = i'_g$ 和 $i_1 = -i'_1$。然而，由于环路电流，我们有

$$i'_g = i_g - i_o \tag{10.111}$$

$$i'_1 = -i_1 + i_o \tag{10.112}$$

如式（10.106），变换器的动态模型可以重写如下：

$$e_g = z_1 i_g + z_2 i_g - z_2 i_o + v_g \tag{10.113}$$

其中 $v_g = v_{1ab} + v_{2ab}$，从式（10.110），环路电压模型可以用 i_o 表示

$$v_o = e_g + (z_2 - z_1) i_g - z_2 i_o \tag{10.114}$$

在 $z_1 = z_2$ 平衡的情况下，有

$$e_g = 2z_1 i_g - z_1 i_o + v_g \tag{10.115}$$

$$v_o = e_g - z_2 i_o \tag{10.116}$$

应用于串联背靠背变换器的脉宽调制方法，可以采用前面章节中提出的并联变换器的解决方案。

控制方案如图 10.16 所示。由于电流 i_g 影响直流侧电压 v_{C1} 和 v_{C2}，控制器 R_C 来调节（$v_{C1} + v_{C2}$）。该控制器的输出定义了 I_g^*，与电网电压同步的瞬时正弦电流 i_g^*

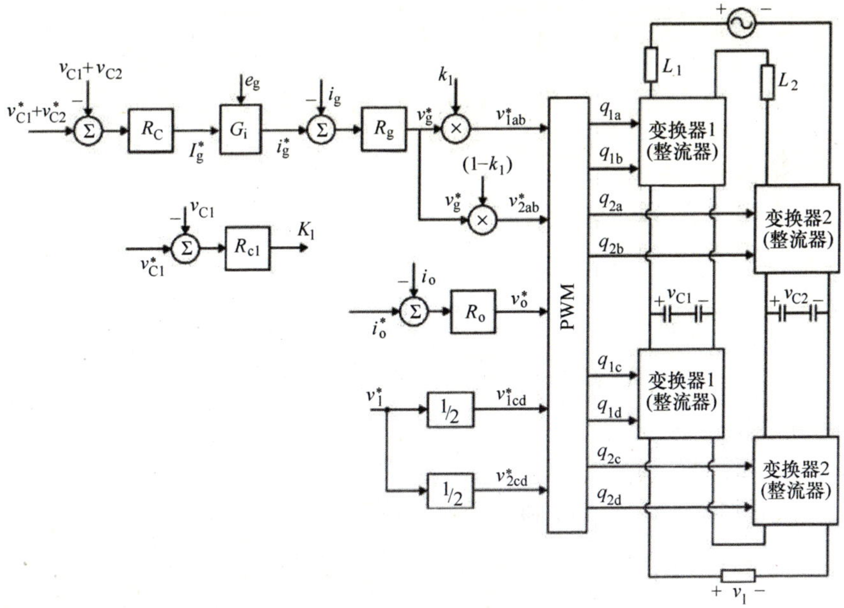

图 10.16　单个背靠背变换器串联的控制框图

（为了获得高功率因数）由基于锁相环的模块 G_i确定。内部控制环路的设计应保证电网电流控制；输出模块 R_g定义v_g^*。重要的是，强调v_g是由变换器 1 和 2 中的两个整流器所产生的电压，以保证电网电流控制［见式（10.115）］。事实上，虽然是从电网来看v_g是一个元件电压，但也是由两部分构成，即 $v_g = v_{1ab} + v_{2ab}$。K_1 项决定电压水平，通过变换器 1 和 2 的整流器处理以保持电压 v_{C1}受控。因此，控制器 R_C和 R_{C1}来控制直流侧电压（v_{C1}和 v_{C2}），而随着模块 G_i控制器 R_g用于控制电网功率因数。环电流必须跟踪一带控制器 R_o的零基准（$i_g^* =0$），输出电压v_l^*定义电压v_{1cd}^*和v_{2cd}^*。虽然图 10.16 中的负载电压控制是在开环运行中完成的，但是基于该控制框图闭环也很容易完成。

练习 10.7

图 10.15 所示的相同条件下串联拓扑结构，重复练习 10.6。

10.6 小结

本章介绍了几个能够实现一单相背靠背变换器的电路。10.2 节对全桥拓扑结构做了全面的分析。考虑了这种拓扑结构以下几个方面：模型、脉宽调制、控制、功率分析和直流侧电容电压以及电容器组的设计。10.3 节分析了数量减少的电源开关的拓扑结构。研究了两种策略：利用共享桥臂和直流侧电容中点连接，有效减少开关数量。另一方面，10.4 节和 10.5 节分别介绍了使半导体器件数增多的并联和串联拓扑结构。强调环电流存在的模型以及脉宽调制和控制方法，也提出了两种拓扑结构。更多信息见参考文献［1］~参考文献［35］。

参考文献

[1] Asiminoaei L, Aeloiza E, Enjeti PN, Blaabjerg F, Danfoss G. Shunt active-power-filter topology based on parallel interleaved inverters. IEEE Trans Ind Electron 2008;55(3):1175–1189.

[2] Ramos R, Biel D, Fossas E, Guinjoan F. Interleaving quasisliding-mode control of parallel-connected buck-based inverters. IEEE Trans Ind Electron 2008;55(11):3865–3873.

[3] Chen Y-T, Jiang R-S, Liang R-H. Analysis and design of zero-voltage-switching parallel interleaved current-doubler converters with coupled output inductors. IET Power Electron 2012;5(4):467–476.

[4] Chunkag V, Kamnarn U. Parallelling three-phase ac to dc converter using cuk rectifier modules based on power balance control technique. IET Power Electron 2010;3(4):511–524. DOI: 10.1049/iet-pel.2008.0209.

[5] Ye Z, Boroyevich D, Choi J-Y, Lee FC. Control of circulating current in two parallel three-phase boost rectifiers. IEEE Trans Power Electron 2002;17(5):609–615.

[6] Vilathgamuwa DM, Gajanayake CJ, Loh PC. Modulation and control of three-phase paralleled z-source inverters for distributed generation applications. IEEE Trans Energy Convers 2009;24(1):173–183.

[7] Pan C-T, Liao Y-H. Modeling and control of circulating currents for parallel three-phase boost rectifiers with different load sharing. IEEE Trans Ind Electron 2008;55(7):2776–2785.

[8] Wang J. Design a parallel buck derived converter system using the primary current droop sharing control. IET Power Electron 2011;4(5):491–502. DOI: 10.1049/iet-pel.2010.0042.

[9] Singh RP, Khambadkone AM. Current sharing and sensing in n-paralleled converters using single current sensor. IEEE Trans Ind Appl 2010;46(3):1212–1219.
[10] Cuzner RM, Nowak DJ, Bendre A, Oriti G, Julian AL. Mitigating circulating common-mode currents between parallel soft-switched drive systems. IEEE Trans Ind Appl 2007;43(5):1284–1294.
[11] Li R, Xu D. Parallel operation of full power converters in permanent-magnet direct-drive wind power generation system. IEEE Trans Ind Electron 2013;60(4):1619–1629.
[12] Ko Y-J, Lee K-B, Lee D-C, Kim J-M. Fault diagnosis of three-parallel voltage-source converter for a high-power wind turbine. IET Power Electron 2012;5(7):1058–1067.
[13] Hou C-C. A multicarrier pwm for parallel three-phase active front-end converters. IEEE Trans Power Electron 2013;28(6):2753–2759.
[14] Xu Z, Li R, Zhu H, Xu D, Zhang C. Control of parallel multiple converters for direct-drive permanent-magnet wind power generation systems. IEEE Trans on Power Electron 2012;27(3):1259–1270. DOI: 10.1109/TPEL.2011.2165224.
[15] Zhang D, Wang F, Burgos R, Lai R, Boroyevich D. Interleaving impact on ac passive components of paralleled three-phase voltage-source converters. IEEE Trans Ind Appl 2010;46(3):1042–1054.
[16] Itkonen T, Luukko J, Sankala A, Laakkonen T, Pollanen R. Modeling and analysis of the dead-time effects in parallel pwm two-level three-phase voltage-source inverters. IEEE Trans Power Electron 2009;24(11):2446–2455.
[17] Genc N, Iskender I. DSP-based current sharing of average current controlled two-cell interleaved boost power factor correction converter. IET Power Electronics 2011;4(9):1015–1022. DOI: 10.1049/iet-pel.2010.0349.
[18] Chen Y-T, Jiang R-S, Liang R-H. Analysis and design of zero-voltage-switching parallel interleaved current-doubler converters with coupled output inductors. IET Power Electronics 2012;5(4):467–476. DOI: 10.1049/iet-pel.2010.0163.
[19] Park HW, Park SJ, Park JG, Kim CU. A novel high-performance voltage regulator for single-phase AC sources. IEEE Trans Ind Electron 2001;48(3):554–562.
[20] Choi J-H, Kwon J-MB, Jung J-H, Kwon B-H. Highperformance online UPS using three-leg-type converter. IEEE Trans Ind Electron 2005;52(3):889–897.
[21] Rocha N, Jacobina CB, dos Santos EJ, de Cavalcanti RMB. Parallel connection of two single-phase ac-dc-ac three-leg converter with interleaved technique. Proc. of IEEE Ind Electron, IECON 2012; p 639–644.
[22] Holtz J. Pulsewidth modulation for electronic power conversion. Proc IEEE 1994;82(8):1194–1214.
[23] Ojo O, Kshirsagar PM. Concise modulation strategies for four-leg voltage source inverters. IEEE Trans Power Electron 2004;19(1):46–53.
[24] Jacobina CB, Lima AMN, da Silva ERC, Alves RNC, Seixas PF. Digital scalar pulse-width modulation: a simple approach to introduce non-sinusoidal modulating waveforms. IEEE Trans Power Electron 2001;16(3):351–359.
[25] Panda AK, Suresh Y. Research on cascade multilevel inverter with single dc source by using three-phase transformers. Int J Electr Power Energy Syst 2012;40(1):9–20.
[26] Malinowski M, Kazmierkowski MP, Trzynadlowski AM. A comparative study of control techniques for PWM rectifiers in AC adjustable speed drives. IEEE Trans Power Electron 2003;18(6):1390–1396.
[27] Filho RMS, Seixas PF, Cortizo PC, Torres LAB, Souza AF. Comparison of three single-phase pll algorithms for ups applications. IEEE Trans Ind Electron 2008;55(8):2923–2932.
[28] Verdelho P, Marques GD. Four-wire current-regulated PWM voltage converter. IEEE Trans Ind Electron 1998;45(5):761–770.
[29] Abu-Rub H, Guzinski J, Krzeminski Z, Toliyat H. Predictive current control of voltage-source inverters. IEEE Trans Ind Electron 2004;51(3):585–593.
[30] Dong G, Ojo O. Current regulation in four-leg voltage-source converters. IEEE Trans Ind Electron 2007;54(4):2095–2105.
[31] Jacobina CB, de Correa MB, Oliveira TM, Lima AMN, da Silva ERC. Current control of unbalanced electrical systems. IEEE Trans Ind Electron 2001;48(3):517–525.
[32] Babaeia E, Hosseinia SH, Gharehpetianb GB. Reduction of the and low order harmonics with symmetrical output current for single-phase ac/ac matrix converters. Int J Electr Power Energy Syst

2010;32(3):225–235.
[33] Kieferndorf F, Forster M, Lipo T. Reduction of dc-bus capacitor ripple current with PAM/PWM converter. IEEE Trans Ind Applic 2004;40(2):607–614.
[34] Kolar J, Round S. Analytical calculation of the rms current stress on the dc-link capacitor of voltage-PWM converter systems. Electric Power Applications, IEE Proceedings 2006;153(4):535–543.
[35] Cavalcanti M, da Silva E, Boroyevich D, Dong W, Jacobina C. A feasible loss model for igbt in soft-switching inverters. Proc IEEE PESC 2003;3:1845–1850.

第11章　三相-三相及其他背靠背变换器

11.1　引言

三相背靠背变换器是一个重要的电气设备，广泛应用于处理三相电压的系统需求。虽然工作原理类似于在前一章提出的单相-单相背靠背变换器，但其特点与三相版本有很大的不同，特别是由于不存在的直流侧电容电压脉冲功率。注意变换器的输入端（电网侧）和输出端（负载侧）的功率在平衡状态下是常数。如何构想技术文献中提出的拓扑结构，功率模块概念提供了更广阔的感性认识。

紧接着引言，本章有6个小节。11.2节涉及全桥ac-dc-ac变换器并展示其模型、脉宽调制（PWM）和控制策略。器件数减少的拓扑结构会在11.3节提出，而11.4节和11.5节描述半导体器件数量增加的架构的模型、PWM和控制。在采用前一章三相背靠背变换器类似的方法，也即共享桥臂和直流侧电容中点连接来减少半导体器件的数量，而并联背靠背变换器和串联背靠背变换器在11.4节和11.5节分别介绍。在11.6节介绍其他变换器，特别是对单相-三相变换和六相电动机驱动系统。最后，在第11.7节总结本章。

11.2　全桥变换器

11.2.1　模型

由于控制目标是有源功率因数和直流侧电容电压稳定调节，在此部分推导出的方程强调电网电流和电容电压变量。虽然假设变换器的输出端为开环操作，但是在输出变换器侧也可以轻易实现闭环控制。

三相背靠背变换器可以直接通过每相使用两个PB背靠背连接获得，如图11.1a所示。三相背靠背变换器采用开关表示如图11.1b所示。转换系统包括：三相公用电网、输入电感（电抗等于X_{g1}、X_{g2}和X_{g3}）、带两个电容（每一个与电容等于C）的直流侧电容器组、可控整流器、逆变器以及三相负载。整流电路包括开关q_{g1}、q_{g2}和q_{g3}及其互补开关：$\bar{q}_{g1}$、$\bar{q}_{g2}$和$\bar{q}_{g3}$。同样地，逆变器包括开关q_{l1}、q_{l2}和q_{l3}及其互补开关$\bar{q}_{l1}$、$\bar{q}_{l2}$和$\bar{q}_{l3}$。二进制变量用来定义开关的导通状态。

背靠背变换器的模型如图11.1b所示：

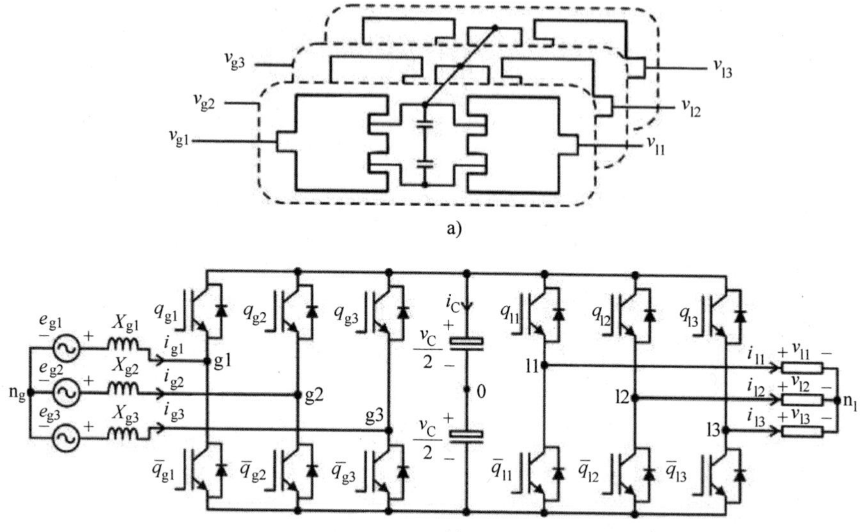

图 11.1　三相 - 三相背靠背变换器：a）模块图；b）开关表示

$$v_{g1} = v_{g10} - v_{n_g0} \tag{11.1}$$

$$v_{g2} = v_{g20} - v_{n_g0} \tag{11.2}$$

$$v_{g3} = v_{g30} - v_{n_g0} \tag{11.3}$$

$$v_{l1} = v_{l10} - v_{n_l0} \tag{11.4}$$

$$v_{l2} = v_{l20} - v_{n_l0} \tag{11.5}$$

$$v_{l3} = v_{l30} - v_{n_l0} \tag{11.6}$$

其中极点电压可以写成开关状态的函数，如下：

$$v_{g10} = (2q_{g1} - 1)\frac{v_C}{2} \tag{11.7}$$

$$v_{g20} = (2q_{g2} - 1)\frac{v_C}{2} \tag{11.8}$$

$$v_{g30} = (2q_{g3} - 1)\frac{v_C}{2} \tag{11.9}$$

$$v_{l10} = (2q_{l1} - 1)\frac{v_C}{2} \tag{11.10}$$

$$v_{l20} = (2q_{l2} - 1)\frac{v_C}{2} \tag{11.11}$$

$$v_{l30} = (2q_{l3} - 1)\frac{v_C}{2} \tag{11.12}$$

在平衡条件下，$v_{ng0}=\frac{1}{3}(v_{g10}+v_{g20}+v_{g30})$和$v_{nl0}=\frac{1}{3}(v_{l10}+v_{l20}+v_{l30})$。

式（11.13）~式(11.15）为电网侧的变量的动态模型：

$$v_{g1}=e_{g1}-r_g i_{g1}-l_g\frac{di_{g1}}{dt} \tag{11.13}$$

$$v_{g2}=e_{g2}-r_g i_{g2}-l_g\frac{di_{g2}}{dt} \tag{11.14}$$

$$v_{g3}=e_{g3}-r_g i_{g3}-l_g\frac{di_{g3}}{dt} \tag{11.15}$$

式中，r_g 和 l_g 为电阻和输入电感器的电感。

可以得到电容电压为

$$v_C=\frac{1}{C}\int(q_{g1}i_{g1}+q_{g2}i_{g2}+q_{g3}i_{g3}-q_{l1}i_{l1}-q_{l2}i_{l2}-q_{l3}i_{l3})dt \tag{11.16}$$

式中积分区间等于开关周期。

11.2.2　脉宽调制策略

为了改善总谐波失真（THD）或两侧的效率，第 8 章介绍的优化 PWM 策略可以用于图 11.1 的全桥结构。

如果所需的输入和输出电压分别由v_{g1}^*、v_{g2}^*、v_{g3}^*和v_{l1}^*、v_{l2}^*、v_{l3}^*给定，参考极点电压可以如下表示：

$$v_{g10}^*=v_{g1}^*+v_{gh}^* \tag{11.17}$$

$$v_{g20}^*=v_{g2}^*+v_{gh}^* \tag{11.18}$$

$$v_{g30}^*=v_{g3}^*+v_{gh}^* \tag{11.19}$$

$$v_{l10}^*=v_{l1}^*+v_{lh}^* \tag{11.20}$$

$$v_{l20}^*=v_{l2}^*+v_{lh}^* \tag{11.21}$$

$$v_{l30}^*=v_{l3}^*+v_{lh}^* \tag{11.22}$$

辅助电压v_{gh}^*和v_{lh}^*分别为

$$v_{gh}^*=v_C\left(\mu_g-\frac{1}{2}\right)+(\mu_g-1)V_{gmax}^*-\mu_g V_{gmin}^* \tag{11.23}$$

$$v_{lh}^*=v_C\left(\mu_l-\frac{1}{2}\right)+(\mu_l-1)V_{lmax}^*-\mu_l V_{lmin}^* \tag{11.24}$$

其中$V_{gmax}=\mathrm{MAX}\{v_{g1}^*,v_{g2}^*,v_{g3}^*\}$，$V_{gmin}=\mathrm{MIN}\{v_{g1}^*,v_{g2}^*,v_{g3}^*\}$，$V_{lmax}=\mathrm{MAX}\{v_{l1}^*,v_{l2}^*,v_{l3}^*\}$，$V_{lmin}=\mathrm{MIN}\{v_{l1}^*,v_{l2}^*,v_{l3}^*\}$；$\mu_g$ 和μ_l 是分配系数决定在整个开关周期如何分布续流时间。需要注意的是，由于变换器的电网和负载侧由直流侧电容器组解耦，v_{gh}^*和v_{lh}^*是相互独立的。

一旦定义了参考极点电压，脉冲宽度τ_{g1}、τ_{g2}、τ_{g3}、τ_{l1}、τ_{l2}和τ_{l3}可以从方程式(11.25)~式(11.30）计算得到，如下

$$\tau_{g1}=\left(\frac{v_{g10}^{*}}{v_{C}}+\frac{1}{2}\right)T_{s} \tag{11.25}$$

$$\tau_{g2}=\left(\frac{v_{g20}^{*}}{v_{C}}+\frac{1}{2}\right)T_{s} \tag{11.26}$$

$$\tau_{g3}=\left(\frac{v_{g30}^{*}}{v_{C}}+\frac{1}{2}\right)T_{s} \tag{11.27}$$

$$\tau_{l1}=\left(\frac{v_{l10}^{*}}{v_{C}}+\frac{1}{2}\right)T_{s} \tag{11.28}$$

$$\tau_{l2}=\left(\frac{v_{l20}^{*}}{v_{C}}+\frac{1}{2}\right)T_{s} \tag{11.29}$$

$$\tau_{l3}=\left(\frac{v_{l30}^{*}}{v_{C}}+\frac{1}{2}\right)T_{s} \tag{11.30}$$

式中，T_s 是开关周期，开关 q_{g1}、q_{g2}、q_{g3}、q_{l1}、q_{l2} 和 q_{l3} 的状态可以直接基于先前的方程通过 PWM 数字实现中的编程计时器定义。

注意，引用于式（11.25）~式(11.27) 中的参考电压 v_{g1}^*、v_{g2}^* 和 v_{g3}^* 可以像控制器输出（如 11.2.3 节提出）一样得到。虽然电压 v_{l1}^*、v_{l2}^* 和 v_{l3}^* 可采用开环或闭环的定义，但本节只考虑开环操作。

11.2.3 控制方法

图 11.2 给出了三相背靠背变换器的控制框图。当输出电压由开环操作来控制时，直流侧电容电压和电网的功率因数由控制器 R_C、R_{i1}、R_{i2} 和 R_{i3} 调节。由于电容器电压比电网电流变化缓慢，级联控制方法已经被用来保证这两个变量的稳定。

采用 R_C 控制器把直流电压 v_C 稳定到其参考值 v_C^*，这可以采用一个标准的 PI 控制器来实现。此控制器提供参考电网电流 I_g^* 的幅度。为了保持带正弦电网电流的功率因数接近 1，瞬时参考电流 i_{g1}^*、i_{g2}^* 和 i_{g3}^* 必须分别与输入电压 e_{g1}、e_{g2} 和 e_{g3} 同步。可以通过基于控制锁相环（PLL）来获得实现该同步方案。模块 G_e-i_g 负责产生与电网电压同相的参考正弦电网电流，即 $i_{g1}^*=I_g^*\sin(\omega_g t+\Phi_g)$，$i_{g2}^*=I_g^*\sin(\omega_g t+\Phi_g+120°)$，$i_{g3}^*=I_g^*\sin(\omega_g t+\Phi_g+240°)$，电流控制器回路必须处理正弦波形，这意味着在稳态运行的常规 PI 控制器将不能保证零误差——可用改进后的 PI 控制器代替。

在图 11.2 所示的 PWM 模块可以从方程式（11.17）~式(11.22) 实现或通过比较这些带高频载波信号的参考极点电压。

应用（通用有源电源滤波器）

通用有源电源滤波器也称为通用电源质量调节器（UPQC），采用背靠背电路来提高三相电气系统电压和电流质量。电厂的电能发电机提供的电压接近正弦电压。然而，该电压的质量可能会由于稳态或瞬变现象在电气系统的一个给定的点而

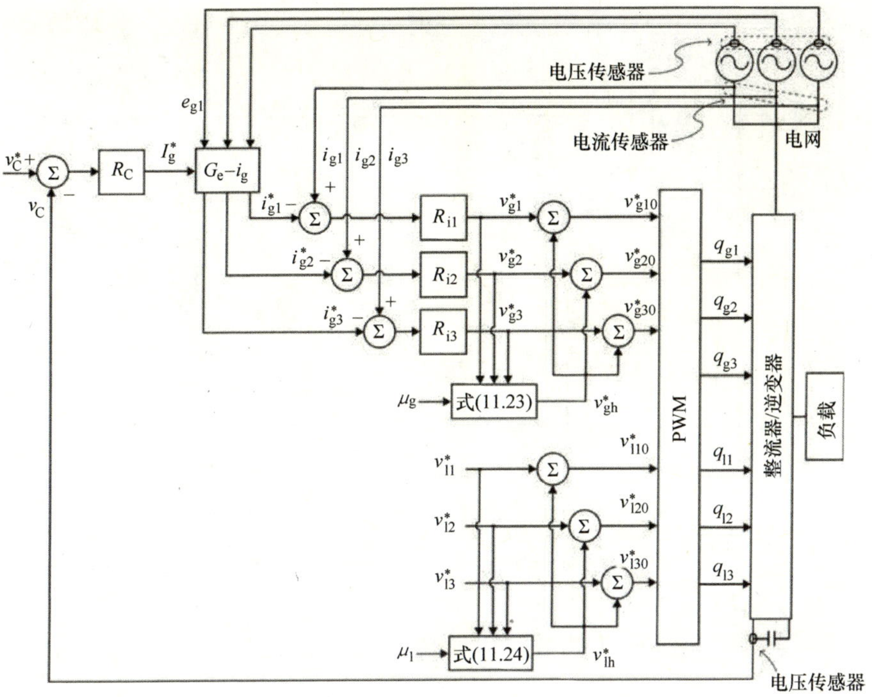

图 11.2　三相背靠背变换器的控制策略

降低。这些现象是非线性负载和部分电源电路的故障，从而产生电流失真和电压骤降/骤升。通用有源电源滤波器可以用来动态补偿稳态和瞬态问题造成的干扰，能够应对并校正电网电压干扰和波动。如下图所示，背对背变换器侧（电网侧）通过增加通过三相变压器的电压，以补偿该电压扰动，而另一侧通常在负载端注入电流以保证功率因数接近 1 的正弦电网电流。特别推荐采用通用有源电源滤波器来保护起动时刻关键负载以及补偿电网的从负载侧产生的谐波电流。电压 v_g 是用来补偿任何对 e_g 的干扰，$v_1 = e_g + v_{n_g n_1}$。电流 i_f 用来保证正弦电网电流与电网电压同频同相，因为 $i_g = i_1 + i_f$。

虽然在文献中提到的几种技术是有功功率滤波器控制，主要结构为两个控制回路：一个直流侧电压外环和一个电流内环。外环稳定调节直流侧电压而内环跟踪需要补偿谐波和/或基波无功功率的参考电流。在文献中产生电流基准信号的两种基本的方法为直接法和间接法。在直接法中，直接对负载感知和对参考电流信号采用滤波器来加以补偿。在间接法中，扰动补偿的方法是检测电网，并通过闭环控制为最小值。后一种方法因为使用较少数量的传感器而降低了成本，而第一种方法更为精确。

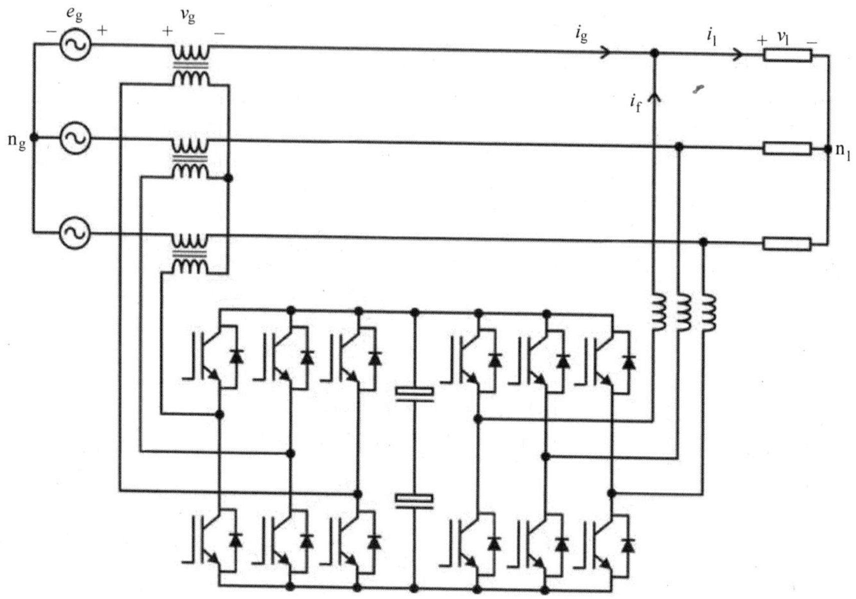

11.3 器件数量减少的拓扑结构

11.3.1 模型

另一个三相－三相ac－dc－ac功率变换器是通过移除一个PB－ac而获得，如图11.3a所示。相同结构的开关表示如图11.3b所示。注意由开关$q_s - \overline{q}_s$构成的桥臂支路在是变换器输入和输出之间共享的，因此该桥臂支路将处理输入和输出电流的之和（i_{l3}—i_{g3}）。同时，共享的桥臂支路在变换器的电压能力上发挥重要的作用。前面所述背靠背变换器的输入和输出侧都是解耦的，与它不同的是，图11.3中的共享桥臂支路拓扑由于支路$q_s - \overline{q}_s$呈现耦合。

如图11.3b所示输入和输出变换器侧，可得如下方程：

$$v_{g1} = v_{g10} - v_{ng0} \tag{11.31}$$

$$v_{g2} = v_{g20} - v_{ng0} \tag{11.32}$$

$$v_{g3} = v_{s0} - v_{ng0} \tag{11.33}$$

$$v_{l1} = v_{l10} - v_{nl0} \tag{11.34}$$

$$v_{l2} = v_{l20} - v_{nl0} \tag{11.35}$$

$$v_{l3} = v_{s0} - v_{nl0} \tag{11.36}$$

极点电压如方程式（11.7）~式(11.12)，式中$v_{ng0} = \frac{1}{3}(v_{g10} + v_{g20} + v_{s0})$和$v_{nl0} = \frac{1}{3}(v_{l10} + v_{l20} + v_{s0})$。同时，方程式（11.13）~式(11.15）在输入变换器建模

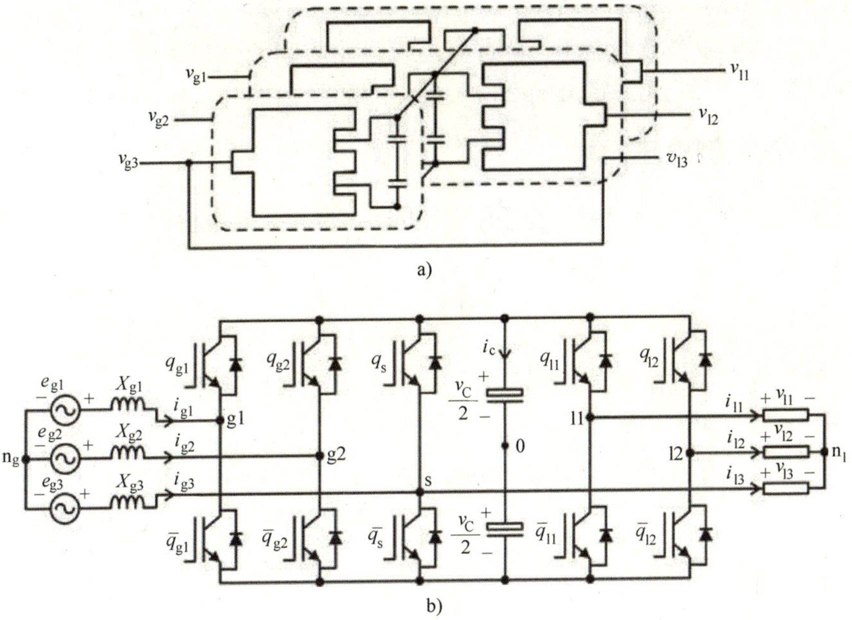

图 11.3　共享桥臂支路三相背靠背变换器：a）模块图；b）开关表示

中仍然有效。然而，图 11.3 中共享桥臂支路拓扑的电容电压如下：

$$v_C = \frac{1}{C}\int[q_{g1}i_{g1} + q_{g2}i_{g2} + q_s(i_{g3} - i_{l3}) - q_{l1}i_{l1} - q_{l2}i_{l2}]\mathrm{d}t \tag{11.37}$$

式中积分区间为开关周期。

11.3.2　PWM 策略

如果所需的输入和输出电压分别由 v_{g1}^*、v_{g2}^*、v_{g3}^*和 v_{l1}^*、v_{l2}^*、v_{l3}^*给出，参考极点电压的一个选择如下：

$$v_{g10}^* = v_{g1}^* - v_{g3}^* + v_h^* \tag{11.38}$$

$$v_{g20}^* = v_{g2}^* - v_{g3}^* + v_h^* \tag{11.39}$$

$$v_{s0}^* = v_h^* \tag{11.40}$$

$$v_{l10}^* = v_{l1}^* - v_{l3}^* + v_h^* \tag{11.41}$$

$$v_{l20}^* = v_{l2}^* - v_{l3}^* + v_h^* \tag{11.42}$$

由于连接变换器输入和输出侧的共享桥臂支路只有一个电压 v_h^* 来优化变换器的两侧，所以 v_h^* 定义如下：

$$v_h^* = v_C\left(\mu - \frac{1}{2}\right) + (\mu - 1)V_{max}^* - \mu V_{min}^*\tag{11.43}$$

其中 $V_{max} = \mathrm{MAX}\{v_{g1}^* - v_{g3}^*, v_{g2}^* - v_{g3}^*, 0, v_{l1}^* - v_{l3}^*, v_{l2}^* - v_{l3}^*\}$，$V_{min} = \mathrm{MIN}$ $\{v_{g1}^* - v_{g3}^*,$

$v_{g2}^* - v_{g3}^*$，0，$v_{l1}^* - v_{l3}^*$，$v_{l2}^* - v_{l3}^*$}。

一旦定义了参考极点电压，脉冲宽度可以由方程式（11.25）~式(11.30）获得。在这个情况下，无需定义 τ_{g3} 和 τ_{l3}，脉冲宽度 τ_s 由（$v_s^*/v_C + 1/2$）T_s 定义。

11.3.3 直流侧电压需求

为了保证如全桥变换器中相同的输入和输出电压，共享桥臂支路拓扑结构的最小直流电压必须遵守以下要求：

$$v_C \geqslant \max\{v_{gx0}^* - v_{gy0}^*, v_{gx0}^* - v_{s0}^*, v_{lx0}^* - v_{ly0}^*, v_{lx0}^* - v_{s0}^*, v_{gx0}^* - v_{ly0}^*\} \tag{11.44}$$

其中 $x=1$，2；$y=1$，2；$x \neq y$。

如果负载频率与电网频率不同，$v_{gx0}^* - v_{ly0}^*$ 项是主导项并定义 v_C。然而，如果变换器两侧要求相同的频率，产生输出电压，并与输入电压同步，以最小化 $v_{gx0}^* - v_{ly0}^*$ 项的影响。这将允许共享桥臂支路变换器与全桥变换器工作在相同的直流侧电压。

11.3.4 半桥变换器

变换器两侧的半桥结构如图 11.4 所示。由于直流母线中点连接，在这种情况下，由于直流侧中点连接，有一个低频电流通过电容器，这就增加了对这些单元的电压波动，从而影响了它们的损耗。

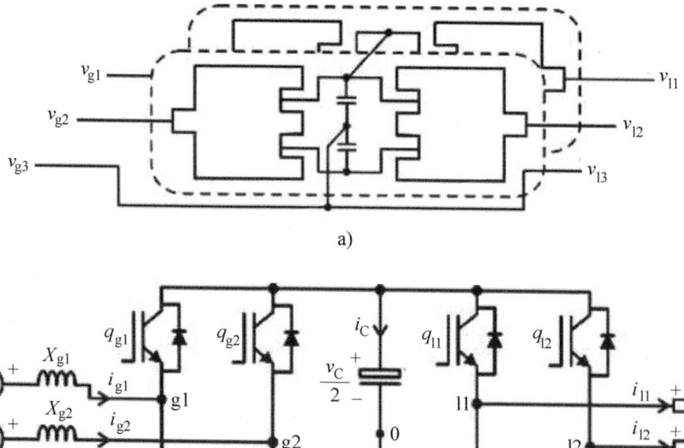

a)

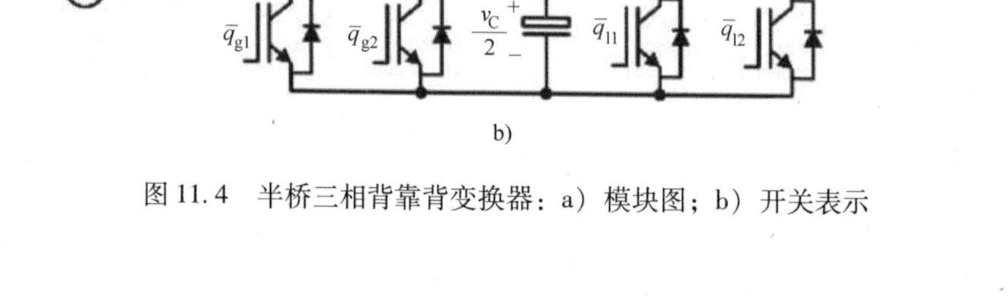

b)

图 11.4 半桥三相背靠背变换器：a）模块图；b）开关表示

输入和输出变换器侧的电压直接由极点电压 v_{g10}、v_{g20} 和 v_{l10}、v_{l20} 来定义，极点电压由方程式（11.7）、式（11.8）、式（11.10）和式（11.11）分别定义。此外，定义 PWM 方程简单直接，因为没有自由度需要探究，也就是说，只有两条桥臂支路来处理两个电压。

11.4　增加开关数量的拓扑结构（变换器并联）

当可用的开关功率额定值不能满足电路所需要的电流等级时，可以采用变换器并联连接。当负载要求的电流高于开关的额定电流时，最简单的解决方案就是开关并联连接，如图 11.5 所示的三相背靠背变换器。虽然功率开关的数量两倍于图 11.1，但就产生的波形质量而言，该变换器特性相同于传统的解决方案（见图 11.1）。

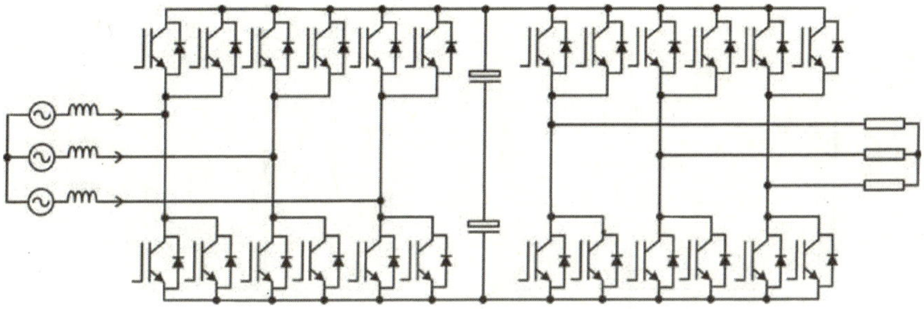

图 11.5　三相连续与开关并联变换器

考虑到第 10 章的单相背靠背变换器，变换器并联连接，而不是开关并联连接将带来以下好处：增加转换系统的电流能力，提高变换器输入端和输出端产生波形的质量，和减少直流侧电容上的应力。

11.4.1　模型

当开关电源的额定功率不能满足电路所需的电流等级时，就可以将变换器并联使用。为了给这样一个环路电流建模，有必要写下所有的系统方程。带两个背靠背并联变换器的三相 - 三相能量变换单元如图 11.6 所示。注意，尽管增加了系统的复杂性，但可以并联添加其他背靠背变换器，来降低每个单元处理的功率。这样一个变换单元可以由功率模块（见图 11.6a）或电源开关（见图 11.6b）表示。这种转换系统包括：一个三相负载，电网侧 6 个电感滤波器（X_{ja}，X_{jb}，X_{jc}，$j=1$，3），负载端 6 个电感滤波器（X_{ma}，X_{mb}，X_{mc}，$m=2$，4），和两个直流侧电容器组。

考虑变换器 1 和 3（电网侧连接的变换器），可以写出如下方程：

$$e_{g1} = z_{1a} i_{1a} + v_{1a0_1} - v_{g0_1} \tag{11.45}$$

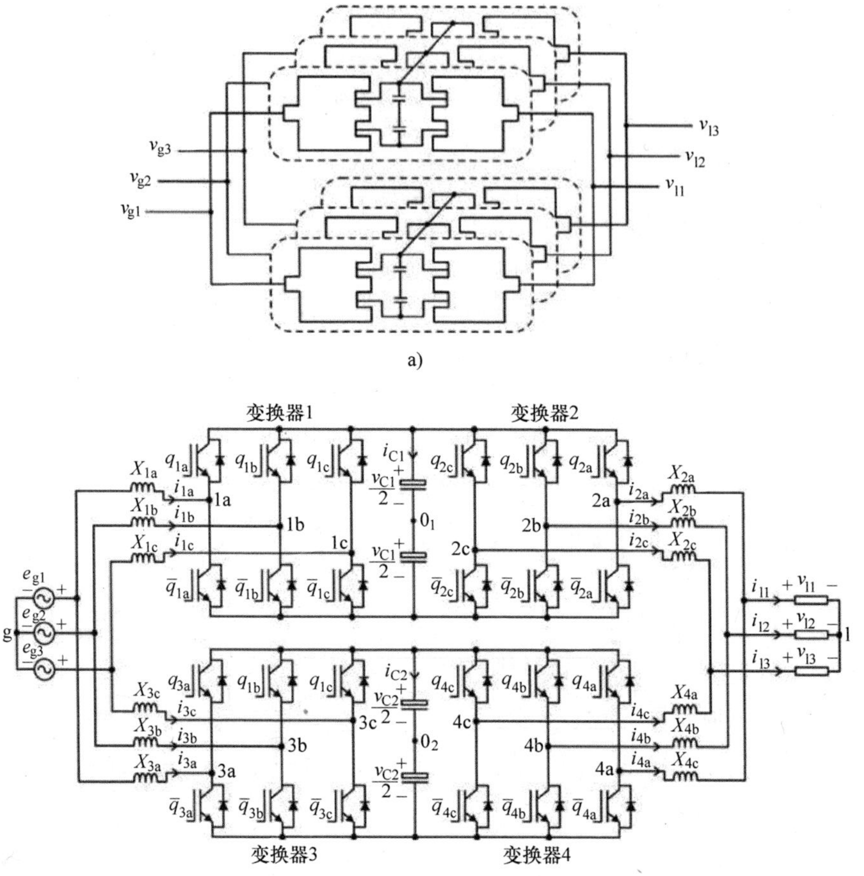

图 11.6　并联三相背靠背变换器：a）模块图；b）开关表示

$$e_{g2} = z_{1b} i_{1b} + v_{1b0_1} - v_{g0_1} \tag{11.46}$$

$$e_{g3} = z_{1c} i_{1c} + v_{1c0_1} - v_{g0_1} \tag{11.47}$$

$$e_{g1} = z_{3a} i_{3a} + v_{3a0_2} - v_{g0_2} \tag{11.48}$$

$$e_{g2} = z_{3b} i_{3b} + v_{3b0_2} - v_{g0_2} \tag{11.49}$$

$$e_{g3} = z_{3c} i_{3c} + v_{3c0_2} - v_{g0_2} \tag{11.50}$$

平衡情况下，分别给出 v_{g0_1} 和 v_{g0_2} 如下：

$$v_{g0_1} = \frac{1}{3}(v_{1a0_1} + v_{1b0_1} + v_{1c0_1}) \tag{11.51}$$

$$v_{g0_2} = \frac{1}{3}(v_{3a0_2} + v_{3b0_2} + v_{3c0_2}) \tag{11.52}$$

式中 $z_{1a} = r_{1a} + l_{1a}p$，$z_{1b} = r_{1b} + l_{1b}p$，$z_{1c} = r_{1c} + l_{1c}p$，$z_{3a} = r_{3a} + l_{3a}p$，$z_{3b} = r_{3b} + l_{3b}p$ 和 $z_{3c} = r_{3c} + l_{3c}p$ 分别是单元 X_{1a}、X_{1b}、X_{1c}、X_{3a}、X_{3b}、X_{3c} 的阻抗；其中 $p = \mathrm{d}/\mathrm{d}t$。$v_{g0_1}$

和 v_{g0_2} 分别是电网中性点和直流侧中点 0_1 和 0_2 之间的电压。连接负载的变换器 2 和 4 的类似方程如下：

$$v_{l1} = -z_{2a}i_{2a} + v_{2a0_1} - v_{l0_1} \tag{11.53}$$

$$v_{l2} = -z_{2b}i_{2b} + v_{2b0_1} - v_{l0_1} \tag{11.54}$$

$$v_{l3} = -z_{2a}i_{2c} + v_{2c0_1} - v_{l0_1} \tag{11.55}$$

$$v_{l1} = -z_{4a}i_{4a} + v_{4a0_2} - v_{l0_2} \tag{11.56}$$

$$v_{l2} = -z_{4b}i_{4b} + v_{4b0_2} - v_{l0_2} \tag{11.57}$$

$$v_{l3} = -z_{4c}i_{4c} + v_{4c0_2} - v_{l0_2} \tag{11.58}$$

平衡情况下，分别给出 v_{l0_1} 和 v_{l0_2} 如下：

$$v_{l0_1} = \frac{1}{3}(v_{2a0_1} + v_{2b0_1} + v_{2c0_1}) \tag{11.59}$$

$$v_{l0_2} = \frac{1}{3}(v_{4a0_2} + v_{4b0_2} + v_{4c0_2}) \tag{11.60}$$

正如所料，由于两个变换器并联连接，所以存在一个环路，在两个 ac－dc－ac 变换器之间产生环路电流，突出显示于图 11.7 中。

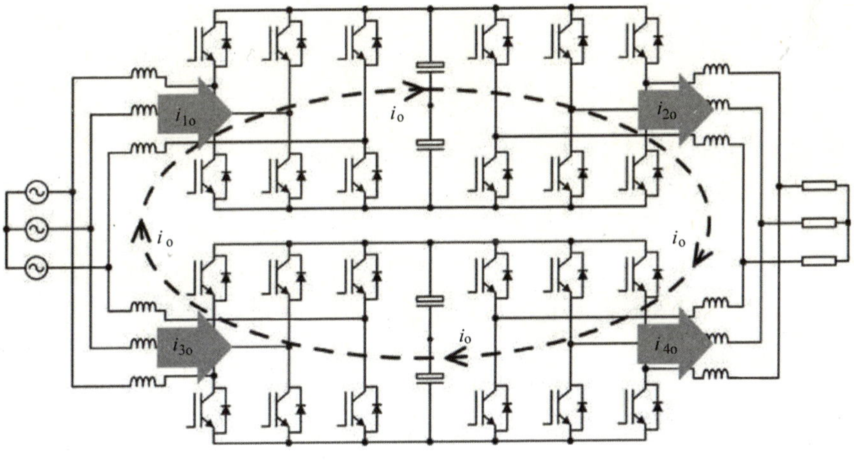

图 11.7　两个并联背靠背变换器之间的环路电流

$$z_{1a}i_{1a} + z_{2a}i_{2a} - z_{4a}i_{4a} - z_{3a}i_{3a} + v_{1a0_1} - v_{2a0_1} + v_{4a0_2} - v_{3a0_2} = 0 \tag{11.61}$$

$$z_{1a}i_{1a} + z_{2b}i_{2b} - z_{4b}i_{4b} - z_{3a}i_{3a} + v_{1a0_1} - v_{2b0_1} + v_{4b0_2} - v_{3a0_2} = 0 \tag{11.62}$$

$$z_{1a}i_{1a} + z_{2c}i_{2c} - z_{4c}i_{4c} - z_{3a}i_{3a} + v_{1a0_1} - v_{2c0_1} + v_{4c0_2} - v_{3a0_2} = 0 \tag{11.63}$$

$$z_{1b}i_{1b} + z_{2a}i_{2a} - z_{4a}i_{4a} - z_{3b}i_{3b} + v_{1b0_1} - v_{2a0_1} + v_{4a0_2} - v_{3b0_2} = 0 \tag{11.64}$$

$$z_{1b}i_{1b} + z_{2b}i_{2b} - z_{4b}i_{4b} - z_{3b}i_{3b} + v_{1b0_1} - v_{2b0_1} + v_{4b0_2} - v_{3b0_2} = 0 \tag{11.65}$$

$$z_{1b}i_{1b} + z_{2c}i_{2c} - z_{4c}i_{4c} - z_{3b}i_{3b} + v_{1b0_1} - v_{2c0_1} + v_{4c0_2} - v_{3b0_2} = 0 \tag{11.66}$$

$$z_{1c}i_{1c} + z_{2a}i_{2a} - z_{4a}i_{4a} - z_{3c}i_{3c} + v_{1c0_1} - v_{2a0_1} + v_{4a0_2} - v_{3c0_2} = 0 \tag{11.67}$$

$$z_{1c}i_{1c} + z_{2b}i_{2b} - z_{4b}i_{4b} - z_{3c}i_{3c} + v_{1c0_1} - v_{2b0_1} + v_{4b0_2} - v_{3c0_2} = 0 \tag{11.68}$$

$$z_{1c}i_{1c} + z_{2c}i_{2c} - z_{4c}i_{4c} - z_{3c}i_{3c} + v_{1c0_1} - v_{2c0_1} + v_{4c0_2} - v_{3c0_2} = 0 \tag{11.69}$$

注意式（11.61）~式（11.69）成立的前提是背靠背变换器为并联。如果采用变压器进行隔离，那么电流 i_o 为 0 且式（11.61）~式（11.69）不再成立。

环路电压的表达式可以通过加上式（11.61）~式（11.69）获得，如下式：

$$v_o = \sum_{n=a}^{c} z_{1n}i_{1n} + \sum_{n=a}^{c} z_{2n}i_{2n} - \sum_{n=a}^{c} z_{4n}i_{4n} - \sum_{n=a}^{c} z_{3n}i_{3n} \tag{11.70}$$

式中

$$v_o = -\sum_{n=a}^{c} v_{1n0_1} + \sum_{n=a}^{c} v_{2n0_1} + \sum_{n=a}^{c} v_{3n0_2} - \sum_{n=a}^{c} v_{4n0_2} \tag{11.71}$$

根据变换器的电流可以定义环路电流如下：

$$i_{1o} = \frac{1}{\sqrt{3}}(i_{1a} + i_{1b} + i_{1c}) \tag{11.72}$$

$$i_{2o} = \frac{1}{\sqrt{3}}(i_{2a} + i_{2b} + i_{2c}) \tag{11.73}$$

$$i_{3o} = \frac{1}{\sqrt{3}}(i_{3a} + i_{3b} + i_{3c}) \tag{11.74}$$

$$i_{4o} = \frac{1}{\sqrt{3}}(i_{4a} + i_{4b} + i_{4c}) \tag{11.75}$$

如图 11.7 所示，环路电流可以表示为众变换器间一循环的单电流，该电流可以写成

$$i_o = i_{1o} = -i_{3o} = i_{2o} = -i_{4o} \tag{11.76}$$

因为并联背靠背变换器在变换器的输入输出端（即电网侧和负载侧）工作于三相系统，这样就很方便采用变压器的变量（123 到 odp），表示如下：

$$\bar{\boldsymbol{x}}_{g123} = \overline{\boldsymbol{P}\boldsymbol{x}}_{godq} \tag{11.77}$$

$$\bar{\boldsymbol{x}}_{l123} = \overline{\boldsymbol{P}\boldsymbol{x}}_{lodq} \tag{11.78}$$

$$\bar{\boldsymbol{x}}_{kabc} = \overline{\boldsymbol{P}\boldsymbol{x}}_{kadq} \tag{11.79}$$

其中 $\bar{\boldsymbol{x}}_{g123} = [x_{g1}x_{g2}x_{g3}]^{T}$，$\bar{\boldsymbol{x}}_{l123} = [x_{l1}x_{l2}x_{l3}]^{T}$ 和 $\bar{\boldsymbol{x}}_{kabc} = [x_{ka}x_{kb}x_{kc}]^{T}$，式中 x 可以是电压或电流，且 $k = 1$，2，3，4。

定义电压 $v_{1n} = v_{1n0_1} - v_{g0_1}$，$v_{2n} = v_{2n0_1} - v_{l0_1}$，$v_{3n} = v_{3n0_2} - v_{g0_2}$ 和 $v_{4n} = v_{4n0_2} - v_{l0_2}$，这里 $n = a$，b，c，于是可以确定系统模型如下：

$$\bar{\boldsymbol{e}}_{gdq} = \bar{\boldsymbol{z}}_{lodq}\bar{\boldsymbol{i}}_{lodq} + \bar{\ }_{1dq} \tag{11.80}$$

$$\bar{\boldsymbol{e}}_{gdq} = \bar{\boldsymbol{z}}_{3odq}\bar{\boldsymbol{i}}_{3odq} + \bar{\ }_{3dq} \tag{11.81}$$

$$\bar{\boldsymbol{e}}_{ldq} = -\bar{\boldsymbol{z}}_{2odq}\bar{\boldsymbol{i}}_{2odq} + \bar{\ }_{2dq} \tag{11.82}$$

$$\bar{\boldsymbol{e}}_{ldq} = -\bar{\boldsymbol{z}}_{4odq}\bar{\boldsymbol{i}}_{4odq} + \bar{\ }_{4dq} \tag{11.83}$$

其中 $\bar{\boldsymbol{e}}_{gdq} = [e_{gd}e_{gq}]^{T}$，$\bar{\boldsymbol{e}}_{ldq} = [e_{ld}e_{lq}]^{T}$，$\bar{\boldsymbol{i}}_{kodq} = [i_{ko}i_{kd}i_{kq}]^{T}$，$\bar{\ }_{kdq} = [v_{kd}v_{kq}]^{T}$，

$$\overline{\quad}_{k\mathrm{dq}} = [v_{k\mathrm{d}} v_{k\mathrm{q}}]^{\mathrm{T}} \text{和} \bar{z}_{k\mathrm{odq}} = \frac{1}{6}\begin{bmatrix} \sqrt{2}\,(2z_{k\mathrm{a}} - z_{k\mathrm{b}} - z_{k\mathrm{c}}) & (4z_{k\mathrm{a}} + z_{k\mathrm{b}} + z_{k\mathrm{c}}) & \sqrt{3}\,(z_{k\mathrm{c}} - z_{k\mathrm{b}}) \\ \sqrt{6}\,(z_{k\mathrm{b}} - z_{k\mathrm{c}}) & \sqrt{3}\,(z_{k\mathrm{c}} - z_{k\mathrm{b}}) & 3\,(z_{k\mathrm{b}} + z_{k\mathrm{c}}) \end{bmatrix}$$

然后可以写出环路电流方程如下：

$$v_{\mathrm{o}} = \sqrt{3}\left[\left(\sum_{k=1}^{4} z_{k\mathrm{o}}\right) i_{\mathrm{o}} + \sum_{j=\mathrm{d,q}} z_{1\mathrm{o}j} i_{1j} + \sum_{j=\mathrm{d,q}} z_{2\mathrm{o}j} i_{2j} - \sum_{j=\mathrm{d,q}} z_{3\mathrm{o}j} i_{3j} - \sum_{j=\mathrm{d,q}} z_{4\mathrm{o}j} i_{4j}\right] \tag{11.84}$$

其中 $z_{k\mathrm{o}} = \frac{2}{6}(z_{k\mathrm{a}} + z_{k\mathrm{b}} + z_{k\mathrm{c}})$，$z_{k\mathrm{od}} = \frac{\sqrt{2}}{6}(2z_{k\mathrm{a}} - z_{k\mathrm{b}} - z_{k\mathrm{c}})$ 和 $z_{k\mathrm{oq}} = \frac{\sqrt{6}}{6}(z_{k\mathrm{b}} - z_{k\mathrm{c}})$。

在 dq 分量中写出模型也是很方便的，因为（电压$\overline{\quad}_{1\mathrm{dq}}$和$\overline{\quad}_{3\mathrm{dq}}$将用来控制电流 $\bar{\boldsymbol{i}}_{1\mathrm{odq}}$和$\bar{\boldsymbol{i}}_{3\mathrm{odq}}$以及电网功率因子，负载变量将受控于电压$\overline{\quad}_{2\mathrm{dq}}$和$\overline{\quad}_{4\mathrm{dq}}$，环路电流将由 v_{o} 调制稳定。

假设平衡情况下：$z_{1n} = z_{3n} = z_1$ 和 $z_{2n} = z_{4n} = z_2$，其中 $n = \mathrm{a}$，b，c，于是可以重写模型如下：

$$\bar{\boldsymbol{e}}_{\mathrm{gdq}} = \bar{z}_1 \bar{i}_{1\mathrm{dq}} + \overline{\quad}_{1\mathrm{dq}} \tag{11.85}$$

$$\bar{\boldsymbol{e}}_{\mathrm{gdq}} = \bar{z}_1 \bar{i}_{3\mathrm{dq}} + \overline{\quad}_{3\mathrm{dq}} \tag{11.86}$$

$$\bar{\boldsymbol{e}}_{\mathrm{ldq}} = \bar{z}_2 \bar{i}_{2\mathrm{dq}} + \overline{\quad}_{2\mathrm{dq}} \tag{11.87}$$

$$\bar{\boldsymbol{e}}_{\mathrm{ldq}} = \bar{z}_2 \bar{i}_{4\mathrm{dq}} + \overline{\quad}_{4\mathrm{dq}} \tag{11.88}$$

其中 $\bar{z}_1 = \begin{bmatrix} z_1 & 0 \\ 0 & z_1 \end{bmatrix}$，$\bar{z}_2 = \begin{bmatrix} z_2 & 0 \\ 0 & z_2 \end{bmatrix}$。

从式（11.80）和式（11.81）中，可以获得 dq 电网电流：

$$v_{\mathrm{gd}} = \frac{v_{1\mathrm{d}} + v_{3\mathrm{d}}}{2} = e_{\mathrm{gd}} - \frac{z_1}{2} i_{\mathrm{gd}} \tag{11.89}$$

$$v_{\mathrm{gq}} = \frac{v_{1\mathrm{q}} + v_{3\mathrm{q}}}{2} = e_{\mathrm{gq}} - \frac{z_1}{2} i_{\mathrm{gq}} \tag{11.90}$$

通过如下相同的方法，v_{ld}和 v_{lq}如

$$v_{\mathrm{ld}} = \frac{v_{2\mathrm{d}} + v_{4\mathrm{d}}}{2} = e_{\mathrm{ld}} - \frac{z_2}{2} i_{\mathrm{ld}} \tag{11.91}$$

$$v_{\mathrm{lq}} = \frac{v_{2\mathrm{q}} + v_{4\mathrm{q}}}{2} = e_{\mathrm{lq}} - \frac{z_2}{2} i_{\mathrm{lq}} \tag{11.92}$$

定义 $z_{\mathrm{g}} = z_1/2$ 和 $z_{\mathrm{l}} = z_2/2$，得出

$$v_{\mathrm{gd}} = e_{\mathrm{gd}} - z_{\mathrm{g}} i_{\mathrm{gd}} \tag{11.93}$$

$$v_{\mathrm{gq}} = e_{\mathrm{gq}} - z_{\mathrm{g}} i_{\mathrm{gq}} \tag{11.94}$$

$$v_{\mathrm{ld}} = e_{\mathrm{ld}} - z_{\mathrm{l}} i_{\mathrm{ld}} \tag{11.95}$$

$$v_{\mathrm{lq}} = e_{\mathrm{lq}} - z_{\mathrm{l}} i_{\mathrm{lq}} \tag{11.96}$$

11.4.2 PWM策略

如三相背靠背变换器模型所述，参考电压 v_{kd}^*、v_{kq}^* 和 v_o^*（$k=1, 2, 3, 4$）由控制器提供，以分别稳定调节输入、输出和环路变量。通过使用变量变换，可以写出123电压作为odq的函数，如下所示：

$$v_{ka}^* = \sqrt{\frac{2}{3}} v_{kd}^* \tag{11.97}$$

$$v_{kb}^* = \sqrt{\frac{2}{3}} \left(\frac{1}{2} v_{kd}^* + \frac{\sqrt{3}}{2} v_{kq}^* \right) \tag{11.98}$$

$$v_{kc}^* = \sqrt{\frac{2}{3}} \left(-\frac{1}{2} v_{kd}^* - \frac{\sqrt{3}}{2} v_{kq}^* \right) \tag{11.99}$$

用于PWM技术的参考极点电压可以定义为辅助电压的函数，如下：

$$v_{1a0_1}^* = v_{1a}^* + v_x^* \tag{11.100}$$

$$v_{1b0_1}^* = v_{1b}^* + v_x^* \tag{11.101}$$

$$v_{1c0_1}^* = v_{1c}^* + v_x^* \tag{11.102}$$

$$v_{2a0_1}^* = v_{2a}^* + v_y^* \tag{11.103}$$

$$v_{2b0_1}^* = v_{2b}^* + v_y^* \tag{11.104}$$

$$v_{2c0_1}^* = v_{2c}^* + v_y^* \tag{11.105}$$

$$v_{3a0_2}^* = v_{3a}^* + \frac{v_o^*}{3} - v_y^* + v_z^* + v_x^* \tag{11.106}$$

$$v_{3b0_2}^* = v_{3b}^* + \frac{v_o^*}{3} - v_y^* + v_z^* + v_x^* \tag{11.107}$$

$$v_{3c0_2}^* = v_{3c}^* + \frac{v_o^*}{3} - v_y^* + v_z^* + v_x^* \tag{11.108}$$

$$v_{4a0_1}^* = v_{4a}^* + v_z^* \tag{11.109}$$

$$v_{4b0_1}^* = v_{4b}^* + v_z^* \tag{11.110}$$

$$v_{4c0_1}^* = v_{4c}^* + v_z^* \tag{11.111}$$

电压 v_x^*、v_y^* 和 v_z^* 可以按照式（11.23）和式（11.24）一样的方法被定义。

11.4.3 控制策略

并联三相背对背变换器的控制框图如图11.8所示。直流侧电压 v_{C1} 和 v_{C2} 分别由控制器 R_{C1} 和 R_{C2} 所稳定调制。这些控制器提供了变换器1和3输入侧所要求的参考电流 I_1^* 和 I_3^* 的振幅。反过来说，功率因子控制可以通过带三相电压的参考电网电流 i_{1abc}^*（i_{1a}^*，i_{1b}^*，i_{1c}^*）和 i_{3abc}^*（i_{3a}^*，i_{3b}^*，i_{3c}^*）的同步来获得。该同步由采用PLL技术的模块 G_{ir} 来完成的。

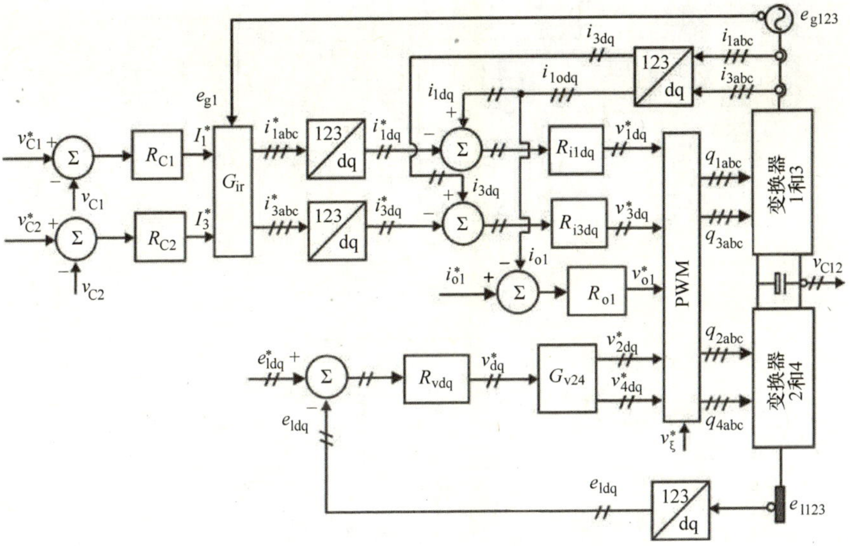

图 11.8　并联三相变换器的控制框图

模块 G_{ir}的输出是瞬时参考电流，该电流以模块 dq 为基础，通过变换 123/dq 而转换为 dq 变量。结果，这些模块的输出是参考电流 i^*_{1dq}（i^*_{1d}，i^*_{1q}）和 i^*_{3dq}（i^*_{3d}，i^*_{3q}）。R_{i1dq}和 R_{i3dq}采用控制器双序列类型来稳定调制正弦电流 i^*_{1dq}和 i^*_{3dq}。控制器 R_{i1dq}和 R_{i3dq}的输出定义了参考电压 v^*_{1dq}和 v^*_{3dq}。

环路电流由 $i^*_{o1}=0$ 的 R_{o1}稳定调制，模块 R_{o1}的输出是环路电压 v^*_{o1}。负载电压控制器可以通过模块 R_{vdq}获得。控制器的输出定义了 v^*_{dq}（v^*_d 和 v^*_q）。

用于每个变换器的电压可以视为电压 v_{dq}的一半，模块 G_{v24}给出 $v^*_{2dq}=v^*_{4dq}=v^*_{dq}/2$。最后由控制器产生的参考电压 v^*_{1dq}、v^*_{3dq}、v^*_{o1}、v^*_{2dq}和 v^*_{4dq}，以及辅助电压（v^*_{ξ} with $\xi=x$、y 和 z）被用于 PWM 模块。该模块的输出产生了开关的状态。

11.5　增加开关数量的拓扑结构（变换器串联）

可以得到三相背靠背变换器的串联（即级联连接），其电源模块表示如图 11.9a 所示。同时，图 11.9b 展示了相同的带功率开关的转换系统。注意可以通过电网和负载端查看的线 - 线电压是两个 H 桥变换器串联。在这一拓扑结构中可以观察到单相背靠背变换器具有相同的优点。所以，有必要去稳定转换单元间的环路电流以便提高变换器的效率。

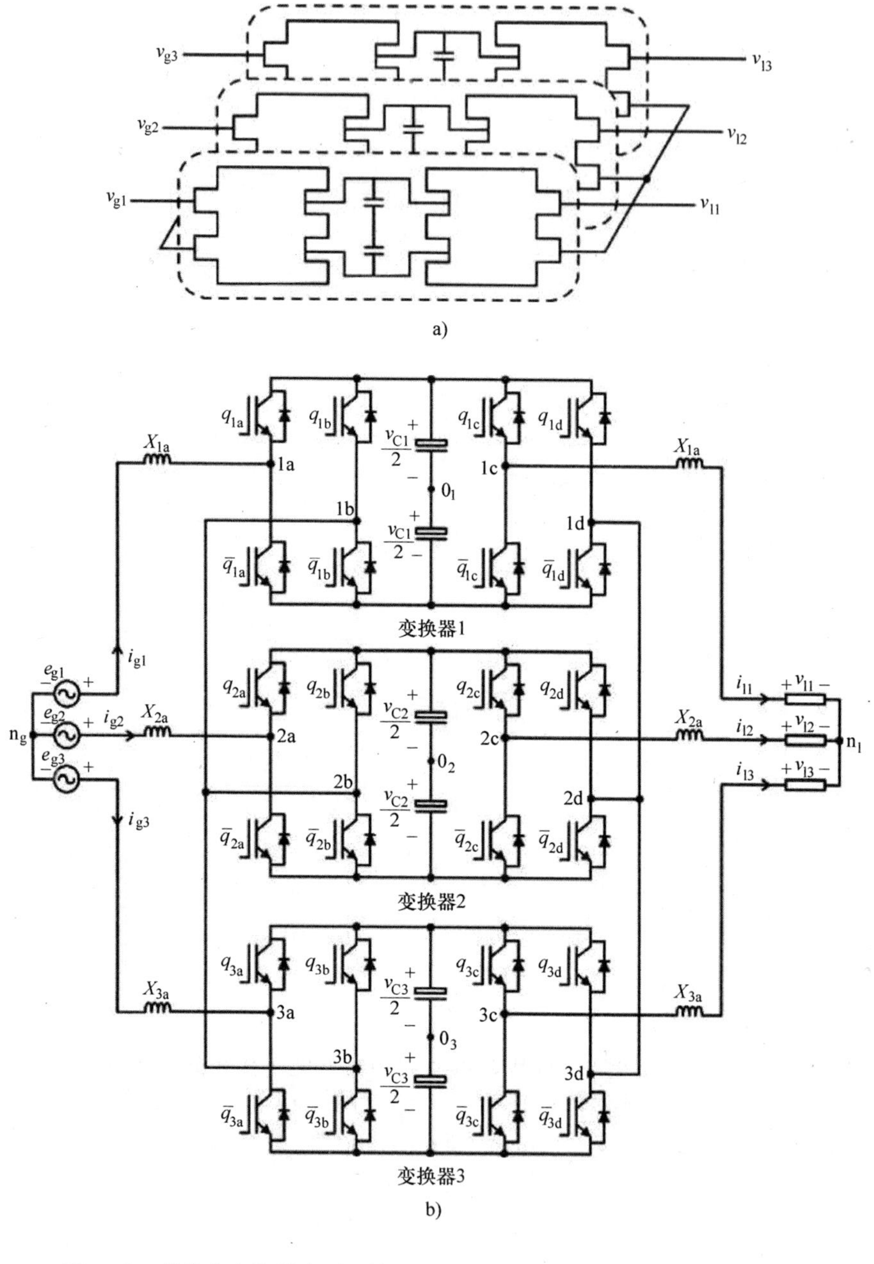

图 11.9　背靠背变换器串联连接的三相结构：a）模块图；b）开关表示

11.6　其他背靠背变换器

在功率分布系统中，单相电网被认为是对于农村或偏远地区的一个可选方案，特别是与三相解决方案相比，它具有更低的成本特性。所以，单相电压作为电源电压很常见且可以覆盖大区域范围。另一方面，相比于单相负载，连接于三相组合架构的负载也展现了一些优势。当电动机作为变换器的负载，在平衡条件下由于它的小尺寸、恒转矩和恒功率，这些优势显得尤为突出。本节中，从需求方面探讨了单相－三相功率变换器系统。可以连接三相负载和单相电网的背靠背变换器如图 11.10 所示。

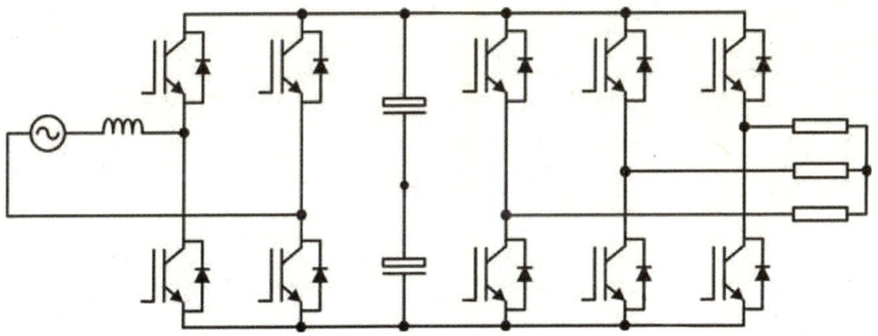

图 11.10　单相－三相的背靠背变换器

单相－三相功率变换器展现了其固有的不对称特点，也就是说，在输出变换器侧（三相负载）存在恒定功率，而输入变换器侧（单相电网）存在脉冲功率，如图 11.11a 中显示。不对称性最直接的后果就是在直流侧电容器中看到的低频电压振荡，而且整流器和逆变器的功率开关工作于不同的额定电流。通常，三相电动机额定电压比单相电网提供的电压要高，这意味着整流器电路必须提升电网电压以保证电动机的额定功率。因此，输入输出变换器侧的电流关系也隐含着变换器不对称，输入电流高于输出电流。有很多不同的方式去解决这一问题；其中一种方法是用图 11.11b 中所示的拓扑结构，在整流级采用并联变换器。

另一个三相背靠背变换器的例子如图 11.12 所示，其要求是四线三相系统的负载。注意，该结构在负载侧能够产生一个稳定的三相电压，可连接三相和单相负载。

最后，图 11.13a 显示了一个无隔离变压器，并联连接的 ac－dc－ac 拓扑结构的六相电动机驱动系统。注意，本章中提出的不像以前的并联结构，图 11.13a 中的电动机驱动系统没有环路电流，由于六相电动机的电中性点（n 和 m）之间没有连接，如图 11.13b 中的模型所强调的。六相电动机实际上是由两套三相绕组构成的，其优点是减少纹波转矩。与三相电动机驱动系统相比，六相电动机驱动系统的另一个优点是逆变器的每个开关处理的电流更低。

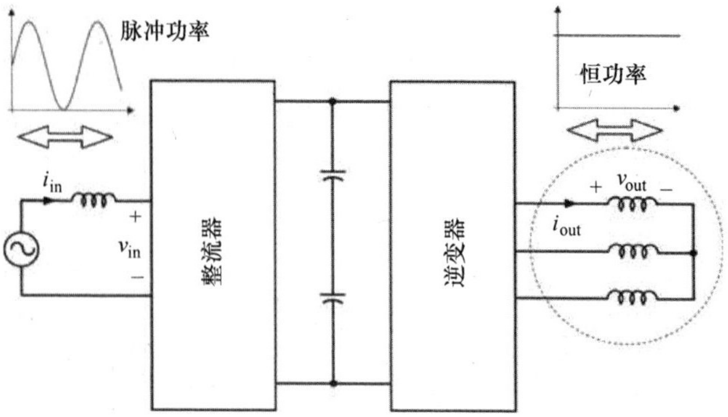

a)

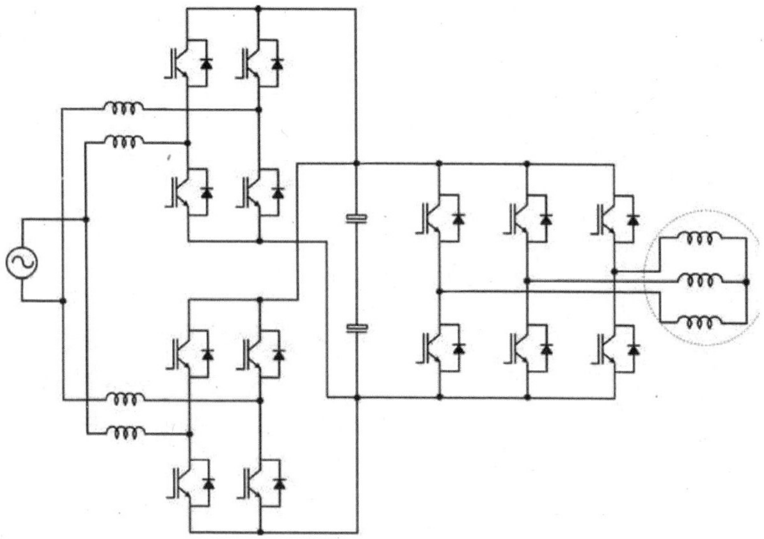

b)

图 11.11　a）单相 - 三相变换器的功率不对称；b）处理不对称问题的潜在解决方案

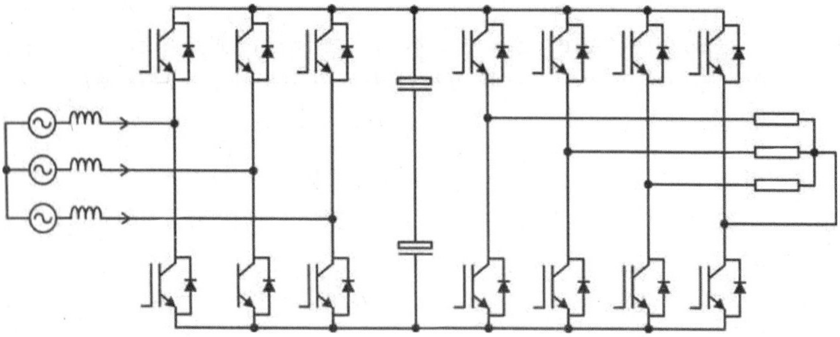

图 11.12　三相 - 三相四线背靠背变换器

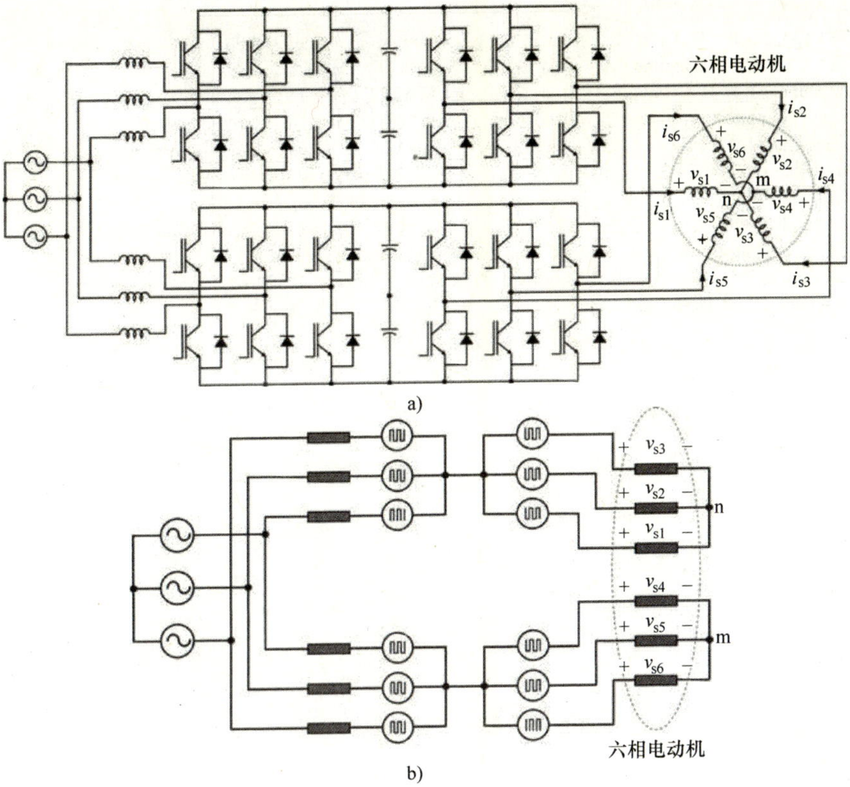

图 11.13　a）基于三相背靠背变换器的六相电动机驱动系统；b）电动机驱动系统的模型

11.7　小结

本章讨论了三相背靠背变换器。11.2 节介绍了全桥 ac－dc－ac 变换器以及它的模型、脉宽调制和控制策略。在 11.3 节中提出了减少器件数量的拓扑结构，11.4 和 11.5 节显示了该模型、脉宽调制和对半导体器件数量增多的控制结构。共享桥臂支路和直流电容器的中点连接也被认为可以用于减少半导体器件的数目，以及背靠背变换器并联和串联连接。在 11.6 节介绍了其他三相组合排列。读者可以从参考文献［1］～参考文献［8］找到更多细节。

参考文献

[1] H. W. van der Broeck and J. D. van Wyk, A comparative investigation of a three-phase induction machine drive with a component minimized voltage-fed inverter under different control options, IEEE Trans Ind Appl, vol. IA-20, no. 2, pp. 309–320, Mar./Apr. 1984.

[2] P. Enjeti and A. Rahman, A new single phase to three phase converter with active input current shaping for low cost AC motor drives, IEEE Trans Ind Appl, vol. 29, no. 4, pp. 806–813, Jul./Aug. 1993.

[3] Blaabjerg F, Freysson S, Hansen HH, and Hansen S. Comparison of a space-vector modulation strategy for a three phase standard and a component minimized voltage source inverter. Proceedings EPE; 1995. p. 1806–1813.
[4] Kim GT and Lipo TA. VSI-PWM rectifier/inverter system with a reduced switch count. Conference. Rec. IEEE IAS Annual Meeting; 1995. p. 2327–2332.
[5] C. B. Jacobina, M. B. R. Correa, E. R. C. da Silva, and A. M. N. Lima, Induction motor drive system for low-power applications, IEEE Trans Ind Appl, vol. 35, no. 1, pp. 52–61, Jan./Feb. 1999.
[6] F. Blaabjerg, D. O. Neacsu, and J. K. Pedersen, Adaptive SVM to compensate dc-link voltage ripple for four-switch three-phase voltage-source inverters, IEEE Trans Power Electron, vol. 14, no. 4, pp. 743–752, Jul. 1999.
[7] E. Ledezma, B. McGrath, A. Muñoz, and T. A. Lipo, Dual AC-drive system with a reduced switch count, IEEE Trans Ind Appl, vol. 37, no. 5, pp. 1325–1333, Sep./Oct. 2001.
[8] J. R. Rodríguez, J. W. Dixon, J. R. Espinoza, J. Pontt, and P. Lezana, PWM regenerative rectifiers: State of the art, IEEE Trans Ind Electron, vol. 52, no. 1, pp. 5–22, Feb. 2005.